Soziale Medien und die Streitkräfte

Eva Moehlecke de Baseggio •
Olivia Schneider • Tibor Szvircsev Tresch
Hrsg.

Soziale Medien und die Streitkräfte

Hrsg.
Eva Moehlecke de Baseggio
Schweizer Armee, Fachstelle Frauen in
der Armee und Diversity
Bern, Schweiz

Olivia Schneider
Militärakademie (MILAK) an der ETH
Zürich
Birmensdorf, Schweiz

Tibor Szvircsev Tresch
Militärakademie (MILAK) an der ETH
Zürich
Birmensdorf, Schweiz

Dieses Buch ist eine Übersetzung des Originals in Englisch „Social Media and the Armed Forces" von Moehlecke de Baseggio, Eva, publiziert durch Springer Nature Switzerland AG im Jahr 2020. Die Übersetzung erfolgte mit Hilfe von künstlicher Intelligenz (maschinelle Übersetzung). Eine anschließende Überarbeitung im Satzbetrieb erfolgte vor allem in inhaltlicher Hinsicht, so dass sich das Buch stilistisch anders lesen wird als eine herkömmliche Übersetzung. Springer Nature arbeitet kontinuierlich an der Weiterentwicklung von Werkzeugen für die Produktion von Büchern und an den damit verbundenen Technologien zur Unterstützung der Autoren.

ISBN 978-3-031-26107-7   ISBN 978-3-031-26108-4 (eBook)
https://doi.org/10.1007/978-3-031-26108-4

Die Deutsche Nationalbibliothek verzeichnet diese Publikation in der Deutschen Nationalbibliografie; detaillierte bibliografische Daten sind im Internet über http://dnb.d-nb.de abrufbar.

Planung/Lektorat: Jan Treibel
Springer VS ist ein Imprint der eingetragenen Gesellschaft Springer Nature Switzerland AG und ist ein Teil von Springer Nature.
Die Anschrift der Gesellschaft ist: Gewerbestrasse 11, 6330 Cham, Switzerland

Vorwort

Vor mehr als 30 Jahren, im Alter von zwanzig Jahren, trat ich als einer von rund 35.000 neuen Rekruten in die Schweizer Armee ein. Dieser Tag ist mir bis heute in Erinnerung geblieben, denn er markierte den Übergang vom normalen Alltag eines jungen Mannes in ein uniformiertes Kollektiv, das einem ziemlich strengen Regelwerk unterworfen ist. Was mir am meisten auffiel, war, dass ich mich zeitweise völlig von meiner früheren Umgebung abgeschnitten fühlte. Damals hatte ich kein Smartphone, auf dem ich mir die Instagram-Bilder meiner Freunde anschauen konnte. Ich konnte auch keine Bilder von den Blasen posten, die ich mir beim ersten Marsch geholt hatte, um mich zu entspannen, auch konnte ich keine einfachen Tricks zur Behandlung der Blasen im Internet nachschlagen. Außerdem hatte ich keinen Fitness-Tracker, der mir den Ort meiner Sportaktivitäten verraten hätte.

Der Wechsel von meinem zivilen Leben zum Soldaten war überwältigend und allumfassend. Dennoch gelang es mir, meinen Weg zu finden. Nach Abschluss meiner akademischen Ausbildung vor mehr als zwei Jahrzehnten, im Jahr 1999, begann ich meine akademische Arbeit im Verteidigungssektor. Im Jahr 2008 wurde ich Dozent für Militärsoziologie an der Militärakademie (MILAK) an der ETH Zürich in der Schweiz. Seit Beginn meiner akademischen Laufbahn bin ich aktives Mitglied der ‚European Research Group on Military and Society' (ERGOMAS) und des Forschungsausschusses ‚Armed Forces and Conflict Resolution' der International Sociological Association (ISA RC01). Darüber hinaus habe ich meinen Militärdienst als Miliz-Fachoffizier im Rang eines Hauptmanns in der Schweizer Armee bis Ende 2014 fortgesetzt. Dadurch konnte ich die ständigen Veränderungen beobachten, denen die Streitkräfte sowohl auf nationaler als auch auf internationaler Ebene unterworfen sind, darunter auch die Veränderungen in Zusammenhang mit den neuen Kommunikationstechnologien.

In den letzten 20 Jahren hat sich die Welt, in der wir leben, grundlegend gewandelt. Die Weiterentwicklung des World Wide Web, das dynamische und interaktive Web 2.0, wurde für Zusammenarbeit und Partizipation konzipiert. Das Web 2.0 ermöglicht es den Nutzerinnen und Nutzern fast in Echtzeit zu kommunizieren und dynamische Informationen online zu kombinieren und auszutauschen, wodurch die Notwendigkeit des physischen Austauschs von Informationen auf Dokumentenbasis auf ein Minimum reduziert wird. Die sozialen Medien sind ein Hauptakteur unter den auf dem Web 2.0 basierenden Kommunikationsinstrumenten. Ihre Nutzung wurde insbesondere durch den Siegeszug der Smartphones im Jahr 2007 vergrössert.

So wie der Buchdruck nicht nur eine technologische Innovation war, sondern auch die Gesellschaft als Ganzes verändert hat, beeinflussen Web 2.0 und soziale Medien die Art und Weise, wie wir denken, uns verhalten und kommunizieren. An der Schwelle zu den 2020er-Jahren sind die sozialen Medien – in Anlehnung an den großen Soziologen Émile Durkheim – zu einer sozialen Tatsache geworden. Sie sind für große Teile der Weltbevölkerung ein integraler Bestandteil des täglichen Lebens und heben Begriffe wie Informationsgesellschaft, Wissensgesellschaft oder Netzwerkgesellschaft auf eine neue Ebene, was das Interesse vieler Wissenschaftler und Wissenschaftlerinnen weckt.

Die sozialen Medien machen auch vor dem Verteidigungssektor nicht halt. Die Streitkräfte, egal auf welchem Wehrsystem sie beruhen (Berufssoldaten, Wehrpflichtige oder Miliz), bestehen in erster Linie aus Menschen. Diese Menschen sind nicht nur Angehörige der Streitkräfte, sie haben auch ein Leben vor, neben und nach ihrem Dienst. Die meisten von ihnen sind jung und gehören zu den „Digital Natives" und der „Always-on-Generation". Es versteht sich von selbst, dass sie nach ihrem Eintritt in die Streitkräfte ihr Smartphone nicht aus der Hand legen und auch nicht auf die Nutzung sozialer Medien verzichten werden. Was bedeutet dies für die Streitkräfte?

Die Streitkräfte sind Organisationen, die sich durch Geschlossenheit und Geheimhaltung auszeichnen. Sie kommunizieren in der Regel sehr förmlich und sachlich – sowohl nach innen als auch nach außen. Soziale Medien wiederum stehen für eine offene, informelle und emotionale Kommunikation. Dies führt potenziell zu Spannungen zwischen sozialen Medien und Streitkräften, was zu einer Reihe neuer Bedrohungsszenarien für letztere führen kann. Soziale Medien bergen somit neue Formen der Verwundbarkeit für die Streitkräfte, den Staat und die Gesellschaft. Sensible Informationen, die von Militärangehörigen – gewollt oder ungewollt – in sozialen Medien veröffentlicht werden, Fehlinformationen oder Desinformationen, die über soziale Medien gestreut werden, oder gezielte Hackerangriffe über soziale Medien stellen noch nie dagewesene Gefahren und Risiken dar, mit denen die Streitkräfte umgehen müssen. Dem gegenüber stehen die vielen Vorteile und Chancen, die diese neue Art der Kommunikation mit sich bringt. Soziale Medien eröffnen vielversprechende Möglichkeiten für die zivilmilitärischen Beziehungen. Obwohl die traditionellen Massenmedien nach wie vor eine wichtige Rolle dabei spielen, wie die Vorstellungen der Gesellschaft von den Streitkräften konstruiert werden, ermöglichen die sozialen Medien den Streitkräften, ein potenziell großes Publikum auf direkten Kanälen zu erreichen, ohne dass ein Türöffner dazwischen steht. Darüber hinaus bieten die sozialen Medien die Möglichkeit der Interaktion. Die Streitkräfte sind nicht mehr auf eine einseitige Kommunikation angewiesen, sondern können mit ihrer Gemeinschaft interagieren und aus erster Hand erfahren, wie die Menschen über sie denken.

Dieses Buch untersucht das Phänomen der sozialen Medien aus soziologischer Sicht und zielt darauf ab, aktuelle Entwicklungen, Potenziale und Risiken für Streitkräfte in aller Welt aufzuzeigen. Es umfasst 12 Beiträge von 28 Wissenschaftlerinnen und Wissenschaftlern aus 10 Ländern, die größtenteils Mitglieder der „European Research Group on Military and Society" (ERGOMAS) oder des „Research Committee Armed Forces and Conflict Resolution" der International Sociological Association (ISA) sind. Neben einigen sehr renommierten Autorinnen und Autoren mit langjährigem Fachwissen und einem reichen Erfahrungsschatz finden sich in dem Buch auch junge Forschende, die wahrscheinlich einen anderen Blick auf das Thema haben. Ich halte diese Mischung aus erfahrenen und jungen Forschenden für einen großen Vorteil. Einerseits kommen so diejenigen zu Wort, die über die Erfahrung und das Wissen verfügen, um neue Entwicklungen kritisch zu beurteilen. Andererseits ist das Forschungsfeld der sozialen Medien noch jung und braucht daher nicht unbedingt jahrelange Erfahrung, sondern kann von neuen Perspektiven profitieren. Junge Wissenschaftlerinnen und Wissenschaftler verstehen das Phänomen soziale Medien vielleicht sogar besser, weil sie schon früher mit ihm gelebt haben.

Ich hoffe jedenfalls, dass das vorliegende Buch Streitkräfte und Militärwissenschaftler und Militärwissenschaftlerinnen rund um den Globus dabei unterstützt, sich mit den verschiedenen Social-Media-Plattformen und den damit verbundenen Herausforderungen auseinanderzusetzen – denn eines ist in den letzten zehn Jahren deutlich geworden: Soziale Medien werden bleiben.

Zürich, Schweiz
2022

Tibor Szvircsev Tresch

Inhaltsverzeichnis

Über die Herausgeberinnen, den Herausgeber und die Autorinnen und Autoren

Herausgeberinnen und Herausgeber

Eva Moehlecke de Baseggio leitete das Forschungsprojekt „Soziale Medien als Kommunikationskanal der Schweizer Armee" der Dozentur für Militärsoziologie an der Militärakademie (MILAK) der ETH Zürich, Schweiz, wo sie von 2016 bis 2021 arbeitete. Sie analysiert die Auswirkungen der Social-Media-Kommunikation der Schweizer Armee auf deren Legitimität in der Schweizer Gesellschaft und auf die Motivation von Jugendlichen, dem Militär beizutreten. Seit 2022 arbeitet sie bei der Fachstelle Frauen in der Armee und Diversity. Ihre Forschungsinteressen liegen in den Bereichen öffentliche Meinungsbildung, digitale Soziologie und gesellschaftliche Legitimationsprozesse. Eva hat einen Master of Arts in Soziologie und Kulturwissenschaften an der Universität Zürich erworben. eva.moehlecke@moehlecke.com

Olivia Schneider promoviert derzeit in Soziologie an der Universität Zürich. Sie erforscht die sozialen Online-Aushandlungsprozesse rund um die Schweizer Armee. Seit 2017 ist Olivia Schneider wissenschaftliche Mitarbeiterin der Dozentur für Militärsoziologie an der Militärakademie (MILAK) der ETH Zürich. Sie arbeitet an dem Projekt „Soziale Medien als Kommunikationskanal der Schweizer Armee". In diesem Zusammenhang hat Olivia mehrmals zur jährlich erscheinenden Studienreihe ,Sicherheit' beigetragen. Zudem leitet sie ein Teilprojekt, das die Inhalte der Kommunikation der Schweizer Armee und die damit verbundenen Diskussionen auf Sozialen Medien analysiert. oliviaschneider@gmx.net

Tibor Szvircsev Tresch (Dr. phil.) studierte Soziologie, Politikwissenschaft und Kriminologie an der Universität Zürich und promovierte 2005. Seit 2008 ist er als Dozent für Militärsoziologie an der Militärakademie (MILAK) der ETH Zürich

tätig. Seit 2008 ist er Koordinator der Arbeitsgruppe „Recruitment and Retention"
in der „European Research Group on Military and Society" (ERGOMAS). Seit
2014 ist er Vizepräsident des Research Committee 01 der International Sociological Association (ISA RC01). Von August 2018 bis Juli 2019 war er Gastwissen-
schaftler am Saltzman Institute of War and Peace Studies (SIWPS) an der Colum-
bia University, New York. tibor.szvircsev@vtg.admin.ch

Autorinnen und Autoren

John Bornmann (PhD) promovierte 2009 an der George Washington University
mit einer Arbeit über die Erfahrungen von neuen Soldaten in der Grundausbildung.
Während der Fertigstellung seiner Dissertation wurde er 2004 zur Unterstützung
der 345th Psychological Operations Company nach Bagdad entsandt und kehrte
zweimal als Zivilist in den Irak zurück, um MNF-I und USF-I bei der Durchführung von Umfragen und Interviews mit irakischen Einwohnern zu unterstützen.
Seit 2010 arbeitet er bei MITRE als qualitativer Datenanalyst und Military Experience SME. jbornmann@mitre.org

Karin K. De Angelis (PhD) ist außerordentliche Professorin für Soziologie in der
Abteilung für Verhaltenswissenschaften und Führung an der US Air Force Academy (USAFA). Sie ist seit 2011 an der USAFA-Fakultät tätig und leitet den Fachbereich Soziokultur. Zu ihren Forschungsinteressen gehören Rasse und ethnische
Zugehörigkeit im US-Militär mit Schwerpunkt auf hispanischen Soldaten, die
Überschneidung von Geschlecht, Arbeit und Familie, Militärfamilien, Prävention
sexueller Übergriffe und Vielfalt in Organisationen. karin.deangelis@usafa.edu

Sara Beth Elson (PhD) ist Verhaltenswissenschaftlerin bei The MITRE Corporation. Sie untersucht die Art und Weise, wie Menschen Technologie nutzen, und
die Auswirkungen dieser Nutzung auf Wohlbefinden, Leistung, politischen
Aktivismus und andere Themen. Insbesondere hat sie die Auswirkungen der Nutzung sozialer Medien in verschiedenen Bevölkerungsgruppen untersucht, darunter das Militär und Bevölkerungsgruppen, die politische Unruhen erleben. Sie
war auch federführend bei der Entwicklung neuer Techniken zur Analyse sozialer Medien, wobei ihr Schwerpunkt auf Indikatoren für Emotionen lag und darauf, wie Veränderungen dieser Indikatoren mathematisch analysiert werden
können. Sie hat in Sozialpsychologie an der Ohio State University promoviert.
selson@mitre.org

Morten G. Ender (PhD) ist Professor für Soziologie an der United States Military Academy in West Point, New York, USA. Er hat an der University of Maryland European Division, der University of Maryland, der Marymount University, der University of North Dakota, dem American College of Norway, dem Mount Saint Mary's College und der Universität der Bundeswehr München unterrichtet. Er schreibt über das Militär, den Krieg und die Lehre. Seine Artikel wurden veröffentlicht in *Teaching Sociology*, *Journal of Adolescence*, *Death Studies*, *Military Psychology*, *Journal of Homosexuality*, *War & Society*, und *Armed Forces & Society*. Er Reviewer für *Res Militaris: The European Journal of Military Studies*. morten.ender@westpoint.edu

Nicola T. Fear (Dr. phil) kam 2004 zur akademischen Abteilung für militärische psychische Gesundheit ans King's College London, nachdem sie an der London School of Hygiene and Tropical Medicine und an der Universität Oxford als Epidemiologin ausgebildet wurde. Sie hat auch als Epidemiologin im britischen Verteidigungsministerium gearbeitet. Seit 2011 ist sie neben Professor Sir Simon Wessely Direktorin des King's Centre of Military Health Research. Im Jahr 2014 wurde Nicola ein Lehrstuhl für Epidemiologie verliehen. Sie ist die leitende Epidemiologin der Militärkohortenstudie des KCMHR und leitet mehrere Studien, die die Auswirkungen des Militärdienstes auf Familien untersuchen. nicola.t.fear@kcl.ac.uk

Sofia Martins Geraldes ist Doktorandin in Geschichte, Sicherheits- und Verteidigungsstudien (ISCTE-IUL & Militärakademie) und hat ein Promotionsstipendium. In ihrer Dissertation befasst sie sich mit den Auswirkungen externer Online-Desinformationen, die über soziale Medien verbreitet werden, auf die sicherheitspolitische Steuerung der EU und der NATO. Sie war die Gründerin und Koordinatorin von EuroDefense-Jovem und arbeitete als Praktikantin am Nationalen Verteidigungsinstitut. Sie hat einen BA-Abschluss in Politikwissenschaft und internationalen Beziehungen und einen MA-Abschluss in internationalen Beziehungen (Universität von Beira Interior). Zu ihren Forschungsinteressen gehören Theorie der internationalen Beziehungen, Sicherheitsstudien, Einflussoperationen, Cyberspace, die EU und die NATO. sofia_cristina_geraldes@iscte_iul.pt

Rachael Gribble (PhD) ist Dozentin für Krieg und Psychiatrie am King's College London. Mit einem Hintergrund im Bereich der öffentlichen Gesundheit konzentriert sich ihre Arbeit auf Militärfamilien, die Gesundheit von Frauen und die Einstellung der Öffentlichkeit gegenüber dem Militär, wobei sie eine Mischung aus quantitativen und qualitativen Methoden anwendet. rachael.gribble@kcl.ac.uk

Arita Holmberg (PhD, Universität Stockholm, Schweden) ist außerordentliche Professorin und Dozentin für Politikwissenschaft in der Abteilung für Sicherheit, Strategie und Führung an der schwedischen Verteidigungsuniversität. Sie hat auf dem Gebiet der Sicherheits- und Verteidigungstransformation, Gender und Militär sowie der Sicherheits- und Verteidigungspolitik veröffentlicht. Ihre aktuelle Forschung befasst sich mit sozialen und politischen Herausforderungen für die militärische Organisation sowie mit Kindern, Sicherheit und Nachhaltigkeit. Ihre jüngsten Artikel wurden unter anderem in *Defence Studies*, *Childhood* und *Gender, Work and Organization* veröffentlicht. arita.holmberg@fhs.se

Aki-Mauri Huhtinen (LTC (GS), PhD) ist Militärprofessor in der Abteilung für Führung und Militärpädagogik an der Finnish National Defence University. Seine Fachgebiete sind militärische Führung, Führung und Kontrolle, Informationskrieg und die Wissenschaftsphilosophie in der militärischen Organisationsforschung. Er hat begutachtete Zeitschriftenartikel und Bücher über Informationskriegsführung und nichtkinetischen Einfluss veröffentlicht. aki.huhtinen@mil.fi

Jutta Joachim (PhD) ist Dozentin für Internationale Beziehungen an der Radboud Universität. Sie promovierte in Politikwissenschaften an der University of Wisconsin-Madison und erwarb einen MA in Internationalen Studien an der University of South Carolina. Sie ist die Autorin von *Agenda Setting, the UN, and NGOs: Gender Violence and Reproductive Rights* (Georgetown University Press 2007), Mitautorin von *Private Security and Identity Politics: Ethical Hero Warriors, Professional Managers and New Humanitarians* (Routledge 2018) und Mitherausgeberin von *International Organizations and Implementation: Enforcers, Managers, Authorities* (Routledge 2007) und *Transnational Activism in the UN and the EU: A Comparative Study* (Routledge 2008). Zahlreiche ihrer Artikel sind in internationalen Peer-Review-Zeitschriften und Sammelbänden erschienen. j.joachim@fm.ru.nl

Jelena Juvan (PhD) ist Assistenzprofessorin in der Abteilung für Verteidigungsstudien an der Fakultät für Sozialwissenschaften der Universität Ljubljana und Senior Research Fellow im Zentrum für Verteidigungsforschung an der genannten Fakultät. Sie ist Assistenzprofessorin für die folgenden Kurse: Gemeinsame Außen- und Sicherheitspolitik der Europäischen Union, Gemeinsame Sicherheits- und Verteidigungspolitik der Europäischen Union, Katastrophenmanagement, Informatisierung und moderne Streitkräfte, Verteidigungs- und Sicherheitssystem und Sicherheit in der Informationsgesellschaft. Als Wissenschaftlerin hat sie an mehreren nationalen und internationalen Forschungsprojekten mitgewirkt. Seit 2007 ist sie als unabhängige Evaluatorin für EU FP7 und H2020 Forschungsprojekte tätig. Von 2013 bis 2015 war sie Mitglied der NATO International Scientific Evaluation Group (NATO ISEG 2013–2015). Zu ihren Forschungsgebieten gehören europäische Sicherheit, Krisenmanagement, moderne Streitkräfte, Nutzung digitaler Medien und IKT in modernen Streitkräften. jelena.juvan@fdv.uni-lj.si

Ryan Kelty (PhD) ist außerordentlicher Professor für Soziologie an der US Air Force Academy. Er ist ein preisgekrönter Lehrer und Wissenschaftler, dessen Forschung sich auf Fragen der Vielfalt und Sozialpsychologie im Militär konzentriert. Dr. Kelty war als Berater für zahlreiche nationale und internationale Verteidigungsorganisationen tätig. Er ist Mitherausgeber von *Private Military and Security Contractors: Controlling the Corporate Warrior* (Rowman & Littlefield, 2016) und *Risk-Taking in Higher Education: The Importance of Negotiating Intellectual Challenge in the College Classroom* (Rowman & Littlefield, 2017). Er erwarb seinen BA am Middlebury College und seinen PhD an der University of Maryland. Dr. Kelty war zuvor an der Fakultät in West Point und am Washington College tätig. ryan.kelty@usafa.edu

Gerhard Kümmel (PhD) ist wissenschaftlicher Mitarbeiter am Zentrum für Militärgeschichte und Sozialwissenschaften der Bundeswehr in Potsdam, Deutschland. Er studierte Politikwissenschaft, Soziologie und Geschichte an der Philipps-Universität in Marburg und erhielt 1996 den J. William Fulbright Dissertationspreis. Von 2010 bis 2014 war er Präsident des Research Committee 01: Armed Forces and Conflict Resolution (RC01) der International Sociological Association (ISA). Seine Arbeit konzentriert sich auf Frauen im Militär, die Darstellung des Militärs im Film und Veteranenfragen. gerhardkuemmel@bundeswehr.org

Daniel Leightley (PhD) ist Post-Doctoral Research Associate am King's Centre for Military Health Research (KCMHR). Seine Forschung konzentriert sich auf die Schnittstelle zwischen maschinellem Lernen und mobilen Gesundheitstechnologien, insbesondere auf die Diagnose, Behandlung, Intervention und das Management von körperlichen und geistigen Gesundheitszuständen in der britischen Streitkräftegemeinschaft. daniel.leightley@kcl.ac.uk

Michael D. Matthews (PhD) ist Professor für Ingenieurpsychologie an der Militärakademie der Vereinigten Staaten. Er ist Templeton Foundation Senior Positive Psychology Fellow, Fellow der Strategic Studies Group des Generalstabschefs der Armee (2014–2015) und Autor von *Head Strong: How Psychology is Revolutionizing War* (Oxford University Press, 2014) sowie zahlreicher weiterer Bücher,

Kapitel und wissenschaftlicher Artikel. Dr. Matthews ist Gründungsmitglied des wissenschaftlichen Beirats der Military Child Education Coalition und berät als Führungskraft Regierungsbehörden, Profisportteams und andere Organisationen. mike.matthews@westpoint.edu

Teija Norri-Sederholm (PhD) ist außerordentliche Professorin in der Abteilung für Führung und Militärpädagogik an der Finnish National Defence University. Ihre Forschungsschwerpunkte sind Situationsbewusstsein, interorganisationale Kommunikation in Kommandozentralen und hybriden Umgebungen, nationale Sicherheit und die dunkle Seite der sozialen Medien. teija.norri-sederholm@mil.fi

Elisa Norvanto arbeitet derzeit im Verteidigungsministerium in Finnland als Sonderberaterin in der Abteilung für Verteidigungszusammenarbeit. Ihre Festanstellung ist an der Fachhochschule Laurea, wo sie als Direktorin für Forschung und Entwicklung tätig ist. Elisa hat einen Masterabschluss in Politikwissenschaften und promoviert derzeit an der National Defence University. Ihr Forschungsinteresse gilt dem Vertrauen in die internationale Sicherheits- und Verteidigungszusammenarbeit. elisa.norvanto@mil.fi

Keith Paulson ist Architekt und Ingenieur bei MITRE, das staatlich finanzierte Forschungs- und Entwicklungszentren betreibt und sich der Lösung schwieriger Probleme für eine sicherere Welt verschrieben hat. Keith hat als Ingenieur und Direktor im Nahen und Fernen Osten, in Europa und in den USA gelebt und gearbeitet. Er hat einen Doppelabschluss in Elektrotechnik und Computertechnik von der University of Missouri und einen Masterabschluss in Softwaretechnik von der University of Colorado. Er arbeitet aktiv in den Bereichen Systemdesign, künstliche Intelligenz und soziale Auswirkungen der Technologie. kpaulson@mitre.org

Andrea Rinaldo schloss 2014 ihr Studium an der Universität Zürich mit einem Master of Arts in Soziologie ab. Seit 2014 arbeitet sie als wissenschaftliche Mitarbeiterin an der Militärakademie (MILAK) der ETH Zürich. Ihre Forschungsinteressen konzentrieren sich auf Diversität und Inklusion in Organisationen, Militärsoziologie, öffentliche Meinung und qualitative Forschungsmethoden. Zurzeit arbeitet sie an ihrer Doktorarbeit über Diversity Management in der Schweizer Armee. Die Dissertation befasst sich mit den Erfahrungen von Minderheiten in der Armee, deren Wahrnehmung von Inklusion sowie mit Inklusionsstrategien von Militärorganisationen. rinaldoandrea@gmx.ch

Shira Rivnai Bahir ist Forscherin im Bereich der digitalen Soziologie. Sie ist Doktorandin in der Abteilung für Soziologie und Anthropologie der Ben-Gurion-

Universität des Negev (Negev- und Darom-Stipendium). In ihrer Doktorarbeit untersucht sie die Rolle von Anonymität und Geheimhaltungspraktiken im digitalen Aktivismus. Darüber hinaus ist Shira Forscherin am IDF Behavioral Science Center. Ihre Studien konzentrieren sich auf zivil-militärische Beziehungen, digitalen Aktivismus und die Soziologie der KI. songa7@gmail.com

David E. Rohall (PhD) ist Professor für Soziologie und Abteilungsleiter der Abteilung für Soziologie und Anthropologie an der Missouri State University. Er untersucht seit fast 20 Jahren Trends in der amerikanischen Gesellschaft im Allgemeinen und in den Streitkräften im Besonderen. Zu seinen jüngsten Werken zählen Symbolic Interaction in Society (Rowman & Littlefield, 2019) und Inclusion in the American Military: A Force for Diversity (Lexington Press, 2017). drohall@missouristate.edu

Andrea Schneiker (PhD) ist Juniorprofessorin für Politikwissenschaft an der Universität Siegen. Sie promovierte in Politikwissenschaft an der Universität Münster und war anschließend als wissenschaftliche Mitarbeiterin an der Leibniz Universität Hannover und der Universität Bremen tätig. Sie ist die Autorin von *Humanitarian NGOs, (In)Security and Identity* (Routledge, 2015) und Mitherausgeberin von *Researching Non-state Actors in International Security* (mit Andreas Kruck; Routledge, 2017). Ihre Artikel wurden in zahlreichen Fachzeitschriften veröffentlicht, darunter *International Studies Review, International Studies Perspectives, Comparative European* Politics, *Millennium, Security Dialogue, Cambridge Review of International Affairs, Contemporary Security Policy, European Policy* und *Global Policy.* andrea.schneiker@googlemail.com

Marie-Louise Sharp (PhD) ist eine leitende wissenschaftliche Mitarbeiterin am King's Centre for Military Health Research (KCMHR). Sie ist eine Mixed-Methods-Forscherin mit Forschungserfahrung in psychologischer Medizin und Epidemiologie und ist für die Forschungsstrategie des KCMHR verantwortlich. Zu ihren Forschungsinteressen gehören die psychische Gesundheit des Militärs und das hilfesuchende Verhalten sowie die Gesundheit und das Wohlergehen von Rettungskräften, wobei sie sich auf Methoden zur Ausweitung der Forschungswirkung konzentriert. Marie-Louise war zuvor im Non-Profit-Sektor tätig, wo sie sich auf die Gesundheitspolitik der Streitkräfte spezialisierte und die britische Regierung in den Bereichen Forschung und Best Practice beriet. marie-louise.sharp@kcl.ac.uk

Uroš Svete (PhD) ist außerordentlicher Professor im Bereich Verteidigungswissenschaft an der Fakultät für Sozialwissenschaften der Universität Ljubljana. Von 2011 bis 2015 war er Vorsitzender der Abteilung für Verteidigungsstudien an der Fakultät für Sozialwissenschaften. Sein Forschungsinteresse erstreckt sich auf Bereiche wie Informationstechnologie und Sicherheitsfragen, Analyse zeitgenössischer (asymmetrischer) Konflikte, Militär-/Verteidigungstechnologie, Sicherheitstheorien und Sicherheitskonzepte in modernen Gesellschaften. uros. svete@fdv.uni-lj.si

Karoliina Talvitie-Lamberg (PhD) ist Post-Doc-Forschungsstipendiatin an der Fakultät für Informations- und Kommunikationswissenschaften an der Universität Tampere und spezialisiert sich auf die Teilnahme an sozialen Medien und Video-streaming-Kulturen sowie auf die Bildung des digitalen sozialen Selbst. Zu ihren jüngsten Forschungsprojekten gehören Datafizierung und Verletzlichkeit, KI für soziale Eingliederung, Social Bots, DIY-Überwachung in Selbstversorgungs-technologien und datengesteuerte KI-Lösungen für Gesundheit und Wohlbefinden. karoliina.talvitie-lamberg@tuni.fi

Victoria Williamson (PhD) ist promovierte wissenschaftliche Mitarbeiterin am King's Centre for Military Health Research. Ihre Forschung konzentriert sich auf militärbedingte Traumata, moralische Verletzungen und posttraumatische Belastungsstörungen. victoria.williamson@kcl.ac.uk

Einleitung

Eva Moehlecke de Baseggio und Olivia Schneider

Zusammenfassung

Soziale Medien haben die Kommunikation und Interaktion der letzten zwei Jahrzehnten grundlegend verändert. Dies gilt nicht nur für die einzelnen Mitglieder einer Gesellschaft, sondern auch für deren Institutionen und Organisationen. Die Tendenz zur Isomorphie, d. h. zur Übernahme von Prozessen und Strategien, die sich in anderen Organisationen als erfolgreich erwiesen haben (DiMaggio PJ, Powell WW: Am Sociol Rev 48(2):147–160, 1983), zwingt Organisationen des öffentlichen Sektors wie die Streitkräfte, soziale Medien als Teil ihrer Realität zu etablieren. Doch was ist es, das die sozialen Medien zu dem Phänomen macht, das sie sind?

Soziale Medien haben die Kommunikation und Interaktion der letzten zwei Jahrzehnten grundlegend verändert. Dies gilt nicht nur für die einzelnen Mitglieder einer Gesellschaft, sondern auch für ihre Institutionen und Organisationen. Die Tendenz zur Isomorphie, d. h. zur Übernahme von Prozessen und Strategien, die sich in anderen Organisationen als erfolgreich erwiesen haben (DiMaggio und

E. Moehlecke de Baseggio (✉)
Schweizer Armee, Fachstelle Frauen in der Armee und Diversity (FiAD),
Bern, Schweiz
E-Mail: eva.moehlecke@moehlecke.com

O. Schneider (✉)
Militärakademie (MILAK) an der ETH Zürich, Birmensdorf, Schweiz

Powell 1983), zwingt Organisationen des öffentlichen Sektors wie die Streitkräfte dazu, soziale Medien als Teil ihrer Realität zu etablieren. Doch was macht die sozialen Medien zu dem Phänomen, das sie sind?

Im Wesentlichen handelt es sich bei Social-Media-Plattformen um Kommunikationskanäle, die es den Nutzern und Nutzerinnen ermöglichen, Informationen, einschließlich Audio- und visueller Inhalte wie Bilder und Videos, auszutauschen. In den sozialen Medien werden Informationen fast in Echtzeit übermittelt und ausgetauscht. Die Nutzenden können eine Verbindung von „many to many" herstellen, was an sich schon eine Innovation im Vergleich zu anderen Kommunikationskanälen darstellt. In den sozialen Medien geht es um Zusammenarbeit und Beteiligung mit dem Ziel, Menschen zusammenzubringen. Die Menschen kommunizieren auf informelle, offene und im Idealfall bewusste Weise. Wie die Entstehung neuer Formen der Vergemeinschaftung, z. B. Facebook-Gruppen oder Familien-Chats, zeigt, spiegeln die sozialen Medien den gesellschaftlichen Wandel wider und verändern gleichzeitig die Gesellschaft selbst (Hinton und Hjorth 2012). Diese Plattformen sind nicht nur Medien, sondern haben sich zu Institutionen im soziologischen Sinne entwickelt, da sie die Art und Weise strukturieren, wie sich Menschen verhalten und miteinander in Beziehung treten. Soziale Medien als Institution setzen gesellschaftliche Normen, wie den Umgang mit privaten Daten und der Privatsphäre im Allgemeinen. Vor allem jüngere Menschen haben diese Plattformen komplett verinnerlicht und passen ihr Kommunikations- und Informationsverhalten vollständig an. Dies ist darauf zurückzuführen, dass die sozialen Medien insbesondere die Vorlieben junger Menschen bedienen, die Bilder und Videos gegenüber reinen Textmedien bevorzugen. Viele Studien belegen die Verdrängung traditioneller Kommunikations- und Informationskanäle zugunsten von Social-Media-Plattformen bei jungen Menschen (Fög 2018, 2019; Reuters Institute 2019).

Aufbauend auf dem medialen Aspekt gibt es eine weitere relevante Neuerung im Vergleich zu traditionelleren Kommunikationskanälen. In Zeiten von Zeitungen und Fernseh- oder Radiosendungen waren Journalisten und Journalistinnen traditionell die „Gatekeeper" von Informationen. In den sozialen Medien hingegen kann jede/r kommunizieren – Privatpersonen, Unternehmen, öffentliche Einrichtungen und Medienvertretende. Einerseits ist dies eine demokratisierende Funktion der sozialen Medien, andererseits fördert es die Verbreitung von Fake News und Fehlinformationen. Außerdem kann nicht nur jeder kommunizieren, sondern die Inhalte können auch jederzeit, überall und von jedem diskutiert werden. Während dies mündlich schon immer möglich war, sind mit den sozialen Medien die ehemals persönlichen Gespräche über Medieninhalte schriftlich und damit dauerhaft geworden (Katzenbach 2017). Dies ist ein nicht zu unterschätzender Wandel. Die Textualität dieser neuen Gesprächsformen beeinflusst ihre Dauerhaftigkeit und damit ihre Zugänglichkeit sowie ihre Folgen, was sich beispielsweise an Verurteilungen wegen Hassreden im Netz zeigt.

Streitkräfte sind auf gesellschaftliche Akzeptanz angewiesen; als kostenintensive Organisationen brauchen sie Legitimität, um zu existieren. Vertrauen ist eine Vorstufe von Legitimität (Suchmann 1995). Damit die Bevölkerung Vertrauen in sie investiert, müssen die Streitkräfte offen, transparent, kompetent, ethisch und angemessen kommunizieren – und das in angemessener Häufigkeit (Bentele 1994). Dies fördert die Entstehung von öffentlichem Vertrauen (ebd.). In diesem Zusammenhang werden die sozialen Medien zu einem wichtigen Kommunikationskanal für die Streitkräfte. Sie sind besonders für die Hauptzielgruppe der Streitkräfte, nämlich die Jugend, geeignet und dienen ausserdem dazu, die Gesellschaft zu informieren und die Präsenz zu erhöhen. Darüber hinaus müssen sich die Streitkräfte mit den sozialen Medien auseinandersetzen, da auch ihre Rekruten und Rekrutinnen, Kadetten, Soldaten und Offiziere vom umfassenden Phänomen der sozialen Medien betroffen sind. Daher müssen die Streitkräfte die alltäglichen Auswirkungen von sozialen Medien verstehen und ein Bewusstsein für die strategischen Chancen, Möglichkeiten und Bedrohungen entwickeln, die soziale Medien sowohl allgemein als auch speziell für die Streitkräfte mit sich bringt.

In diesem Sammelband werden die Chancen und Risiken, mit denen sich verschiedene westliche Streitkräfte in Zusammenhang mit sozialen Medien konfrontiert sehen und die Teil der militärsoziologischen Forschung sind, gesammelt und beleuchtet. Das Buch ist das erste Werk, das den Forschungsstand zur Social-Media-Nutzung in Streitkräften bündelt. Damit bietet es nicht nur für ein (militär-) wissenschaftliches Publikum, das an Erkenntnissen aus den Bereichen Kommunikation, Organisationssoziologie, Rekrutierung, Diversität, Streitkräfte und demokratische Kontrolle interessiert ist, spannende Einblicke in den Umgang mit sozialen Medien, sondern ist auch für politische Entscheidungsträger und -trägerinnen, Verteidigungsfachleute und andere Organisationen des öffentlichen Sektors von besonderer Bedeutung. Der Umgang mit den verschiedenen Herausforderungen, die soziale Medien für Demokratien und Streitkräfte mit sich bringen, wird aus internationaler Perspektive untersucht und wissenschaftlich aufbereitet, und es werden Anleitungen für den Umgang mit dieser Art von Medien gegeben. Dieser Sammelband soll einen Überblick über den Stand der militärwissenschaftlichen Forschung zum Thema soziale Medien und Streitkräfte geben und sowohl die positiven als auch die negativen Aspekte beleuchten. Dabei haben sich vier Themenfelder herauskristallisiert, die im Folgenden kurz dargestellt werden.

1   Soziale Medien im Alltag von Militärangehörigen

Wie in allen anderen Lebensbereichen hat die Digitalisierung auch bei den Streitkräften Einzug gehalten. Die Unterscheidung zwischen Offline-Realität und virtu-
eller Online-Existenz ist obsolet geworden, was sich in Begriffen wie „Onlife"
oder „Digital Mundane" ausdrückt (Floridi 2014; Maltby und Thornham 2016).
Digitale Technologie und Gadgets sind vollständig mit dem heutigen Alltag verwoben und prägen die täglichen Routinen der Menschen, was sich in Gewohnheiten wie der Suche nach frei zugänglichem WLAN oder dem Aufnehmen von
Selfies zeigt (Maltby und Thornham 2016). Das Beispiel der Sport-App der
Schweizer Armee „ready #teamarmee", die künftige Rekruten und Rekrutinnen
auf die körperlichen Anforderungen des Militärdienstes vorbereitet, zeigt, dass dies
auch in den Streitkräften Realität geworden ist.

Im Zuge dieser Entwicklungen sind soziale Medien auch Teil der alltäglichen
Infrastruktur geworden, die wir nutzen. Sie werden durch die alltägliche Nutzung
sichtbar und erlangen normativen Charakter, indem sie zum Beispiel Erfolg mit
Sichtbarkeit verbinden (Maltby und Thornham 2016). Die Digitalisierung in den
Streitkräften umfasst auch den Alltag der einzelnen Rekruten und Rekrutinnen,
Kadetten, Soldaten und Offiziere. In Zeiten von Internet, sozialen Medien und
Smartphones sind die Soldatinnen und Soldaten potenziell ständig erreichbar und
nur einen Klick entfernt. Militärangehörige nutzen soziale Medien wie jede andere
Bevölkerungsgruppe auch. Eine Analyse der Tweets von Militärangehörigen zeigt,
dass sie in ihren Tweets über ihren Alltag in den Streitkräften berichten, einschließlich der Verwendung von alltäglichem Militärjargon (Pavalanathan et al. 2016).
Dass Soldaten ihr Tun sichtbar machen, kann also als Übertragung gesellschaftlicher Normen in den Bereich der Streitkräfte verstanden werden. Anders als bei
anderen gesellschaftlichen Gruppen geht es im Militär jedoch um die Sicherheit
der jeweiligen Nation und ihrer Bevölkerung. Dies wirft die Frage nach einem
möglichen Einfluss der sozialen Medien auf die Effektivität der Streitkräfte auf, sei
es nur als Ablenkung oder in verschärfter Form. Gibt es Unterschiede zwischen der
Nutzung sozialer Medien durch Soldaten, Soldatinnen und Offiziere und Zivilisten, und wirkt sich dies auf die Leistung von Streitkräften aus?

Im ersten Kapitel dieses Sammelbandes gehen Karin K. De Angelis, Ryan
Kelty, Morten G. Ender, David E. Rohall und Michael D. Matthews darauf ein, wie
umfassend das Phänomen der sozialen Medien das Leben vor allem junger Menschen, einschließlich ihrer Ausbildung, beeinflusst. In ihrem Beitrag, „*Allgegenwärtigkeit mit einer dunklen Seite: Zivil-militärische Diskrepanzen bei der Nutzung von sozialen Medien*" gehen sie der Frage nach, ob es einen Unterschied im

Social-Media-bezogenen Verhalten von zivilen Studierenden und militärischen Kadetten gibt. Die Ergebnisse ihrer Untersuchung deuten auf eine Kluft zwischen den beiden Gruppen hin: Zivile Studierende verbringen mehr Zeit mit sozialen Medien und sind sowohl im Unterricht als auch bei den Hausaufgaben stärker abgelenkt. Militärkadetten hingegen scheinen den sozialen Medien weniger ausgesetzt zu sein und kommen daher weniger mit den Schattenseiten der sozialen Medien in Berührung. Die Untersuchung zeigt somit Unterschiede im alltäglichen Social-Media-Verhalten von zivilen Studierenden und militärischen Kadetten auf.

Im zweiten Beitrag, *„Nutzung sozialer Medien an einer U.S. Militärakademie: Wahrgenommene Auswirkungen auf Leistung und Verhalten"* gehen Sara Beth Elson, Ryan Kelty, Keith Paulson, John Bornmann und Karin K. De Angelis einen ähnlichen Weg. Sie konzentrieren sich auf die Auswirkungen sozialer Medien auf die akademischen Leistungen von Militärkadetten und befragen sowohl Kadetten als auch Lehrkräfte. Wie ihre zivilen Kollegen verbringen auch die Kadetten zu viel Zeit mit sozialen Medien, wobei sich Selbst- und Fremdeinschätzung durch Lehrkräfte entsprechen. Kadetten und Lehrkräfte sind sich einig, dass sich dies negativ auf die akademischen Leistungen auswirkt. In ihrer positiven Ausprägung jedoch ermöglichen die sozialen Medien den Kadetten, die Isolation ihrer Ausbildung an der Akademie zu durchbrechen und mit ihren Familien, Freunden und Partnern in Kontakt zu bleiben. Ein überraschendes Ergebnis dieser Untersuchung ist die Attraktivität und Beliebtheit einer Social-Media-Plattform, die unter zivilen Studierenden als weit weniger populär gilt. Jodel, eine Social-Media-Plattform, die Anonymität gewährt, scheint die spezifischen Bedürfnisse von Kadetten zu befriedigen, die ein Ventil suchen, um Meinungen zu äußern, die nicht mit den Werten und Einstellungen der Militärkultur übereinstimmen.

Die alltägliche Nutzung sozialer Medien bezieht sich nicht nur auf die einzelnen Mitglieder der Streitkräfte. Auch die Streitkräfte als Organisation nutzen soziale Medien als Kommunikationskanäle. Diese organisatorische Nutzung sozialer Medien hat ebenso Einfluss auf das Militärpersonal wie die individuelle Nutzung. Eva Moehlecke de Baseggio veranschaulicht dies in ihrem Beitrag *Das Bedürfnis nach Sichtbarkeit: Der Einfluss der Social-Media-Kommunikation auf die Kaderangehörigen der Schweizer Armee*. Die Ergebnisse der semistrukturierten Interviews mit Kaderangehörigen der Schweizer Armee legen nahe, dass die Militärangehörigen das Gefühl haben, die Gesellschaft sei zu wenig über die Armee informiert. Sie bringen diese Unkenntnis in Verbindung mit einer gewissen Geringschätzung der Organisation und ihrer Mitglieder. Umgekehrt verbinden sie die Sichtbarkeit der Organisation nach aussen mit der wahrgenommenen Wertschätzung ihrer Arbeit, was sich wiederum auf den Grad der Identifikation mit der

Organisation und das gefühlsmässige Engagement auswirkt. Insbesondere Kadermitglieder betonen die Bedeutung von Social-Media-Plattformen für junge Menschen, die die zukünftigen Rekruten und Rekrutinnen der Schweizer Armee sind.

2 Geschlechtsspezifische Repräsentation auf sozialen Medien

Social-Media-Plattformen sind ein ideales Instrument, um die Kraft einer reichen-
Bildsprache zu nutzen, über die die Streitkräfte in der Regel in Hülle und Fülle
verfügen. Untersuchungen belegen, dass visuelle Medien beim Publikum mehr
Emotionen hervorrufen (Fahmy et al. 2006). Emotionen ziehen wiederum mehr
Aufmerksamkeit auf sich (Hendricks und Vestergaard 2019), wovon die Kommu-
nikation der Streitkräfte profitieren kann. Gleichzeitig findet jedoch ein weiterer
Prozess statt. Der ausgeprägte visuelle Charakter der sozialen Medien und ihre
Fülle begünstigen den Prozess des sozialen Lernens (Yılmaz et al. 2019). Die
Theorie des sozialen Lernens geht auf Albert Bandura (1977, 2001) zurück und
besagt, dass Menschen das, was sie über die Medien wahrnehmen, verinnerlichen
und daraus lernen, indem sie Konsequenzen für ihr eigenes Handeln und ihre Einstellungen ableiten. Die Jugend als Hauptzielgruppe der Social-Media-
Kommunikation der Streitkräfte in den sozialen Medien, wird folglich die Gruppe
sein, die am meisten von visuellen Inhalten betroffen ist. Dies geschieht zu einem
Zeitpunkt im Leben junger Menschen, an dem die Rolle der Medien als
Sozialisationsinstanz von großer Bedeutung ist (Mühler 2008). Die Medien vermitteln Modelle und Leitbilder, die sich unter anderem auf die Identitätsbildung
junger Menschen auswirken (ebd.). In diesem Zusammenhang sind Geschlechterrollen relevante Elemente. Die Medien zählen zu den mächtigsten und allgegen-
wärtigsten Einflüssen auf die Wahrnehmung von Geschlechterrollen (Wood 1994).

Die Streitkräfte werden traditionell als geschlechtsspezifische Organisationen
angesehen, die ein stereotypes Bild von Männlichkeit und die implizit enthaltene
Vorstellung vom männlichen Soldaten transportieren. Die Öffnung der Streitkräfte
für Frauen stellt dieses Stereotyp möglicherweise in Frage. Es stellt sich die Frage,
welche Auswirkungen die Integration von Frauen in die Streitkräfte auf das
Geschlechterbild hat. So wird in ihrem Beitrag *„Der Umgang mit Weiblichkeit
durch visuelle Verkörperung: Die Darstellung von Frauen auf den Instagram-
Accounts der schwedischen und schweizerischen Streitkräfte"*, von Andrea Rinaldo
und Arita Holmberg aufgezeigt, wie die Soldatinnen der beiden Länder dargestellt
werden. Die Autorinnen stellen fest, dass die Art und Weise, wie Soldatinnen dargestellt werden, sowohl den gesellschaftlichen Kontext als auch die jeweiligen

Merkmale der Streitkräfte widerspiegelt. Allerdings geschieht dies immer in Bezug auf die Referenzkategorie „männlich", wodurch die geschlechtsspezifische Organisation reproduziert wird, indem die Macht des Visuellen, die Instagram innewohnt, genutzt wird.

Am anderen Ende des Spektrums einer militärischen Karriere stehen die Veteranen und Veteraninnen. Im Gegensatz zu den Rekrutinnen und Rekruten haben sie den Prozess der Erwachsenensozialisation bereits durchlaufen undsind den Streitkräften beigetreten. Ihr Konzept der Geschlechterrollen wurde nicht nur durch ihre primäre und sekundäre Sozialisation beeinflusst, sondern auch durch tertiäre organisatorische Sozialisationsprozesse, die im Falle des Militärs ein Konzept von Männlichkeit aufrechterhalten, das den männlichen militärischen Archetyp als stark, schweigsam, selbstständig und loyal darstellt (Arkin und Dobrofsky 1978; Caddick et al. 2015). Männlichkeit wird durch militärische Fähigkeiten und Kampftraining ausgedrückt und Erfolg bedeutet, diesem Konzept zu entsprechen (Arkin und Dobrofsky 1978). Es ist klar, dass ein solches Männlichkeitskonzept insbesondere für verwundete Veteranen problematisch ist. In ihrem Beitrag, *„(Dis-) Empowered Military Masculinities? Rekrutierung von Veteran*innen durch PMSCs über YouTube"* analysieren Jutta Joachim und Andrea Schneiker, wie die YouTube-Rekrutierungsclips zweier US-amerikanischer privater Militär- und Sicherheitsfirmen (PMSCs) an der Konstruktion dieser stereotypen Männlichkeit beteiligt sind. Die Hauptrekrutierungsbasis der PMSCs besteht aus Militärveteran:innen, die in den entsprechenden Rekrutierungsvideos explizit angesprochen werden. Durch eine Inhaltsanalyse der Rekrutierungsvideos gelingt es den Autorinnen, aufzuzeigen, wie geschickt die PMSCs die verschiedenen Erscheinungsformen militärischer Männlichkeit dekonstruieren und neu zusammensetzen, indem sie sowohl die Fähigkeiten und Bedürfnisse der Veteranen ansprechen als auch ihnen ihren Platz in der Gesellschaft zurückgeben und ihnen ein Selbstwertgefühl vermitteln, das sie zuvor möglicherweise verloren hatten. Die Produktion des Begriffs der militärischen Männlichkeit geht also über die Streitkräfte hinaus und profitiert von visuellen Medienplattformen wie den sozialen Medien.

Die Art und Weise, wie Männlichkeit und Weiblichkeit in den sozialen Medien von Streitkräften dargestellt werden, beeinflusst potenziell die Identitäten sowohl des jungen Publikums als auch der Veteranen und Veteraninnen. Die Streitkräfte müssen sich der Verantwortung bewusst sein, die sie im Hinblick auf die Mitgestaltung gesellschaftlicher Vorstellungen von Geschlechterrollen tragen. Während moderne Gesellschaften auf die Reduktion von Komplexität angewiesen sind um funktionsfähig zu bleiben, müssen wir uns der Kehrseite einer solchen Komplexitätsreduktion bewusst sein, nämlich Vorurteilen und Stereotypen, einschließlich stereotyper Vorstellungen von Geschlechterrollen und Fähigkeiten. Es geht nicht nur um soziale Verantwortung gegenüber der Gesellschaft, der Jugend und den Veteranen – die Darstellung von Geschlechterrollen beeinflusst auch, wie und welche zukünftigen Rekruten angesprochen werden.

3 Social-Media-Diskussionen als Einblick in die öffentliche Meinung

Die Medien vermitteln nicht nur Geschlechterrollen, sondern auch das Bild, das eine Bevölkerung von ihren Streitkräften hat. Eine Möglichkeit, zwischen dem Militär und der Zivilbevölkerung zu vermitteln, ist die Kommunikation, wobei es in der Beziehung zwischen Medien und Militär natürlich zu Spannungen kommt (Porch 2002). Während bürokratische Organisationen wie die Streitkräfte dazu neigen, ihre Angelegenheiten hinter verschlossenen Türen zu regeln – vor allem, wenn es um kriegsrelevante Themen geht, deren Inhalt schockierend sein kann –, verstehen sich die Medien als vierte Gewalt, deren Aufgabe es ist, den Staat zu überwachen und somit die öffentliche Kontrolle zu gewährleisten. Militärische Angelegenheiten und Kriegsführung sind politische Handlungen, über die die Bevölkerung informiert werden muss, und die Bürger und Bürgerinnen müssen davon überzeugt werden, dass die angestrebten Ziele zu akzeptablen Kosten erreicht werden können. Dies geschieht zum größten Teil über die Massenmedien, was wiederum bedeutet, dass die Streitkräfte bis zu einem gewissen Grad von den Massenmedien abhängig sind (Porch 2002). Allerdings sind die traditionellen Massenmedien nicht mehr die einzigen großen Akteure im Informationsgeschäft. Im Gegensatz zu den etablierten Kommunikationsmedien können soziale Medien niedrigschwellig und ohne Gatekeeper ein großes Publikum erreichen (Jacobs 2016). Darüber hinaus ermöglichen soziale Medien eine Many-to-Many-Kommunikation, die es in vergleichbarer Form bisher nicht gab. So rückt nicht nur die direkte organisatorische Kommunikation in den Fokus des Interesses, sondern auch die schriftliche und öffentliche Anschlussdiskussion der Social-Media-Communities der Streitkräfte. Online-Anschlussdiskussionen bieten die Möglichkeit zur Interaktion mit den Bürgerinnen und Bürgern. Das ermöglichtden Streitkräften, sich der Öffentlichkeit zu offenbaren und der Gesellschaft, ihre Kontrollfunktion in einer Demokratie wahrzunehmen. Darüber hinaus ermöglichen deliberative Folgediskussionen zu relevanten Themen den Streitkräften, sich durch die öffentliche Debatte in der Gesellschaft zu verankern und damit sich und ihr Gewaltmonopol in einer Demokratie zu legitimieren. Der Beitrag von Olivia Schneider, *Die Bedeutung von Diskussionen auf sozialen Medien für die Streitkräfte*, erläutert die Bedeutung solcher Diskussionen auf den sozialen Medien für die Streitkräfte anhand eines theoretischen Modells, das sie auf die kommunikative Situation von Streitkräften anwendet und mit empirischen Ergebnissen aus der Leserkommentarforschung illustriert. Sie zeigt damit, dass Diskussionen in sozialen Medien für Streitkräfte von großer Bedeutung sein können, da sie das Bild, das eine Gesellschaft von ihren Streitkräften hat, maßgeblich beeinflussen können.

Die Art der Themen und die Art und Weise, wie in den sozialen Medien diskutiert wird, entziehen sich jedoch häufig der Kontrolle der Streitkräfte, was ihrem Bestreben, die Dinge unter Kontrolle zu halten, zuwiderläuft. Diskussionen in den sozialen Medien können eine Welle der Empörung auslösen, einen so genannten *Shitstorm*. Die Inhalte sozialer Medien können von traditionellen und etablierten Medienhäusern aufgegriffen werden, die einerseits ihrer Rolle als vierte Gewalt gerecht werden müssen, indem sie große Institutionen überwachen und mögliche Machtmissbräuche ansprechen (Porch 2002). Andererseits funktionieren die Medien nach Nachrichtenwerten – sie wollen ihre Inhalte verkaufen und die Aufmerksamkeit der Lesenden auf sich ziehen. Wie bereits erwähnt, wird die Aufmerksamkeit der breiten Öffentlichkeit durch Emotionen geweckt (Hendricks und Vestergaard 2019). Skandale können als Höhepunkt von Emotionen verstanden werden und ziehen somit ein Maximum an Aufmerksamkeit auf sich. Dies gilt insbesondere für sicherheitspolitische Themen, da diese im Leben der meisten Bürgerinnen und Bürger nicht häufig vorkommen (Jacobs 2016). Zudem ist laut Jacobs (2016) der Nachrichtenwert der Bundeswehr meist mit negativ bewerteten Ereignissen verbunden, da diese mehr Emotionen hervorrufen (Hendricks und Vestergaard 2019). In seinem Beitrag zu diesem Band, *Ein Skandal in der Bundeswehr, eine Dokumentation und ein Thread: Das Kommando Spezialkräfte in den sozialen Medien* zeigt Gerhard Kümmel, wie ein Fernsehbeitrag über einen Skandal in der Bundeswehr, der ursprünglich vom öffentlich-rechtlichen Fernsehen produziert und ausgestrahlt wurde, große Aufmerksamkeit erzeugt und auf Facebook lebhaft diskutiert wird. Im Zuge dieses öffentlichen Aushandlungsprozesses über die Bedeutung des Beitrages kristallisieren sich fünf Themen heraus, die von verschiedenen Kommentatoren immer wieder aufgegriffen werden. Die kontroverse Debatte um den Beitrag gibt damit einen Einblick in die zivil-militärischen Beziehungen in Deutschland.

Soziale Medien können als digitales Zusammensein verstanden werden, in dem Informationen abgewogen, bewertet und kommentiert werden (Jacobs 2016). Dabei hinterlassen Social-Media-Nutzerinnen und -Nutzer einen Fußabdruck in den sozialen Medien, der Einblicke in die sozialen Einstellungen und Zustände von Gemeinschaften ermöglicht (Pavalanathan et al. 2016). Durch die sozialen Medien werden solche Diskussionen, die bis vor Kurzem hauptsächlich dem privaten Bereich vorbehalten waren, zugänglich und öffentlich (Katzenbach 2017). Je nach

Thema und Plattform werden die Kommentare der Nutzenden und deren Daten zu großen Datensätzen, die neue Formen der Analyse ermöglichen. In ihrem Beitrag, *„Die Stimmung auf den Social-Media-Accounts der Streitkräfte im Vereinigten Königreich: Eine erste Analyse von Twitter-Inhalten"* untersuchen Daniel Leightley, Marie-Louise Sharp, Victoria Williamson, Nicola T. Fear und Rachael Gribble die Einstellung der Öffentlichkeit zu den britischen Streitkräften und deren Wahrnehmung, indem sie Tweets auf sprachliche Muster analysieren. Sie fanden heraus, dass die öffentliche Wahrnehmung der britischen Streitkräfte im Laufe der Zeit ziemlich stabil war und eher positiv als negativ ausfiel. Allerdings spielt die Tageszeit eine wichtige Rolle, denn am späten Abend und in der Nacht gibt es mehr negative Tweets als tagsüber.

In verschiedenen Gruppen und Foren können Diskussionen über unterschiedliche Themen geführt werden, nicht nur über solche, die von professionellen Medienakteuren aufgrund ihres Auftrags und Nachrichtenwerts als relevant erachtet werden. Über soziale Medien und das Internet lassen sich Gleichgesinnte für praktisch jedes erdenkliche Interesse oder Thema finden. So können alternative Themen und innovative Deutungsmuster diskutiert werden (Schrape 2011). Durch die Schriftlichkeit und die öffentliche Zugänglichkeit werden sie weiter in der Gesellschaft verteilt. Soziale Medien ermöglichen es, Untergruppen zu identifizieren, die alternative Themen diskutieren, und den digitalen Austausch dieser Gruppen zu analysieren (Pavalanathan et al. 2016). In ihrem Beitrag *„Ein transparentes Netzwerk – Der digitale Widerstand derSoldaten und die wirtschaftlichen Unruhen"* untersuchte Shira Rivnai Bahir Diskussionen in sozialen Medien, um herauszufinden, wie bestimmte staatliche Rahmenbedingungen von israelischen Soldaten und ihren Familien diskutiert werden. Sie zeigt, wie Erzählungen über die mikroökonomische Situation der Menschen in den Diskussionen in den sozialen Medien mehr Aufmerksamkeit erhalten. Durch die ständige Wiederholung dieser Narrative durch verschiedene Personen in solchen Foren wird eine individuelle Stimme geformt. Die so zum Ausdruck gebrachten Themen entsprechen nicht den Problemen, die die Massenmedien in diesem Zusammenhang ansprechen.

4   Risiken und Gefahren der sozialen Medien

In den sozialen Medien hinterlassen die Nutzenden nicht nur Informationen über sich selbst in Form von Kommentaren. Die Aktivitäten in den sozialen Medien sind oft mit anderen, vielleicht unbewusst veröffentlichten Daten verknüpft. In einer Studie von Pavalanathan et al. (2016) wurde beispielsweise festgestellt, dass Militärangehörige häufiger Tweets mit Geotags schreiben als Personen in der nicht-militärischen Kontrollgruppe. Geotags können sensible Informationen über den Standort von Truppen preisgeben, insbesondere bei Auslandseinsätzen, und somit sowohl die Mission als auch die Soldaten gefährden. Die Gefahr von sozialen Medien, insbesondere im militärischen Kontext, besteht darin, dass sensible Informationen in die falschen Hände geraten könnten (Olsson et al. 2016). In diesem Zusammenhang wurden die Leitenden der Informationsabteilungen von 28 EU-Staaten gefragt, ob soziale Medien den Einsatz von Organisationen gefährden könnten (ebd.). Obwohl die meisten kein Risiko im nationalen Kontext sehen, zeigen sich viele besorgt über die Veröffentlichung sensibler Informationen in sozialen Medien im internationalen Kontext. Die größte Gefahr liegt in der Möglichkeit, Soldaten im Ausland durch die Veröffentlichung sensibler Informationen Risiken auszusetzen (ebd.). Soziale Medien stellen jedoch nicht nur aufgrund der Veröffentlichung sensibler Informationen ein Risiko für einen Staat oder eine Gesellschaft – und damit eine Herausforderung für die Streitkräfte – dar. Wie oben dargelegt, prägen die Massenmedien das Bild der Streitkräfte und die Einstellung der Öffentlichkeit ihnen gegenüber (Rukavishnikov und Pugh 2018). Soziale Medien müssen als Teil der Massenmedien betrachtet werden, allerdings mit besonders niedrigen Zugangsbarrieren und einer großen Reichweite, auch international. In der Tat können Social-Media-Aktionen im eigenen Land gestartet werden, um in einem anderen Land Unsicherheit und Chaos zu verbreiten und so potenziell die Empfänger und Empfängerinnen zu manipulieren. Da die Manipulation von Informationen keine neue Taktik ist, ist die öffentliche Information seit langem ein wichtiges Kampffeld, das nicht vernachlässigt werden darf (Porch 2002). Die Situation hat sich jedoch durch die sozialen Medien noch verschärft und verändert. Vor zwei Jahrzehnten entdeckten Tyrannen und Terroristen wie Saddam Hussein, Slobodan Milošević und Osama bin Laden die Massenmedien als wertvolles Mittel zur Verbreitung ihrer Botschaften (Porch 2002). Außerdem müssen potenzielle Feinde nicht mehr in direktem Kontakt mit etablierten Formaten stehen, sondern können ihre Botschaft über soziale Medien direkt mit der Welt teilen. Regierungen und Streitkräfte müssen daher auch ihren Standpunkt darlegen. Dabei ist jedoch Vorsicht geboten, denn durch die „Manipulation von Medienbildern zum operativen Vorteil schürt das Militär Skepsis und Feindseligkeit" (Porch 2002, S. 102).

In ihrem Beitrag *Die dunkle Seite der Interkonnektivität: Soziale Medien als Cyberwaffe?*, beschreibt Sofia Martins Geraldes, wie soziale Medien als Waffe eingesetzt werden können. Sie erklärt, warum soziale Medien als Cyberwaffe eingestuft werden und welche Gefahren sie mit sich bringen. Am Beispiel des Russland-Ukraine-Konflikts veranschaulicht sie, wie soziale Medien genutzt wurden, um Angst und Unsicherheit zu verbreiten und wie dies wiederum das Vertrauen der Menschen in Regierungen und Institutionen beeinflussen kann. Darüber hinaus sind Soldaten als Teil der Bevölkerung ebenso wie Zivilisten und Zivilistinnen massenmedialer Kommunikation ausgesetzt, die sich daher auch auf die Einstellung und das Verhalten von Soldaten auswirken kann (Rukavishnikov und Pugh 2018).

In ähnlicher Weise untersuchen Teija Norri-Sederholm, Elisa Norovanto, Karolina Talvitie-Lamberg und Aki-Mauri Huhtinen in ihrem Beitrag „*Fehlinformation und Desinformation in sozialen Medien als Implus für die finnische nationale Sicherheit*" die Herausforderungen, die Fehlinformation und Desinformation für Regierungen und Streitkräfte in Europa im Allgemeinen und in Finnland im Besonderen darstellen. Einerseits können demokratische Regierungen nicht in gleichem Maße wie andere politische Systeme Informationsoperationen durchführen, da sie Gefahr laufen, ihre Glaubwürdigkeit zu verlieren. Andererseits stellt sich die Frage, wie solche Angriffe abgewehrt werden können, um die Gesellschaft zu stabilisieren. Die Autoren zeigen, dass öffentliches Vertrauen und die Bereitstellung wahrer Nachrichten ein Schlüsselkonzept dafür sind. Maßnahmen zur Abwehr von Fehlinformations- und Desinformationsangriffen sollten jedoch nicht nur national, sondern auch in internationaler Zusammenarbeit umgesetzt werden, da soziale Medien transnational funktionieren.

Die verschiedenen Beiträge in diesem Buch zeigen, dass soziale Medien weder nur eine Chance noch nur eine Gefahr darstellen. Als allgegenwärtiges Interaktionsinstrument prägen sie das Leben der angehenden Soldaten bereits in der Ausbildung. Dies führt möglicherweise zu einem höheren Maß an Ablenkung, was sich wiederum – anders als bei früheren Generationen – nachteilig auf ihre Ausbildung auswirken kann. Zudem fördert die Anonymität bestimmter Social-Media-Plattformen das Cybermobbing. Da sich Angriffe auf Kameraden, Kameradinnen und Vorgesetzte negativ auf den „Korpsgeist" auswirken können, könnte dies die Effizienz der Streitkräfte beeinträchtigen. Ein Vorteil der sozialen Medien ist jedoch die Tatsache, dass die über sie vermittelten Bilder das Bild der Streitkräfte in der Gesellschaft prägen. Darüber hinaus geben die Diskussionen in den sozialen Medien über die Streitkräfte einen Einblick in die Haltung der Online-Community, was ein ungefiltertes, direktes Feedback für die Streitkräfte ermöglicht, das es vor der Ära der sozialen Medien nicht gab. Die direkte Kommunikation von Angehörigen der Streitkräfte kann wiederum genutzt werden, um persönliche Ansichten zu transportieren. Diese Art der Kommunikation birgt jedoch auch die Gefahr, dass bestimmte implizite Vorstellungen, Klischees oder Rollenerwartungen vermittelt werden, was zu einer Stereotypisierung der Streitkräfte führen kann. Neben diesen unbewussten Gefahren, die mit der Nutzung sozialer Medien verbunden sind, können soziale Medien auch gezielt eingesetzt werden, um anderen zu schaden und sie zu manipulieren, so wie es auch schon bei anderen Medien geschehen ist (Porch 2002). Ob soziale Medien eine Chance oder eine Bedrohung darstellen, hängt vom Kontext und der Art und Weise ihrer Nutzung sowie von den in diesem Kontext verfügbaren Informationen ab. In ihrem Beitrag, *Die Nutzung sozialer Medien in den Streitkräften von heute – ein gemischter Segen*, betrachten Jelena Juvan und Uroš Svete all diese Risiken und Chancen und zeigen, dass soziale Medien tatsächlich zwei Kehrseiten der Medaille haben. Sie erklären, dass soziale Medien sowohl auf institutioneller als auch auf individueller Ebene sowohl Chancen als auch Risiken bergen. Auf der individuellen Ebene erleichtern die sozialen Medien die Kommunikation mit der Heimatfront, was eine Chance für die Soldaten darstellt. Gleichzeitig sind sie aber aber auch eine Gefahr, denn je nach Art und Umfang der Informationen, die sie von zu Hause erhalten, können die Soldaten auch von ihrem Auftrag abgelenkt werden, was fatale Folgen haben kann. Aus institutioneller Sicht hingegen sind die sozialen Medien ein wertvolles und kosteneffizientes Instrument für die Rekrutierung. Allerdings sind auch Organisationen des öffentlichen Sektors wie die Streitkräfte nicht davor gefeit, Opfer von Hassreden oder Shitstorms zu werden, die ihren Ruf und die Unterstützung der Bevölkerung beeinträchtigen können.

Danksagung Dieser Sammelband und damit die internationalen Perspektiven auf dieses neue Forschungsgebiet hätten ohne die hervorragende Zusammenarbeit mit den Autorinnen und Autoren nicht realisiert werden können. Ihr Engagement, mit modernster Forschung einen Beitrag zu dem noch jungen Forschungsgebiet der sozialen Medien und der Streitkräfte zu leisten, hat dieses Buch erst ermöglicht. Viele der Autoren und Autorinnen wurden über die grossartigen Netzwerke erreicht, die durch das Research Committee 01: Armed Forces and Conflict Resolution (RC01) der International Sociological Association (ISA) und die European Research Group on Military and Society (ERGOMAS) bestehen. Für die außergewöhnlich gute und unkomplizierte Zusammenarbeit sowohl mit den Forschungsgruppen als auch mit den Autorinnen und Autoren dieses Sammelbandes möchten wir uns herzlich bedanken. Wir möchten auch Annelies Kersbergen von Springer für ihre engagierte Mitarbeit danken.

Der Militärakademie (MILAK) an der ETH Zürich danken wir für ihr ständiges Engagement in der Wissenschaftsförderung, mit dem sie einen wertvollen Beitrag zur Erschliessung neuer und innovativer Forschungsfelder und zur Weiterentwicklung der Militärsoziologie in der Schweiz und international leistet. Vielen Dank für die Arbeitszeit, welche die MILAK den Herausgebenden für die Publikation dieses Sammelbandes zur Verfügung gestellt hat.

Ein besonderer Dank gilt den Gutachterinnen und Gutachtern, die sich die Zeit und Mühe genommen haben, die verschiedenen Beiträge zu lesen und zu begutachten. Ihr Beitrag wird von den Autorinnen und Autoren sehr geschätzt und stellt einen Mehrwert für die Entwicklung der einzelnen Beiträge und damit für diesen Sammelband dar. Wir möchten auch Stefano De Rosa dafür danken, dass er unser Sparringspartner bei der Diskussion des Buches und seiner Beiträge war. Schließlich gilt unser Dank Anna Moser für die Endredaktion des Buches. Sie hat ihre sprachliche Finesse hervorragend eingesetzt und damit das Buch noch lesenswerter gemacht.

Literatur

Arkin W, Dobrofsky LR (1978) Military socialization and masculinity. J Soc Issues 34(1):151–168

Bandura A (1977) Social learning theory. Prentice Hall, Englewood Cliffs

Bandura A (2001) Social cognitive theory of mass communication. Mediapsychology 3:265–299

Bentele G (1994) Öffentliches Vertrauen – normative und soziale Grundlage für Public Relations. In: Armbrecht W, Zabel UJ (Hrsg) Normative Aspekte der Public Relations. Grundlegende Fragen und Perspektiven. Eine Einführung. Springer, Wiesbaden, S 131–158

Caddick N, Smith B, Phoenix C (2015) Male combat veterans' narratives of PTSD, masculinity, and health. Sociol Health Illn 37(1):97–111

DiMaggio PJ, Powell WW (1983) The iron cage revisited: institutional isomorphism and collective rationality in organizational fields. Am Sociol Rev 48(2):147–160

Fahmy S, Cho S, Wanta W, Song Y (2006) Visual agenda-setting after 9/11: individuals' emotions, image recall, and concern with terrorism. Vis Commun Q 13(1):4–15

Floridi L (2014) The 4th revolution. How the infosphere is reshaping human reality. Oxford University Press, Oxford

Fög – Forschungsinstitut Öffentlichkeit und Gesellschaft (2018) Qualität der Medien. Jahrbuch 2018. Hauptbefunde. Schwabe, Basel

Fög – Forschungsinstitut Öffentlichkeit und Gesellschaft (2019) Qualität der Medien. Jahrbuch 2019. Hauptbefunde. Schwabe, Basel

Hendricks VF, Vestergaard M (2019) Reality lost. Markets of attention, misinformation and manipulation. Springer, Cham

Hinton S, Hjorth L (2012) Understanding social media. SAGE, Los Angeles/London/New Delhi/Singapore/Washington, DC

Jacobs J (2016) Nutzung digitaler Medien und die Bundeswehr. In: Jacobs J, Zowislo-Grünewald N, Beitzinger F (Hrsg) Social Media in der Lebenswelt und bei der Berufswahl Jugendlicher – Who cares? Nomos, Baden-Baden, S 77–94

Katzenbach C (2017) Von kleinen Gesprächen zu grossen Öffentlichkeiten? Zur Dynamik und Theorie von Öffentlichkeiten in sozialen Medien. In: Klaus E, Drüeke R (Hrsg) Öffentlichkeiten und gesellschaftliche Aushandlungsprozesse. Theoretische Perspektiven und empirische Befunde, Critical studies in media and communication, Bd 14. transcript, Bielefeld, S 151–174

Maltby S, Thornham H (2016) The digital mundane: social media and the military. Media Cult Soc 38(8):1153–1168

Mühler K (2008) Sozialisation. Eine soziologische Einführung. Wilhelm Fink, Paderborn

Olsson E-K, Deverell E, Wagnsson C, Hellman M (2016) EU armed forces and social media: convergence or divergence? Def Stud 16(2):97–117. https://doi.org/10.1080/14702436.2016.1155412. Zugegriffen am 20.02.2020

Pavalanathan U, Datla V, Volkova S, Charles-Smith L, Pirrung M, Harrison J, Chappell A, Corley CD (2016) Discourse, health and well-being of military populations through the social media lens. In: AAAI Workshop: WWW and Population Health Intelligence

Porch D (2002) „No bad stories". The American media-military relationship. Nav War Coll Rev 55(1), 85–107

Reuters Institute (2019) Digital news report 2019. (Online). University of Oxford, Oxford. www.digitalnewsreport.org. Zugegriffen am 20.02.2020

Rukavishnikov VO, Pugh M (2018) Civil-military relations. In: Caforio G, Nuciari M (Hrsg) Handbook of the sociology of the military, Handbooks of sociology and social research, Bd 19. Springer, Cham, S 123–143

Schrape J-F (2011) Social Media, Massenmedien und gesellschaftliche Wirklichkeits-konstruktion. Berl J Soziol 21(3):407–429

Suchmann M (1995) Managing legitimacy strategic and institutional approaches. Acad Manag Rev 20(3):571–610

Wood JT (1994; 2000) Gendered lives: communication, gender, and culture, 4. Aufl. Wadsworth, Boston

Yılmaz M, Yılmaz U, Demir-Yılmaz EN (2019) The relation between social learning and visual culture. Int Electron J Elem Educ (IEJEE) 11(14):421–427

Teil I

Soziale Medien im Alltag von Militärangehörigen

Allgegenwärtigkeit mit einer dunklen Seite: Zivil-militärische Diskrepanzen bei der Nutzung von sozialen Medien

Karin K. De Angelis, Ryan Kelty, Morten G. Ender, David E. Rohall und Michael D. Matthews

Zusammenfassung

Die meisten Hochschulstudierenden gehören zur Generation der Millennials oder der Generation Z. Diese Generationen konsumieren intensiv die sozialen Medien auf einer Reihe von Plattformen. Es gibt Forschungen über die Nutzung sozialer Medien durch das US-Militär, aber es ist weniger über die alltäglichen Auswirkungen der Nutzung sozialer Medien bekannt und darüber, wie sich die Mitglieder des Militärs in ihrer Nutzung von ihren zivilen Kommilitonen unterscheiden könnten. Anhand von Umfragedaten, die amerikanische zivile College-Studenten, Kadetten des Reserve Officer Training Corps und Kadetten von Militärakademien vergleichen (N = 960), untersuchen wir, wie diese Gruppen soziale Medien nutzen, welche pädagogischen und sozialen Auswirkungen diese Nutzung hat und welche Erfahrungen sie mit Selbstzensur und Angst ma-

K. K. De Angelis (✉) · R. Kelty
United States Air Force Academy, Colorado Springs, USA
E-Mail: karin.deangelis@usafa.edu; ryan.kelty@usafa.edu

M. G. Ender · M. D. Matthews
Militärakademie der Vereinigten Staaten, West Point, USA
E-Mail: morten.ender@westpoint.edu; mike.matthews@westpoint.edu

D. E. Rohall
Missouri State Universität, Springfield, USA
E-Mail: drohall@missouristate.edu

© Der/die Autor(en), exklusiv lizenziert an Springer Nature Switzerland AG 2023   19
E. Moehlecke de Baseggio et al. (Hrsg.), *Soziale Medien und die Streitkräfte*,
https://doi.org/10.1007/978-3-031-26108-4_2

chen. Wir stellen eine Kluft zwischen Zivilpersonen und Militärs fest, wenn es um die Nutzung und die Erfahrungen mit sozialen Medien geht. Die Nutzung sozialer Medien ist für Zivilpersonen nachteiliger als für Kadetten und Kadettinnen, was die Nutzungsdauer, die Auswirkungen auf die Bildung und die Erfahrungen mit den negativen Aspekten wie Cybermobbing und Belästigung angeht. Zivilpersonen üben auch weniger Selbstzensur bei Beiträgen in sozialen Medien als Kadetten oder Kadettinnen.

1   Einleitung

Der Begriff „soziale Medien" wurde in den 1990er-Jahren geprägt (Bercovici 2010), und innerhalb einer Generation war seine Verwendung in der nordamerikanischen Kultur allgegenwärtig geworden (Danesi 2019). Der Mensch ist zwar sozial – wir sind einzigartig in unserer Fähigkeit, Emotionen zu lesen, mit einer gemeinsamen Sprache zu kommunizieren und gemeinsame Kulturen aufzubauen –, aber die Notwendigkeit, sich in sozialen Räumen von Angesicht zu Angesicht zu begegnen, besteht nicht mehr. Gegenwärtig können wir unsere soziale Natur durch soziale Medien ausdrücken und erfahren, die Technologien für den Informationsaustausch nutzen, sowie durch soziale Netzwerkseiten, welche Kommunikation und Interaktion ermöglichen; typischerweise innerhalb eines begrenzten Systems von Netzwerken (boyd und Ellison 2007). Wir sehen die Auswirkungen sozialer Medien auf der Mikro- und Makroebene unter psychologischen, zwischenmenschlichen und institutionellen Gesichtspunkten sowie durch vorteilhafte Verbindungen (und Herausforderungen) zwischen wichtigen sozialen Institutionen, Gesellschaften und Kulturen.

In diesem Kapitel leisten wir einen Beitrag zu den neuen Forschungsergebnissen über die Nutzung sozialer Medien und ihre positiven und negativen Folgen unter Universitätsstudierenden in den Vereinigten Staaten. Wir konzentrieren uns auf den Vergleich von zivilen Studierenden mit ihren Kommilitonen des Reserve Officer Training Corps (ROTC) und der Militärakademien des Bundes. Diese drei Gruppen ermöglichen es uns, die Unterschiede zwischen Zivilpersonen und Militärs in einer Reihe von Kontexten zu untersuchen. Kadetten und Kadettinnen von Militärakademien agieren in einem Umfeld, das Aspekte einer totalen Institution behinhalten (Goffman 1961). Das heißt, große Gruppen von Menschen arbeiten und wohnen über einen längeren Zeitraum zusammen und sind dabei relativ isoliert von der größeren Gemeinschaft, der sie angehören. Die Kadettinnen und Kadetten schlafen, verkehren, essen, besuchen den Unterricht und absolvieren das Sporttraining auf dem gesicherten Gelände der Akademie und im Rahmen der militärischen Vorschriften und der Werte der Akademie. ROTC-Kadetten und Kadettinnen besuchen eine zivile Universität, wohnen in zivilen Unterkünften und besuchen überwiegend zivile Kurse, nehmen aber auch an „nicht-zivilen" Kursen sowie an militärischem und körperlichem Training als Teil der Militärabteilung ihrer Universität teil. Zivile Studierende besuchen Colleges und Universitäten, ohne direkt an der militärischen Ausbildung teilzunehmen, unabhängig davon, ob ihre Schule eine ROTC-Abteilung hat oder nicht. Somit stellen die Kadetten und Kadettinnen der Militärakademien und die Zivilpersonen die „reineren" Enden des Kontinuums dar, während die ROTC-Studierenden an der Schnittstelle zwischen dem zivilen und dem militärischen Umfeld stehen. Eine „totale Institution" kann mehr oder weniger von sozialen Medien vereinnahmt werden, was uns helfen könnte zu verstehen, wie sich Studierende in diesen drei Kontexten in ihrer Nutzung und Erfahrung mit sozialen Medien unterscheiden.

In den folgenden Abschnitten geben wir einen Überblick über die Literatur über die Nutzung sozialer Medien und das Militär sowie über Trends bei der Nutzung sozialer Medien unter Jugendlichen – einschließlich Studierenden. Anschließend stellen wir die vorläufigen Ergebnisse unserer Studie vor, in der wir zivile Studierende, Akademiekadetten und Kadettinnen und ROTC-Kadetten und Kadettinnen in Bezug auf eine Reihe von Social-Media-Ergebnissen untersucht haben, einschließlich der Art und Weise, wie sie soziale Medien nutzen, die Auswirkungen auf die Bildung, die negativen sozialen Auswirkungen sowie die Selbstzensur und die Ängste in Zusammenhang mit der Nutzung von sozialen Medien. Das Kapitel schließt mit einer Diskussion der Implikationen der Ergebnisse unserer Studie und Überlegungen zu zukünftigen Forschungsfragen.

1.1   Das Militär und soziale Medien

Obwohl das Militär der Vereinigten Staaten bei vielen technologischen Entwicklungen und Anpassungen eine Vorreiterrolle spielt, kann es bei der Übernahme neuer Technologien hinter der breiten Gesellschaft zurückbleiben. Wie in der Zivilgesellschaft können solche Technologien, sobald sie eingeführt sind, schnell allgegenwärtig werden, während die Normen und Werte, die zur Regulierung des technologiebezogenen Verhaltens dienen, auf der Strecke bleiben. Aufgrund dieser kulturellen Verzögerung ist die Untersuchung der militärischen Organisation an der Schnittstelle zu den sozialen Medien etwas grundlegend Neues. Wir fordern die Leserschaft auf, wie wir, das Verzeichnis der vor 2019 erschienenen Bücher zu militärischen Themen durchzusehen und festzustellen, dass sie zwar „soziale Isolation" und „soziale Netzwerke", nicht aber „soziale Medien" erwähnen. Zu den

Ausnahmen gehört Silvestris (2015) Buch *Social Media in the American War Zone (Soziale Medien im amerikanischen Kriegsgebiet)*, in dem sie Interviews führt und eine kleine Gruppe von Marinesoldaten und deren Facebook-Posts verfolgt. Ihre Definition von sozialen Medien ist jedoch eng gefasst, da sie nur ein bestimmtes Medium – in diesem Fall Facebook – und die Art und Weise, wie Marinesoldaten ihre Einsatzerfahrungen mitteilen, untersucht. Ähnlich verhält es sich mit General a. D. Martin Dempsey (mit Brafman, Dempsey und Brafman 2018), der ehemalige Stabschef des US-Militärs, kratzt mit der Idee des „digitalen Echos" an der Oberfläche der sozialen Medien und liefert praktische Beispiele dafür, wo soziale Medien aufgrund ihrer Geschwindigkeit und Allgegenwärtigkeit dauerhafte und zutiefst negative Auswirkungen haben. Dies ermöglicht einen potenziellen Missbrauch an der Schnittstelle zwischen öffentlichem und privatem Raum, wodurch die Beziehungen zwischen Gruppen und Führungskräften untergraben werden können.

Das US-Militär ist eine jugendorientierte Organisation: Etwa 66 % der aktiven Soldatinnen und Soldaten sind 30 Jahre alt oder jünger (Verteidigungsministerium 2017). Damit gehört die Mehrheit der aktiven Dienstleistenden zu den Generationen der Millennials und der Generation Z,[1] mit einem viel kleineren Anteil der Generation X (Dimock 2019) sowie eine Handvoll älterer Babyboomer-Generäle, die die Organisation abrunden. Junge Menschen – insbesondere die jüngeren Jahrgänge – sind begeisterte Social-Media-Konsumenten (Dimock 2019). Zwar nutzen alle Generationen zunehmend soziale Medien, aber sie unterscheiden sich darin, wer welche Plattformen (z. B. Facebook, Snapchat usw.) zu welchem Zweck nutzt. Beispielsweise nutzt die Generation Z (18–24 Jahre) Snapchat (78 %) mehrmals täglich, während sie Instagram (71 %), Twitter (45 %) und vor allem Facebook weit weniger nutzt als die Xer und Boomer (Smith und Anderson 2019). Darüber hinaus begannen die Zs mit der Nutzung sozialer Medien in einem jüngeren Alter als die Millennials, so dass ihre Nutzung relativ lebenslang und allgegenwärtig ist. Diese Nutzer und Nutzerinnen sind „Digital Natives", die die Sprache und die Interaktionen in Zusammenhang mit Computern, dem Internet und anderen Bildschirmtechnologien fließend beherrschen (Prensky 2001).

Aufbauend auf der Überschneidung von Technologie und Demografie untersucht unsere Studie das Ausmaß, in dem Angehörige des US-Militärs soziale

---

[1] Generationen sind in der Regel eine Gruppe von Menschen, die innerhalb desselben Zeitraums geboren wurden. Forschende verwenden manchmal das Wort „Generation", um sich auf eine Geburtskohorte zu beziehen. Die folgenden Bezeichnungen und Geburtsjahre werden in den Vereinigten Staaten üblicherweise mit Generationen in Verbindung gebracht: Generation G.I. (1901–1924); Silent Generation (1924–1945); Baby Boomers (1946-frühe 1960er-Jahre); Generation X (frühe 1960er-1980er-Jahre); Millennials (1981-mittlere bis späte 1990er-Jahre); und Generation Z (späte 1990er-Gegenwart) (siehe Ender et al. 2014).

Medien nutzen, sowie die Ergebnisse und Erfahrungen, die ihre Nutzung sozialer Medien mit sich bringen könnte. Wir vergleichen Erwachsene mit Universitätszugehörigkeit und unterschiedlicher militärischer Voraussetzungen (z. B. Kadetten und Kadettinnen des ROTC und Kadettinnen und Kadetten der Service Academy in ihren frühen Zwanzigern aufgrund von Altersbeschränkungen für die Offiziersausbildung) mit nicht-militärischen Zivilpersonen (die große Mehrheit in ihren frühen Zwanzigern),[2] in Bezug auf die bevorzugten Plattformen, die Nutzungsdauer und die Folgen der Nutzung.

Die Forschungsliteratur über Angehörige des US-Militärs bietet einige wenige Studien über die Nutzung sozialer Medien im Militär, wobei der Schwerpunkt eher auf Militärfamilien als auf der exklusiven Domäne des Arbeitslebens von Militärangehörigen liegt, insbesondere während Einsätzen (Ender und Segal 1996, 1998; Ender 1995, 2005, 2009; Bell et al. 1999; Schumm et al. 2004). Die Forschung über die Nutzung sozialer Medien durch Militärangehörige ist sogar noch spärlicher als die Forschung über die Nutzung durch Militärfamilien (Sherman et al. 2016; Semaan et al. 2017). Darüber hinaus wurde eine kulturelle Verzögerung festgestellt, da neue soziale Medien während des Krieges eingeführt wurden und Ethik, Richtlinien, Regeln und Normen Schwierigkeiten haben, mit den informellen und formellen Verhaltensregeln auf diesen Plattformen Schritt zu halten (Wall 2010).

Die Erfahrungen der USA sollten im breiteren Kontext der Erfahrungen westlicher Demokratien mit den Chancen und Herausforderungen sozialer Medien gesehen werden. Die Briten haben untersucht, wie ihre Militärangehörigen soziale Medien im Alltag nutzen, und festgestellt, dass die digitale Alltäglichkeit – d. h. „... verkörperte, unreflektierte und routinemäßige Praktiken" – dazu beiträgt, die institutionelle Identität des Militärs zu verändern (Maltby und Thornham 2016, S. 1165). Die Schweden haben Blogs in einem militärischen Einsatzkontext auf ihre Nutzung und hegemonialen narrativen Inhalte (Hellman und Wagnsson 2013; Hellman 2015) sowie auf eine ähnliche Nutzung (Hellman et al. 2016) und Muster der inhaltlichen Konvergenz (Olsson et al. 2016) unter den Bürgern und Bürgerinnen der EU-Mitgliedstaaten untersucht. Die Kanadier haben soziale Medien für institutionelle Zwecke eingesetzt und nutzen YouTube, um die militärische Organisation zu unterstützen (Mirrlees 2015). Ihre Bemühungen konzentrieren sich auf die traditionelle Rekrutierung für ihre Freiwilligenarmee und auf die Verortung der kanadischen Streitkräfte für einheimische und internationale Zielgruppen. In einer anderen Studie werden die politischen Dimensionen der Nutzung sozialer Medien

---

[2] Unsere zivilen Stichproben sind nicht restriktiv – alle in Frage kommenden Universitätsstudierenden konnten an der Umfrage teilnehmen.

durch Militärangehörige kritisiert (Lawson 2014). Die Autoren behaupten, dass die sozialen Medien die vorherrschenden Diskurse über das Militär destabilisieren – in der Tat könnten die sozialen Medien *der* dominante Diskurs in einer Ära des postmodernen Konflikts sein, indem sie vielfältige Stimmen und unterschiedliche Erfahrungen und Ansichten in Bezug auf das Militär liefern (Lawson 2014). Die Israelis sind vielleicht am weitesten fortgeschritten, wenn es darum geht, die Allgegenwärtigkeit sozialer Medien in einem Einsatzkontext und in der Kommunikation mit den Bürgerinnen und Bürgern zu verstehen (Kuntsman und Stein 2015). Die Forschungsliteratur ist also begrenzt und unvollständig. Es ist jedoch klar, dass soziale Medien ein universelles Merkmal des militärischen Arbeitslebens sind, dessen Auswirkungen noch vollständig untersucht und verstanden werden müssen.

Ein weiterer wichtiger Wandel, der durch die Verbreitung sozialer Medien herbeigeführt wurde, ist ihre zunehmende taktische und strategische Nutzung im militärischen Bereich (Gray und Gordo 2014). Online- und vernetzte militärische Räume werden auf neuartige Weise erweitert (Maltby und Thornham 2016). Es ist klar, dass aktuelle und zukünftige Kriege sowohl am Boden als auch in Cyberräumen ausgetragen werden (Gray 1997). Eine schwedische Blogging-Forschung über den Einsatz in Afghanistan betonte, dass die Chancen der Nutzung sozialer Medien in einem Einsatzkontext die Risiken überwiegen (Hellman und Wagnsson 2013). Wir sollten uns jedoch der Folgen bewusst sein, die sich ergeben, wenn wir die Schrecken des Krieges ohne Kontext mit allen Beteiligten über soziale Medien teilen (Tait 2008).

1.2 Social-Media-Trends bei Jugendlichen

Da die Nutzung sozialer Medien für Jugendliche schnell zu einer alltäglichen Erfahrung wurde, bemühten sich Forschende, die Auswirkungen dieser Plattformen auf die schulischen Leistungen, das soziale Leben, die psychische Gesundheit und das Selbstwertgefühl abzuschätzen. Frühe Arbeiten konzentrierten sich auf computergestützte Plattformen wie MySpace, das sich bis 2005 zur beliebtesten Social-Networking-Plattform entwickelt hatte, und Instant Messaging (boyd 2007). Räume für die Schaffung von Online-Identität, Leistung und Sozialität stellten hohe Anforderungen an die Nutzerinnen und Nutzer, da die Arbeit für den Aufbau und die Aufrechterhaltung der Online-Persönlichkeit erforderlich war, insbesondere auf Social-Networking-Sites. Forschungsergebnisse deuten darauf hin, dass Social-Networking-Sites für den Aufbau und die Pflege zwischenmenschlicher Beziehungen immer wichtiger werden (Spies Shapiro und Margolin 2014). Die Nutzerinnen und Nutzer müssen die in den sozialen Medien verfügbaren Informationen auch konsumieren (schlussendlich konsumieren sie voyeuristisch Informationen über andere), was auf Websites, welche Interaktionen, Reaktionen und wiederholte Auftritte erfordern, besonders wichtig ist. Die Nutzung sozialer Medien kann also zeitaufwändig sein und eine verpasste Gelegenheit in Bezug auf andere Aktivitäten und Interaktionen darstellen.

Es gibt nur wenige veröffentlichte empirische Untersuchungen über die genaue Zeit, die junge Erwachsene auf Social-Media-Seiten verbringen – obwohl eine Schlussfolgerung ist, dass Bildschirme, von Laptops und Tablets bis hin zu Smartphones, jetzt die wichtigsten Orte für die Mediennutzung sind. Tweens, Teenager und junge Erwachsene nutzen diese Geräte eher zum Streamen von Fernsehsendungen, Filmen und Musik als für stationäre Fernsehgeräte oder Desktop-Computer, was ihre Nutzung mobil macht. Sie nutzen diese Bildschirme auch zum Spielen von Videospielen. Der Medienkonsum findet häufig parallel zur Nutzung sozialer Medien statt; tatsächlich wird dieses Multitasking oft durch Chaträume, die während der Videospiele eingerichtet werden, und Echtzeitreaktionen auf Medienereignisse auf sozialen Medienseiten gefördert. Forschende schätzen, dass amerikanische Teenager insgesamt etwa 9 Stunden pro Tag auf Medienseiten verbringen. Für Jugendliche, die hauptsächlich soziale Netzwerke nutzen, schätzen Forschende, dass sie etwas mehr als 3 Stunden pro Tag mit sozialen Medien verbringen (Common Sense Media 2015).

In den 1990er-Jahren begann eine Reihe von Wissenschaftlern und Wissenschaftlerinnen, die Auswirkungen der Allgegenwart von Kommunikationsmedien – einschließlich der Schattenseiten – auf unser Leben zu untersuchen (Gergen 1991; Meyrowitz 1993; Poster 1995; Turkle 1995). Sie beschrieben die Auswirkungen der Kommunikationsmedien auf unsere Identität und unser Selbst und vertraten die Ansicht, dass das westliche Selbst mediatisiert werden würde. Diese Arbeiten prognostizierten eine kommende Durchdringung der sozialen Medien mit den heutigen Problemen wie Mobbing, Trolling, Sexting und Catfishing. Heutige Jugendliche berichten, dass die Mehrheit von ihnen (ca. 59 %) eine Form von Cybermobbing erlebt hat, am häufigsten Beschimpfungen und die Verbreitung von Gerüchten (Anderson 2018). Diese Erfahrungen haben Folgen, insbesondere für die psychische Gesundheit.

Heutzutage konzentrieren sich Untersuchungen, zum Beispiel von Twenge (2006, 2017), auf eine Generation, die mit den sozialen Medien aufgewachsen sind. Ein zentrales Ergebnis ist die Zeit und Beständigkeit, die die Generation Z auf Social-Media-Seiten verbringt. Es besteht ein Druck, sich zu beteiligen und die eigene Online-Persönlichkeit zu pflegen, um FOMO (fear of missing out) zu vermeiden, welche die Angst verstärkt. Auch wenn in den sozialen Medien ein glückliches, perfektes Leben dargestellt wird, trägt die Studie von Twenge (2017) einen Beitrag zu der wachsenden Literatur, die einen Zusammenhang zwischen der Nutzung sozialer Medien und Depressionen bei Jugendlichen aufgrund der ständigen Anforderungen und der häufigen Gelegenheiten zum sozialen Vergleich aufzeigt (Fox und Moreland 2014; Lin et al. 2016).

Frühere Forschungsergebnisse deuten darauf hin, dass sich Militärkadetten und -kadettinnen in Bezug auf eine Reihe von Einstellungsergebnissen kaum von ihren zivilen Altersgenossen unterscheiden – wobei Geschlecht und Rasse eine größere Erklärungskraft haben als die institutionelle Zugehörigkeit (Ender et al. 2014). Wir gehen jedoch davon aus, dass die strenge Organisationsstruktur und -kultur an der Militärakademie des Bundes die Nutzung sozialer Medien und ihre Befriedigung beeinflussen und dazu führen, dass diese Kadettinnen und Kadetten über andere Muster von Einstellungen, Verhaltensweisen und Erfahrungen berichten als ROTC-Kadetten und zivile Gleichaltrige, die zivile Colleges und Universitäten besuchen und in ihren täglichen Aktivitäten relativ autonom sind. In Anbetracht der Tatsache, dass diese jungen Studierenden die nächste Generation von Führungskräften in der Regierung, der Wirtschaft und im öffentlichen Leben sind, glauben wir, dass dies einige der wichtigsten Bereiche sind, die an der Schnittstelle von Militär und sozialen Medien erforscht werden müssen.

2   Methode

Die Analyse basiert auf Umfragedaten, die im Rahmen der Studie „Generation Z: Cadet and Civilian Attitudes" erhoben wurden.[3] Ziel der Studie ist es, eine Datenbank über die Einstellungen eines bestimmten Segments der US-Bevölkerung zu erstellen – Kadettinnen und Kadetten der Militärakademien, ROTC-Kadetten und Kadettinnen und zivile College-Studierende, die Generation Z benannt werden.[4] In

---

[3] Die vorangegangene Studie ist unter der Bezeichnung Bi-Annual Attitude Survey of Students (BASS) bekannt. Die GENZ-Studie ist eine Fortsetzung der vorherigen Studie mit neuen und aktualisierten Fragen – insbesondere Fragen zu sozialen Medien, die in der BASS-Studie nicht gestellt wurden (Ender et al. 2014).

[4] Militärakademien sind allumfassende und exklusive Internate auf Universitätsniveau, in denen alle Kadetten und Kadettinnen gemeinsam leben, arbeiten und lernen. In den Vereinigten Staaten gehören dazu die United States Military Academy in West Point, NY, die United States Air Force Academy in Colorado Springs, CO, die United States Naval Academy in Annapolis, MD, und die United States Coast Guard Academy in New London, CT. Das Reserve Officer Training Corps (ROTC) ist eine weitere Quelle für den Offiziersnachwuchs. Die Officer Candidate School (OCS) und die direkte Indienststellung sind zwei weitere Quellen. Sie bestehen aus Universitäts- oder College-Studierenden, die zivile Uni-

der breit angelegten Studie werden zunächst die Einstellungen zu einer Reihe von Bereichen untersucht, die mit dem militärischen Leben in Verbindung stehen, wie z. B. militärische Professionalität, Beziehungen zwischen Zivilpersonen und Militär, die Rolle des Militärs, die Rolle der Frauen im Militär sowie Fragen zu sozialen Medien und anderen sozialen Themen. Zweitens vergleichen wir alle drei Gruppen hinsichtlich der wichtigsten sozialen Probleme, mit denen ihre Generation und die Nation konfrontiert sind. Schließlich vergleichen wir die Einstellungen von Kadettinnen und Kadetten an Militärakademien, ROTC-Kadetten und Kadettinnen und zivilen College-Studierenden.

In diesem Beitrag untersuchen wir unsere Fragen zu den sozialen Medien und stellen erste Analysen dazu bereit. Es handelt sich um eine fortlaufende Studie, bei der jedes Semester (zweimal pro Jahr) Daten von 100–200 Personen aus jeder der drei Zielgruppen – Militärs, ROTC- und zivile College-Studierende – erhoben werden. Wir verwenden eine Verfügbarkeitsstichprobe. Kadetten und Kadettinnen und Zivilpersonen erhalten eine E-Mail mit einem Online-Link zur Umfrage und nehmen auf freiwilliger Basis teil. Die Umfrage ist vertraulich, anonym und privat.

Über einen Zeitraum von vier akademischen Semestern zwischen Herbst 2017 und Frühjahr 2019 haben wir als Teil einer größeren Umfrage eine Teilstichprobe von Studierenden und Kadetten/Kadettinnen (N = 960) mit 593 Teilnehmern von einer einzelnen Militärakademie, 208 Kadetten des Reserve Officers' Training Corps (ROTC) an mehreren Standorten und 159 zivilen College-Studierende an mehreren Standorten erhalten. Der typische Student der Militärakademie-Stichprobe ist männlich, weiß, neunzehn Jahre alt oder jünger, politisch rechts orientiert, christlich und im ersten Studienjahr (Freshman). Die ROTC-Kadetten und Kadettinnen kommen der Demografie der Studierenden der Militärakademien sehr nahe. Zivile College-Studierende weisen eine weitaus größere Vielfalt auf: ein breiteres Altersspektrum, einen höheren Frauenanteil und repräsentativere Verteilung in Bezug auf Rasse und ethnische Herkunft.

2.1 Maßnahmen

Unsere Analysen basieren auf zahlreichen webbasierten Umfragen zum Thema soziale Medien, bei denen geschlossene Likert-Skalen zum Einsatz kommen. Wir konzentrieren uns auf drei verschiedene Bereiche. Erstens enthalten die Fragen Items zur zeitlichen Nutzung, wie z. B.: Wie viel Zeit verbringen Sie mit der akti-

---

versitäten in den Vereinigten Staaten besuchen, an der militärischen Ausbildung auf dem Campus teilnehmen, aber mit ihren zivilen Kommilitonen zusammenleben und studieren.

ven Nutzung sozialer Medien? Nutzen Sie die sozialen Medien mehr oder weniger, als Sie beabsichtigen? Wir stellen Fragen zu den Auswirkungen auf den Unterricht, z. B.: Lenkt Sie die Nutzung sozialer Medien während des Unterrichts vom Unterrichtsinhalt ab? Wie oft nutzen Sie soziale Medien, während Sie an akademischen Hausaufgaben arbeiten? Inwieweit dauern die Hausaufgaben aufgrund des Störfaktors durch sozialen Medien länger? Zweitens gibt es mehrere Fragen, die sich auf die negativen Aspekte der sozialen Medien konzentrieren und danach fragen, ob man im Laufe seines Studiums Ziel von Cybermobbing, öffentlicher Beschämung und Trolling wurde oder nicht. Schließlich stellen wir eine Reihe von Fragen zu Zensur und Ängsten in Zusammenhang mit der Nutzung sozialer Medien, wie z. B.: Wie oft zensieren Sie sich selbst, wenn Sie Ihre eigenen Inhalte in sozialen Medien veröffentlichen? Wie oft zensieren Sie sich selbst, wenn Sie auf Beiträge anderer Personen in sozialen Medien antworten? Wie besorgt sind Sie über die Möglichkeit, in Zukunft Ziel von Cybermobbing, öffentlicher Beschämung und/oder Trolling in sozialen Medien zu sein?

2.2 Analyseplan

Unsere Analysen konzentrieren sich auf bivariate Häufigkeitsverteilungen der im vorangegangenen Abschnitt beschriebenen zentralen Ergebnisvariablen für unsere drei verschiedenen Gruppen – Akademiekadetten (n = 593), ROTC-Kadetten (n = 208) und zivile College-Studierende (n = 159).[5]

3 Ergebnisse

Die Studierenden der drei Gruppen berichteten über signifikante Unterschiede in der Zeit, die sie pro Tag mit sozialen Medien verbringen (einseitige ANOVA, F = 57.769, p < 0,001). Am unteren Ende (keine Tabelle) verbringen die Kadetten und Kadettinnen der Militärakademie im Durchschnitt 1,87 Stunden pro Tag mit sozialen Medien (s. d. = 1,68). ROTC-Kadetten und Kadettinnen geben an, täglich 2,62 Stunden mit sozialen Medien zu verbringen (s. d. = 2,57), mehr als eine Dreiviertelstunde länger als ihre Kommilitonen an Militärakademien. Am oberen Ende der Verteilung geben zivile Studierende im Durchschnitt 4,08 Stun-

---

[5] Die N-Werte der Gruppen bleiben bei jeder Frage stabil, mit nicht mehr als 1–4 Antwortunterschieden aufgrund fehlender Werte bei jeder Frage.

den pro Tag für soziale Medien an (s. d. = 3,40), was mehr als doppelt so viel ist wie die durchschnittliche Zeit, die von den Kadetten und Kadetinnen der Militärakademie angegeben wird.

Zusätzlich zu den Angaben über die Anzahl der Stunden pro Tag, die mit sozialen Medien verbracht wurden, teilten die Studierenden und Kadetten auch mit, wie diese Zeit mit der von ihnen beabsichtigten Zeitspanne zusammenhängt, die sie mit sozialen Medien verbringen (Tab. 1). Die Analyse bestätigt signifikante Gruppenunterschiede zwischen der beabsichtigten und der tatsächlich mit sozialen Medien verbrachten Zeit (Chi-Quadrat = 26.913, $p < 0,05$). Einer von fünf zivilen Studierenden gab an, deutlich mehr Zeit als beabsichtigt mit sozialen Medien zu verbringen. Kadettinnen und Kadetten an Militärakademien und ROTC-Kadetten und Kadettinnen gaben mit 8,8 % bzw. 10,6 % eine wesentlich geringere Nutzung sozialer Medien an, die deutlich über ihren Absichten lag. Während bei den zivilen Studierenden die Zeit, welche sie für soziale Medien aufwenden, die eignenen Erwartungen übersteigt, liegt diese bei den beiden anderen Gruppen auf dem Niveau „genau dem richtigen Maß an Zeit". Ungefähr ein Viertel der Kadetten und Kadettinnen an Militärakademien und ROTC-Kadetten gaben an, genau das richtige Maß an Zeit mit sozialen Medien zu verbringen, während nur 16,4 % der zivilen Studierenden dieses Maß an Nutzung angeben. Der Vergleich der Nutzung sozialer Medien im Verhältnis zu den Erwartungen ist bei den anderen Nutzungsebenen zwischen den drei Gruppen wesentlich harmonischer. Ein sehr geringer Prozentsatz jeder Gruppe nutzt soziale Medien weniger als beabsichtigt oder verzichtet ganz auf soziale Medien. Es ist nicht zu übersehen, dass weniger als 5 % jeder Gruppe angaben, soziale Medien überhaupt nicht zu nutzen – soziale Medien sind also in unseren Stichproben sehr stark verbreitet.

Die Erfahrungen der Kadetten und Kadettinnen und Studierenden mit sozialen Medien und ihre Auswirkungen auf die akademischen Leistungen sind in Tab. 2 auf-

Tab. 1 Gruppenvergleich des Zeitaufwands für die aktive Nutzung sozialer Medien im Verhältnis zu den Erwartungen[a]

	Akademie	ROTC	Zivilpersonen
Deutlich mehr Zeit, als ich beabsichtige	8,8 %	10,6	20,4
Viel mehr Zeit, als ich vorhabe	19,4	15,7	21,7
Etwas mehr Zeit als beabsichtigt	38,8	37,9	37,5
Genau die richtige Menge an Zeit	23,2	25,3	16,4
Etwas weniger, als ich beabsichtige	2,2	2,0	0,7
Viel weniger als beabsichtigt	1,4	1,0	0,0
Deutlich weniger Zeit, als ich beabsichtige	2,2	2,0	1,3
Ich nutze keine sozialen Medien	4,0	5,6	2,0

[a]Chi-Quadrat = 26.913, $p < 0,05$

Tab. 2 Pädagogische Auswirkungen der Nutzung sozialer Medien unter Studierenden

		Akademie	ROTC	Zivile
Im letzten Jahr habe ich während des Unterrichts soziale Medien genutzt und wurde dadurch vom Unterrichtsinhalt abgelenkt.[a]	Nie	33,6 %	23,3	19,7
	Selten	25,2	25,1	19,1
	Manchmal	29,1	35,0	36,3
	Oft	9,9	11,8	16,6
	Sehr oft	2,2	4,9	8,3
Die Erledigung der Hausaufgaben dauert aufgrund der Aufdringlichkeit der sozialen Medien länger.[b]	Stimmt überhaupt nicht zu	2,6	5,1	0,7
	Stimmt nicht zu	5,8	8,1	10,6
	Eher nicht einverstanden	5,3	9,1	7,9
	Weder zustimmen noch nicht zustimmen	11,5	12,2	11,3
	Eher zustimmen	28,8	25,9	19,2
	Zustimmen	25,4	19,3	26,5
	Stimme voll und ganz zu	20,6	20,3	23,8

[a]Chi-square = 33.694, $p < 0,01$
[b]Chi-square = 21.843, $p < 0,05$

geführt. Etwa ein Drittel der Kadetten an der Akademie gab an, im Unterricht nie durch soziale Medien abgelenkt worden zu sein. Der Anteil der ROTC-Kadetten und Kadettinnen, die angaben, nie abgelenkt worden zu sein, ist deutlich geringer (23,3 %), und der Anteil der Zivilpersonen ist noch geringer (19,7 %). Das Muster der zunehmenden Ablenkung zeigt, dass Akademie- und ROTC-Kadetten zwischen einem Viertel und einem Drittel der Befragten in den drei am wenigsten häufigen Ablenkungskategorien liegen, während zivile Studierende in den Kategorien „nie" und „selten" unter 20 % fallen und in der Kategorie „manchmal" einen Spitzenwert von 36 % erreichen. Zivilpersonen gaben auch einen viel höheren Anteil bei „oft" und „sehr oft" an; insgesamt ein Viertel der Befragten. Im Vergleich dazu meldeten nur etwas mehr als 10 % der Kadettinnen und Kadetten an der Akademieund die Kadetten des ROTC 17 % diese höchsten Werte der Ablenkung während des Unterrichtes. Diese Ergebnisse stellen signifikante Unterschiede zwischen den zivilen und militärischen Gruppen dar (Chi-Quadrat = 33.694, $p < 0,01$).

Bei der Frage, inwieweit die Erledigung der Hausaufgaben aufgrund der Aufdringlichkeit sozialer Medien länger dauert, wird eine größere Parität zwischen den Gruppen beobachtet, obwohl die Ergebnisse weiterhin signifikante Gruppenunterschiede anzeigen (Tab. 2; Chi-Quadrat = 21.843, $p < 0,05$). Mehr als 20 % der Befragten in jeder Gruppe stimmten dieser Aussage voll und ganz zu.

Etwa ein Fünftel bis ein Viertel der Befragten in jeder Gruppe stimmte dieser Aussage ebenfalls zu oder stimmte ihr leicht zu, wobei der Anteil der Militärs etwas höher war als der ihrer ROTC- und zivilen Kommilitonen. Am anderen Ende der Verteilung gaben 2,6 % der Akademiekadetten und -kadettinnen und 5,1 % der ROTC-Kadetten und Kadetinnen an, dass soziale Medien sie nie von ihren Hausaufgaben ablenken, während weniger als 1 % der zivilen Studierenden angaben, dass sie bei der Erledigung ihrer Hausaufgaben nicht von sozialen Medien abgelenkt werden. Insgesamt gaben mehr als zwei Drittel der Befragten aller Gruppen an, dass soziale Medien sie in gewissem Maße bei ihren Hausaufgaben stören. Das Muster zeigt, dass zivile Studierende soziale Medien bei der Erledigung ihrer akademischen Arbeit am meisten als störend empfinden, gefolgt von ROTC-Kadetten und dann von Akademiekadetten.

Die Erfahrungen damit, als Studierender Ziel von öffentlichem Beschimpfen, Cybermobbing und/oder Trolling zu sein, sind in Tab. 3 dargestellt. Die Ergebnisse zeigen, dass diese Erfahrungen zwar relativ selten sind, aber zwischen 10 und 20 % der Befragten aus jeder Gruppe warhscheinlichen negativen Erfahrungen mit sozialen Medien bei Cybermobbing und/oder Trolling. Von den zivilen Studierenden gaben 11,2 % an, öffentlich beleidigt worden zu sein, während 8,6 % berichteten, als Studierende im Internet gemobbt worden zu sein. Diese Werte sind mehr als doppelt so hoch wie der Anteil der Akademie- und ROTC-Kadetten und Kadettinnen, die angaben, Ziel dieser Verhaltensweisen in den sozialen Medien gewesen zu sein (Chi-Quadrat für Scham = 13.459, $p < 0{,}01$; Cyberbullying Chi-Quadrat = 20.017, $p < 0{,}01$). Die Ergebnisse für Trolling deuten darauf hin, dass zwar Unterschiede beobachtet werden, sich die drei Gruppen aber nicht signifikant von-

Tab. 3 Erfahrungen der Studierenden mit den Schattenseiten der sozialen Medien: öffentliche Beschämung, Cybermobbing und Trolling

		Akademie	ROTC	Zivilist
Ich bin als Studierender ein Opfer von öffentlichem Schamgefühl über soziale Medien geworden.[a]	Ja	4,3 %	3,5	11,2
	Nein	88,9	89,4	80,9
	Vielleicht	6,9	7,1	7,9
Ich bin als Studierender Opfer von Cybermobbing geworden.[b]	Ja	2,9	3,0	8,6
	Nein	90,5	94,9	82,2
	Vielleicht	6,5	2,0	9,2
Ich bin als Studierender Opfer von Trolling geworden.[c]	Ja	4,5	8,1	7,9
	Nein	89,2	86,9	84,2
	Vielleicht	6,3	5,1	7,9

[a]Chi-Quadrat = 13.459, $p < 0{,}01$
[b]Chi-Quadrat = 20.017, $p < 0{,}01$
[c]Chi-square = 6213, NS

einander unterscheiden (Chi-Quadrat = 6213, NS). ROTC-Kadetten und Zivilpersonen sind sich ähnlicher: 8,1 % bzw. 7,9 % gaben an, Opfer dieses Verhaltens gewesen zu sein. 4,5 % der Militärs gaben an, Trolling erlebt zu haben, nur die Hälfte gegenüber den zwei anderen Gruppen. Im Allgemeinen scheinen zivile Studierende am ehesten, Militärstudierende hingegen am wenigsten von diesen negativen Auswirkungen sozialer Medien betroffen zu sein.

Unser letzter Analysesatz konzentrierte sich auf drei Zensur- und Angst-Items in Zusammenhang mit sozialen Medien (Tab. 4). Die geringfügigen Unterschiede, die zwischen den Gruppen für diese Ergebnisvariablen beobachtet wurden, erreichten keine Signifikanz. Mehr Kadetten und Kadettinnen der Akademie (40,9 %) und des ROTC (42,3 %) als zivile Studierende (33,3 %) gaben an, dass sie sich „immer" zensieren, wenn sie in sozialen Medien posten. Umgekehrt geben Zivilpersonen (20,6 %) häufiger an, ihre eigenen Beiträge nur „manchmal" zu zensie-

Tab. 4 Gruppenvergleiche zu Zensur und Ängsten in Zusammenhang mit sozialen Medien unter Studierenden

		Akademie	ROTC	Zivile
Wie sehr zensieren Sie sich selbst, wenn Sie in sozialen Medien posten, weil Sie sich Sorgen machen, wie andere auf Sie reagieren oder Sie sehen könnten?[a]	Immer	40,9 %	42,3	33,3
	Meistens	30,8	26,9	27,0
	Etwa die Hälfte der Zeit	7,6	6,0	9,9
	Manchmal	15,5	14,8	20,6
	Nie	5,3	9,9	9,2
Wie sehr zügeln Sie sich selbst, wenn Sie anderen in sozialen Medien antworten, weil Sie sich Sorgen machen, wie andere auf Sie reagieren oder Sie sehen könnten?[b]	Immer	39,7	43,3	33,1
	Meistens	30,2	25,4	30,3
	Etwa die Hälfte der Zeit	8,4	6,6	9,9
	Manchmal	14,5	14,4	20,4
	Nie	7,3	10,5	6,3
Inwieweit sind Sie besorgt, in Zukunft Opfer von Trolling, Mobbing oder öffentlicher Beschimpfung zu werden, weil Sie in den sozialen Medien präsent sind?[c]	Immer	5,4	4,3	8,0
	Meistens	5,2	3,8	5,1
	Etwa die Hälfte der Zeit	6,1	4,3	10,1
	Manchmal	18,6	22,6	26,1
	Nie	64,7	65,1	50,7

[a]Chi-Quadrat = 11.908, NS
[b]Chi-Quadrat = 9204, NS
[c]Chi-Quadrat = 12.505, NS

ren, als Militärs (15,5 %) und ROTC Studierende (14,8 %). Fast 10 % der Zivilpersonen und der ROTC-Kadetten gaben an, dass sie ihre Beiträge in sozialen Medien „nie" zensieren, was fast doppelt so hoch ist wie bei den Kadettinnen Kadetten der Akademie (5,3 %).

Bei der Frage, wie oft man sich selbst zensiert, wenn man auf den Beitrag eines anderen in den sozialen Medien antwortet, zeigt sich im Wesentlichen das gleiche Muster wie bei der Selbstzensur. Kadetten und Kadettinnen der Akademie und des ROTC gaben an, dass sie sich „immer" selbst zensieren, wenn sie anderen antworten (39,7 % bzw. 43,3 %), verglichen mit Zivilpersonen, die mit 33,1 % auf diesem Niveau der Selbstzensur zurückbleiben. ROTC-Studierende (10,5 %) hatten den höchsten Anteil an Personen, die angaben, dass sie „nie" selbstzensieren, wenn sie auf Beiträge anderer in sozialen Medien antworten, gefolgt von 7,3 % der Militärs und nur von 6,3 % der zivilen Studierenden. Diese Ergebnisse deuten darauf hin, dass Mitglieder des ROTC sich in ähnlichem Maße konsequent weigern, ihre eigenen Beiträge zu zensieren und auf die anderer zu antworten. Akademische Kadetten und Kadettinnen sind etwas wahrscheinlicher „nie" selbstzensiert, wenn sie auf Beiträge antworten, als bei ihren eigenen Beiträgen, während das Gegenteil für Zivilpersonen zutrifft.

Die Antworten auf die Frage, wie besorgt die Befragten darüber sind, in Zukunft Opfer von Trolling, Cybermobbing oder öffentlicher Beschämung in den sozialen Medien zu werden, zeigen ein allgemein geringes Maß an Besorgnis in allen Gruppen (Tab. 4). Fünfundsiebzig bis fast 90 % der Befragten in den drei Gruppen gaben an, sich entweder „nie" oder nur „manchmal" besorgt zu fühlen. Sowohl die Kadettinnen und Kadetten der Akademie als auch die ROTC-Mitglieder berichteten im Wesentlichen über ein ähnliches Ausmaß an Angst, in den sozialen Medien zur Zielscheibe zu werden, wobei zwei Drittel angaben, „nie" Angst zu haben, und etwa ein Fünftel, „manchmal" Angst zu haben. Umgekehrt gab nur die Hälfte der zivilen Studierenden an, „nie" Angst davor zu haben, in sozialen Medien angegegriffen zu werden, und ein weiteres Viertel gab an, „manchmal" Angst zu haben. Was die Angststufen „etwa die Hälfte der Zeit", „meistens" und „immer" betrifft, gaben die Kadetten und Kadettinnen der Akademie und des ROTC jeweils zu 4–6 % an, während Zivilpersonen jeweils zwischen 5 und 10 % angaben.

Zusammengefasst zeigen diese Ergebnisse ein allgemeines Muster, bei dem Kadetten und Kadettinnen der Akademie und des ROTC ein höheres Maß an Selbstzensur in sozialen Medien angeben als zivile Studierende, wobei alle Gruppen ein hohes Maß an Selbstzensur angeben. Darüber hinaus berichteten Zivilpersonen über eine etwas größere Angst, in den sozialen Medien getrollt, schikaniert oder beleidigt zu werden – obwohl alle Gruppen eine starke Mehrheit haben, die keine oder nur minimale Angst angibt.

4 Implikationen und Schlussfolgerung

In diesem Artikel leisten wir einen Beitrag zu der entstehenden Literatur über die Nutzung sowie die positiven und negativen Folgen der Nutzung sozialer Medien unter Universitätsstudierenden in den Vereinigten Staaten, wobei wir uns besonders auf den Vergleich von zivilen Studierenden mit ihren Kommilitonen des ROTC und der Militärakademie konzentrieren. Diese drei Gruppen ermöglichen es uns, zivil-militärische Unterschiede in einer Reihe von (nicht-)militärischen Kontexten zu untersuchen – und zwar über relative institutionelle Gesamtkontexte hinweg.

Die hier vorgestellte Studie liefert einige vorläufige Analysen der univariaten Ergebnisse. Insgesamt scheint es eine Kluft zwischen Zivilpersonen und Militärs zu geben, wenn es um die Nutzung sozialer Medien und deren Vorteile unter (nicht-)militärischen US-Studierenden geht, wobei soziale Medien für Zivilpersonen nachteiliger sind als für Kadetten und Kadettinnen an der Militärakademie. Dennoch sind praktisch alle Studierende von den sozialen Medien betroffen, und alle Gruppen sind sich über die Zukunft der sozialen Medien einig.

Eine differenziertere Betrachtung zeigen sieben wichtige Erkenntnisse aus unserer Studie. Erstens: Je ziviler, desto mehr Stunden werden täglich mit sozialen Medien verbracht. Zweitens: Je ziviler, desto mehr Zeit wird mit sozialen Medien verbracht, als eigentlich beabsichtigt/gewünscht wird. Drittens, je ziviler, desto höher ist die Ablenkung durch soziale Medien im Unterricht. Viertens: Je ziviler, desto mehr werden die Studierenden bei der Erledigung ihrer Hausaufgaben durch soziale Medien abgelenkt. Fünftens: Je ziviler die Studierenden, desto mehr Erfahrungen haben sie mit den Schattenseiten der sozialen Medien gemacht, wie z. B. öffentliche Beschimpfung, Cybermobbing und Trolling. Sechstens: Je ziviler, desto weniger Selbstzensur gibt es in Bezug auf Beiträge in den sozialen Medien. Schließlich teilen alle drei Gruppen *ähnliche* Gefühle, wenn es darum geht, in Zukunft Opfer der negativen Seiten der sozialen Medien zu werden, wobei die Zivilpersonen etwas größere Ängste zeigen. Die vorläufigen Ergebnisse zeigen also einen Unterschied zwischen Zivilisten und Zivilistinnen und Militärs: je ziviler, desto stärker sind die sozialen Medien im Leben der Studierenden präsent. Anders ausgedrückt: Je militärischer eine Person ist, desto weniger durchdringend sind die sozialen Medien in ihrem Alltag.

Die soziologische Frage lautet also: Was ist der Grund für die Nutzung sozialer Medien im Leben von Studierenden des Militärs? Zunächst einmal könnte die soziale Struktur eine Rolle spielen. Die Lebenswelt von Kadetten und Kadettinnen an Militärakademien und – etwas weniger, aber sicherlich mehr als die von Zivilpersonen – von ROTC-Kadetten und Kadettinnen ist strukturell anspruchsvoller, sowohl im Alltag als auch während des gesamten Studiums. Die Einrichtungen der Militärakademien sind im Vergleich zu zivilen Universitäten nach wie vor eher totalitär (Goffman 1961). So haben alle Personen anstrengendere akademische, körperliche und militärische Anforderungen zu erfüllen als die meisten zivilen Studierenden (was nicht heißen soll, dass es keine Studierende mit sehr anspruchsvollen Tagesabläufen gibt, wie z. B. Voll- und Teilzeitarbeit, familiäre Verpflichtungen, sportliche Anforderungen und strenge Kurse, die entweder selbst und/oder von außen vorgegeben werden). Alle Kadetten sind Vollzeitstudierende mit voller Anwesenheitspflicht und weniger Wahlmöglichkeiten bei den Lehrplänen – ausgerichtet auf einen Abschluss in acht Semestern/47 Monaten – und alle haben sportliche und militärische Verpflichtungen und Anforderungen. Darüber hinaus haben die Kadettinnen und Kadetten ein von der gesamten Institution vorgegebenes, sozial eingeschränktes Leben, wie z. B. eingeschränkte Privilegien auf dem Campus und tägliches Lichtausschalten um 23 Uhr in den Schlafsälen, in denen alle Studierende wohnen. Da Zeit ein Nullsummenspiel ist – es gibt nur so viele Stunden am Tag – können Kadetten und Kadettinnen einfach nicht die gleiche Auszeit finden wie ihre zivilen Altersgenossen, die relativ mehr Autonomie haben, um Zeit in den sozialen Medien zu verbringen, nachdem sie die Anforderungen der Institution erfüllt haben.

Eine andere Erklärung könnte subkultureller Natur sein. Kadettinnen und Kadetten, die sich für das Militär entscheiden, haben möglicherweise eine andere kulturelle Veranlagung als ihre zivilen Altersgenossen – sie sind möglicherweise weniger zu soziale Medien und die beliebten zivilen kulturellen Trends hingezogen als Zivilpersonen. Auf diese Weise repräsentieren die Kadettinnen und Kadetten ein Ethos und eine Subkultur der amerikanischen Gesellschaft, die weniger Interesse am Verbringen von Zeit auf sozialen Medien hat.

Zukünftige Forschungen sollten diese Themen mit einem größeren multivariaten Fokus angehen. Erstens könnte die Frage gestellt werden, ob es Untergruppen gibt, die unterschiedlich stark von der Nutzung sozialer Medien betroffen sind. Frühere Forschungen haben ergeben, dass Geschlecht und Politik bessere Prädiktoren für die Einstellung sind als der Grad der militärischen Zugehörigkeit in diesen Gruppen (Ender et al. 2014, 2016; Laurence et al. 2017; Matthews et al. 2009; Rohall et al. 2006). Könnte dies auch für soziale Medien gelten, wo die militärische Zugehörigkeit zunehmend an Bedeutung verliert, wenn wichtigere Variablen kontrolliert werden? Gibt es letztlich Untergruppen, die soziale Medien missbräuchlich nutzen?

Zweitens stellt sich die Frage, wie soziale Medien mit persönlicher Befriedigung und psychischen Gesundheitsergebnissen zusammenhängen. Die Forschung legt nahe, dass die Bildschirmzeit negativ mit der psychischen Gesundheit korreliert. Zum Beispiel konstatiert Twenge (2017), dass je mehr Zeit am Bildschirm verbracht wird, desto mehr junge Menschen über psychische Probleme wie Depressionen, Einsamkeit und Suizidgedanken und andere negative Folgen für die psychische Gesundheit berichten. In unserer Studie haben wir Messwerte für das Selbstwertgefühl, die Lebenszufriedenheit und das allgemeine Wohlbefinden erhoben.

Schließlich weisen unsere Daten mehrere Einschränkungen auf. Zum einen beschränken sich die Daten für alle drei Gruppen auf Zufalls-/Verfügbarkeitsstichproben, was bedeutet, dass die Verallgemeinerbarkeit hier begrenzt ist. Zum anderen stellen unsere Daten nur einen Zeitpunkt dar. Wir müssen diese Nutzung sozialer Medien weiter beobachten, wenn der Verzicht auf soziale Medien nicht die Norm ist (Smith und Anderson 2019), wobei zu bedenken ist, dass eine unverhältnismäßig große Anzahl von Kadetten und Kadettinnen sowohl an der Akademie als auch beim ROTC aus dem zivilen Sektor kommt. Werden die jüngeren Generationen, die sich im Umgang mit tragbaren Technologien immer wohler fühlen und die Technologie selbst immer effizienter wird (z. B. Apple Watches), eine andere Nutzung an der Universität erfahren? Außerdem beruhen die Daten auf Selbstauskünften über die Nutzung sozialer Medien und die damit gemachten Erfahrungen. Alle drei Gruppen von Studierenden könnten ein wahrgenommenes soziales Problem/eine Sucht wie die Nutzung sozialer Medien untertreiben und/oder Probleme mit Cybermobbing oder Belästigung leugnen. In der Tat könnte es sogar nuancierte Unterschiede zwischen den drei Gruppen in ihrer Selbsteinschätzung geben. Dennoch bieten die Ergebnisse einige vorläufige empirische Einblicke in die drei Gruppen und ihre Nutzung der sozialen Medien.

Was die Implikationen betrifft, so können wir in diesem vorläufigen Stadium zwei Vorschläge machen. Erstens: Was können zivile Einrichtungen von Militärakademien lernen, um die Beschäftigung mit sozialen Medien unter zivilen Studierenden strukturell zu reduzieren? Zweitens: Welche Arten von Initiativen könnten umgesetzt werden, um alle Studierende und Kadettinnen und Kadetten zur Selbstregulierung zu erziehen? Beispielsweise könnten die Daten aus der vorliegenden Studie den Studierenden zur Verfügung gestellt werden, um sie über ihre Nutzung zu informieren und ihnen bei ihren persönlichen Zeitmanagementfähigkeiten zu helfen. In dieser Hinsicht bietet beispielsweise Google eine technologische Lösung für die Nutzung sozialer Medien: Die Google Analytics-App für Smartphones bietet tägliche und wöchentliche Analysen der Handynutzung und des Verhaltens, einschließlich Absprungraten, Seitenaufrufe, Seiten und Sitzungen.

Soziale Medien sind in unseren Stichprobengruppen allgegenwärtig – weniger als 5 % jeder Gruppe geben an *keine* sozialen Medien zu nutzen. Soziale Medien werden bleiben, zumindest in der unmittelbaren Zukunft (Smith und Anderson 2019). Ihre Allgegenwart dringt in das Leben von Studierenden und Kadetten ein und beeinträchtigt ihre Fähigkeit, sich zu fokussieren und zu konzentrieren sowie Ängste zu erzeugen – Ängste, die Studierende nicht brauchen, um den ohnehin schon großen Stress, den das Studium mit sich bringt, noch zu verstärken. Darüber hinaus ist die exzessive Nutzung sozialer Medien möglicherweise kein produktiver Präzedenzfall für Personen als berufstätige Bürgerinnen und Bürger und zukünftige Führungskräfte sowohl in der militärischen als auch in der zivilen Gesellschaft.

Literatur

Anderson M (2018) A majority of teens have experienced some form of cyberbullying. Pew Research Center. https://www.pewinternet.org/2018/09/27/a-majority-of-teens-have-experienced-some-form-of-cyberbullying/. Zugegriffen am 11.05.2023

Bell DB, Schumm WR, Scott B, Ender MG (1999) The desert FAX: calling home from Somalia. Armed Forces Soc 25(3):509–521

Bercovici J (2010) Who coined 'social media'? Web pioneers compete for credit. Forbes (December 9). https://www.forbes.com/sites/jeffbercovici/2010/12/09/who-coined-social-media-web-pioneers-compete-for-credit/#1b3e9dc51d52. Zugegriffen am 11.05.2023

boyd D (2007) Why youth (heart) social network sites: the role of networked publics in teenage social life. In: Buckingham D (Hrsg) MacArthur Foundation series on digital learning – youth, identity, and digital media volume. MIT Press, Cambridge, MA

boyd D, Ellison NB (2007) Social network sites: definition, history, and scholarship. J Comput Mediat Commun 13(1):210–230

Common Sense Media (2015) The common sense census: media use by tweens and teens. https://www.commonsensemedia.org/research/the-common-sense-census-media-use-by-tweens-and-teens. Zugegriffen am 25.06.2019

Danesi M (2019) Popular culture: introductory perspectives, 4. Aufl. Rowman and Littlefield, Lanham

Dempsey M, Brafman O (2018) Radical inclusion: what the post-9/11 world should have taught us about leadership. Missionday, Berkeley, CA

Dimock M (2019) Defining generations: where millennials end and generation Z begins. https://www.pewresearch.org/facttank/2019/01/17/where-millennials-end-and-generation-z-begins/. Zugegriffen am 11.05.2023

Ender MG (1995) G.I. phone home: the use of telecommunications by the soldiers of operation just cause. Armed Forces Soc 21(3):335–334

Ender MG (2005) Divergences in traditional and new communication media use among army families. In: Ouellet E (Hrsg) New directions in military sociology. de Sitter Publications, Whitby, S 255–295

Ender MG (2009) American soldiers in Iraq: McSoldiers or innovative professionals? Rout-ledge, New York/London

Ender MG, Segal DR (1996) V(E)-mail to the foxhole: isolation, (tele)communication, and forward deployed soldiers. J Polit Mi Sociol 24(1):83–104

Ender MG, Segal DR (1998) Cyber-soldiering: race, class, gender and new media use in the military. In: Ebo B (Hrsg) Cyberghetto or cybertopia: race, class, and gender on the inter-net. Praeger Publishers, Westport, S 65–82

Ender MG, Rohall DE, Matthews MD (2014) The millennial generation and national de-fense: attitudes of future military and civilian leaders. Palgrave Pivot, Basingstoke/New York

Ender MG, Rohall DE, Matthews MD (2016) Cadet and civilian undergraduate attitudes to-ward transgender people: a research note. Armed Forces Soc 42(2):427–435

Fox J, Moreland JJ (2014) The dark side of social networking sites: an exploration of the relational and psychological stressors associated with Facebook use and affordances. Comput Hum Behav 45:168–176

Gergen KJ (1991) The saturated self. Basic Books, New York

Goffman E (1961) Asylums: essays on the social situation of mental patients and other inma-tes. Anchor Books, New York

Gray CH (1997) Postmodern war: the new politics of conflict. Guilford Press, New York

Gray CH, Gordo ÁJ (2014) Social media in conflict comparing military and social-movement technocultures. Cult Polit 10(3):251–261

Hellman M (2015) Milblogs and soldier representations of the Afghanistan War: the case of Sweden. Media War Conflict 9(1):43–57

Hellman M, Wagnsson C (2013) New media and the war in Afghanistan: the significance of blogging for the Swedish strategic narrative. New Media Soc 17(1):6–23

Hellman M, Olsson E-K, Charlotte Wagnsson C (2016) EU armed forces' use of social media in areas of deployment. Media Commun 4(1):51–62

Kuntsman A, Stein RL (2015) Digital militarism: Israel's occupation in the social media age. Stanford University Press, Stanford

Laurence JH, Milavec BL, Rohall DE, Ender MG, Matthews MD (2017) Predictors of sup-port for women in military roles: military status, gender, and political ideology. Milit Psychol 28(6):488–497. http://www.apa.org/pubs/journals/mil/index.aspx. Zugegriffen am 11.05.2023

Lawson S (2014) The US military's social media civil war: technology as antagonism in dis-courses of information-age conflict. Camb Rev Int Aff 27(2):226–245

Lin LY, Sidani JE, Shensa A, Radovic A, Miller E, Colditz JB, Hoffman BL, Giles LM, Pri-mack BA (2016) Association between social media use and depression among U.S. young adults. Depress Anxiety 33:323–331

Maltby S, Thornham H (2016) The digital mundane: social media and the military. Media Cult Soc 38(8):1153–1168

Matthews MD, Ender MG, Laurence J, Rohall DE (2009) Role of group affiliation and gen-der attitudes toward women in the military. Mil Psychol 21(2):241–251

Meyrowitz J (1993) No sense of pace: the impact of electronic media on social behavior. Oxford University Press, New York

Mirrlees T (2015) The Canadian Armed Forces "YouTube war": a cross-border military-social media complex. Glob Media J 8(1):71–93

Olsson E-K, Deverell E, Wagnsson C, Hellman M (2016) EU armed forces and social media: convergence or divergence? Def Stud 16(2):97–117

Poster M (1995) The second media age. Polity Press, Cambridge

Prensky M (2001) Digital natives, digital immigrants Part 1. On the Horizon 9(5):1–6

Rohall DE, Ender MG, Matthews MD (2006) The effects of military affiliation, gender, and political ideology on attitudes toward the wars in Afghanistan and Iraq. Armed Forces Soc 33(1):59–77

Schumm WR, Bell DB, Ender MG, Rice RE (2004) Expectations, use, and evaluations of communications media among deployed peacekeepers. Armed Forces Soc 30(4):649–662

Semaan B, Britton LM, Dosono B (2017) Military masculinity and the travails of transitioning: disclosure in social media. In: Proceedings of the 2017 Conference on Computer Supported Cooperative Work and Social Computing (Feb/Mar), S 387–403. https://dl.acm.org/citation.cfm?id=2998221. Zugegriffen am 11.05.2023

Sherman MD, Rudi JH, Westerhof L, Borden LM (2016) Social media communication among military spouses: review of research and recommendations for moving forward. Mil Behav Health 4(4):325–333

Silvestri LE (2015) Friended at the front: social media in the American war zone. University Kansas Press, Lawrence

Smith A, Anderson M (2019) Social media use in 2018. Pew Research Center (March 1). https://www.pewinternet.org/2018/03/01/social-media-use-in-2018/. Zugegriffen am 11.05.2023

Spies Shapiro LA, Margolin G (2014) Growing up wired: social networking sties and adolescent psychosocial development. Clin Child Fam Psychol Rev 17(1):1–18

Tait S (2008) Pornographies of violence? Internet spectatorship on body horror. Crit Stud Media Commun 25(1):91–111

Turkle S (1995) Life on the screen: identity in the age of the internet. Simon & Schuster, New York

Twenge J (2006) Generation me: why today's young Americans are more confident, assertive, entitled – and more miserable than ever before. Free Press, Chicago

Twenge J (2017) iGen: why today's super-connected kids are growing up less rebellious, more tolerant, less happy – and completely unprepared for adulthood – and what that means for the rest of us. Atria Books, New York/London/Toronto/Sydney/New Delhi

Verteidgungsministerium (Department of Defense) (DoD) (2017) Office of the Deputy Assistant Secretary of Defense for Military Community and Family Policy. 2017 demographics: profile of the military community

Wall M (2010) In the battle(field): the US military, blogging and the struggle for authority. Media Cult Soc 32(5):863–872

Nutzung sozialer Medien an einer U.S. Militärakademie: Wahrgenommene Auswirkungen auf Leistung und Verhalten

Sara Beth Elson, Ryan Kelty, Keith Paulson, John Bornmann und Karin K. De Angelis

Zusammenfassung

Die Auswirkungen der Nutzung sozialer Medien für die Zivilbevölkerung werden immer häufiger untersucht. Es gibt jedoch nur wenige Studien, die sich mit den möglichen Auswirkungen der Nutzung sozialer Medien für Militärangehörige befasst haben. Um diese Lücke zu schließen, befragten wir weibliche und männliche Kadetten und Lehrkräfte an einer US-amerikanischen Militärakademie. Die meisten Kadettinnen und Kadetten und Dozenten stimmten darin überein, dass Kadetten mehr Zeit mit sozialen Medien verbringen, als es ideal wäre, und die meisten befragten Dozierenden beobachteten, dass Kadetten soziale (und andere) Medien während der Vorlesungen nutzten. Sowohl die Kadetten als auch die Lehrkräfte waren sich einig, dass die Nutzung sozialer Medien die akademischen Leistungen beeinträchtigt. Die Nutzung sozialer Medien hatte jedoch auch positive Auswirkungen, da die Kadetten als Motiv für die Nutzung dieser Medien den Kontakt zum Freundeskreis und zur Familie an-

S. B. Elson (✉) · K. Paulson · J. Bornmann
Die MITRE Gesellschaft, Bedford, USA
E-Mail: selson@mitre.org; kpaulson@mitre.org; jbornmann@mitre.org

R. Kelty · K. K. De Angelis
United States Air Force Academy, Colorado Springs, USA
E-Mail: ryan.kelty@usafa.edu; karin.deangelis@usafa.edu

© Der/die Autor(en), exklusiv lizenziert an Springer Nature Switzerland AG 2023   41
E. Moehlecke de Basegggio et al. (Hrsg.), *Soziale Medien und die Streitkräfte*,
https://doi.org/10.1007/978-3-031-26108-4_3

gaben. Unabhängig davon zählten die Kadetten die Social-Media-App Jodel zu ihren fünf beliebtesten Anwendungen – im Gegensatz zu Zivilpersonen. Jodel bietet Anonymität und ermöglicht es den Kadetten und Kadettinnen daher möglicherweise, kontroverse Nachrichten zu veröffentlichen, ohne Angst vor Identifizierung und Rechenschaftspflicht zu haben. Mögliche Auswirkungen dieser Ergebnisse auf die Akademie und die Streitkräfte werden diskutiert.

---

1   Einführung

Die jüngste Generation, die derzeit in die Streitkräfte und Militärakademien eintritt, ist in der digitalen Welt aufgewachsen – sie hat nie ein Leben ohne Internet gekannt. Das Pew Research Center hat die derzeitige Bevölkerung im College-Alter als „Generation Next" bezeichnet – eine Generation, die digital aktiver ist als jede vorherige Generation (Kohut et al. 2007; Madden und Jones 2002; Salaway et al. 2008). Obwohl eine wachsende Zahl von Forschungsarbeiten die Auswirkungen der Nutzung sozialer Medien unter jungen Erwachsenen, insbesondere auf die psychische Gesundheit und die schulischen Leistungen, hervorhebt, hat (nach unserem Wissen) keine frühere Forschung die möglichen Auswirkungen der Nutzung sozialer Medien auf die professionelle Bereitschaft an Militärakademien untersucht. Um diese Lücke zu schließen, haben wir in einem ersten Schritt die Nutzung sozialer Medien an einer US-amerikanischen Militärakademie sowie die möglichen Auswirkungen dieser Nutzung auf die berufliche Produktivität und Einsatzbereitschaft untersucht. Wir weisen darauf hin, dass die Ergebnisse dieser Studie auf den amerikanischen Kontext und nicht unbedingt auf den anderer Länder zutreffen.

Der am engsten verwandte Forschungskontext für die vorliegende Arbeit besteht in der Erforschung der Nutzung sozialer Medien an zivilen Universitäten und Hochschulen – und der Auswirkungen dieser Nutzung auf die akademische Leistung. Wir werden zunächst aufzeigen, was bisher aus der Forschung an zivilen Universitäten bekannt ist. Danach werden wir uns mit der Frage befassen, ob die Auswirkungen der Nutzung sozialer Medien an einer Militärakademie denen an zivilen Hochschulen ähneln. Schließlich werden wir die möglichen Auswirkungen der Nutzung sozialer Medien auf die besonderen Umstände des Militärs erörtern.

In Bezug auf Studierende an zivilen Universitäten (und Jugendliche in der Zivilbevölkerung im weiteren Sinne) zeichnen sich trotz widersprüchlicher Forschungsergebnisse bestimmte Muster ab – insbesondere die zunehmende Nutzung sozialer Medien. So führt das UCLA Higher Education Research Institute seit fast drei Jahrzehnten die Freshman Untersuchung durch, bei der Studienanfänger und -anfängerinnen befragt werden, wie viele Stunden pro Woche sie mit einer Reihe von

Aktivitäten verbringen. Von 2007 bis 2015 gab etwa ein Viertel von ihnen an, sechs oder mehr Stunden pro Woche mit sozialen Medien zu verbringen. Im Jahr 2016 stieg der Anteil der Studienanfänger und -anfängerinnen, die angaben, mindestens sechs Stunden pro Woche soziale Medien zu nutzen, jedoch sprunghaft auf 40,9 % – fast 14 Prozentpunkte höher als der vorherige Höchstwert von 27,2 %, der sowohl 2011 als auch 2014 erreicht wurde (Eagan et al. 2016). In einer anderen aktuellen Umfrage, die sich auf Jugendliche konzentrierte, stellte das Pew Research Center fest, dass 45 % der Befragten angaben, fast ständig online zu sein (Anderson und Jiang 2018) – was die Möglichkeit nahelegt, dass dies auch während des Unterrichts gilt.

Mit Blick auf die Auswirkungen der Nutzung sozialer Medien an zivilen Universitäten untersuchten Doleck und Lajoie (2018) 23 Peer-Review-Artikel aus den Jahren 2008 bis 2016 und stellten fest, dass etwa zwei Drittel der Artikel ihres Datensatzes berichteten, dass die Nutzung sozialer Medien schlechtere akademische Leistungen voraussagt. Doleck und Lajoie schränken ihre Ergebnisse jedoch ein, da es an klaren Definitionen des Begriffs „soziale Medien" mangelt, welche Websites für die Studie verwendet wurden und welche Arten von Verhaltensweisen untersucht wurden. Im vorliegenden Artikel unterscheiden wir zwischen der Nutzung sozialer Medien für nicht-akademische Zwecke und der Nutzung sozialer Medien als integraler Bestandteil akademischer Aufgaben, wobei wir uns speziell auf erstere konzentrieren.

Ungeachtet der Vorbehalte gegenüber den Ergebnissen von Doleck und Lajoie hat eine ähnliche Meta-Analyse (Liu et al. 2017) von 28 Studien, die sich auf Jugendliche und junge Erwachsene konzentrierten, herausgefunden, dass eine erhöhte Nutzung sozialer Medien in den meisten der einbezogenen Studien eine schlechtere akademische Leistung (d. h. den Notendurchschnitt oder im amerikanischen Kontext der GPA, [Grade Point Average]) vorhersagte. Laut Liu et al. liegt ein Grund für die Beeinträchtigung der akademischen Leistung durch die Nutzung sozialer Medien im Multitasking, das mit der Nutzung sozialer Medien während des Studiums einhergeht. Unter Multitasking versteht man die gleichzeitige Ausführung von zwei oder mehr informationsverarbeitenden Aktivitäten (d. h. kognitiven Prozessen) zur gleichen Zeit. Verschiedenen Studien zufolge lenkt Multitasking durch die Nutzung sozialer Medien während des Studiums die Aufmerksamkeit vom Lernen ab und beeinträchtigt dadurch die Semestergesamtnote der Studierenden (Karpinski et al. 2013; Kirschner und Karpinski 2010; Judd 2014; Junco 2012; Junco und Cotten 2012; Golub und Miloloža 2010). Zum Beispiel untersuchten Golub und Miloloža (2010) Multitasking und die Intensität der Facebook-Nutzung (d. h. eine Kombination von Variablen, die die Häufigkeit der Logins, die Dauer der Sitzungen, die Anzahl der Freunde, die Einstellung zur

Nutzung und andere Faktoren berücksichtigen). In einer hierarchischen Regressionsanalyse fanden Golub und Miloloza zunächst heraus, dass die Intensität der Facebook-Nutzung einen signifikanten Beitrag zur Vorhersage eines negativen Einflusses von Facebook auf die schulischen Leistungen leistet. In einem weiteren Schritt stellten sie fest, dass aktives Multitasking einen signifikanten Beitrag leistet, der über den Beitrag der Intensität der Facebook-Nutzung hinausgeht.

Es wurde auch festgestellt, dass eine erhöhte Abhängigkeit von Social-Media-Websites eine geringere Schlafqualität und vermehrte kognitive Störungen im Alltag vorhersagt (Orzech et al. 2016; Xanidis und Brignell 2016). Insbesondere wurde festgestellt, dass Schüler und Schülerinnen, die angaben, vor dem Schlafengehen mehr Zeit auf Social-Media-Seiten zu verbringen, mehr Schwierigkeiten mit ihren Schulaufgaben hatten als diejenigen, die dies nicht taten, weil sie immer kognitiv ermüdet waren, wenn sie im Unterricht waren oder zu lernen versuchten. Die übermäßige Nutzung sozialer Medien kann auch dazu geführt haben, dass sie von der eigentlichen Aufgabe des Lernens abgelenkt wurden.

Die Auswirkungen von Multitasking auf die Leistung könnten bei jüngeren Studierenden besonders ausgeprägt sein, wie Junco (2015) aufzeigte. Insbesondere bei den Studienanfängern sagte die Dauer, welche sie auf Facebook verbrachten, einen niedrigeren Notendurchschnitt voraus, während dies bei den Studenten höherer Klassen nicht der Fall war. Beim Multitasking mit Facebook (im Gegensatz zur Dauer, die damit verbracht wird) sagte das Multitasking niedrigere GPAs für Studienanfänger und -anfängerinnen, Studierende im zweiten und dritten Studienjahr voraus, aber nicht für Studenten im letzten Studienjahr voraus. Senioren verbrachten deutlich weniger Zeit auf Facebook und weniger Zeit mit Multitasking auf Facebook als Schüler und Schülerinnen in den unteren Klassenstufen.

Es ist jedoch anzumerken, dass der Zusammenhang zwischen der Nutzung sozialer Medien (und insbesondere Facebook) und den schulischen Leistungen von der Art des Tests abhängt, der zur Messung der schulischen Leistungen verwendet wird. Bei der Untersuchung von Tests zur Lese- und Schreibfähigkeit stellten die Forschende beispielsweise fest, dass eine höhere Facebook-Nutzung bessere Leistungen voraussagte (Alloway et al. 2013). Alloway et al. (2013) fanden beispielsweise heraus, dass Schüler, die Facebook seit mehr als einem Jahr nutzten, signifikant bessere Ergebnisse in den Bereichen Arbeitsgedächtnis, verbale Fähigkeiten und Rechtschreibung erzielten als Schüler, die Facebook seit weniger als einem Jahr nutzten. In diesem Sinne funktionierte die Facebook-Nutzung wie eine Arbeitsgedächtnisaufgabe, die die Informationsverarbeitungsfähigkeit der Schüler und Schülerinnen trainierte. Die Forschenden spekulierten, dass die längere zeitliche Nutzung sozialer Medienseiten wie Facebook den Schülern ein Training bietet, das die kognitiven Fähigkeiten fördert und sich auf die Leistung in Lesetests, einschließlich der Ergebnisse in Wortschatz und Rechtschreibung, auswirkt.

1.1　Nutzung von Medien/Internet während des Unterrichts

Mit Blick auf die Medien-/Internetnutzung im Allgemeinen haben mehrere Forschende die Auswirkungen einer solchen Nutzung während des Unterrichts untersucht. Zum Beispiel untersuchten Ravizza et al. (2017) den Zusammenhang zwischen der laptopbasierten Internetnutzung (sowohl für akademische als auch für nichtakademische Zwecke) und den Leistungen im Unterricht. Darüber hinaus untersuchten sie, ob Intelligenz, Motivation und Interesse am Unterrichtsmaterial für den Zusammenhang zwischen Internetnutzung und Leistung verantwortlich sein könnten. Ihre Ergebnisse zeigten, dass die nicht-akademische Internetnutzung unter den Schülern, die Laptops zum Unterricht mitbrachten, weit verbreitet war und dass ein höheres Maß an nicht-akademischer Internetnutzung eine schlechtere Leistung im Unterricht voraussagte. Diese Korrelation konnte nicht durch Motivation, Interesse oder Intelligenz erklärt werden. Außerdem wirkte sich die Internetnutzung während des Unterrichts nicht positiv auf die Leistungen aus.

Wie man vermuten könnte, ergaben sich ähnliche Ergebnisse aus der Forschung zur Handynutzung während des Unterrichts. Bjornsen und Archer (2015) untersuchten die Korrelation zwischen der täglichen Handynutzung während des Unterrichts und den Prüfungsnoten von College-Studierenden. Sie fanden heraus, dass eine höhere Handynutzung mit schlechteren Testergebnissen einherging, unabhängig von Geschlecht und Notendurchschnitt der Schüler und Schülerinnen. In Übereinstimmung mit allen oben genannten Ergebnissen fanden Ellis et al. (2010) heraus, dass Multitasking während des Unterrichts zu schlechteren Noten bei Wirtschaftsstudenten führt. In Anbetracht der oben genannten Ergebnisse zur Internetnutzung während des Unterrichts haben wir uns entschlossen, zu untersuchen, welche Auswirkungen die Mediennutzung im Klassenzimmer auf die akademischen Leistungen an einer Militärakademie haben könnte.

Im Folgenden werden wir die Struktur von Militärakademien im Vergleich zu zivilen Universitäten und die möglichen Auswirkungen der Nutzung sozialer Medien an Militärakademien untersuchen.

1.2　Struktur von Militärakademien im Vergleich zu zivilen Universitäten in den Vereinigten Staaten

In den Vereinigten Staaten sind Militärakademien im Vergleich zu zivilen Universitäten deutlich anders strukturiert. Einige der wichtigsten Unterschiede betreffen vier Hauptbereiche: die militärische Kommandostruktur, die nichtakademische

Ausbildung, die Zeitvorgaben für den Abschluss und das Leben in einem geschlossenen System. Was die Kommandostruktur betrifft, so werden die Kadetten und Kadettinnen an den Militärakademien in verschiedene militärische Einheiten eingeteilt, z. B. in Geschwader, Kompanien und andere. In diesen militärischen Einheiten werden die Kadetten der höheren Dienstgrade in der Regel höher eingestuft als die Kadetten der niedrigeren Dienstgrade, wobei den Kadetten bestimmte Führungsaufgaben zugewiesen werden. Die Einheiten werden in der Regel von echten Offizieren und Ausbildern betreut, die den Kadetten als Mentorinnen und Vorbilder dienen.

Neben dem Lehrplan bieten die Akademien eine bedeutende nichtakademische Ausbildungskomponente an, die mit militärischem und körperlichem Training verbunden ist. Diese Kurse, Veranstaltungen und sogar die Teilnahme am Sport (zwischen den Colleges und in Vereinen) werden als wesentlicher Bestandteil der Akademieerfahrung angesehen. Darüber hinaus sind die nicht-akademischen Komponenten Voraussetzung für die Graduierung und die Ernennung zum Offizier.

Aufgrund von Gesetzen, Vorschriften und Kostenerwägungen verlangen die Militärakademien im Allgemeinen (mit sehr wenigen Ausnahmen), dass die Kadetten ihre gewählten Abschlüsse und nicht-akademischen Anforderungen in vier Jahren abschließen. Die Kadetten erhalten Noten und Punktzahlen, die an ihre Leistungen in den akademischen, militärischen und physischen Bereichen gebunden sind. An den Akademien können Kadetten nur als Studienanfängerinnen aufgenommen werden (d. h. Kadetten mit früheren Hochschulabschlüssen können zwar Studienleistungen übertragen, werden aber dennoch als Studienanfänger aufgenommen und müssen vier Jahre an der Akademie absolvieren). Die Akademien sind außerdem geschlossene Systeme im Gegensatz zu den traditionellen, offeneren zivilen Universitäten. Die Kadetten leben ausschließlich auf dem Campus und benötigen einen Ausweis oder eine Erlaubnis, um den Campus zu verlassen. Diese Praxis hat traditionell zu einer engeren Gemeinschaft geführt, da fast alle Interaktionen innerhalb der Grenzen des Campus der Militärakademie stattfinden.

Obwohl sich Militärakademien und zivile Universitäten durch mehrere Faktoren voneinander unterscheiden, haben sie bestimmte Eigenschaften gemeinsam. Beide bieten nämlich eine akademische Ausbildung und Abschlüsse nach Wahl der Studierenden. Beide können einen Ehrenkodex beinhalten, obwohl Studien an zivilen Universitäten nicht durchgängig zu dem Ergebnis kamen, dass Ehrenkodizes das Schummeln verringern (Konheim-Kalkstein et al. 2008). An Militärakademien sind Ehrenkodizes ein zentraler Bestandteil der Pflichten der Kadetten und werden strenger durchgesetzt als an zivilen Universitäten – ein einziger Verstoß gegen einen Ehrenkodex kann zur Exmatrikulation führen. Der Ehrenkodex an einer Militärakademie erfordert auch die Einhaltung einer militärischen Befehlskette, was dem breiteren militärischen Kontext entspricht, in dem Akademien angesiedelt sind. Bislang ist nicht bekannt, ob und welche Auswirkungen die Nutzung sozialer Medien auf die akademischen Leistungen an Militärakademien haben könnte. Die vorliegende Arbeit unternimmt einen Schritt zur Beantwortung dieser Frage.

1.3   Nutzung sozialer Medien und akademische Leistung an Militärakademien

Obwohl eine wachsende Zahl von Forschungsarbeiten die Auswirkungen der Nutzung sozialer Medien auf die akademischen Leistungen an zivilen Universitäten untersucht hat (z. B. die oben genannten Studien wie Eagan et al. 2016; Doleck und Lajoie 2018; Liu et al. 2017; Karpinski et al. 2013; Kirschner und Karpinski 2010; Judd 2014; Junco 2012; Junco und Cotten 2012; Golub und Miloloža 2010 u. a.), wurden unseres Wissens nach keine derartigen Studien an Militärakademien durchgeführt. In den Vereinigten Staaten bieten die Militärakademien den Kadetten nicht nur einen intensiven akademischen Lehrplan, sondern auch ein anspruchsvolles Programm zur Vorbereitung auf die militärische Führung sowie ein sportliches Training an. Die Kadetten bereiten sich in einem stark reglementierten und isolierten Umfeld auf ihre militärische Führungsrolle vor. Wie ihre zivilen Kollegen und Kolleginnen nutzen auch die Kadetten und Kadettinnen die sozialen Medien, um mit Freunden, Familie und anderen Kadetten in Kontakt zu treten. Zum jetzigen Zeitpunkt sind Umfang und Art der Nutzung sozialer Medien unter Kadettinnen und Kadetten jedoch noch nicht bekannt. Unabhängig von den Gemeinsamkeiten und Unterschieden zwischen Kadetten und Studenten an zivilen Universitäten kann jedoch davon ausgegangen werden, dass etwaige negative Auswirkungen der Nutzung sozialer Medien auf die akademischen Leistungen an den Militärakademien potenzielle Auswirkungen auf die berufliche Bereitschaft künftiger militärischer Führungskräfte haben.

Frühere Forschungen zur Nutzung sozialer Medien im militärischen Umfeld haben die Nutzung durch Militärangehörige während des Einsatzes untersucht (z. B. Skopp et al. 2016). Die Ergebnisse dieser Forschung zeigen, dass Facebook den Einsatzkräften die Möglichkeit bietet, regelmäßig mit Familienmitgliedern und Freunden in Kontakt zu treten, was dazu beitragen kann, die wahrgenommene soziale Unterstützung und die Einsatzresilienz zu stärken. Tatsächlich haben mehrere frühere Studien in der Zivilbevölkerung herausgefunden, dass die Nutzung sozialer Medien eine hilfreiche Rolle beim Aufbau von Sozialkapital spielen kann – etwas, das beim Militär und an Militärakademien potenziell hilfreich sein kann (z. B. Liu et al. 2016; Liu und Brown 2014; Ellison et al. 2007). Allerdings stellen Skopp et al. (2016) jedoch fest, dass der tägliche Kontakt nach Hause und seine damit verbundenen Probleme während des Einsatzes oder die problematische Nutzung von Facebook zu einem Verlust der Kameradschaft und anderen negativen Folgen führen kann. Darüber hinaus haben die Soldatinnen und Soldaten im Einsatz einen strukturierten Zeitplan in einer gefährlichen Umgebung und nur eine begrenzte Auswahl an Aktivitäten. Ihre Aufmerksamkeit für den Einsatz ist entscheidend für die Einsatzbereitschaft der Truppe. Obwohl die Kadetten an einer Militärakademie nicht im Einsatz sind, ähnelt ihr Leben in gewisser Hinsicht dem von Einsatzkräften, wie z. B. Zeitdruck, strukturierte Zeitpläne, Konzentration auf einen Auftrag, Zugang zu einer begrenzten Anzahl von Aktivitäten und, was besonders wichtig ist, Isolation von Familie und Freunden außerhalb der Akademie. Die Nutzung sozialer Medien und insbesondere von Facebook könnte eine Rolle bei der Förderung der psychischen Gesundheit und Widerstandsfähigkeit der Kadetten und Kadettinnen spielen. Es stellt sich somit die Frage, ab welchem Punkt eine solche Nutzung die akademischen Leistungen beeinträchtigt.

1.4   Auswirkungen der Nutzung sozialer Medien an den Akademien auf das Verhalten

Zusätzlich zu den potenziellen Auswirkungen auf die akademischen Leistungen könnte die Nutzung sozialer Medien eine Reihe von Auswirkungen auf das Verhalten haben – sowohl positive als auch negative –, die an den Militärakademien noch nicht untersucht wurden. Einerseits haben frühere Studien ergeben, dass die Nutzung sozialer Medien eine hilfreiche Rolle beim Aufbau von Sozialkapital spielen kann (siehe oben). Andererseits wurden soziale Medien auch für Cyber-Mobbing genutzt (Dooley et al. 2009; Harrison 2018).

Nach Dooley et al. (2009) umfasst Cyber-Mobbing eine Reihe von aggressiven Verhaltensweisen, die über elektronische Medien ausgeübt werden. Eine Studie von Vandebosch und van Cleemput (2008) zeigte, dass diejenigen, die Cybermobbing ausübten, ihre Opfer als stärker, schwächer oder gleich stark wahrnahmen, und dass viele der Opfer ihre Mobber in der realen Welt kannten (obwohl die Cybermobber ihre Identitäten verbargen). Besonders bemerkenswert ist, dass die Schüler und Schülerinnen in dieser Studie angaben, dass die schwächeren Opfer oft auch Opfer von Mobbing von Angesicht zu Angesicht waren, während die als stärker eingeschätzten Opfer aufgrund der Anonymität, die die Informations- und Kommunikationstechnologie (IKT) bietet, online gemobbt wurden. In diesem Sinne vermutet Fauman (2008), dass Anonymität die Notwendigkeit für Cyber-Mobber minimiert, stärker als ihre Opfer zu sein. Anonymität scheint ein

Hauptmerkmal von Cyber-Mobbing für diejenigen zu sein, die angeben, dass sie niemanden offline mobben würden (Vandebosch und van Cleemput 2008). Dieser Befund unterstreicht das Potenzial für eine Zunahme des Cyber-Mobbings, da viel mehr Menschen daran beteiligt sein können, als normalerweise dies bei einer Schikane von Angesicht zu Angesicht sein kann. Das Militär legt großen Wert auf persönliche Verantwortlichkeit und Integrität. In dem Maße, in dem Social-Media-Websites einen potenziellen Mechanismus für anti-ethisches Verhalten bieten, können solche Plattformen daher in einem akademischen Umfeld problematisch werden.

1.5 Forschungsfragen

Um die oben aufgeworfenen Fragen zu beantworten, haben wir untersucht, ob Kadettinnen und Kadetten und Lehrkräfte an einer Akademie in den Vereinigten Staaten die Nutzung sozialer Medien als Einfluss auf die akademische Leistung und auf das Verhalten wahrnehmen. Konkret haben wir Online-Umfragen unter Kadetten und Lehrkräften an der fraglichen Akademie durchgeführt. In beiden Umfragen baten wir die Befragten, die Zeit zu bewerten, die die Kadetten mit der Nutzung sozialer Medien verbringen, sowie die wahrgenommenen Auswirkungen auf die akademischen Leistungen. In der Umfrage unter den Kadetten und Kadettinnen fragten wir auch nach den Motiven für die Nutzung sozialer Medien. Schließlich befragten wir die Kadetten zu den bei ihnen beliebtesten Social-Media-Seiten und analysierten, ob und welche Auswirkungen die Nutzung dieser Seiten auf das Verhalten oder das soziale Umfeld haben könnte.

Da es bisher keine Untersuchungen zur Nutzung sozialer Medien an Militärakademien gab, wählten wir einen explorativen Ansatz für die Befragung von Kadetten und Lehrkräften, ohne im Voraus eine Hypothese aufzustellen, ob sich die an zivilen Universitäten festgestellten Muster an einer Militärakademie wiederholen würden oder nicht.

2 Methode

2.1 Teilnehmer

Im Herbst 2018 wählte das Personal der Akademie mit Hilfe eines computergestützten Verfahrens 2158 Kadettinnen und Kadetten nach dem Zufallsprinzip für die Umfrage aus. Wir gehen davon aus, dass die Liste der verwendeten E-Mail-

Adressen korrekt und aktuell ist. Daher können wir davon ausgehen, dass alle Personen, die nicht geantwortet haben, für die Stichprobe in Frage kommen und wir sie daher als Nicht-Respondenten betrachten. Die Kadetten erhielten per E-Mail einen Link zur Umfrage. Sie mussten mindestens 18 Jahre alt sein, um an der Umfrage teilnehmen zu können, und taten dies auf freiwilliger Basis. Die Kadetten wurden darüber informiert, dass die Umfrage darauf abzielt, ihre Erfahrungen an der Akademie sowie die Rolle, die die Nutzung sozialer Medien dabei spielt, zu untersuchen. Ihnen wurde gesagt, dass ihre Antworten eine wichtige Rolle dabei spielen werden, der Akademie zu helfen, die Beziehung zwischen sozialen Medien und den Erfahrungen der Kadetten und Kadettinnen zu verstehen. Schließlich wurden die Kadetten darüber informiert, dass die Akademie mit diesen Erkenntnissen Schritte unternehmen kann, um die Erfahrungen der Kadetten zu erweitern und sie besser in die Lage zu versetzen, ihre Ziele zu erreichen. Informationen zu Jahrgang, Geschlecht, Rasse und anderen demografischen Merkmalen wurden nicht erhoben, um die Möglichkeit auszuschließen, dass die Antworten einem bestimmten Kadetten zugeordnet werden könnten.

Zusätzlich zur Befragung der Kadetten führten wir eine separate Umfrage unter den Lehrkräften durch, darunter Fakultätsmitglieder, Offiziere und Unteroffiziere, die an der Ausbildung der Kadetten beteiligt sind. Fakultätsmitglieder des Fachbereichs Mathematik (47) und des Fachbereichs Luftfahrt (38) sowie 43 Offiziere und 48 Unteroffiziere wurden per E-Mail kontaktiert, insgesamt also 176 Kontakte. Auch hier gehen wir davon aus, dass die Liste der verwendeten E-Mail-Adressen korrekt und aktuell ist. Daher können wir davon ausgehen, dass alle Personen, die nicht geantwortet haben, für die Stichprobe in Frage kommen und wir sie daher als Nicht-Respondenten betrachten. Die an die Lehrkräfte und Mitarbeiter gesendete E-Mail enthielt einen Link zur Umfrage. Darin wurde erklärt, dass die Nutzung sozialer Medien an der Akademie zu einem Thema von wachsendem Interesse für die Akademieleitung geworden ist und dass die Forscher der MITRE Corporation mit Unterstützung der Akademieleitung und des Ausschusses für den Schutz menschlicher Forschung eine Umfrage unter den Lehrkräften und Mitarbeitern zu ihrer Wahrnehmung der Nutzung sozialer Medien unter Kadetten durchführen. In der Umfrage wurde den Befragten mitgeteilt, dass die Umfrage die Wahrnehmung der Lehrkräfte und des Personals hinsichtlich der Rolle untersucht, die die Nutzung sozialer Medien für die Erfahrungen der Kadetten und Kadettinnen an der Akademie spielt. Wie bei der Umfrage unter den Kadetten wurde den Befragten gesagt, dass ihre Antworten der Akademie helfen werden, die Beziehung zwischen sozialen Medien und den Erfahrungen der Kadetten zu verstehen, damit sie Richtlinien einführen kann, die die Erfahrungen der Kadetten erweitern und es ihnen ermöglichen, ihre Ziele besser zu erreichen.

2.2   Ablauf und Fragen der Umfrage

Die Umfrage befand sich auf einem Server bei MITRE, und die potenziellen Befragten konnten sich über einen Link über verschlüsselte (HTTPS-) Verbindungen mit der Umfrage verbinden. Die Kadettenumfrage enthielt eine Reihe von Fragen zur Nutzung sozialer Medien und zu möglichen Auswirkungen auf die Leistung. Angesichts des Potenzials solcher Fragen, sozial erwünschte Antworten hervorzurufen (Maccoby und Maccoby 1954), bei denen die Befragten Antworten geben, die sich an ihren Vorstellungen davon orientieren, was „richtig" oder sozial akzeptabel ist, haben wir Techniken zur Verringerung solcher Antworten eingebaut. Frühere Forscher haben festgestellt, dass die Formulierung von Fragen „indirekt" (z. B. aus der Perspektive einer anderen Person oder Gruppe) sozial erwünschte Antworten reduzieren kann (Fisher 1993; Pacolet et al. 2012; und Simon und Simon 1975). Daher haben wir die Fragen so formuliert, dass die Kadetten in Bezug auf einen „typischen Kadetten in Ihrer Klasse" und nicht in Bezug auf sich selbst antworten konnten. Mit dieser Formulierung der Fragen sollte der Fokus von den einzelnen Befragten genommen und die subjektive Wahrnehmung der Nutzung sozialer Medien durch andere ermittelt werden.

Die Umfragen unter den Kadetten und Lehrkräften umfassten eine Reihe von geschlossenen und offenen Fragen zur Nutzung sozialer Medien. Die Befragten wurden gebeten, die Zeit einzuschätzen, die Kadetten und Kadettinnen mit der Nutzung sozialer Medien innerhalb und außerhalb des Unterrichts verbringen. Die Lehrkräfte wurden gefragt, ob sie jemals einen Kadetten (oder mehrere Kadetten) bei der Nutzung von E-Mail, sozialen Medien und/oder dem Internet während einer Vorlesung beobachtet haben. Sowohl die Kadetten als auch die Lehrkräfte wurden gefragt, ob sie glauben, dass die Nutzung sozialer Medien die akademische Leistung verbessert/positiv beeinflusst oder behindert/negativ beeinflusst hat. Darüber hinaus wurden die Kadetten nach den wichtigsten Motiven für die Nutzung sozialer Medien gefragt. Schließlich gaben sie ihre Meinung dazu ab, welche Social-Media-Dienste ein typischer Kadett in ihrer Klasse am häufigsten nutzt. Die Antwortoptionen für geschlossene Umfragen wurden als Likert-Skalen dargestellt, um eine standardisierte Methode zur Bewertung von Verhaltens- und Einstellungsvariationen bei den interessierenden Variablen zu ermöglichen. Es ist jedoch anzumerken, dass die Kadetten- und Fakultätsumfragen als Teil unabhängiger Studien geplant wurden und ursprünglich keine vergleichbaren Formulierungen vorsahen. Obwohl Vergleiche zwischen den Antworten von Kadetten und Lehrkräften angegeben werden, schränken die geringfügigen Unterschiede in der Formulierung der Fragen einen direkten Vergleich zwischen diesen Antworten ein.

3   Ergebnisse

3.1   Antwortquoten

Von den 2158 Kadetten, die kontaktiert wurden, haben insgesamt 894 die Umfrage beantwortet. Zwei Kadetten meldeten sich zweimal bei der Umfrage an, füllten sie aber nur beim zweiten Mal aus; die ersten Einträge wurden daher gelöscht. Zwei weitere Kadetten meldeten sich zweimal bei der Umfrage an und füllten sie jedes Mal mit anderen Antworten aus. Bei diesen Kadetten wurden beide Einträge gelöscht, da es unmöglich war, festzustellen, welcher Eintrag ihre „richtigen" Antworten darstellte. Insgesamt wurden sechs Einträge mit der Begründung gelöscht, dass es sich um Duplikate handelte. Einzelheiten zur Methodik und zur Berechnung der Antwortquote finden Sie weiter unten.[1] Unter Verwendung der unten beschriebenen Methodik haben wir eine Rücklaufquote von 37,8 % ermittelt.

Von den kontaktierten Lehrkräften und Mitarbeitern haben insgesamt 48 Personen auf die Umfrage geantwortet. Dabei wurde die unten beschriebene Methodik angewandt,[2] Die Rücklaufquote wurde mit 17,6 % ermittelt.

Um diese Rücklaufquoten ins rechte Licht zu rücken, haben Kelty und Bierman (2013) in ihrer Studie eine Rücklaufquote von 44 %, während Elliott et al. (2011) eine Rücklaufquote von 45 % erreichten. In einer Studie von Diramio et al. (2015) …

… wurde eine Stichprobe von 167 Studenten per Online-Umfrage aus einer geschätzten Population von 1800 Veteranen an sieben öffentlichen Einrichtungen (vier

---

[1] Unter den zurückgesandten Fragebögen der Kadettenbefragung definierten wir „vollständige" Fragebögen als solche mit Antworten mit 80,1–100 % der zutreffenden Fragen, „teilweise vollständige" Fragebögen als solche mit Antworten mit 50,1–80 % der zutreffenden Fragen und „Abbrüche" mit Antworten mit bis zu 50 % der zutreffenden Fragen. Nach diesem Standard haben insgesamt 816 Kadetten den Fragebogen ausgefüllt (91,7 %), 26 Kadetten haben den Fragebogen teilweise ausgefüllt (2,9 %) und 48 Kadetten haben die Teilnahme abgebrochen (5,4 %). Mit diesen Informationen berechneten wir die Rücklaufquote 1 (aus den Standarddefinitionen derAmerican Association for Public Opinion Research 2016) wie folgt: die Anzahl der vollständigen Interviews geteilt durch die Anzahl der Interviews (vollständig plus teilweise) plus die Anzahl der Nicht-Interviews (Verweigerung und Abbruch plus Nicht-Kontakte plus andere) plus alle Fälle unbekannter Teilnahmeberechtigung (unbekannt, ob Wohneinheit, plus unbekannt, andere). Im Einzelnen lautet die Formel: $I/[(I + P) + (R + NC + O) + (UH + UO)]$. Wenn wir unsere Zahlen einsetzen, beträgt die Antwortquote 1 $816/[(816 + 26) + (1264 + 48 + 4)] = 37{,}8$ %.

[2] Im Rahmen der Umfrage unter den Lehrkräften/Mitarbeitern füllten 31 Personen den Fragebogen aus (63,3 %), acht Personen füllten den Fragebogen teilweise aus (16,3 %), und neun Personen brachen die Teilnahme ab (18,4 %). Mit diesen Informationen berechnen wir die Antwortquote 1 (aus den Standarddefinitionen derAmerican Association for Public Opinion Research 2016) wie folgt: $31/[(31 + 8) + (128 + 9)] = 17{,}6$ %.

Forschungsuniversitäten und drei Community Colleges) in einem einzigen Bundes-
staat im Südosten der Vereinigten Staaten gezogen [...] Dies ergab eine Rücklaufquote von etwa 11 %, was zwar niedrig ist, aber in einem für Online-Umfragen typischen Bereich liegt.

3.2 Zeitaufwand für die Nutzung sozialer Medien

Ähnlich wie bei früheren Ergebnissen unter Zivilpersonen (z. B. Anderson und
Jiang 2018) gaben die meisten Kadetten und Lehrkräfte an, dass die Kadetten
„mehr Zeit als ideal" oder „zu viel Zeit" in sozialen Medien verbringen (Abb. 1
und 2). Die offenen Kommentare der Kadetten in der Umfrage deuten darauf hin,
dass sie mehr Zeit mit sozialen Medien verbringen, als es für ihre Leistung von
Vorteil wäre. Von den Kadetten, die sich auf die Frage „Wie viel Zeit verbringt
Ihrer Meinung nach ein typischer Kadett in Ihrer Klasse mit der aktiven Nutzung
sozialer Medien?" in die eine oder andere Richtung geäußert haben, haben 39 eine
Meinung geäußert, die darauf hindeutet, dass die Nutzung sozialer Medien übermäßig ist, während 18 die Meinung vertraten, dass dies nicht der Fall ist.

3.3 Nutzung von Medien während der Vorlesungen

Neben der Feststellung, dass die meisten Kadetten mehr Zeit als ideal oder zu viel
Zeit mit sozialen Medien verbringen, haben die meisten befragten Lehrkräfte beobachtet, dass die Kadetten Medien während der Vorlesungen nutzen (Abb. 3).

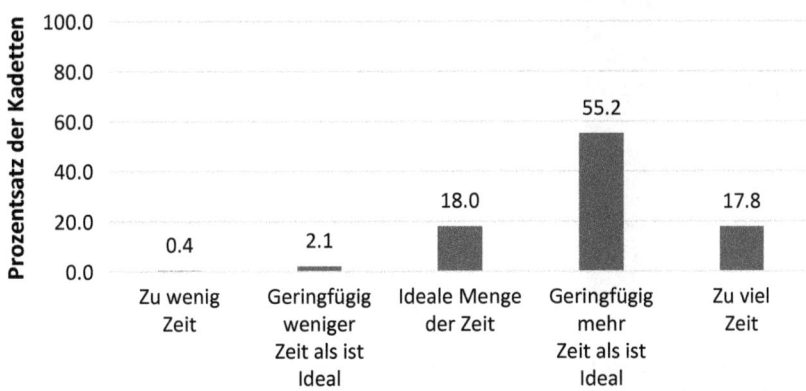

Abb. 1 Antworten der Kadetten auf die Frage „Wie viel Zeit schätzt du, verbringt ein typischer Kadett in deiner Klasse mit der aktiven Nutzung sozialer Medien?" (n = 890)

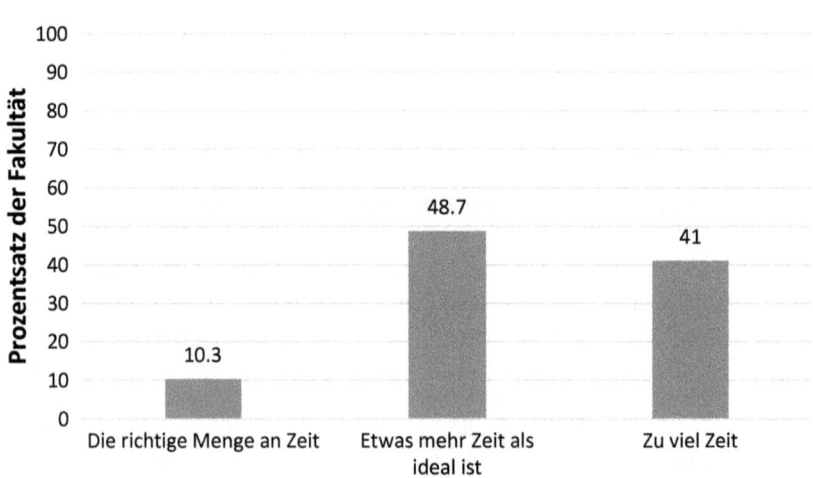

Abb. 2 Antworten der Lehrkräfte auf die Frage „Wie viel Zeit verbringen die Kadetten Ihrer Meinung nach mit der Nutzung sozialer Medien?" (n = 39)

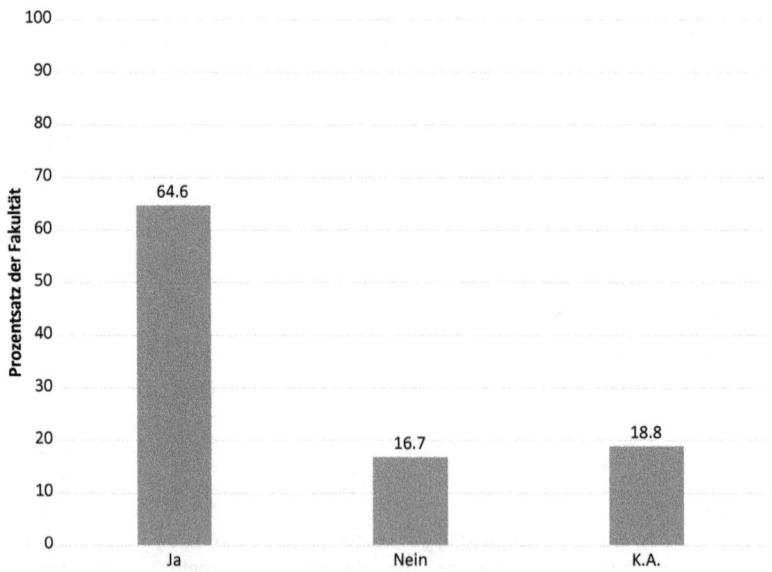

Abb. 3 Antworten der Lehrkräfte auf die Frage „Haben Sie jemals beobachtet, dass ein Kadett (oder Kadetten) während einer Vorlesung E-Mails, soziale Medien und/oder das Internet nutzt?" (n = 48)

3.4   Negative Auswirkungen der Nutzung sozialer Medien auf die akademische Leistung

Sowohl die Kadettinnen und Kadetten als auch die Lehrkräfte waren sich einig, dass die Nutzung sozialer Medien die akademischen Leistungen negativ beeinflusst (Abb. 4 und 5). Auf die Frage „Würden Sie in Bezug auf einen typischen Kadetten in Ihrer Klasse sagen, dass die Nutzung sozialer Medien die akademischen Leistungen dieses Kadetten verbessert oder beeinträchtigt hat? (Sonstiges, bitte erläutern.)" gaben 120 Kadetten offene Kommentare zu dem Thema ab, dass die Nutzung sozialer Medien die akademischen Leistungen beeinträchtigt. Dreißig Kadetten gaben Kommentare ab, die nahelegen, dass die Nutzung sozialer Medien die akademischen Leistungen nicht beeinträchtigt, während 57 Kadetten eine neutrale Meinung äußerten.

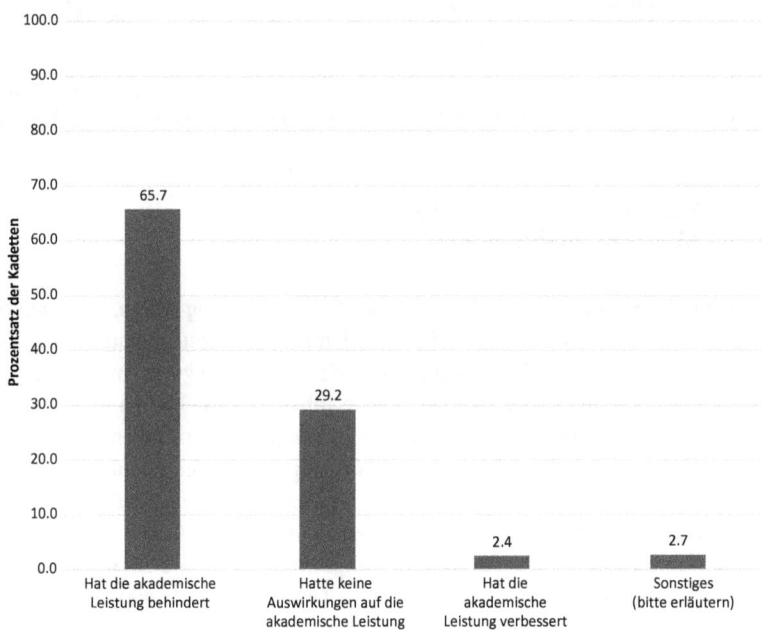

Abb. 4 Antworten der Kadetten auf die Frage: „Würden Sie in Bezug auf einen typischen Kadetten in Ihrer Klasse annehmen, dass die Nutzung sozialer Medien die akademischen Leistungen dieses Kadetten verbessert oder behindert hat?" (n = 840)

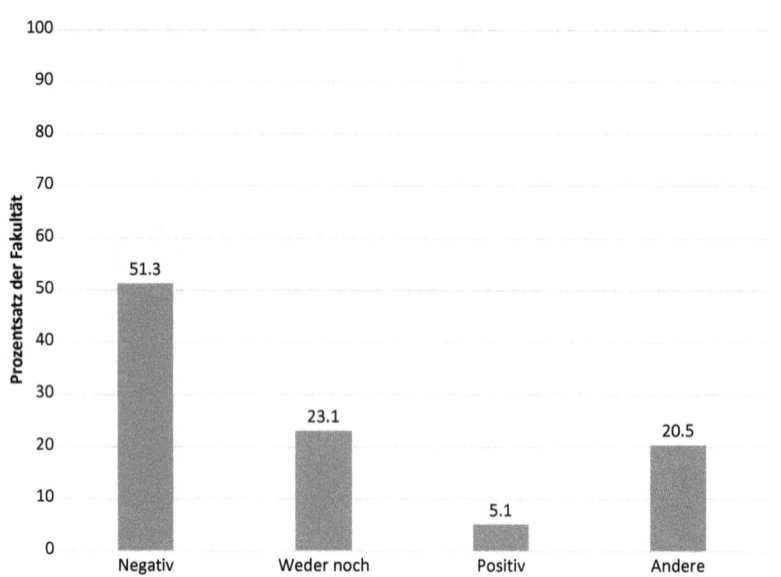

Abb. 5 Antworten der Lehrkräfte auf die Frage „Wirkt sich die Nutzung sozialer Medien Ihrer Meinung nach positiv oder negativ auf die akademischen Leistungen der Kadetten aus?" (n = 39)

3.5 Hauptmotiv für die Nutzung sozialer Medien: Verbindung

Da sowohl die Kadetten als auch die Lehrkräfte der Meinung waren, dass sich die Nutzung sozialer Medien negativ auf die akademischen Leistungen auswirkt, wollten wir die Motive der Kadetten und Kadettinnen für die Nutzung sozialer Medien verstehen. Wir führten daher eine summative Inhaltsanalyse (Hsieh und Shannon 2005) zu der offenen Frage „Wenn Sie soziale Medien nutzen, sagen Sie uns bitte alles, was Sie uns über Ihre Motive für die Nutzung dieser Medien mitteilen möchten". Zu den häufigsten Motiven, die die Kadetten angaben, gehörten die Verbindung mit Freunden, Familie, Menschen zu Hause und der Außenwelt, Kommunikation, Unterhaltung, Ablenkung und Langeweile. In separaten Kommentaren nannten die Kadettinnen und Kadetten die Isolation des Akademielebens und die Notwendigkeit, Verbindungen außerhalb der Akademie aufrechtzuerhalten, als wesentlich, um sich in diesem Leben zurechtzufinden.

3.6 Verwendung von Jodel

Obwohl die Kadetten die Aufrechterhaltung von Kontakten mit anderen als positive Nutzung sozialer Medien angaben, ergab sich ein gemischtes Gesamtbild hinsichtlich der Nutzung sozialer Medien. In einem anderen Kontext ergab eine Studie des Pew Research Center (Anderson und Jiang 2018), dass YouTube, Instagram, Snapchat, Facebook und Twitter (in dieser Reihenfolge) die beliebtesten Online-Plattformen unter Jugendlichen in der Allgemeinbevölkerung sind. Im Gegensatz dazu zählten die Kadetten der von uns befragten Militärakademie die Social-Media-App „Jodel" zu den fünf beliebtesten Plattformen, gefolgt von Instagram, Snapchat, Facebook und Twitter (Abb. 6).

Diese Ergebnisse werfen die Frage auf, warum YouTube (das laut der Pew-Studie von 85 % der amerikanischen Teenager genutzt wird) an der Akademie

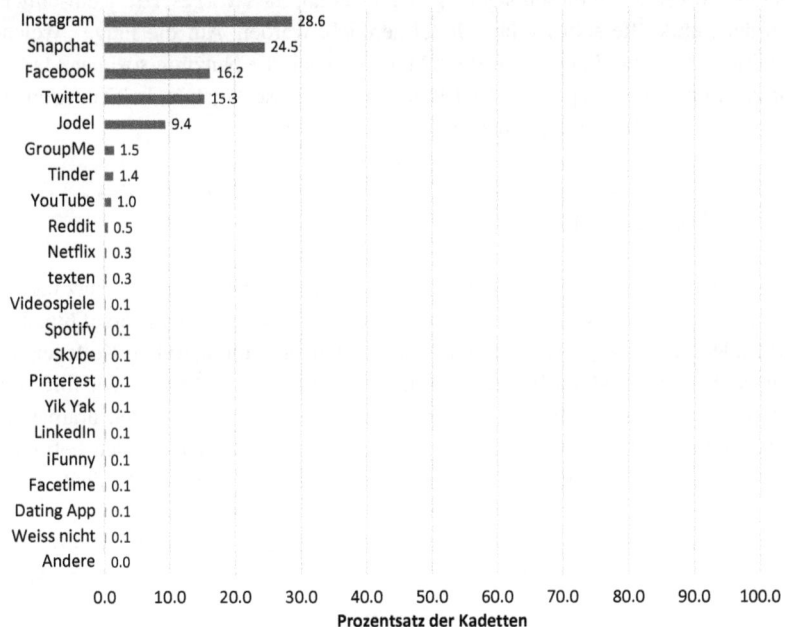

Abb. 6 Antworten der Kadetten auf die Frage „Welche Social-Media-Dienste nutzt ein typischer Kadett in Ihrer Klasse am häufigsten?" (Die Gesamtzahl der aufgeführten Dienste betrug 2693. Die Kadetten konnten jeweils bis zu vier Dienste angeben.)

keine größere Anhängerschaft gefunden hat. Ein wahrscheinlicher Grund könnte sein, dass die Kadetten nicht die allgemeine Teenagerpopulation repräsentieren, da sie mehr mit akademischen und militärischen Aufgaben beschäftigt sind. Der Unterschied könnte also ein Artefakt der demografischen Merkmale sein, aus denen die Studien ihre Stichproben ziehen.

Ebenso interessant ist die Beliebtheit von Jodel an der Akademie, da Jodel laut der Pew-Studie nicht zu den acht beliebtesten Programmen unter amerikanischen Teenagern gehört. Jodel ermöglicht es den Benutzerinnen und Benutzern, ihre Anonymität zu wahren, und enthält Chat-Kanäle innerhalb eines begrenzten geografischen Bereichs. Angesichts dieser Parameter ist es möglich, dass Jodel diejenigen anspricht, die Nachrichten ohne Namensnennung veröffentlichen möchten. Als Antwort auf die Frage „Bitte sagen Sie uns, was Sie uns über die Rolle der Nutzung sozialer Medien für die Erfahrungen der Kadetten an der Akademie sagen möchten", nannten sieben Mitglieder des Lehrkörpers Cybermobbing über Jodel als ein Problem. Von diesen sieben gaben zwei an, dass Vorgesetzte – einschließlich der Lehrkräfte selbst – über Jodel gemobbt werden. Auf die Frage „Welche spezifischen Auswirkungen hat Ihrer Meinung nach die Nutzung sozialer Medien auf das Leben eines typischen Kadetten in Ihrer Klasse?" gaben drei Kadetten an, dass Jodel zur Verbreitung von Zynismus genutzt wird.

4   Diskussion

Die Ergebnisse unserer Umfragen zeichnen ein gemischtes Bild der Nutzung sozialer Medien an der von uns befragten Akademie. Sie deuten auch darauf hin, dass die Kadetten an dieser Akademie in mancher Hinsicht ihren zivilen Kollegen ähneln, sich aber in anderer Hinsicht von ihnen unterscheiden. Ähnlich wie ihre zivilen Kollegen (deren Nutzung sozialer Medien in den letzten Jahren dramatisch zugenommen hat), verbringen die Kadetten nach Ansicht der meisten befragten Kadettinnen und Kadetten und Dozenten mehr Zeit mit sozialen Medien, als es ideal wäre. Die Zeit, die mit sozialen Medien verbracht wird, hat sich oft auf die Unterrichtszeit ausgedehnt, da die meisten Befragten aus dem Lehrkörper beobachtet haben, wie Kadetten während den Vorlesungen Medien nutzen. Angesichts früherer Untersuchungen, die zeigen, dass die nicht-akademische Internetnutzung während des Unterrichts schlechtere akademische Leistungen voraussagt (Ravizza et al. 2017), haben unsere Ergebnisse bezüglich der Mediennutzung der Kadetten während des Unterrichts möglicherweise Auswirkungen auf die Berufsreife. Sowohl die Kadetten als auch die Lehrkräfte stimmten darin überein, dass sich die Nutzung sozialer Medien negativ auf die schulischen Leistungen auswirkt.

Diese Erkenntnis deckt sich mit den Ergebnissen zahlreicher Studien, die an zivilen Universitäten durchgeführt wurden und die (mit einigen Ausnahmen) zeigen, dass die nicht-akademische Nutzung sozialer Medien schlechtere akademische Leistungen voraussagt (z. B. Liu et al. 2017).

Der Einfluss der Social-Media-Nutzung ist jedoch nicht ausschließlich negativ. Laut unserer qualitativen Datenanalyse von Kommentaren zu den Motiven der Kadetten für die Nutzung sozialer Medien nannten sie am häufigsten die Verbindung zu Freunden, Familie, Menschen zu Hause und der Außenwelt sowie die Kommunikation. Die Kadettinnen und Kadetten nannten auch die Isolation des Akademielebens und die Notwendigkeit, Verbindungen außerhalb der Akademie aufrechtzuerhalten, als wesentlich für die Bewältigung ihrer Akademikererfahrung. Diese Ergebnisse stehen im Einklang mit denen von (Skopp et al. 2016), die feststellten, dass soziale Medien, solange sie auf unproblematische Weise genutzt werden, die wahrgenommene soziale Unterstützung und die Resilienz von Militärangehörigen stärken können. Unsere Ergebnisse stimmen auch mit denen der Forschung mit Zivilpersonen überein, die zeigen, dass die Nutzung sozialer Medien den Nutzern wichtiges Sozialkapital bieten kann (Liu et al. 2016; Liu und Brown 2014; Ellison et al. 2007). In diesem Sinne können soziale Medien, wenn sie in Maßen genutzt werden, erhebliche positive Auswirkungen auf das psychische Wohlbefinden der Kadetten haben, was ihnen helfen kann, den Anforderungen der Militärakademie gerecht zu werden und gleichzeitig die berichtete Isolation dieses Lebens zu bewältigen.

Wenn soziale Medien jedoch in problematischer Weise genutzt werden, hat ein solches Verhalten Auswirkungen, die offenbar nur im militärischen Umfeld auftreten. Unsere Ergebnisse zeigen, dass die Kadetten die Social-Media-Plattform Jodel zu den fünf beliebtesten Plattformen an der Akademie zählen, während die zivilen Befragten Jodel nicht zu den fünf beliebtesten Plattformen zählen. Da Jodel Anonymität bietet, dient die Plattform zweifellos als attraktives Ventil für Kadetten, die Meinungen äußern wollen, die nicht akzeptabel sind. Ein solches Verhalten hat potenzielle Folgen, die über die Auswirkungen der Nutzung sozialer Medien auf die schulischen Leistungen hinausgehen. Insbesondere Verhalten, das mit Mobbing anderer Kadetten einhergeht, hat das einzigartige Potenzial, sowohl den sozialen als auch den aufgabenbezogenen Zusammenhalt innerhalb dieser relativ kleinen und isolierten Studentenschaft zu beeinträchtigen und dadurch auch militärische Ausbildungsaufgaben zu behindern, die die Kadetten gemeinsam bewältigen müssen. Es sollte nicht vergessen werden, dass alle medizinisch geeigneten Kadetten und Kadettinnen, die die US-Militärakademien absolvieren, eine garantierte Offizierslaufbahn in ihrer jeweiligen Dienststelle einschlagen – während Kadetten in Reserve Officers' Training Corps (ROTC) Programmen und in Offiziersanwärterschulen um Aufträge konkurrieren, die nicht garantiert sind. Wenn es also einen systembedingten negativen Effekt auf das kohäsionsbezogene Verhalten an einer Akademie gibt, könnte dies über diese wichtige Quelle für die Ernennung von Offiziersanwärtern möglicherweise auch breitere Auswirkungen auf das Militär haben.

Ebenso besorgniserregend ist die Feststellung, dass Kadetten Mitglieder des Lehrkörpers im Internet mobben, was nicht nur die militärische Befehlskette an der betreffenden Akademie bedroht, sondern auch negative sozialpsychologische Auswirkungen auf die Mitglieder des Lehrkörpers haben kann (Harrison 2018). Die aktuellen Ergebnisse decken sich mit denen von Vandebosch und van Cleemput (2008), die feststellten, dass diejenigen, die als stärker angesehen werden, aufgrund der Anonymität, die die Informations- und Kommunikationstechnologie (IKT) bietet, gemobbt werden. Das Militär legt großen Wert auf persönliche Verantwortlichkeit und Integrität. In dem Maße, in dem anonyme Plattformen antiethisches Verhalten fördern, werden solche Plattformen problematisch, weil sie den Respekt untergraben, der die militärischen Befehlsketten unterstützt. Respektloses Verhalten hat auch negative Auswirkungen auf das öffentliche Bild der Akademie und der Kadetten selbst. Schließlich könnte ein solches Online-Verhalten negative Auswirkungen auf die operative Sicherheit haben, wenn künftige Angehörige der Streitkräfte Jodel in unangemessener Weise außerhalb des Stützpunktes nutzen – da Jodel mit einem Geo-Zaun arbeitet.

Zusammenfassend lässt sich sagen, dass diese Arbeit ein erster Schritt zum Verständnis der vielschichtigen Auswirkungen der Nutzung sozialer Medien an einer US-Militärakademie ist und als solche einige dringende Fragen aufwirft. Eine dieser Fragen betrifft die Frage, wie Kadetten in die Lage versetzt werden können, die Vorteile sozialer Medien für die Verbindung mit Freunden, Familie und anderen an ihrer Akademie zu nutzen und gleichzeitig ein Gleichgewicht zwischen der Nutzung sozialer Medien und der Bewältigung beruflicher Aufgaben herzustellen. In vielerlei Hinsicht kann diese Frage auch auf die Zivilbevölkerung im Allgemeinen angewendet werden. Sie ist jedoch im Fall von Kadetten und anderen Angehörigen der Streitkräfte von besonderer Bedeutung, da diese dringende Aufgaben zu bewältigen haben und das Militär eine einzigartige Rolle bei der Aufrechterhaltung der nationalen Sicherheit spielt. Darüber hinaus werfen die Ergebnisse der aktuellen Studie die Frage auf, ob ähnliche Erkenntnisse über die Nutzung sozialer Medien auch für andere Militärakademien und Militärstützpunkte – sowohl im Inland als auch in Übersee – gelten.

Eine weitere Überlegung, die durch diese deskriptive Studie aufgeworfen wurde, bezieht sich auf umfassendere Sicherheitsfragen. Die zunehmende Beliebtheit von geolokalen Websites (z. B. Jodel), die den Personen, die posten, Anonymität bieten, und die Art der Informationen, die auf diesen Websites erscheinen, erfordern jedoch eine sorgfältige Untersuchung in der Zukunft. Da soziale Medien überall auf der Welt genutzt werden, stellt sich auch die Frage, ob diese Erkenntnisse auf die Streitkräfte anderer Länder zutreffen.

Schließlich werfen die Ergebnisse unserer Arbeit die Frage auf, was noch getan werden kann, um zu verhindern, dass Kadettinnen und Kadetten und – möglicherweise – Militärangehörige im Allgemeinen Cyber-Mobbing gegen Gleichaltrige, Vorgesetzte und Lehrkräfte betreiben. Es gibt zwar Richtlinien und Lehrpläne, aber eine Untersuchung, inwieweit Kadetten und Lehrkräfte an Militärakademien sowie Militärangehörige im Allgemeinen sich der bestehenden Richtlinien in Bezug auf die Nutzung sozialer Medien und Cyber-Mobbing bewusst sind, scheint gerechtfertigt. Darüber hinaus sollte untersucht werden, ob Richtlinien und Lehrpläne ergänzt oder aktualisiert werden können, um der Anonymität einiger Social-Media-Plattformen Rechnung zu tragen. Vorgeschlagene Änderungen an Strategien oder Lehrplänen können experimentell oder quasi-experimentell auf ihre Wirksamkeit hin überprüft werden.

Was die Zivilbevölkerung und insbesondere Studenten betrifft, so gibt es inzwischen mehr als ein Jahrzehnt Forschung zu den Auswirkungen der Nutzung sozialer Medien auf Wohlbefinden, Leistung und Verhalten. Wir hoffen, dass dieser Beitrag sowie die anderen Beiträge in diesem Sammelband als Aufruf an die Streitkräfteplaner dienen, weitere Untersuchungen über die einzigartigen Auswirkungen der Nutzung sozialer Medien auf die Streitkräfte einzuleiten.

Literatur

Alloway TP, Horton J, Alloway RG, Dawson C (2013) Social networking sites and cognitive abilities: do they make you smarter? Comput Educ 63:10–16

Anderson M, Jiang J (2018) Teens, social media & technology 2018. Pew Research Center, Washington, DC, S 31

Bjornsen CA, Archer KJ (2015) Relations between college students' cell phone use during class and grades. Scholarsh Teach Learn Psychol 1(4):326

Diramio D, Jarvis K, Iverson S, Seher C, Anderson R (2015) Out from the shadows: female student veterans and help-seeking. Coll Stud J 49(1):49–68. https://search.ebscohost.com/login.aspx?direct=true&db=a9h&AN=101598372&site=ehost-live. Zugegriffen am 25.05.2019

Doleck T, Lajoie S (2018) Social networking and academic performance: a review. Educ Inf Technol 23(1):435–465

Dooley JJ, Pyżalski J, Cross D (2009) Cyberbullying versus face-to-face bullying: a theoretical and conceptual review. Z Psychol/J Psychol 217(4):182–188

Eagan K, Stolzenberg EB, Zimmerman HB, Aragon MC, Sayson HW, Rios-Aguilar C (2016) The American freshman: national norms fall 2016. Higher Education Research Institute, UCLA, Los Angeles

Elliott M, Gonzalez C, Larsen B (2011) U.S. military veterans transition to college: combat, PTSD, and alienation on campus. J Stud Aff Res Pract 48(3):279–296

Ellis Y, Daniels B, Jauregui A (2010) The effect of multitasking on the grade performance of business students. Res High Educ J 8(1):1–10

Ellison NB, Steinfield C, Lampe C (2007) The benefits of Facebook "friends:" social capital and college students' use of online social network sites. J Comput Mediat Commun 12(4):1143–1168

Fauman MA (2008) Cyber-bullying: bullying in the digital age (book review). Am J Psychiatry 165:780–781

Fisher RJ (1993) Social desirability bias and the validity of indirect questioning. J Consum Res 20(2):303–315

Golub TL, Miloloža M (2010) Facebook, academic performance, multitasking and self-esteem. In: 10th special focus symposium on ICESKS: information, communication and economic sciences in the knowledge society

Harrison AM (2018) An investigation into bullying and cyberbullying: the effects of anonymity and form of bullying on severity of victim impact (Master thesis). https://etd.ohiolink.edu/pg_10?0::NO:10:P10_ACCESSION_NUM:dayton1525184128335822. Zugegriffen am 25.05.2019

Hsieh HF, Shannon SE (2005) Three approaches to qualitative content analysis. Qual Health Res 15(9):1277–1288

Judd T (2014) Making sense of multitasking: the role of Facebook. Comput Educ 70:194–202

Junco R (2012) Too much face and not enough books: the relationship between multiple indices of Facebook use and academic performance. Comput Hum Behav 28(1):187–198

Junco R (2015) Student class standing, Facebook use, and academic performance. J Appl Dev Psychol 36:18–29

Junco R, Cotten SR (2012) No A 4 U: the relationship between multitasking and academic performance. Comput Educ 59(2):505–514

Karpinski AC, Kirschner PA, Ozer I, Mellott JA, Ochwo P (2013) An exploration of social networking site use, multitasking, and academic performance among United States and European university students. Comput Hum Behav 29(3):1182–1192

Kelty R, Bierman A (2013) Ambivalence on the front lines: perceptions of contractors in Iraq and Afghanistan. Armed Forces Soc 39(1):5–27

Kirschner PA, Karpinski AC (2010) Facebook® and academic performance. Comput Hum Behav 26(6):1237–1245

Kohut A, Parker K, Keeter S, Doherty C, Dimock M (2007) How young people view their lives, futures and politics: a portrait of "Generation Next". Pew Research Center, Washington, DC

Konheim-Kalkstein YL, Stellmack MA, Shilkey ML (2008) Comparison of honor code and non-honor code classrooms at a non-honor code University. J Coll Character 9(3). https://doi.org/10.2202/1940-1639.1115. Zugegriffen am 11.05.2023

Liu D, Brown BB (2014) Self-disclosure on social networking sites, positive feedback, and social capital among Chinese college students. Comput Hum Behav 38:213–219

Liu D, Ainsworth SE, Baumeister RF (2016) A meta-analysis of social networking online and social capital. Rev Gen Psychol 20(4):369–391

Liu D, Kirschner PA, Karpinski AC (2017) A meta-analysis of the relationship of academic performance and social network site use among adolescents and young adults. Comput Hum Behav 77:148–157

Maccoby EE, Maccoby N (1954) The interview: a tool of social science. In: Handbook of social psychology, Bd 1. Addison-Wesley, Cambridge, MA, S 449–487

Madden M, Jones S (2002) The internet goes to college. Pew internet & American life project, vol 15. Pew Research Center, Washington, DC

Orzech KM, Grandner MA, Roane BM, Carskadon MA (2016) Digital media use in the 2 h before bedtime is associated with sleep variables in university students. Comput Hum Behav 55:43–50

Pacolet J, Perelman S, De Wispelaere F, Schoenmaeckers J, Nisen L, Fegatilli E, Krzeslo E, De Troyer M, Merckx S (2012) Social and fiscal fraud in Belgium. A pilot study on declared and undeclared income and work. Acco, Leuven

Ravizza SM, Uitvlugt MG, Fenn KM (2017) Logged in and zoned out: how laptop internet use relates to classroom learning. Psychol Sci 28(2):171–180

Salaway G, Caruso JB, Nelson MR (2008) The ECAR study of undergraduate students and information technology, 2008 (Research Study), vol 8. EDUCAUSE. Center for Applied Research, Boulder. Zugegriffen am 29.10.2010

Simon J, Simon R (1975) The effect of money incentives on family size: a hypothetical-question study. Public Opin Q 38(Winter):585–595

Skopp NA, Alexander CL, Durham T, Scott V (2016) Positive and negative aspects of Facebook use by service members during deployment to Afghanistan: associations with perceived social support. Psychol Pop Media Cult 7(4):498

The American Association for Public Opinion Research (2016) Standard definitions: final dispositions of case codes and outcome rates for surveys, 9. Aufl. AAPOR, Lenexa

Vandebosch H, van Cleemput K (2008) Defining cyberbullying: a qualitative research into the perceptions of youngsters. Cyberpsychol Behav 11:499–503

Xanidis N, Brignell CM (2016) The association between the use of social network sites, sleep quality and cognitive function during the day. Comput Hum Behav 55:121–126

Das Bedürfnis nach Sichtbarkeit: Der Einfluss der Social-Media-Kommunikation auf die Kaderangehörigen der Schweizer Armee

Eva Moehlecke de Baseggio

Zusammenfassung

Soziale Medien spielen in den Kommunikationsstrategien von Streitkräften eine immer zentralere Rolle. Während Forschungen über die externen Auswirkungen der Social-Media-Kommunikation existieren, ist über die Auswirkungen auf die eigenen Mitarbeitenden weniger bekannt. Der Fokus dieses Beitrags liegt daher auf der Erhebung und Analyse der Wünsche, Bedürfnisse und Einstellungen von Kaderangehörigen der Schweizer Armee in Bezug auf Social-Media-Kommunikation im Speziellen und Kommunikation im Allgemeinen. Als explorative Studie konzipiert, wurden 34 semistrukturierte Interviews geführt und eine qualitative Inhaltsanalyse durchgeführt. Neben einigen eher instrumentellen Aspekten der Social-Media-Kommunikation kristallisierten sich drei weiche Faktoren heraus, die mit der (Social-Media-) Kommunikation zusammenhängen und von ihr beeinflusst werden. Diese sind Sichtbarkeit, Identifikation und Engagement. Die drei Konzepte sind miteinander verknüpft und hängen zumindest teilweise voneinander ab. Die Analyse der Interviews und die theoretische Einbettung zeigen die hohe Sensibilität der Kadermit-

E. Moehlecke de Baseggio (✉)
Schweizer Armee, Fachstelle Frauen in der Armee und Diversity, Bern, Schweiz
E-Mail: eva.moehlecke@moehlecke.com

© Der/die Autor(en), exklusiv lizenziert an Springer Nature Switzerland AG 2023   65
E. Moehlecke de Baseggio et al. (Hrsg.), *Soziale Medien und die Streitkräfte*,
https://doi.org/10.1007/978-3-031-26108-4_4

glieder gegenüber der Organisationskommunikation sowie die vielfältigen Auswirkungen der Kommunikation auf ihre Arbeit, ihre Motivation und ihr Wohlbefinden.

1 Einleitung

Die Schweizer Armee betrachtet soziale Medien vor allem als Instrument, um die Gesellschaft und insbesondere junge Menschen anzusprechen, da diese den Rekrutierungspool für die Streitkräfte bilden. Im Jahr 2016 hat die Schweizer Armeeführung jedoch auch das Kaderpersonal der Schweizer Armee als wichtige Stakeholder-Gruppe für die offizielle Social-Media-Kommunikation der Schweizer Armee identifiziert. Ausgangspunkt dafür war die Notwendigkeit, die Kaderrekrutierung zu verbessern, um den Personalbedarf der Schweizer Armee zu decken, denn eine ausreichende und stabile Kaderstärke ist entscheidend für die erfolgreiche Auftragserfüllung der Schweizer Armee. Um die personelle Herausforderung zu meistern, wurde ein Maßnahmenkatalog definiert. Obwohl die Informations- und Kommunikationsbedürfnisse des Kaderpersonals Teil dieses Pakets waren, fehlte es an einem tieferen Verständnis und empirischen Belegen. Daher war eine Untersuchung der Kommunikationsbedürfnisse und -wünsche der Kadermitarbeitenden notwendig.

Gleichzeitig entschieden sich die Armeeführung und die Kommunikationsabteilung dafür, den aktuellen Social-Media-Plattformen besondere Aufmerksamkeit zu schenken, sowohl was die Ansprache der Jugend als auch die Rekrutierung von Kaderangehörigen betrifft.[1] Soziale Medien waren neu für die Schweizer Armee und auch hier waren wissenschaftliche Daten und Erkenntnisse über die Wirkung von Social-Media-Kommunikation willkommen, um Erkenntnisse über den Einfluss dieser Plattformen auf die Armee und die Schweizer Gesellschaft zu gewinnen. Um beide Anforderungen zu vereinen, wurde daher ein umfangreiches Forschungsprojekt lanciert, das auch die Analyse der spezifischen Bedürfnisse und Wünsche des Kaderpersonals in Bezug auf soziale Medien beinhaltete. Da es jedoch schwierig ist, nur die Bedürfnisse und Wünsche in Zusammenhang mit sozialen Medien zu erheben und die allgemeinen Kommunikationsbedürfnisse beiseite zu lassen, umfasst das Kader-Teilprojekt sowohl die Kommunikationsbedürfnisse und -einstellungen im Allgemeinen als auch die Überzeugungen und Wünsche bezüglich der Social-Media-Kommunikation im Speziellen. Das Projekt

---

[1] Die Schweizer Armee basiert auf einem Milizsystem und auf der Wehrpflicht und muss daher nicht im ursprünglichen Sinne rekrutieren.

ist explorativer Natur, was Spielraum für qualitative Forschung in Form von semi-strukturierten Interviews bot.[2]

Da es sich um ein exploratives Projekt handelt, gaben der Forschungsstand und vor allem das Erkenntnisinteresse das Forschungsthema vor, das wiederum den Fragebogen für die Interviews bestimmte. Daher werden im Folgenden der Forschungsstand und die zugrundeliegende Forschungsfrage beschrieben, bevor die angewandte Methode sowie die Ergebnisse einschließlich der theoretischen Formulierung der Befunde erläutert und diskutiert werden.

2 Stand der Forschung und Forschungsfrage

Social-Media-Kommunikation ist ein fester Bestandteil in der externen Kommunikation von Organisationen geworden. In einer Umfrage unter 2710 Kommunikationsexperten und -expertinnen von Aktiengesellschaften, privaten Unternehmen, öffentlichen Einrichtungen und Non-Profit-Organisationen in ganz Europa im Jahr 2016 stuften die Befragten soziale Medien als drittwichtigsten Kanal ein und prognostizierten, dass diese Medien bis 2019 der zweitwichtigste Kanal sein würden (Zerfass et al. 2016). Es gibt einige akademische Forschungen zu Public Relations, die sich hauptsächlich auf die Wechselbeziehungen zwischen Organisationen und ihren Stakeholdern und das Reputationsmanagement konzentrieren (Pleil und Matthias 2017). Drei von vier Experten und Expertinnen für Organisationskommunikation glauben, dass soziale Medien die Wahrnehmung einer Organisation durch ihre Stakeholder beeinflussen und verändern (ebd.). Zu den Stakeholdern gehören auch die Mitarbeitenden einer Organisation. Unter dem Begriff des Employer Branding zielen Organisationen darauf ab, die Bindung der Mitarbeitenden zu stärken oder neue Mitarbeitende zu gewinnen (Karnica und Kumar 2019; Pleil und Matthias 2017). Soziale Medien sind zu einem relevanten Rekrutierungselement geworden. In ihrer Studie unter MBA-Studierenden konnten Karnica und Kumar (2019) einen moderierenden Effekt von sozialen Medien auf den „Person-Organisation-Fit" – der für die Kompatibilität der Werte einer Person mit denen der Organisation steht – und die Bewertung einer Organisation als attraktive Arbeitgeberin bestätigen.

Soziale Medien ermöglichen es Organisationen also, die öffentliche Wahrnehmung ihrer Marke, einschließlich ihrer Arbeitgebermarke, zu intensivieren. Dieser Effekt geht auf die frei verfügbaren Informationen über eine Organisation

---

[2] Die Autorin dankt Jennifer Victoria Scurrell, die einen Großteil der Interviews, auf denen dieser Artikel basiert, durchgeführt und ausgewertet hat.

in den sozialen Medien zurück, was mit den Erkenntnissen übereinstimmt, dass Sichtbarkeit eines der vier zentralen Potenziale der sozialen Medien ist (Treem und Leonardi 2013). Die Auswirkungen sozialer Medien auf Organisationen stehen auch im Fokus von Corporate-Identity-Forschenden (Devereux et al. 2017). Die Social-Media-Präsenz von Organisationen trägt zu einer erhöhten Sichtbarkeit und intensiveren Beziehungen zu Stakeholdern bei (ebd.). Da diese Art von Medien auf Interaktion ausgelegt ist, bringt sie von Natur aus die technischen Voraussetzungen mit, um einen Dialog zu beginnen oder mit den Gesprächspartnern und -partnerinnen zu interagieren. Dadurch bauen soziale Medien potenziell Beziehungen zwischen den kommunizierenden Parteien auf (Kissel und Büttgen 2015). Ohne ein klares Kommunikationskonzept, das die Kommunikationsziele einer Organisation und das Social-Media-Verhalten, die Bedürfnisse und Erwartungen der Stakeholder einschließt, wird Social-Media-Kommunikation jedoch nicht erfolgreich sein (Pleil und Matthias 2017). Darüber hinaus sind die Zusammenhänge zwischen Kommunikation und Mitarbeiterengagement für die Kommunikation im Allgemeinen, aber nicht speziell für die Social-Media-Kommunikation erforscht worden. Eine nutzenbringende interne Kommunikation trägt zu einem erhöhten Mitarbeiterengagement bei, indem sie den Mitarbeitenden die notwendigen Ressourcen zur Erfüllung ihrer Aufgaben zur Verfügung stellt und darüber hinaus auch die Beziehungen am Arbeitsplatz vertieft (Karanges et al. 2015). Die externe Kommunikation einer Organisation wiederum steht in einem Zusammenhang mit der Produktivität der Mitarbeitenden, der Arbeitszufriedenheit und dem Vertrauen (Kandlousi et al. 2010).

Ziel der Interviews und der anschließenden Analysen ist es daher, die folgenden Forschungsfragen zu beantworten: Wie wirkt sich die Social-Media-Kommunikation der Schweizer Armee auf ihr Kaderpersonal aus? Kann die Social-Media-Kommunikation der Schweizer Armee zur Rekrutierung und Bindung von Kadermitgliedern beitragen, und wenn ja, durch welche Mechanismen?

3   Methode

Die Datenerhebung erfolgte in Form von insgesamt 34 Interviews, von denen 31 semistrukturiert waren. Darüber hinaus wurden ein Fokusgruppeninterview mit vier Presse- und Informationsbeauftragten (PIOs) sowie zwei Experteninterviews mit Kommunikationsexperten geführt, die alle selbst Kadermitglieder der Armee sind. Semistrukturierte, leitfadengestützte Interviews sind eine ideale Methode für die vorliegenden Forschungsfragen. Einerseits bieten sie die Möglichkeit, alle relevanten Themen anzusprechen, andererseits lassen sie genügend Raum, um den weiteren Bedeutungszusammenhang der Aussagen der Befragten zu erfassen (Rager et al. 1999). Darüber hinaus ermöglichen semistrukturierte Interviews den Forschenden, die Ideen einer kleinen Bevölkerungsgruppe, wie z. B. des Kaderpersonals der Schweizer Armee, zu erfassen und explorative Analysen durchzuführen (ebd.). Darüber hinaus gewährleisten sie nicht nur eine retrospektive Bewertung der mit der verfolgten Forschungsfrage verbundenen Phänomene, sondern beinhalten auch eine Echtzeitbewertung (Gioia et al. 2012).

Die Interviews wurden zwischen Februar und Juni 2018 durchgeführt. Die Stichprobe der 37 Befragten wurde nach theoretischen Überlegungen zusammengestellt und umfasste sowohl Berufs- als auch Milizkader, wobei 21 der Teilnehmenden Berufsoffiziere (oder Berufsoffiziersanwärter) und 16 Milizkader sind. Die Schweizer Armee basiert auf der Wehrpflicht und einem Milizsystem. Die Wehrpflicht gilt nur für junge Männer, während Frauen auf freiwilliger Basis teilnehmen können. Die Verfassung lässt eine reguläre, d. h. professionelle Truppe ausdrücklich nicht zu (Bundesverfassung der Schweizerischen Eidgenossenschaft 1999). Daher besteht die Schweizer Armee hauptsächlich aus Miliztruppen mit einem geringen Anteil an Berufsoffizieren.

Der niedrigste befragte Dienstgrad ist ein Hauptfeldweibel (Hptfw), der höchste Dienstgrad ist der Chef der Armee im Rang eines Korpskommandanten. Neben dem Chef der Armee wurden drei weitere Mitglieder der Armeeführung befragt. Von den 37 Teilnehmenden sind sechs Höhere Stabsoffiziere. Allen Teilnehmenden wurde volle Anonymität zugesichert – mit Ausnahme der Mitglieder der Armeeführung und der Kommunikationsexperten und -expertinnen, die relativ leicht identifizierbar sind. Daher wäre eine Anonymisierung in diesen Fällen wenig sinnvoll gewesen.

Das kürzeste Interview dauerte 26:13 min, das längste 1 h und 17:04 min, wobei die durchschnittliche Dauer pro Interview 46:48 min betrug. Die Interviews wurden anhand eines thematisch ausgerichteten Leitfadens durchgeführt, der Fragen zu den allgemeinen Bedürfnissen und Wünschen des Kaderpersonals in Bezug auf die Kommunikation sowie zu den von ihnen als angemessen erachteten Kommunikationskanälen enthält. Der Leitfaden konzentriert sich auch auf die Vor- und Nachteile von sozialen Medien, für welche Zwecke die Kadermitarbeitenden sie für geeignet halten und ob soziale Medien und die Schweizer Armee zusammenpassen. Schliesslich wird nach den Auswirkungen von sozialen Medien auf die Motivation von Kaderleuten gefragt, warum diese Art von Medien motivierend sein kann oder, falls das Gegenteil zutrifft, warum nicht. Die persönliche Einstellung zur Nutzung von sozialen Medien ist Gegenstand des nächsten Teils der Interviews, der Fragen dazu enthält, was die Kaderangehörigen in die Social-Media-Kommunikation der Schweizer Armee integrieren oder verändern möchten, sowie Fragen zu ihrer privaten und militärischen Social-Media-Nutzung. Abgesehen von den Fragen zur Kommunikation und zu den sozialen Medien wurden die Befragten zu ihren militärischen Ambitionen und einigen demografischen Angaben befragt, z. B. zu Ausbildung, Alter oder militärischem Rang. Mit Ausnahme der demografischen Fragen sind alle Fragen offen und nicht suggestiv, was der methodischen „Best Practice" entspricht (Gioia et al. 2012). Damit die Befragten ihre Ansichten so frei wie möglich schildern konnten, diente der Leitfaden als Orientierungshilfe und gab keine starre Reihenfolge vor. Zudem ergaben sich im Laufe der Interviews neue Fragen, die nicht im Leitfaden enthalten waren (Flick 2004).

Nach der vollständigen Transkription wurden alle Interviews zunächst einer Analyse nach der Methode der Grounded Theory von Strauss unterzogen (2004). Die Durchführung einer textbasierten Analyse ermöglicht es, über den manifesten Text hinauszugehen und eine weitere Bedeutungsebene einzubeziehen, die möglicherweise nicht auf den ersten Blick ersichtlich ist (Mayring 1994). Anschließend wurde eine qualitative Inhaltsanalyse durchgeführt, die in einem ersten Schritt aus einer offenen Kodierung mit induktiven in-vivo-Codes bestand (Böhm 2007). Drei zufällig ausgewählte Interviews wurden von der Autorin und einer weiteren Forscherin unabhängig voneinander in vivo kodiert. Die Ergebnisse wurden verglichen und in Kategorien – den axialen Codes (ebd.) – gruppiert, die sowohl auf der Grundlage empirischer Belege als auch der Theorie formuliert wurden. Bei den nächsten beiden Interviews, die ebenfalls nach dem Zufallsprinzip ausgewählt wurden, wurde die Inhaltsanalyse wiederum von beiden Forscherinnen doppelt durchgeführt. Eine Person führte die Analyse anhand des Entwurfs des Kategoriensystems durch, das aus den axialen Codes besteht, während die andere Person die offene Kodierung verwendete. Schließlich wurden die Ergebnisse verglichen und der Entwurf des Kategoriensystems verfeinert. Die übrigen Interviews, mit Ausnahme derjenigen mit den Mitgliedern der Armeeführung, wurden einer Inhaltsanalyse anhand des Kategoriensystems unterzogen, das ständig verfeinert wurde. In einem dritten und letzten Schritt, dem selektiven Kodieren, kristallisierte sich das zentrale und integrierende Phänomen der „Kommunikation" heraus. Dieses Motiv scheint naheliegend und war bereits in der Forschungsfrage enthalten, was nach Böhm (2007) häufig anzutreffen ist. Ziel dieser Art der Analyse ist es, das umfangreiche Rohmaterial der Interviewtranskripte zu gemeinsamen, den Teilnehmenden zugrundeliegenden Motiven zu verdichten. Das entstehende Kategoriensystem kann somit als Überführung der Interviewtexte in verallgemeinerte Aussagen verstanden werden, wobei der Begriff der Verallgemeinerung nur für die untersuchte Gruppe gilt.

Die vier Interviews mit der Armeeführung wurden ebenfalls von beiden Forscherinnen getrennt mittels offenem Kodieren ausgewertet. Für jedes dieser Interviews wurde ein eigenes Kategoriensystem erstellt, und die acht daraus resultierenden Kategoriensysteme wurden verglichen und ausgewertet. Die Bedürfnisse, Wünsche, Meinungen und Einstellungen der Kaderangehörigen der Schweizer Armee lassen sich verallgemeinernd in den axialen Hauptkategorien zusammenfassen, *Sichtbarkeit*, *Identifikation* und *Engagement*. Die Kategorien stehen nicht isoliert voneinander, sondern sind miteinander verknüpft und weisen ein hohes Maß an Interdependenzen auf. Tab. 1 zeigt die Kategorien sowie einige entsprechende In-vivo-Codes.

Im Folgenden werden die Ergebnisse in Zusammenhang mit den axialen Hauptkategorien vorgestellt und theoretisch begründet. Sie wurden auf induktiv erhobenen In-vivo-Codes basierend gebildet und stützen sich auf theoretische, also deduktive Formulierungen. Das methodische Vorgehen basierte auf einem gemischt induktiven und deduktiven Ansatz (Gioia et al. 2012; Mayring 2000). Zunächst werden jedoch einige spezifische Aussagen von Kadermitgliedern zu sozialen Medien als Kommunikationskanäle der Schweizer Armee vorgestellt und durch die Sichtweisen der Kommunikationsexperten und -expertinnen ergänzt.

Tab. 1 Überblick über die Hauptkategorien der Inhaltsanalyse und Auszug der In-vivo-Codes

Selektive Kategorie	Axiale Kategorie	In-vivo-Code (nur Auszüge)
Kommunikation	Sichtbarkeit	Tue Gutes und sprich darüber.
		Bedarf an proaktiverer Kommunikation
		Die Gesellschaft weiß nicht, was wir tun.
	Identifikation	Ein besserer Informationsfluss würde die Identifikation mit der Armee erhöhen.
		Bedürfnis nach einem Gefühl der Zugehörigkeit zur Armee/einer Untergruppe in der Armee
		Unsystematische Kommunikation in den sozialen Medien
	Engagement	Die Armee ist eine Herzensangelegenheit.
		Stolz auf das, was wir tun.
		Milizkader sind zu wenig in den Informationsfluss eingebunden.

4 Soziale Medien als Kommunikationskanäle der Schweizer Armee

Die Kaderangehörigen der Schweizer Armee verstehen soziale Medien fast ein-hellig als ein weiteres Instrument im Kommunikationsinstrumentarium. Es ist je-doch ein relevantes, denn fast ein Drittel (32 %) der Schweizer Bevölkerung kennt mindestens einen der Social-Media-Kanäle der Schweizer Armee (Szvircsev Tresch et al. 2019). Die meisten Teilnehmerinnen und Teilnehmer schätzen soziale Medien also als notwendig und als begleitendes Instrument zu den traditionellen Kommunikationskanälen ein. Sie erkennen außerdem das Potenzial der sozialen Medien, um Jugendliche zu erreichen, und betrachten sie als Mittel, um „einen positiven Geräuschpegel zu erzeugen" (Interview 16).

Auf die Frage nach den Kommunikationszwecken, für die Kaderangehörige so-ziale Medien für geeignet halten, nennen sie die Möglichkeit, positive Geschichten auf moderne, proaktive Weise zu erzählen, sie für die Öffentlichkeitsarbeit zu nut-zen und junge Menschen für den Militärdienst zu motivieren. Sie verbinden diese Zwecke mit einem der Vorteile von Social-Media-Plattformen, nämlich der Möglichkeit, durch Bilder und Videos zu kommunizieren. Diese visuellen Medien sind ein gutes Mittel, um Emotionen zu transportieren und hervorzurufen, was mit Worten allein viel schwieriger zu erreichen ist (Fahmy et al. 2006). Die meisten Teilnehmenden sehen kein Spannungs- oder gar Konfliktfeld zwischen den offenen und informellen Social-Media-Plattformen und der hierarchisch organisierten, eher geschlossenen Struktur der Armee. Auf die Frage, ob die Schweizer Armee und soziale Medien zusammenpassen, antwortet ein Interviewpartner wie folgt:

> In meinen Augen passen sie absolut zusammen. Denn unsere Rekruten und Rekrutin-nen, die jetzigen und die zukünftigen, sind diejenigen, die auf diesen Plattformen sind. Und wenn [die Plattformen] nicht zur Schweizer Armee passen, dann sind wir in diesem Bereich einfach überholt. Dann ist es unser Problem und nicht das Problem der jungen Leute, das ist meine Meinung. (Interview 11)

Die Experten- und Fokusgruppeninterviews mit den Kommunikationspersonen – allesamt ebenfalls Kadermitarbeitende der Schweizer Armee – zeichnen ein sehr ähnliches Bild. Der zentrale Vorteil von sozialen Medien liegt nach Ansicht dieser Personen in der Unmittelbarkeit und den scheinbar geringen Kosten im Vergleich zu Printprodukten oder Inseraten. Sie schließen sich der Meinung des oben zitier-ten Interviewpartners an, dass soziale Medien ein geeignetes Mittel sind, um Jugendliche zu erreichen. In den sozialen Medien ist es möglich, jungen Menschen zu zeigen, dass der Militärdienst interessant sein und Spaß machen kann. Neben diesen instrumentellen Eigenschaften schreiben die Experten und Expertinnen den Social-Media-Plattformen noch eine weitere Bedeutungsdimension zu, nämlich die Möglichkeit, das Selbstwertgefühl der Armee-Angehörigen zu steigern, indem sie ihnen eine Bühne bieten, um zu präsentieren, was sie in der Schweizer Armee tatsächlich tun. Folglich schätzen die Kommunikationsexperten die Armee-Angehörigen sowie deren Verwandte und Freundinnen und Freunde als Hauptzielgruppe für die Facebook-Präsenz der Schweizer Armee ein. Sie nennen soziale Medien auch als Möglichkeit, das wahre Gesicht der Schweizer Armee zu zeigen und die (zivile) Bevölkerung darüber zu informieren, welche Leistungen die Schweizer Armee für die Gesellschaft erbringt, Sinn zu stiften und auf transparente, offene und authentische Weise zu kommunizieren. Für die Experten und Expertinnen besteht das Ziel einer solchen Social-Media-Kommunikation also darin, Glaubwürdigkeit zu schaffen.

In den Interviews sprechen die Experten auch weiche Faktoren der Social-Media-Kommunikation für das Kaderpersonal der Schweizer Armee an, wie zum Beispiel die Steigerung des Selbstwertgefühls. Diese Faktoren gewinnen in den Interviews mit den anderen Kadermitgliedern, die nicht in der Kommunikationsabteilung arbeiten und daher möglicherweise eine weniger instrumentelle Perspektive auf die Social-Media-Kommunikation haben, erheblich an Gewicht. Die Faktoren spiegeln sich in den drei oben bereits erwähnten axialen Kategorien wider: Sichtbarkeit, Identifikation und Engagement. Die Wechselbeziehungen zwischen der Kommunikation der Schweizer Armee und diesen Aspekten werden im Folgenden erörtert, wobei der Schwerpunkt auf den Aspekten liegt, die mit den sozialen Medien zusammenhängen oder durch sie verstärkt werden.

5   Sichtbarkeit: Quelle der Wertschätzung und des Respekts

Die befragten Kadermitglieder der Schweizer Armee äußerten durchweg den Wunsch, dass die offizielle Kommunikation der Armee proaktiver sein sollte. Sie wünschen sich eine positive, transparente, glaubwürdige und authentische Kommunikation, oder um es mit den Worten eines Teilnehmenden zu sagen:

> Im Gegenteil, die Armee sollte sich sehr wohl, wieder das Wort proaktiv, als modern, offen, Sie wissen schon, präsentieren. Was nicht passieren darf, ist, dass die Bevölkerung den Eindruck bekommt, dass hier nur befehlsempfangende Stahlhelme sitzen, die irgendwie dem Kalten Krieg nachtrauern und sich immer noch auf ihn vorbereiten. Das kann nicht sein, sondern die Armee sollte sich als ein modernes,

schlankes Instrument präsentieren, in dem man viel für das zivile Leben, für sich selbst profitieren kann. (Interview 15)

Transparenz, Glaubwürdigkeit und Authentizität implizieren den Gedanken, die Komplexität und Vielfalt der Organisation darzustellen – letzteres bezieht sich auf Einheiten, Funktionen und Aufgaben und nicht auf die demografische Vielfalt. Durch eine proaktivere Kommunikation erhoffen sich die Kadermitglieder, die Sichtbarkeit der Schweizer Armee nach außen zu erhöhen und damit einen höheren Informationsgrad in der Gesellschaft darüber zu erreichen, welche Leistungen die Schweizer Armee anbietet und wie das Geld der Steuerzahler und -zahlerinnen ausgegeben wird. Dies geschieht – bewusst oder unbewusst – mit dem Ziel, die Organisation zu legitimieren und damit verbunden, öffentliche Wertschätzung zu erlangen.

Umgekehrt ist die Information eine Vorläuferin für die Bildung externer Wertschätzung. Die Gesellschaft muss über die Aufgaben und Leistungen der Schweizer Armee informiert werden, und die Kaderangehörigen sind sich dessen bewusst. Diese wohl eher intuitive Einschätzung der Wirkung, die Kommunikation haben kann, wird durch eine Studie von Ho und Cho (2016) bestätigt. Bei der Analyse der wahrgenommenen Leistung der Polizei kam die Studie zu dem Ergebnis, dass Menschen in Situationen, in denen es an Informationen mangelt, ihre Einschätzung auf Vorurteile und Klischees stützen, was im Allgemeinen zu einer niedrigeren Bewertung der Leistung und damit zu einem geringeren Vertrauen in die Polizei führt (ebd.). Wird die Polizei hingegen als kommunizierende Behörde wahrgenommen, wird ihre Leistung höher eingeschätzt und mehr Vertrauen in sie investiert, unabhängig von der tatsächlichen Leistung (ebd.). Im Falle der Schweizer Armee sind die Teilnehmenden der Meinung, dass die Bevölkerung schlecht darüber informiert ist, welche Aufgaben die Schweizer Armee zu erfüllen hat und wie der Militärdienst aussieht. Eine befragte Person drückt diese Meinung wie folgt aus:

> Und ich sehe einfach, dass es viele Leute gibt, aus allen Kategorien, von zehn bis 70, 80 Jahren, die einfach nicht wissen, was wir machen. Und das ist wirklich schade, denn wir machen gute Sachen. Wir verkaufen nicht, na ja, nicht verkaufen, aber wir zeigen es einfach nicht genug oder haben es nicht genug gezeigt, dass wir das machen. (Interview 3)

Eine andere teilnehmende Person drückt es noch deutlicher aus, indem sie sagt, dass „die Armee null Sichtbarkeit und damit null Unterstützung in der Bevölkerung hat. Und das ist das Verhängnis der Armee, und darauf können wir nicht zusteuern. Die Armee muss in der Öffentlichkeit wahrgenommen werden" (Interview 37).

Kaderangehörige sind der Meinung, dass die kommunikative Sichtbarkeit sie dabei unterstützen würde, die dringend benötigte öffentliche Wertschätzung zu erlangen, die ihrer Meinung nach mit der abnehmenden gesellschaftlichen Bedeutung der Schweizer Armee schwindet. Sie äußern explizit die Überzeugung, dass, wenn die Schweizer Armee umfangreich kommuniziert, die Wertschätzung zurückkehren wird, sowohl extern in der Gesellschaft als auch intern in der Organisation, da die Schweizer Armee und ihre Aktionen wieder sichtbarer werden. Ein Kaderangehöriger erzählt, wie er mit seiner Truppe eine Parade durch ein Dorf organisiert hat.[3] Die Motivation der Soldaten für die Parade war gering, und an einem bestimmten Punkt begann er selbst an der Idee zu zweifeln, zumal sie viel Aufwand erforderte. Dennoch beschloss er, die Parade durchzuführen. Er erzählte:

> Es standen viele Leute am Straßenrand. Und sie applaudierten, als die Truppen vorbeikamen. … Ja, es waren so viele Leute da, es war unglaublich. Was das für eine Wirkung hatte! Die Soldaten selbst und auch die Kader, das habe ich hinterher gemerkt, die waren hinterher fast 5 bis 10 Zentimeter größer. Das hatten sie noch nie gesehen, dass es Leute am Straßenrand gibt, die applaudieren. (Interview 37)

Da die Truppe nicht ständig auf den Straßen der Schweiz aufmarschieren kann, sind die sozialen Medien in den Augen eines Teilnehmenden ein ideales Mittel, um ein Gefühl für die Wertschätzung zu bekommen, die die Öffentlichkeit der Schweizer Armee und ihren Angehörigen entgegenbringt. Die Interaktivität von Social-Media-Plattformen erlaubt es denjenigen, die dies möchten, das gerade Gelesene, Gehörte oder Gesehene zu kommentieren – und sei es nur ein Like oder ein Emoji, das sie als Kommentar posten. Es vermittelt ein Gefühl des Respekts und der Anerkennung, wenn Menschen auf die Social-Media-Posts der Schweizer Armee mit Kommentaren wie „Hey, tolle Sachen!" oder „Wir sind stolz auf das, was ihr macht, Jungs!" reagieren. (Interview 36). Dementsprechend ist die Möglichkeit, die eigene Arbeit in den sozialen Medien sichtbar zu machen oder sogar generell die Sichtbarkeit der Organisation zu erhöhen, eine der wichtigsten Vorteile, die soziale Medien für Organisationen so attraktiv machen (Treem und Leonardi 2013).

Es ist jedoch nicht nur die Organisation, die Akzeptanz braucht. Ihre Mitarbeitenden und Kadermitglieder haben ein ähnliches Bedürfnis, sich akzeptiert

---

[3] Im Schweizer Kontext sind Militärparaden sehr ungewöhnlich. Die letzte große Militärparade in der Schweiz fand vor 30 Jahren statt (vgl. Aargauer Zeitung (2019): Warum es in der Schweiz schon lange keine Militärparaden mehr gibt [online]. [Gesehen am 18. Februar 2020]. Verfügbar unter: https://www.aargauerzeitung.ch/schweiz/warum-es-in-der-schweiz-schon-lange-keine-militaerparaden-mehr-gibt-134741044).

und geschätzt zu fühlen. Ohne eine informierte Öffentlichkeit können diese Bedürfnisse nicht befriedigt werden. Im Gegenteil, der von den Kadermitgliedern erwähnte Mangel an Informationen führt zu dem umgekehrten Gefühl, von der Gesellschaft für ihre Arbeit nicht geschätzt zu werden, wie eine teilnehmende Person feststellt:

> Irgendwie habe ich den Eindruck, dass die Armee nicht genug tut, um die Bevölkerung darauf aufmerksam zu machen, was wir effektiv für sie tun, z. B. was schief gehen würde, wenn es die Armee nicht mehr gäbe. Viele Organisationen wären verloren, wenn die Armee nicht mehr mit all ihren Mitteln auftauchen könnte. (Interview 30)

Sichtbarkeit und positive Kommunikationsinhalte sind also für die Schweizer Armee und ihre Kaderangehörigen von grösster Bedeutung, da die Befragten externe Sichtbarkeit mit Wertschätzung verbinden. In der Kommunikation der Schweizer Armee vertreten zu sein, gibt ihnen das Gefühl, als Individuum gesehen und geschätzt zu werden. Dieser Wunsch ist nicht ungewöhnlich – Menschen haben den Wunsch, dass ihre Arbeit von anderen gesehen wird, da sie sich dadurch gestärkt fühlen, weil sie sich sichtbar und somit respektiert und geschätzt fühlen (Baroncelli und Freitas 2011; Boons et al. 2015; Suchman 1995). Passend dazu identifizieren die Teilnehmenden Social-Media-Plattformen als die geeigneten Instrumente, um die Sichtbarkeit ihrer Organisation, einschließlich ihrer verschiedenen Einheiten, Mitglieder und der entsprechenden Funktionen, zu erhöhen.

Die innerorganisatorische Wertschätzung ist ein weiteres wichtiges Thema in Zusammenhang mit der Sichtbarkeit. Kaderangehörige sind sehr sensibel, wenn es darum geht, wer wie in den Kommunikationsprodukten der Schweizer Armee dargestellt wird. Sie nehmen die ungleiche Darstellung von Kommandos, Divisionen, Brigaden, Bataillonen und militärischen Funktionen, insbesondere in den sozialen Medien, sehr genau wahr. Die Auffassung, dass die eigene Einheit unterrepräsentiert ist, wird einhellig geteilt. Eine teilnehmende Person äußerte ein gewisses Unverständnis darüber, dass die Abschlussfeier einer der Lehrgänge abgebildet wurde, die Abschlussfeier ihres eigenen Lehrgangs hingegen nicht. Weitere Äußerungen in dieser Richtung wurden in den Interviews häufig gemacht. Ebenso haben viele das Gefühl, dass sie in der Kommunikation der Schweizer Armee, insbesondere in den an Jugendliche gerichteten Social-Media-Kanälen, nur Panzergrenadiere und Grenadiere sehen, und kritisieren, dass es bei der Armee nicht nur Kampfjets und Panzer gibt. Logistik, Transport oder andere Backoffice-Einheiten werden selten dargestellt, was von den Teilnehmenden als nicht attraktiv genug interpretiert wird. Sie empfinden dieses ungleiche Kommunikationsverhalten oft als mangelnde innerorganisatorische Wertschätzung für die Angehörigen der übrigen Einheiten.

Auch die Kaderangehörigen sind der Meinung, dass eine erhöhte Sichtbarkeit der Schweizer Armee über soziale Medien ihr Berufsleben erleichtern würde. Besser informierte Rekruten und Rekrutinnen haben zum Beispiel eine realistischere Vorstellung von der Schweizer Armee, was sich in realistischeren Erwartungen niederschlägt. Es versteht sich von selbst, dass sich solche Rekruten und Rekrutinnen leichter ausbilden lassen. Wie bereits erwähnt, sind Social-Media-Plattformen daher die idealen Kanäle, um künftige Rekrutinnen und Rekruten in angemessener Weise anzusprechen und zu informieren.

6 Kommunikation und organisationale Identifikation

Identifikation umfasst die Einordnung der eigenen Person in eine Gruppe ähnlicher Personen, wobei die Ähnlichkeit auf individuellen Vorlieben, gemeinsamen Aktivitäten oder ähnlichen Personen beruhen kann (He und Brown 2013; Kim et al. 2010). Die organisationale Identifikation der Armee-Angehörigen mit der Organisation beinhaltet gemeinsame organisationale Einstellungen und Verhaltensweisen, wodurch die Bereitschaft des Einzelnen erhöht wird, Unannehmlichkeiten, Stress und sogar Schaden im Namen des größeren Wohls, das in diesem Fall das Wohl der Schweizer Armee ist, in Kauf zu nehmen (Kim et al. 2010). Darüber hinaus steht sie in Zusammenhang mit der Organisationszugehörigkeit (Scott 2007) und ist das psychologische Band, das die Organisation und ihre Mitarbeitenden miteinander verbindet (Wiesenfeld et al. 1999). Je stärker die organisationale Identifikation eines Mitarbeiters/einer Mitarbeiterin ist, desto geringer wird die kognitive Distanz zwischen ihm/ihr und der Organisation empfunden (Shamir und Kark 2004).

Die überwiegende Mehrheit der Befragten sucht nach Anknüpfungspunkten, die sie nutzen können, um sich stärker mit der Schweizer Armee zu identifizieren. Obwohl sie das Bedürfnis verspüren, sich mit der Organisation zu identifizieren und ihr gegenüber Loyalität zu empfinden, haben sie nicht genügend offensichtliche Anknüpfungspunkte. Ein Berufsoffizier, der sein Bedürfnis nach einer stärkeren Identifikation mit der Schweizer Armee äußert, sieht in webbasierten Kommunikationsplattformen ein Potenzial zur Steigerung der Organisationsidentifikation. Er erklärt seine Idee eines geschlossenen Internetforums für Berufsoffiziere der Schweizer Armee mit der Überzeugung, dass „das Gefühl der Zugehörigkeit zunehmen würde, nach dem Motto ,wir sind militärische Profis'. Das könnte etwas Neues sein, etwas Schönes." (Interview 31).

Diejenigen Befragten, die sich stark mit der Schweizer Armee identifizieren, zeigen ein gemeinsames Muster. Ihr Wertesystem ist eher traditionalistisch und konservativ. Als Anknüpfungspunkte für die Identifikation mit der Schweizer Armee nennen sie Aspekte wie Männlichkeit, Patriotismus, Heimat und die Pflicht, ihr zu dienen. Bemerkenswert ist, dass diese Personen soziale Medien in der Regel eher als Bedrohung denn als Chance wahrnehmen und diese Plattformen als etwas bewerten, das „nicht für die Werte der Schweizer Armee steht" (Interview 4) oder, wie es ein Teilnehmer ausdrückt, sie haben einfach „kein so gutes Gefühl bei diesem Zeug." (Interview 14).

Die Mehrheit wünscht sich jedoch eine proaktivere Kommunikation. Dieser Wunsch impliziert, dass die Kadermitglieder die Kommunikation der Schweizer Armee – so wie sie zum Zeitpunkt der Befragung war – als nicht aktiv genug bewerten. Dies ist eine negative Bewertung zumindest eines Aspekts der Armee-Kommunikation und beeinflusst damit die organisationale Identifikation der Kadermitarbeitenden. Weitere Kritik an der Kommunikation der Schweizer Armee kommt von den Milizkaderangehörigen, die durchweg angeben, dass der Informationsfluss für die Kaderangehörigen der Milizarmee schlecht ist. Auf die Frage, ob sie sich dadurch weniger ernst genommen fühlen, antwortet eine teilnehmende Person:

„Ich denke schon, oder, wissen Sie, es würde es einfach einfacher machen, denke ich, es würde die Identifikation mit der Organisation erhöhen, verstehen Sie." (Interview 7)

Die Identifikation mit der Organisation ist mit der Kommunikation von und mit dem Topmanagement, der sogenannten vertikalen Kommunikation, verbunden (Bartels et al. 2010). Die Bedeutung der vertikalen Kommunikation liegt darin, Klarheit über die Organisation und ihre Werte gegenüber den Mitarbeitenden zu schaffen und damit mögliche Unsicherheiten zu minimieren. Der Grad der Identifikation der Mitarbeitenden mit ihrer Organisation hängt damit zusammen, wie sie diese Kommunikation bewerten (ebd.). Wenn also Kaderangehörige der Meinung sind, dass sie entweder zu wenig oder zu viele Informationen von der Armeeführung erhalten, wird beides als mangelnde Wertschätzung empfunden, was sich auf ihre organisationale Identifikation auswirkt. Darüber hinaus ist die Kommunikation mit der Identifikation mit der Organisation verbunden, da sie gemeinsame Bedeutungen und damit einen gemeinsamen Kontext schafft (Wiesenfeld et al. 1999). Im Laufe der Zeit entsteht durch diesen Mechanismus ein Bild oder eine Identität der Organisation, mit der sich die Mitarbeitenden identifizieren können, wodurch ihre Identifikation mit der Organisation als Ganzes vertieft wird (ebd.).

Eine verbesserte Sichtbarkeit wirkt sich nicht nur auf die Wertschätzung der Schweizer Armee und ihrer Mitarbeitenden durch die Öffentlichkeit aus, sondern beeinflusst auch die Identifikation der Mitarbeitenden mit der Organisation selbst.

Sich selbst oder die eigene Organisation in Kommunikationsprodukten zu sehen und wiederzuerkennen, schafft Stolz und die Möglichkeit zu zeigen, was Kadermitglieder tatsächlich tun. Außerdem ist das Gefühl, gesehen und respektiert zu werden, eine Vorstufe zur Identifikation mit der Organisation (Boons et al. 2015). Darüber hinaus ist die Wahrnehmung der Mitarbeitenden, dass ihre Organisation geschätzt wird, ebenfalls eine Vorstufe für die Entwicklung der organisationalen Identifikation (He und Brown 2013; Jones und Volpe 2010). Durch das Prestige der Organisation können einzelne Mitarbeitende ihre Identität mit der der Organisation verknüpfen und durch ihre Zugehörigkeit zu ihr von ihrem hohen Ansehen profitieren (He und Brown 2013; Jones und Volpe 2010; Kim et al. 2010). Die Außensicht auf eine Organisation wird zu einem großen Teil, wenn auch nicht ausschließlich, durch die Kommunikation der Organisation geprägt. Aufgrund der Schnelligkeit, der Unmittelbarkeit und der geringen Kosten, die soziale Medien mit sich bringen (abgesehen natürlich von den nicht zu unterschätzenden Personalkosten), findet ein Großteil der täglichen Kommunikation der Schweizer Armee auf ihren Social-Media-Kanälen statt. Daher ist es von grundlegender Bedeutung, dass diese Plattformen auf einem hohen Qualitätsniveau gehalten werden. Nur dann können die sozialen Medien Eindrücke aus erster Hand über die Meinung der Öffentlichkeit über die Schweizer Armee vermitteln.

Darüber hinaus vertieft die interaktive Struktur der sozialen Medien den Prozess der Identifikation der Kadermitglieder mit der Organisation, indem sie diese mit jeder Interaktion verstärkt (Jones und Volpe 2010). Identifikation entsteht also im ständigen Wechselspiel zwischen der Wahrnehmung der Organisation durch andere und der Einbeziehung dieser Wahrnehmung in die Wahrnehmung der Mitglieder der Organisation (Mujib 2017). Die meisten der Befragten hatten jedoch das Gefühl, dass die Social-Media-Kommunikation der Schweizer Armee etwas konzeptlos ist. Sie könnte nach Ansicht der Teilnehmenden viel erfolgreicher sein, wenn sie konzeptionell in die integrierte Kommunikation der Organisation eingebettet wäre. Sie äußern damit Kritik an der vertikalen Kommunikation der Schweizer Armee, die direkt mit der organisationalen Identifikation verbunden ist. Diese Kritik wird weiter verdeutlicht durch Aussagen, die sich z. B. darauf beziehen, dass die Teilnehmenden eine gemeinsame Terminologie für bestimmte Themen vermissen, die ihrer Meinung nach an alle Mitarbeitenden desselben Dienstgrades verteilt werden sollte. Auch wenn grundsätzlich notwendige Informationen nur zögerlich oder gar verdeckt kommuniziert werden, assoziieren sie diese Art der Kommunikation mit geringer Wertschätzung und mangelhafter vertikaler Kommunikation. Dies kann mittel- und langfristig zu einer geringeren Identifikation mit der Organisation führen. Ein Interviewpartner erklärt, dass in der Schweizer Armee nicht wie in der Privatwirtschaft die Information der Menschen im Vordergrund steht, damit alle die gleichen Ziele verfolgen, sondern der Schutz der Informationen. Der Grund für dieses Verhalten liegt seiner Meinung nach in der Angst der Schweizer Armee, dass die Medien etwas in einem ungünstigen Licht interpretieren oder etwas veröffentlichen könnten, was die Schweizer Armee nicht veröffentlicht haben möchte (Interview 7). Dieses Vorgehen steht im Widerspruch zur Kommunikationskultur in den sozialen Medien, die von Offenheit und Informalität geprägt ist. Darüber hinaus steht sie im Gegensatz zu Untersuchungen, die den Zusammenhang zwischen Transparenz und Vertrauen in Regierungen untersuchten und feststellten, dass Transparenz, selbst wenn etwas Negatives berichtet wird, keinen negativen Einfluss auf das Vertrauen hat (Grimmelikhuijsen 2012).

7   Affektive Bindung und Motivation

Identifikation steht für das Gefühl der Zugehörigkeit zu einer Gruppe, die im speziellen Fall der organisationalen Identifikation die Zugehörigkeit zu organisationsbezogenen Gruppen ist. Es handelt sich dabei um eine eher selbstbezogene Bewertung, die der Definition des Selbst in Abhängigkeit von der Gruppenzugehörigkeit auf der Grundlage der wahrgenommenen Ähnlichkeit der Eigenschaften oder des Schicksals mit den anderen Mitgliedern dient (Gautam et al. 2004; Jones und Volpe 2010). Organisationales Commitment hingegen bezeichnet eine stabile und dauerhafte Einstellung gegenüber der Organisation, die auf der Beziehung zwischen der Organisation und dem Individuum aufbaut (Gautam et al. 2004; Mercurio 2015). Obwohl es sich um ein mehrdimensionales Konzept handelt, wird sein Kern in seinem emotionalsten Element gesehen: dem affektiven Commitment (Mercurio 2015). Affektives Commitment umfasst das Gefühl, stolz darauf zu sein, Teil der Organisation zu sein, eine emotionale Bindung zu ihr zu haben, involviert zu sein und ein Gefühl der Zugehörigkeit zu haben (Felfe et al. 2006), was zu einer bestimmten Einstellung gegenüber der Arbeit führt (Camilleri und Van der Heijden 2007; Mercurio 2015). In diesem Zusammenhang bezeichnet eine teilnehmende Person die Streitkräfte als „eine Herzensangelegenheit", was auf ein starkes affektives Commitment schließen lässt (Interview 8).

Obwohl es gewisse Überschneidungen zwischen organisationaler Identifikation und affektivem Commitment gibt, müssen beide Konzepte getrennt voneinander betrachtet werden (Gautam et al. 2004), da die organisationale Identifikation das affektive Commitment beeinflusst und nicht dasselbe ist (Jones und Volpe 2010). Organisationales Commitment ist für die Organisation von größter Bedeutung, da es die Leistung und Motivation der Mitarbeitenden positiv beeinflusst (Camilleri und Van der Heijden 2007). Die Mitarbeitenden müssen wissen, was innerhalb der Organisation geschieht, um ein Gefühl des Engagements zu entwickeln. Daher spielt die Kommunikation eine wichtige Rolle. Die Verbindung zwischen Kommunikation und organisationalem Commitment, genauer gesagt dem affektiven Commitment, wird durch die Kommunikationszufriedenheit hergestellt. Letztere steht für den Grad der Zufriedenheit der Mitarbeitenden mit der Information und Kommunikation der Organisation als Ganzes (Chan und Lai 2017). Die Kommunikationszufriedenheit – ebenfalls ein mehrdimensionales Konzept – umfasst das Kommunikationsklima, die Vorgesetztenkommunikation, die organisatorische Integration, die Medienqualität und das persönliche Feedback sowie die horizontale, unternehmensinterne und unterstellte Kommunikation (ebd.). Die Kommunikationszufriedenheit ist eine Vorstufe des organisationalen Commitments: Sind die Mitarbeitenden mit der Kommunikation an ihrem Arbeitsplatz zufrieden, steigt ihr organisationales Commitment (ebd.).

In diesem Zusammenhang sind insbesondere die Auswirkungen der Kommunikationszufriedenheit auf die Arbeitsleistung hervorzuheben (Kandlousi et al. 2010). Zum Zeitpunkt der Interviews waren die Kadermitglieder, die an dieser Studie teilnahmen, weder mit der Kommunikation der Schweizer Armee zufrieden, noch fühlten sie sich in Bezug auf die Kommunikation ausreichend unterstützt. Viele Milizkaderangehörige äußerten den Wunsch nach kommunikativer Unterstützung, um ihren Familien und zivilen Arbeitgebern die Nützlichkeit und den Mehrwert ihres Militärdienstes aufzeigen zu können. Sie spüren deutlich einen gewissen Rechtfertigungsdruck für ihre Abwesenheit im Zivilleben und meinen, dass es ihnen leichter fallen würde, wenn sie zeigen könnten, wie sich die im Militärdienst erworbenen Fähigkeiten und Fertigkeiten auf ihr ziviles Leben übertragen lassen. Die Teilnehmenden anerkennen die Grenzen der traditionellen Kommunikationskanäle, schätzen jedoch die sozialen Medien als den Kanal ein, der ideal geeignet ist, diesen Wunsch zu erfüllen.

Die Schweizer Armee sollte sich daher darauf konzentrieren, die Kommunikationszufriedenheit und damit das Commitment ihrer Kaderangehörigen zu verbessern. Kadermitglieder können als die Seele der Organisation betrachtet werden, d. h. sie sind für eine Organisation am wertvollsten. Daher sollten sie idealerweise ein starkes Gefühl des affektiven Commitment haben. Insbesondere die Milizkadermitglieder fühlen sich jedoch in Bezug auf Kommunikation und Information stark vernachlässigt. Eine befragte Person betont: „Als Milizkader hat man eigentlich den gleichen Informationsstand wie die Öffentlichkeit. Wenn es um allgemeine Themen geht, oder um Dinge, in die man direkt involviert ist, ja, aber als Milizkader hat man keinen Informationsvorsprung" (Interview 7). Die Person beschreibt weiter, dass der Informationsstand eines Milizkadermitglieds demjenigen eines Stammtischs in der örtlichen Kneipe entspricht. Ein anderer Teilnehmer bringt dieses Gefühl der Vernachlässigung mit dem Elitismus innerhalb der Schweizer Armee in Verbindung und erklärt, dass „man proaktiver kommunizieren müsste. Vielleicht auch über Milizkadermitglieder, die dort nah und verankert sind, und nicht nur vom hohen Ross aus, aus der Sicht der militärischen Laufbahnkader" (Interview 8).

Diese Zitate verdeutlichen das Gefühl der Milizkaderangehörigen, ausgeschlossen und nicht ernst genommen zu werden, was zu einem Gefühl mangelnder organisatorischer Unterstützung und damit zu Frustration führt. Diese Gefühle wirken sich nachteilig auf das affektive Commitment der Kadermitglieder gegenüber der Organisation aus, da die wahrgenommene organisationale Unterstützung einen wichtigen Einfluss auf das affektive Commitment hat (Mercurio 2015). Ein weiteres Beispiel für diesen Mechanismus ist das Gefühl, nicht sichtbar zu sein, oder das Gefühl, Teil einer Organisation zu sein, die der Öffentlichkeit dient, über die die Öffentlichkeit aber manchmal sehr wenig weiß. Dies spiegelt sich in der folgenden Aussage wider, in der ein Teilnehmer erklärt, wie er sich fühlte, als er seine Arbeit für einige Wochen des Militärdienstes verlassen musste:

> … [S]ie wünschen mir einen schönen Urlaub, und dann schlafe ich vier Stunden pro Nacht und arbeite viel. Klar, das muss man bis zu einem gewissen Grad aushalten. Und ich sage immer, du kannst gerne einen Tag mitmachen, aber du musst einen ganzen Tag machen, damit du siehst, wie es geht. (Interview 15)

Solche Missverständnisse in der Öffentlichkeit zeigen also, dass die gewünschte Sichtbarkeit, von der im obigen Kapitel die Rede war, mit dem Grad des affektiven Commitments der Kadermitglieder verknüpft ist. Ohne Sichtbarkeit leiden das externe Image und das Prestige der Organisation. Dementsprechend wird die einzelne Person nicht mehr im gleichen Maße stolz darauf sein, Teil der Organisation zu sein, so dass das affektive Commitment abnehmen könnte. Die obige Aussage beschreibt eine negative Richtung dieser Interdependenzen. Treten sie jedoch in positiver Form auf, werden die Motivation des Kaderpersonals und das affektive Commitment gestärkt.

8   Fazit

Ziel der vorliegenden Analyse war es, die Forschungsfrage zu beantworten, wie die Social-Media-Kommunikation der Schweizer Armee ihre Kadermitglieder beeinflusst und ob sie zur Rekrutierung sowie zur Bindung von Kadermitgliedern beiträgt. Die Inhaltsanalyse der geführten Interviews zeigt einige wesentliche Auswirkungen der Kommunikation auf die Kadermitglieder. Diese sind: das Gefühl der Wertschätzung und des Respekts durch eine erhöhte Sichtbarkeit der Organisation, einschließlich ihrer Mitglieder und ihrer Arbeit; die Frage der organisationalen Identifikation, die für das Gefühl steht, ein Mitglied der Organisation zu sein; und das Commitment der Kadermitglieder gegenüber der Schweizer Armee, einschließlich des Stolzes, Teil der Organisation zu sein und ein Gefühl der Zugehörigkeit zu erfahren.

Kaderangehörige haben, wie alle Arbeitnehmenden, das Bedürfnis, sich von ihrem Arbeitgeber geschätzt zu fühlen. Im Falle der Schweizer Armee, die Teil des schweizerischen Staatsapparates ist, erstreckt sich dies auch auf die Öffentlichkeit als ihre letzte Geldgeberin. Ohne Kenntnis der Aktivitäten der Streitkräfte als Teil des Staatsapparats werden die Bürgerinnen und Bürger kein Vertrauen in sie setzen und ihnen daher keinen Respekt entgegenbringen (Grimmelikhuijsen 2012). Gleichzeitig fühlen sich die Mitarbeitenden durch die Kommunikation und Information der Öffentlichkeit über die Schweizer Armee, ihre Mitglieder und ihre Arbeit von der Organisation selbst gesehen und geschätzt. Die erhöhte Sichtbarkeit ist nachweislich einer der Hauptvorteile, die soziale Medien bieten (Treem und Leonardi 2013). Diese Art von Medien eignet sich hervorragend, um die Öffentlichkeit zu informieren und gleichzeitig den Mitarbeitenden der Armee ein Gefühl der Wertschätzung zu vermitteln, da soziale Medien (potenziell) ein breites Publikum sowohl auf der internen als auch auf der externen Ebene der Organisation erreichen. Wertschätzung ist kein Luxusgut, auf das man verzichten kann. Im Gegenteil: Empirische Belege weisen darauf hin, dass sie der wichtigste der drei Entschädigungsfaktoren finanzielle Entlöhnung, Arbeitsplatzsicherheit und Wertschätzung ist (Stocker et al. 2010). Das Gefühl der Wertschätzung steht in Zusammenhang mit der Arbeitszufriedenheit und mildert darüber hinaus die negativen Auswirkungen von arbeitsplatzbezogenen Unannehmlichkeiten (ebd.).

Der zweite Aspekt, die organisationale Identifikation der Kadermitglieder mit der Schweizer Armee, ist von grundlegender Bedeutung. Mitarbeitende, die sich stark mit der Organisation identifizieren, investieren mehr Zeit und Mühe in die Organisation, sind motivierter, produktiver und haben eine höhere Arbeitszufriedenheit, und es ist wahrscheinlicher, dass sie in der Organisation verbleiben (Gautam et al. 2004; Kim et al. 2010; Wiesenfeld et al. 1999). Vor allem aber ist die Wahrscheinlichkeit, dass Mitarbeitende, die sich stark mit ihrer Organisation identifizieren, die Perspektive der Organisation verstehen und in ihrem besten Interesse handeln, höher als bei Mitarbeitenden, die sich nicht mit der Organisation identifizieren (Kim et al. 2010). Social-Media-Plattformen fördern und verstärken die Identifikation mit der Organisation, indem sie – zusammen mit anderen

Kommunikationskanälen – das externe Bild der Organisation prägen. Sie schaffen somit ein bestimmtes Image oder Prestige der Organisation, das die Identifikation der Mitarbeitenden mit der Zugehörigkeit zu einer prestigeträchtigen Organisation fördert. Darüber hinaus trägt der interaktive Charakter der sozialen Medien potenziell dazu bei, die Identifikation mit der Organisation mit jeder positiven Interaktion zu vertiefen. Devereux et al. (2017) stellten fest, wie soziale Medien zur Intensivierung der Beziehung zu den verschiedenen beteiligten Stakeholdern, wie den Kadermitgliedern der Armee, beitragen. Die Behauptung von Kadermitgliedern, die Social-Media-Kommunikation der Schweizer Armee wirke etwas konzeptlos, ist ein Phänomen, das in der Anfangsphase der Social-Media-Kommunikation häufig zu beobachten ist (Pleil und Matthias 2017). Die Schweizer Armee hat auf dieses Problem reagiert und Anstrengungen unternommen, um ihre Social-Media-Kommunikation konzeptionell zu überarbeiten, allerdings fanden die Interviews davor statt.

Schliesslich hängt das affektive Commitment der Kadermitglieder der Schweizer Armee mit ihrer Kommunikationszufriedenheit zusammen, was natürlich mit dem Wunsch nach einer proaktiveren Kommunikation und damit einer erhöhten Sichtbarkeit der Schweizer Armee zusammenhängt. Wie bereits erwähnt, wurde die Kommunikation der Schweizer Armee seit der Durchführung der Interviews überarbeitet, was sich ebenfalls erheblich auf die Kommunikationszufriedenheit der Kadermitglieder ausgewirkt haben könnte. So oder so müssen die Auswirkungen der Kommunikation auf das Commitment der Kadermitglieder berücksichtigt werden, da sie alle Mitglieder der Organisation, einschließlich der Kader, betreffen.

Die drei in diesem Kapitel behandelten Themen sind nicht allein von der Kommunikation abhängig, schon gar nicht von der Kommunikation über soziale Medien. Letztere kann zwar kaum getrennt von der Kommunikation im Allgemeinen analysiert werden, bietet aber dennoch einige einzigartige Merkmale, wie die Nähe zur Öffentlichkeit und den Zugang zu den unmittelbaren Reaktionen der Gesellschaftsmitglieder sowie die interaktive Gestaltung von Social-Media-Plattformen. Damit die Interaktion in Gang kommt, sollte die Schweizer Armee in das Management ihrer Community investieren und die Interaktion pflegen, denn die Reaktionen der Community tragen dazu bei, dass sich die Kadermitglieder der Schweizer Armee wertgeschätzt fühlen. Die Verwendung von Bildern und Videos sowie die Vielfalt der Kommunikationsinhalte, die veröffentlicht werden können, ermöglichen es der Organisation, sich in ihrer ganzen Komplexität darzustellen – einschließlich der verschiedenen Einheiten, Abteilungen und Funktionen – und somit an dem einen Aspekt zu arbeiten, der über allen anderen steht: die Sichtbarkeit der Schweizer Armee zu erhöhen. Auf diese Weise können die Anliegen, Wünsche und

Bedürfnisse der Kadermitglieder der Schweizer Armee aufgegriffen werden, was wiederum zu ihrer Arbeitszufriedenheit beiträgt. Da eine höhere Arbeitszufriedenheit für die Bindung der Mitarbeitenden in der Schweizer Armee von entscheidender Bedeutung ist, wurde der Zusammenhang zwischen Kommunikation und Bindung der Mitarbeitenden hergestellt. Ob es auch einen Zusammenhang zwischen der Rekrutierung von Kadermitgliedern und der Kommunikation gibt, ist schwer zu sagen, da die Schweizer Armee auf einem Milizsystem und der Wehrpflicht basiert und somit nicht im eigentlichen Sinne rekrutiert. Man kann jedoch mit Fug und Recht behaupten, dass eine gute Kommunikation mögliche Kaderlaufbahnen von Armee-Angehörigen eher fördert als behindert.

Es versteht sich von selbst, dass die 34 Interviews, die die empirische Grundlage dieser qualitativen Forschung bilden, keineswegs repräsentativ für die Gesamtheit der Kaderangehörigen der Schweizer Armee sind. Ebensowenig ist das Kategoriensystem, das als Grundlage für die Auswertung der Interviews diente, abschliessend. Es spiegelt lediglich die Aussagen der befragten Kaderangehörigen der Schweizer Armee und das diesbezügliche Verständnis und die Erklärung der Forschenden wider. Wie immer in der qualitativen Forschung ist es die Aufgabe der Forschenden, so neutral wie möglich zu bleiben und keine persönlichen Interpretationsmuster einzubringen. So hoffen wir, dass wir durch die parallele zweistufige Entwicklung des Kategoriensystems dieser Studie den Forschendeneffekt minimieren konnten.

Literatur

Baroncelli L, Freitas A (2011) The visibility of the self on the web: a struggle for recognition. In: Conference Paper for ACM WebSci '11, 3rd International Conference on Web Science, Koblenz, Germany, June 14–17, 2011. http://www.websci11.org/fileadmin/websci/Posters/191_paper.pdf. Zugegriffen am 02.12.2019

Bartels J, Peters O, de Jong M, Pruyn A, van der Molen M (2010) Horizontal and vertical communication as determinants of professional and organisational identification. Pers Rev 39(2):210–226

Böhm A (2007) Theoretisches Codieren in der Grounded Theory. In: Flick U, von Kardorff E, Steinke I (Hrsg) Qualitative Forschung. Ein Handbuch, 5. Aufl. Rowohlt, Reinbek b. Hamburg, S 475–485

Boons M, Stam D, Barkema HG (2015) Feelings of pride and respect as drivers of ongoing member activity on crowdsourcing platforms. J Manag Stud 52(6):717–741

Camilleri E, Van der Heijden BIJM (2007) Organizational commitment, public service motivation, and performance within the public sector. Public Perform Manag Rev 31(2):241–274

Chan SHJ, Lai HYI (2017) Understanding the link between communication satisfaction, perceived justice and organizational citizenship behavior. J Bus Res 70(2017):214–223

Devereux L, Melewar TC, Foroudi P (2017) Corporate identity and social media: existence and extension of the organization. Int Stud Manag Organ 47(2):110–134

Fahmy S, Cho S, Wanta W, Song Y (2006) Visual agenda-setting after 9/11: individuals' emotions, image recall, and concern with terrorism. Vis Commun Q 13(1):4–15

Federal Constitution of the Swiss Confederation of 18 April 1999 (1999; Status as of 1 January, 2020). https://www.admin.ch/opc/en/classified-compilation/19995395/index.html#ani1. Zugegriffen am 14.01.2020

Felfe J, Schmook R, Six B (2006) Die Bedeutung kultureller Wertorientierungen für das Commitment gegenüber der Organisation, dem Vorgesetzten, der Arbeitsgruppe und der eigenen Karriere. Z Pers 5(3):94–107

Flick U (2004) Qualitative Sozialforschung. Eine Einführung, 4. Aufl. Rowohlt, Reinbeck b. Hamburg

Gautam T, Van Dick R, Wagner U (2004) Organizational identification and organizational commitment: distinct aspects of two related concepts. Asian J Soc Psychol 7:301–315

Gioia DA, Corley KG, Hamilton AL (2012) Seeking qualitative rigor in inductive research: notes on the Gioia methodology. Organ Res Methods 16(1):15–31

Grimmelikhuijsen S (2012) Linking transparency, knowledge and citizen trust in government: an experiment. Int Rev Adm Sci 78(1):50–73

He H, Brown AD (2013) Organizational identity and organizational identification: a review of the literature and suggestions for future research. Group Org Manag 38(1):3–35

Ho AT-K, Cho W (2016) Government communication effectiveness and satisfaction with police performance. A large-scale study. Public Admin Rev 2017 77(2):228–239

Jones C, Volpe EH (2010) Organizational identification: extending our understanding of social identities through social networks. J Organ Behav 32(3):413–434

Kandlousi NSAE, Ali AJ, Abdollahi A (2010) Organizational citizenship behavior in concern of communication satisfaction: the role of the formal and informal communication. Int J Bus Manag 5(10):51–61

Karanges E, Johnston K, Beatson A, Lings I (2015) The influence of internal communication on employee engagement: a pilot study. Public Relat Rev 41(1):129–131

Karnica T, Kumar A (2019) Employer brand, person-organisation fit and employer of choice. Pers Rev 48(3):799–823

Kim T, Chang K, Ko YJ (2010) Determinants of organisational identification and supportive intentions. J Mark Manag 26(5–6):413–427

Kissel P, Büttgen M (2015) Using social media to communicate employer brand identity: the impact on corporate image and employer attractiveness. J Brand Manag 22(9):755–777

Mayring P (1994) Qualitative Inhaltsanalyse. In: Böhm A, Mengel A, Muhr T, Gesellschaft für Angewandte Informationswissenschaften (GAIK) e. V (Hrsg) Texte verstehen: Konzepte, Methoden, Werkzeuge. UVK (Schriften zur Informationswissenschaft 14), Konstanz, S 159–175

Mayring P (2000) Qualitative Inhaltsanalyse. Forum qualitative Sozialforschung. http://qualitative-research.net/fqs/fqs-d/2-00inhalt-d.htm. Zugegriffen am 19.12.2018

Mercurio ZA (2015) Affective commitment as a core essence of organizational commitment: an integrative literature review. Hum Resourc Dev Rev 14(4):389–414

Mujib H (2017) Organizational identity: an ambiguous concept in practical terms. Admin Sci 7(3):28. https://www.mdpi.com/2076-3387/7/3/28. Zugegriffen am 29.10.2019

Pleil T, Matthias B (2017) Soziale Medien in der externen Organisationskommunikation. In: Schmidt J-H, Taddicken M (Hrsg) Handbuch Soziale Medien. Springer Fachmedien, Wiesbaden, S 129–149

Rager G, Oestmann I, Werner P, Schreier M, Groeben N (1999) Leitfadeninterview und Inhaltsanalyse. In: Viehoff R, Rusch G, Segers RT (Hrsg) SPIEL: Siegener Periodicum zur Internationalen Empirischen Literaturwissenschaft, Bd 18 (1). Peter Lang, Frankfurt am Main/Berlin/Bern/Bruxelles/New York/Wien, S 35–54

Scott CR (2007) Communication and social identity theory: existing and potential connections in organizational identification research. Commun Stud 58(2):123–138

Shamir B, Kark R (2004) A single-item graphic scale for the measurement of organizational identification. J Occup Organ Psychol 77:115–123

Stocker D, Jacobshagen N, Semmer NK, Annen H (2010) Appreciation at work in the Swiss Armed Forces. Swiss J Psychol 69(2):117–124

Strauss A (2004) Methodologische Grundlagen der Grounded Theory. In: Strübing J, Schnettler B (Hrsg) Methodologie interpretativer Sozialforschung. Klassische Grundlagentexte. UVK, Konstanz, S 429–451

Suchman L (1995) Making work visible. Commun ACM 38(9):56–63

Szvircsev Tresch T, Wenger A, De Rosa S, Ferst T, Giovanoli M, Moehlecke de Baseggio E, Reiss T, Rinaldo A, Schneider O, Scurrell JV (2019) Sicherheit 2019: Aussen-, Sicherheits- und Verteidigungspolitische Meinungsbildung im Trend. ETH Zurich/Military Academy at ETH Zurich, Zurich

Treem JW, Leonardi PM (2013) Social media use in organizations: exploring the affordances of visibility, editability, persistence, and association. Ann Int Commun Assoc 36(1):143–189

Wiesenfeld BM, Raghuram S, Garud R (1999) Communication patterns as determinants of organizational identification in a virtual organization. Organ Sci 10(6):777–790

Zerfass A, Verhoeven P, Moreno A, Tench R, Vercic D (2016) European communication monitor: exploring trends in big data, stakeholder engagement and strategic communication. Results of a survey in 43 countries. EACD/EUPRERA, Quadriga Media, Berlin/Brussels

Teil II
Geschlechtsspezifische Repräsentation auf sozialen Medien

Der Umgang mit Weiblichkeit durch visuelle Verkörperung: Die Darstellung von Frauen auf den Instagram-Accounts der schwedischen und schweizerischen Streitkräfte

Andrea Rinaldo und Arita Holmberg

Zusammenfassung

Als ‚gendered Organisation' basiert die organisationale Identität des Militärs unter anderem auf dem, was als stereotype Männlichkeit angesehen wird: starke, mutige und zähe Männer repräsentieren den idealen Krieger. Die zunehmende Zahl weiblicher Soldaten bedroht diesen Teil der Organisationsidentität. Soziale Medien wie Instagram dienen als Mittel zur Reflexion der Organisationsidentität. Der folgende Beitrag untersucht daher, wie die Streitkräfte mit der geschlechtsspezifischen Natur des Militärs umgehen, indem er die Darstellung von Frauen auf den Instagram-Profilen der schwedischen und der Schweizer Armee vergleicht. Unter Berücksichtigung des gesellschaftlichen Kontextes sowie der militärischen Besonderheiten beider Länder wird analysiert, ob Geschlechterstereotypen im Militär hervorgehoben oder reduziert werden und wie der weibliche Körper in Bezug auf die militärische Identität behandelt wird. Eine visuelle Inhaltsanalyse der Instagram-Posts aus dem Jahr

A. Rinaldo (✉)
Militärakademie (MILAK) an der ETH Zürich, Birmensdorf, Schweiz
E-Mail: rinaldoandrea@gmx.ch

A. Holmberg
Abteilung für Sicherheit, Strategie und Führung, Schwedische Verteidigungsuniversität, Stockholm, Schweden
E-Mail: arita.holmberg@fhs.se

2018 zeigt, dass Frauen im Falle der schwedischen Streitkräfte in stereotypen männlichen Rollen dargestellt werden, während die Instagram-Bilder der Schweizer Armee, die Frauen zeigen, stereotype weibliche Attribute hervorheben.

1   Einführung

Soziale Medien bieten Organisationen neue Möglichkeiten, ihre Identität bei ihrem Zielpublikum zu fördern und ihre Botschaften durch Bilder zu vermitteln. Die Nutzung sozialer Medien durch Organisationen kann sich auf die Art und Weise auswirken, wie Organisationen von außen wahrgenommen werden, zum Beispiel von der Bevölkerung. Sie kann auch interne Dynamiken und Diskussionen anregen. Die Forschung zu sozialen Medien und militärischen Organisationen hat sich bisher auf die Rolle sozialer Medien als strategisches Narrativ und als Kanal für die öffentliche Kommunikation konzentriert. Auf individueller Ebene wurden auch die Kriegserfahrungen von Soldaten und Soldatinnen analysiert. Weniger erforscht sind jedoch die sozialen Medien als Instrument oder Spiegelbild der organisationalen Identität.

Das Militär, das historisch und politisch mit bürgerlichen Rechten und Pflichten verbunden ist, ist eine vergeschlechtliche Organisation, in der traditionelle Bilder von Männlichkeit dominieren. Der gegenwärtige Wandel der Streitkräfte und ihrer Aufgaben – die immer mehr nicht-traditionelle Kampffähigkeiten erfordern – sowie die zunehmende Aufnahme von Frauen in das Militär im Allgemeinen und in Kampffunktionen im Besonderen stellen diese hegemoniale Männlichkeit in Frage. Es ist anzunehmen, dass die sozialen Medien in dieser Hinsicht eine Rolle spielen, da sie die organisationale Identität widerspiegeln: entweder indem sie Geschlechterstereotypen im Militär (re-)produzieren oder indem sie diese aufbrechen. Dies muss jedoch noch weiter erforscht werden.

Ziel dieses Beitrags ist es, die Darstellung von Frauen auf den Instagram-Accounts der schwedischen und der schweizerischen Streitkräfte unter Berücksichtigung des gesellschaftlichen Kontexts sowie der militärischen Merkmale beider Länder zu vergleichen, mit besonderem Augenmerk auf die Inklusion und Teilhabe von Frauen. Die Streitkräfte Schwedens und der Schweiz sind sich in vielerlei Hinsicht ähnlich. Sie haben ähnliche Ziele und Aufgaben – neben der Landesverteidigung auch die Friedenssicherung und die subsidiäre Unterstützung der zivilen Behörden – und beide haben ein Wehrpflicht-System. Bei der Wiedereinführung der Wehrpflicht im Jahr 2018, nachdem seit 2010 ein professionelles System erprobt worden war, entschied sich Schweden jedoch dafür, sein Militär geschlechtsneutral zu gestalten. Außerdem können in Schweden nach wie vor sowohl Männer als auch Frauen freiwillig Militärdienst leisten. Wir vergleichen also zwei Länder, von denen das eine die Inklusion von Frauen anstrebt, während das andere nur Männer einberuft und in dem der Militärdienst für Frauen freiwillig bleibt. Als staatliche Behörden sind die Streitkräfte beider Länder natürlich an ihre jeweiligen Gleichstellungsgesetze und -vorschriften gebunden. An dieser Stelle sei erwähnt, dass das Frauenwahlrecht in Schweden 1921 und in der Schweiz erst 50 Jahre später, im Jahr 1971, eingeführt wurde. Außerdem ist die gleichgeschlechtliche Ehe in Schweden seit 2009 möglich, während sie in der Schweiz erst seit dem 1. Juli 2022 erlaubt ist. Diese Unterschiede in der Entwicklung der Geschlechtergleichstellung könnten sich auf die Stellung der Frauen (und anderer nicht dominanter Gruppen) im Militär auswirken. Auch wenn beide Länder bestrebt sind, den Anteil der Frauen in der militärischen Organisation zu erhöhen, führt laut Bondolfi (2012) eine Wehrpflicht, die nur für Männer gilt, zu einem Ungleichgewicht zwischen den Geschlechtern, insbesondere in den oberen Kaderpositionen. Ohne gleiche Regelungen für Männer und Frauen in Bezug auf die Wehrpflicht ist eine tatsächliche Gleichstellung der Geschlechter in den Streitkräften zudem nur schwer zu erreichen (Bondolfi 2012). Darüber hinaus war die schwedische Armee durch die vorübergehende Aussetzung der Wehrpflicht gezwungen, sich an die Rekrutierungsbedingungen anderer öffentlicher und privater Organisationen anzupassen und beide Geschlechter zu gewinnen. Solche Unterschiede können sich auf die Identität der verschiedenen Streitkräfte auswirken. Dies wirft die Frage auf, wie Frauen auf dem offiziellen Instagram-Account der schwedischen und der schweizerischen Armee dargestellt werden und ob die Unterschiede bei der Rekrutierung von Frauen erkennbar auf diese Online-Kommunikationsplattform übertragen werden. Wir gehen davon aus, dass sich die unterschiedlichen Hintergründe der beiden Länder in Bezug auf Geschlechterpolitik und Chancengleichheit sowie die unterschiedlichen Rekrutierungsstrategien in der Art und Weise widerspiegeln, wie die jeweiligen Streitkräfte Frauen auf Instagram darstellen.

Wir halten die Darstellung von Frauen auf den offiziellen Instagram-Accounts der Streitkräfte für ein wichtiges Element für die Forschung zur Gleichstellung der Geschlechter im Militär sowie für die Kommunikationsforschung der Streitkräfte. Erstens wird die Bedeutung der Darstellung durch die Tatsache verstärkt, dass Bilder den weitaus größten Teil von Instagram ausmachen, während Texte von geringer Bedeutung sind. Zum anderen werden Bildinhalte durch narrative Organisationsmuster geprägt und beeinflussen die Wahrnehmung der dargestellten Inhalte durch den Rezipienten. Die Auswertung der Instagram-Posts beruht sowohl auf einem quantitativen als auch einem qualitativen Ansatz zur visuellen Analyse. Die Diskussion der Ergebnisse befasst sich mit der unterschiedlichen Art und Weise, wie vergeschlechtlichte Darstellungen von militärischen Organisationen genutzt werden, indem sie entweder Geschlechterstereotype reproduzieren oder brechen.

Der vorliegende Beitrag ist wie folgt gegliedert: Zunächst werden frühere Forschungen und Theorien über das Militär als gendered Organisation vorgestellt. Dabei wird die zentrale Bedeutung des Körpers im Militär deutlich. Darüber hinaus wird die Forschung zu sozialen Medien und Militär diskutiert. Im nächsten Abschnitt werden die Methode und das Material der Studie vorgestellt. Drittens werden die Ergebnisse für jedes Land getrennt dargestellt, bevor ein Vergleich gezogen wird. Abschließend werden Schlussfolgerungen gezogen und Vorschläge für weitere Forschungsarbeiten unterbreitet.

2   Theoretischer Rahmen

2.1   Das Militär als gendered Organisation

Streitkräfte auf der ganzen Welt werden als gendered Organisationen betrachtet (Addelston und Stirratt 1996; Sasson-Levy 2011; Muhr und Slok-Andersen 2017; Alvinius und Holmberg 2019). Ein Hauptmerkmal der militärischen Identität ist die Maskulinisierung (Hearn 2011; Hale 2012). Männliche oder geschlechtliche Identitäten sind keine individuellen Eigenschaften, sondern werden in sozialer Interaktion konstruiert (Goffman 1959) und können durch Institutionen verstärkt und reproduziert werden (Hinjosa 2010; Acker 1990). Man könnte daher davon ausgehen, dass Feminisierung in militärischen Organisationen kein gängiges Merkmal ist. Obwohl das Bild des starken, mutigen und zähen Kriegers nicht auf jeden Soldaten zutrifft, ist dieses Stereotyp des idealen und hegemonialen Kriegers dennoch vorherrschend (Duncanson 2009). Da nun auch Frauen zum Militär zugelassen werden, ist dieser Teil der Organisationsidentität bedroht (Sasson-Levy 2011), wie auch von Pin-Fat und Stern festgestellt wird:

> Geschlechtsspezifische Unterteilungen bieten aufgrund ihrer Assoziationen mit dem „Natürlichen" einen mächtigen Mechanismus zur Schaffung scheinbar stabiler Kategorien oder Zonen der Unterscheidung. Die geschlechtsspezifische Kodierung schafft eine „natürliche" Ordnung von Unterscheidungen, deren Grammatik als Ordnungsprinzip für das politische Leben dient. Versuche, die Grenzen zwischen Militär und zivilem Leben, Männern und Frauen, Krieg und Frieden usw. aufrechtzuerhalten, zeigen, wie diese Grenzen auf klaren Kodierungen von Männlichkeit und Weiblichkeit beruhen und wie die selbstverständliche Identität des Militärs und die Grenzen, auf denen sie beruhen, durch die Einbeziehung des Weiblichen ins Wanken geraten (Pin-Fat und Stern 2005, S. 34).[1]

---

[1] Alle Originalzitate auf Englisch in diesem Artikel wurden durch das Programm DeepL ins Deutsche übersetzt.

Pin-Fat und Stern (2005) argumentieren, dass eine geschlechtsspezifische Unterscheidung notwendig ist, um den Mythos des Militärs als Beschützer der Nation und der Soldaten, die ihr Leben für diese Sache opfern, aufrechtzuerhalten. Die Feminisierung des Militärs (durch die Einführung weiblicher Soldaten) stellt diese Vorstellung grundlegend in Frage. Daher ist es besonders interessant zu untersuchen, wie Frauen im Militär verkörpert werden und wie der weibliche Körper im Zusammenhang mit der militärischen Identität behandelt wird.

Die Konstruktion des militärischen Körpers als männlich ist ausführlich erforscht worden. So wurde beispielsweise die Erlaubnis für junge Menschen, eine Uniform zu tragen, als eine von der Regierung eingesetzte Technik interpretiert, um in ihnen Subjektivitäten zu erzeugen, indem sie Männlichkeit vorführen (Wells 2014). Es scheint, dass eine Frau im Militär entweder daran arbeiten muss, ein Mann zu werden und eine Hypermaskulinität zu praktizieren (Höpfl 2003; Sasson-Levy 2011) oder ihr wird eine weibliche Rolle zugewiesen. Die Rettung der Soldatin Jessica Lynch kann hier als Beispiel dienen. Pin-Fat und Stern skizzieren diese medienwirksame, inszenierte Geschichte und erörtern, wie sie die männliche Identität des Militärs stärkt und verunsichert, indem sie „Lynch als Frau in den kämpfenden Reihen" darstellt (2005, S. 27). Frühere Forschungen betonen somit, dass Soldaten in einem Kontext dessen verkörpert werden, was wir entweder als Männlichkeit oder Weiblichkeit wahrnehmen. Die Frage ist, ob es eine Möglichkeit gibt, diese Reproduktion von Geschlechterstereotypen zu durchbrechen, und wenn ja, wie dies aussehen könnte.

Welland (2017) argumentiert, dass die (Hyper-) Sichtbarkeit von Körper im Militär im Kontext heutiger militärischer Konflikte wichtig ist und als Legitimationsgrundlage für diese dient. Sie konzeptualisiert den militärischen Körper in diesem Zusammenhang als *liberalen Krieger*, der als fähig dargestellt wird, ein breites Spektrum von Aufgaben zu erfüllen. Der liberale Krieger wurde im Zusammenhang mit den Konflikten im Nahen Osten stark exponiert und als verletzlich und gewalttätig/mächtig verkörpert – während zivile, entfernte Körper unsichtbar gemacht wurden (Welland 2017). Der maskuline militärische Körper ist auch Teil des populären Bildes des Militärs, was durch die zahlreichen Darstellungen des männlichen Militärkörpers in Film und Literatur unterstützt wird (Godfrey et al. 2012).

McSorley (2013a, b) identifiziert drei Dimensionen des Zusammenhangs zwischen Krieg und Körper: Kriegsvorbereitung, Kriegspraktiken und Kriegsfolgen, wobei der Schwerpunkt auf der Fitness des militärischen Körpers liegt. Auch wenn dieser Schwerpunkt in der Literatur weithin anerkannt ist (Newlands 2013; Burridge und McSorley 2013), hat der militärische Körper aufgrund neuer Technologien und Veränderungen in der Art und Weise, wie der Krieg geführt wird, seinen Bedarf an körperlicher Stärke etwas verloren (Godfrey et al. 2012; McSorley

2013a, b). Es ist anzunehmen, dass die traditionelle Vorstellung vom fitten Soldaten von den militärischen Organisationen selbst als eine Form des Widerstands gegen ein inklusives Militär aufrechterhalten wird, das unterschiedliche Körper zulässt, wodurch die Gefahr besteht, dass das Organisationsprinzip des männlichen Soldaten fragmentiert wird, was wiederum die Identität der militärischen Organisation beeinträchtigt.

2.2 Soziale Medien und die militärische Organisation

Mit der Einführung der neuen Medien ist die Kommunikation in den sozialen Medien zu einem wichtigen Kanal für die Streitkräfte geworden, um ihre organisationale Identität zu vermitteln (Andrén-Papadopoulos 2009; Hellman und Wagnsson 2013; Hellman 2016; Hellman et al. 2016; Lawson 2014). Soziale Medien bieten den Streitkräften neue Möglichkeiten, „direkt mit der Bevölkerung zu kommunizieren und zu interagieren" und Legitimität zu gewinnen (Moehlecke et al. 2019, S. 44). Gleichzeitig findet die Kommunikation in den sozialen Medien in einem Kontext statt, der von einem stärkeren gesellschaftlichen und politischen Druck in Bezug auf das Verhalten des Militärs umgeben ist, zum Beispiel in Bezug auf die Gleichstellung der Geschlechter (Holmberg und Alvinius 2019).

Jüngste Untersuchungen zeigen, dass das schwedische Militär in seinen Marketingkampagnen die Identität Schwedens als geschlechtsspezifische Nation vertritt. In diesem Zusammenhang werden die schwedischen Rechte in Bezug auf die Sexualität als etwas dargestellt, das das Militär verteidigt – und so dazu beiträgt, Legitimität und Relevanz für das Militär zu schaffen (Strand und Kehl 2018). Da Bilder im Mittelpunkt des Interesses der Social-Media-Nutzenden stehen, führt dies zu neuen Formen der virtuellen Kommunikation und Interaktion (Autenrieth 2014; Traue 2013). Daher ist es interessant zu analysieren, wie die geschlechtsspezifische Natur der militärischen Organisation durch eine visuelle Erzählung ausgedrückt wird – insbesondere, wie Frauen und ihre Körper dargestellt werden und ob Geschlechterstereotypen hervorgehoben oder reduziert werden, da die Medien im Allgemeinen dazu neigen, Männer und Frauen auf eine Weise darzustellen, die Geschlechterstereotypen fördert (Wood 1994).

Eine Studie darüber, wie schwedische Frauen, die im Militär arbeiten, sich auf ihren persönlichen Instagram-Konten darstellen, zeigt, dass Frauen soziale Medien nutzen, um alternative Bilder von sich selbst zu präsentieren (Lundqvist 2018). Lundqvist (2018) argumentiert, dass diese Frauen die Objektivierung ihrer selbst nutzen, um Stereotypen sowie die Vorstellung davon, wer Teil des Militärs sein kann, in Frage zu stellen. Instagram bietet somit eine Plattform, um diese Frauen zu stärken. Sie weigern sich, der männlichen Identität zu entsprechen, indem sie ihre Weiblichkeit betonen – oft durch Make-up (Lundqvist 2018). Dies kann als eine Form des Widerstands gegen die maskuline Identität der Militärorganisation interpretiert werden. In unserer Studie analysieren wir nicht die Selbstdarstellung von weiblichen Armeeangehörigen, sondern gehen der Frage nach, wie Frauen von den Streitkräften dargestellt werden und wie die Streitkräfte dieses Feld für die Vermittlung ihrer Organisationsidentität nutzen.

3   Daten und Methode

Wie bereits im theoretischen Teil erwähnt, sind Körper für militärische Organisationen von zentraler Bedeutung. Feministische Sicherheitsstudien haben dies erkannt, und auch in den allgemeinen internationalen Beziehungen ist ein „corporeal turn" zu beobachten. Der Körper wird mit Hilfe der visuellen Diskursanalyse untersucht, die sich entweder auf Affekte, Emotionen oder das Somatische konzentrieren kann (Mutlu 2013). In der vorliegenden Studie steht der Körper im Mittelpunkt, da seine Darstellung als Ausdruck der militärischen Identität gesehen wird.

Zur Beantwortung unserer Forschungsfrage analysierten wir die vom schwedischen und Schweizer Militär freigegebenen Bilder, die 2018 auf der Social-Media-Plattform Instagram veröffentlicht wurden (Schweden: n = 262; Schweiz: n = 576). Um die Darstellung von Frauen zu untersuchen, wurde eine visuelle Inhaltsanalyse durchgeführt. Dabei wurde das Material nach einem standardisierten Verfahren strukturiert, indem die Bilder anhand von vordefinierten Kategorien gruppiert wurden. Wir unterschieden zwischen Bildern, die entweder männliche oder weibliche Personen oder beide (sofern erkennbar) oder gar keine Personen zeigen. Nach Rössler (2010) ist die quantifizierende und deskriptive Analyse bestimmter Motive oder Personen in Bildern eines der fünf epistemologischen Anliegen der visuellen Inhaltsanalyse. In dieser Studie war es das Ziel, Bilder mit Personen, die als Frauen identifiziert wurden, herauszufiltern.

Wir sind uns bewusst, dass diese Methode der Datenerhebung ein gewisses Element der Reproduktion stereotyper Normen darüber enthält, wie Frauen und Männer normalerweise aussehen. So wurde beispielsweise eine langhaarige Person von kleiner Statur, die mit dem Rücken zur Kamera steht, als Frau kategorisiert. Dies ist problematisch. Darüber hinaus ist es auch problematisch, Personen als Frauen zu kategorisieren, obwohl sie sich nicht unbedingt als solche identifizieren. Diese Methode der Datenerhebung wurde jedoch als die einzig verfügbare angesehen. In der Tat ist dieser Ansatz nicht ungewöhnlich, da die Darstellung und Stereotypisierung von geschlechtlichen oder ethnischen Minderheiten eines der häufigsten Themen von Forschungsstudien zur visuellen Kommunikation ist, die visuelle Inhaltsanalysen anwenden. Häufigkeitsanalysen werden in diesem Zusammenhang häufig mit der tatsächlichen Repräsentation der untersuchten Population verknüpft und verglichen, wobei die dargestellten Personen in ihrem (oft stereotypen) Handlungskontext analysiert werden (Lobinger 2012). Wir sind uns auch bewusst, dass wir als Forscherinnen und Forscher Teil des geschlechtsspezifischen Diskurses sind und uns ihm daher nicht entziehen können. Bei der Analyse der Bilder beziehen wir uns auf Geschlechterstereotypen, wie sie in der Literatur vorkommen. Wie im vorherigen Abschnitt erwähnt, wird das Bild des idealen Soldaten mit traditionell und stereotyp männlichen Eigenschaften assoziiert (Duncanson 2009). Das bedeutet, dass wir Weiblichkeit unter Bezugnahme auf die Definition von Männlichkeit im Militär und als Ergänzung zu letzterer definieren. Auf diese Weise können wir versuchen, den stereotypen Geschlechterdiskurs zu diskutieren, anstatt ihn lediglich zu akzeptieren.

Da wir uns für die Darstellung von Geschlecht interessieren, wurden nur Bilder weiteranalysiert, auf denen nicht mehr als zwei Personen im Mittelpunkt stehen und die mindestens eine Frau enthalten (Schweden: n = 45; Schweiz: n = 28). Diese Entscheidung basierte auf der Bedingung, dass das Geschlecht der dargestellten Personen identifizierbar sein muss, und auf der Ansicht, dass für eine Diskussion der Geschlechterdarstellung die Personen als Individuen im Mittelpunkt des Bildes stehen müssen. Unsere Länderstichproben schließen daher alle Bilder aus, auf denen mehr als zwei Personen oder gar keine Personen abgebildet sind, sowie Bilder, auf denen eine oder zwei Personen zu sehen sind, deren Geschlecht nicht zuzuordnen ist, z. B. aufgrund des Aufnahmewinkels oder weil Körper und Gesichter durch Helme, Schutzanzüge o. Ä. verdeckt sind.

Neben der Analyse der Geschlechterverteilung im Allgemeinen verwendeten wir induktiv generierte Kategorien für eine spezifischere Häufigkeitsanalyse des Geschlechts auf den jeweiligen Instagram-Konten. Bei der Betrachtung aller Bilder in der schwedischen und der schweizerischen Stichprobe identifizierten wir unterschiedliche Kleidung (Militärkleidung, d. h. Tarnanzüge und andere Uniformen, Zivilkleidung, Sportkleidung und spezifische Arbeitskleidung), unterschiedliche Gesichtsausdrücke (Vorhandensein oder Fehlen eines Lächelns), Waffen und Waffensysteme (Vorhandensein oder Fehlen von Waffen), Tiere (Vorhandensein oder Fehlen von Tieren) und unterschiedliche Tätigkeitsbereiche. Für die Kategorisierung der letzteren haben wir uns auf erkennbare Umgebungen und kontextuelle Faktoren bezogen, nicht aber auf den Begleittext der Bilder. Das bedeutet, dass die zugewiesenen Aktivitäten nicht unbedingt der tatsächlichen Tätigkeit entsprechen, die im Moment der Aufnahme des Fotos ausgeführt wurde.

Wir nutzten die standardisierte visuelle Inhaltsanalyse als Grundlage für weitere, qualitative Analysen und verfolgten einen explorativen Ansatz. Dieser zweite Schritt ermöglichte es uns, über die Quantifizierung von Bildmotiven hinauszugehen und die performative Macht zu untersuchen, die Organisationen haben, wenn sie über soziale Medien kommunizieren. Im Fall von Instagram wird die Realität durch visuelle Diskurse konstituiert, die soziale und institutionelle Strukturen beeinflussen. Wir haben daher die visuelle Diskursanalyse angewandt, um die Verkörperung von Geschlecht und vermittelten geschlechtsspezifischen Identitäten auf den geposteten Bildern der Instagram-Accounts der schwedischen und der Schweizer Armee zu untersuchen. In Übereinstimmung mit unserer Forschungsfrage haben wir uns im qualitativen Teil unserer Analyse nur auf Bilder konzentriert, die mindestens eine Frau zeigen.

Obwohl Bilder auf Instagram – wie die meisten anderen visuellen Medieninhalte – von Text begleitet werden, berücksichtigen die meisten Studien, die visuelle Inhaltsanalysen verwenden, diesen multimodalen Kontext nicht (Lobinger 2012). Daher haben wir uns entschieden, uns nur auf den visuellen Inhalt zu konzentrieren und somit den visuellen Effekt verstärken, da Bilder den weitaus größten Teil von Instagram ausmachen, während verbale Elemente von geringer Bedeutung sind.

4   Der schwedische Fall

4.1   Der schwedische Kontext

Während sich die schwedischen Streitkräfte in den 2000er-Jahren vor allem auf internationale Einsätze konzentrierten, haben sie sich seit etwa 2015 auf die Aufgabe der Territorialverteidigung umorientiert. Im Bestreben, das Militär zu professionalisieren, wurde 2010 die Wehrpflicht abgeschafft (Holmberg 2015). Die freiwillige Rekrutierung erwies sich jedoch als schwierig, so dass die Wehrpflicht 2018 wieder eingeführt wurde (die freiwillige Teilnahme ist weiterhin möglich). Diesmal wurde die Wehrpflicht geschlechtsneutral gestaltet. Die Zahl der weiblichen Wehrpflichtigen belief sich 2018 auf 15,5 % (etwa 3700 Wehrpflichtige begannen in diesem Jahr ihre militärische Ausbildung). Beim militärischen Personal sind 7 % der Offiziere Frauen, bei den Zivilisten 40 %. Insgesamt beläuft sich der Frauenanteil unter dem ständig dienenden Personal auf 18 % (Schwedische Streitkräfte 2019). Während die schwedischen Streitkräfte erst 2013 ihr erstes Bild auf Instagram veröffentlichten, wurde bereits 2011 eine Social-Media-

Politik verabschiedet, die sowohl Chancen als auch Risiken aufzeigt. Allerdings überwiegen die Vorteile – wie die Verbesserung der Kenntnisse der Öffentlichkeit über die schwedischen Streitkräfte und der Beitrag zu einer offenen Diskussion über ihre Rolle und Aufgaben in der Gesellschaft (Schwedische Streitkräfte 2011).

4.2   Datenerhebung und -analyse

Die Datenerhebung erfolgte durch Durchsicht aller Posts auf dem Instagram-Account der schwedischen Streitkräfte im Zeitraum vom 1. Januar bis 31. Dezember 2018. Die Bilder, auf denen Personen zu sehen waren, die als Frauen identifiziert wurden, wurden herausgesucht und in einer Word-Datei gesammelt, zusammen mit dem Datum der Veröffentlichung und dem dazugehörigen Text. Außerdem wurden Bilder aufgenommen, die von den schwedischen Streitkräften von anderen Instagram-Accounts neu verwendet wurden, da die schwedischen Streitkräfte sie als Vertreter ihres Hauptaccounts auswählten, obwohl sie von einem anderen Account stammten.

Die Gesamtzahl der im Jahr 2018 auf dem offiziellen Instagram-Account der schwedischen Streitkräfte veröffentlichten Bilder betrug 262.[2] Die Gesamtzahl der Bilder, auf denen Frauen abgebildet sind, betrug 103, was 40 % entspricht. Schon jetzt können wir also feststellen, dass Bilder von Frauen in sozialen Medien einen größeren Anteil ausmachen als der tatsächliche Anteil von Frauen innerhalb der Organisation (18 % insgesamt, 7 % beim Militärpersonal). Wie bereits erwähnt, umfasst die Stichprobe für die weitere Analyse nur Bilder, auf denen maximal zwei Personen zu sehen sind und die mindestens eine Frau zeigen. Bei der Kodierung wurde jedes Bild im Datenbestand systematisch analysiert und entsprechend kodiert. Ein Bild wurde aussortiert, weil es zwei Personen von hinten und aus der Ferne zeigt und daher zu schwierig zu analysieren war. So blieb eine Stichprobe von 45 Bildern übrig, auf denen mindestens eine Frau im Mittelpunkt steht. Die Ergebnisse wurden dann in einer Excel-Datei zusammengefasst, und es wurde ein Gesamteindruck des quantitativen Ergebnisses gewonnen, der in der folgenden Analyse dargestellt wird. Es wurde jedoch auch eine qualitativere Analyse durchgeführt, indem den Bildern eine kulturelle Konnotation hinzugefügt wurde, sowie eine visuelle Diskursanalyse mit Schwerpunkt auf Geschlecht und Verkörperung.

---

[2] https://www.instagram.com/forsvarsmakten/?hl=sv.

4.3 Ergebnisse

In rund 40 % der untersuchten Posts werden Frauen und Männer gemeinsam dargestellt. Ein Großteil der Darstellung von Frauen sind also Fotos von einzelnen Frauen. Die meisten Frauen in unserer Stichprobe sind in Tarnkleidung (67 %) oder anderen militärischen Uniformen (17 %) abgebildet. Nur eine Minderheit von 8 % ist in anderer Kleidung abgebildet (siehe Tab. 2 im Abschnitt Vergleich). Bei einigen Bildern von Frauen ist die Kleidung nicht erkennbar (8 %). Was die Mimik betrifft, so werden Frauen sowohl lächelnd als auch sehr ernst dargestellt, wobei Bilder ohne Lächeln eindeutig überwiegen. Es gibt nicht viele Beiträge mit Frauen in Begleitung von Tieren, nur einige wenige Fotos von Hunden. Waffen und Waffensysteme sind in der Mehrzahl der auf dem Instagram-Account der schwedischen Streitkräfte geposteten Bilder von Frauen zu sehen.

Im Folgenden werden drei Bilder gezeigt, die ausgewählt wurden, um das typische Bild einer Frau auf dem Instagram-Account der schwedischen Streitkräfte zu veranschaulichen. Die Analyse wird in Bezug auf jedes Bild erweitert.

In Abb. 1 wird die Frau als fokussiert und in einer passiven Position dargestellt – auf der Hut mit einem strengen Gesicht, obwohl ein unterdrücktes Lächeln zu

Abb. 1 Gepostet am 29. Oktober 2018 (Fotograf Rickard Törnhjelm/Schwedische Streitkräfte)

erkennen ist. Sie hat eine Waffe (Gewehr) bei sich. Dies lässt uns das Bild mit einem aktiven Kontext assoziieren: Sie hat eine Aufgabe zu erfüllen. Die Frau wird als vorbereitete, in Alarmbereitschaft befindliche Soldatin verkörpert. Das Bild ist ein Beispiel für die vielen Instagram-Posts in der schwedischen Stichprobe, die Frauen mit Waffen zeigen (siehe Tab. 1 im Abschnitt Vergleich).

Der Schauplatz in Abb. 1 ist ein Wald, ein traditioneller Schauplatz der Territorialverteidigung. In der schwedischen Stichprobe werden Frauen am häufigsten in Uniform dargestellt, entweder in Tarnkleidung oder in Marineuniform. Das obige Beispiel zeigt eine passive Position, aber es gibt auch viele Beispiele, in denen Frauen aktive Positionen einnehmen. Es ist klar, dass der Schwerpunkt der visuellen Darstellung auf dem schwedischen Instagram auf dem Somatischen liegt.

Eine deutliche Mehrheit der analysierten Fotos wurde draußen in „aktiven Umgebungen" aufgenommen, z. B. im Wald oder auf dem Meer in einer geografischen Umgebung, die wie Schweden aussieht. Es gibt sowohl Bilder von Sommer- als auch von Winterumgebungen. Dies könnte als eine Möglichkeit gesehen werden, ein Bild des Hauptmerkmals der aktuellen organisationalen Identität der schwedischen Streitkräfte zu vermitteln: Die territoriale Verteidigung als Hauptaufgabe – ein Transformationsprozess, der seit etwa 2015 im Gange ist.

Frauen wurden in der Stichprobe nicht übermäßig mit Tieren assoziiert (siehe Tab. 1 im Abschnitt „Vergleich"). Es gibt einige wenige Bilder von Frauen und Hunden, wie z. B. das unten stehende (Abb. 2). Auf diesem Bild sind die Frau und ihr Hund in voller Montur zu sehen, höchstwahrscheinlich vorbereitet auf einen Einsatz oder eine Übung. Es gibt auch Bilder von Frauen und Männern mit Pferden, die jedoch aufgrund der Anwesenheit mehrerer Personen nicht in die Stichprobe aufgenommen wurden. Eine kleine Anmerkung zur Beziehung zwischen Pferden und Geschlecht ist hier jedoch angebracht. In Schweden ist das Reiten ein beliebter Sport, der von Frauen und Mädchen dominiert wird, die seit den 1970er-Jahren die traditionelle Assoziation zwischen Pferden, Männern und dem Militär abgelöst haben. Es ist daher wahrscheinlich, dass die Bilder von Pferden und Frauen in einem militärischen Kontext genutzt werden, um Frauen für das Militär zu gewinnen. Die schwedischen Streitkräfte haben in den letzten Jahren Rekrutierungskampagnen bei

Tab. 1 Vorhandensein von Lächeln, Tieren und Waffen in der schwedischen und Schweizer Stichprobe

	Schweden (n = 45)	Schweiz (n = 28)
Lächeln	18 %	43 %
Tiere	4 %	14 %
Waffen (Systeme)	64 %	4 %

Abb. 2 Gepostet am 6. Juni 2018 (Fotograf Bezav Mahmod/Schwedische Streitkräfte)

Großveranstaltungen wie der Stockholm International Horse Show (Spring- und Dressurreiten) durchgeführt und präsentieren sich und ihre Kavallerie bei den Siegerehrungen vieler großer Wettbewerbe in verschiedenen Sportarten.

Auf einigen Bildern tragen Frauen Zivilkleidung, zum Beispiel wenn sie als neue Rekrutinnen oder bei Sportveranstaltungen dargestellt werden. Diese Bilder verkörpern Frauen als fähige militärische Körper, die in der Lage sind, physische Leistungen zu erbringen oder schwere Gewichte zu tragen. In diesen Fällen lächeln die Frauen manchmal, was zeigt, dass ein emotionaler Aspekt erlaubt ist. Dieser wird jedoch streng kontrolliert. Lächeln wird zum Beispiel als Freude und Vorfreude auf den Militärdienst interpretiert. Fröhlichkeit wird meist in Zusammenhang mit geselligen Zusammenkünften ausgedrückt, bei denen die Personen auf dem Bild im Gespräch und lachend abgebildet sind. Hier können die Beiträge als

Symbol für die Verbundenheit innerhalb der Gruppe interpretiert werden. Es ist attraktiv, Teil einer Gruppe zu sein und eine gute Zeit miteinander zu verbringen, durch ähnliche Kleidung dazuzugehören und sich auf eine Aufgabe zu konzentrieren. Sowohl Frauen als auch Männer dürfen diese Gruppenzugehörigkeit symbolisieren. Die Mehrheit der Bilder enthält jedoch Darstellungen von Frauen, die als „kein Lächeln" kategorisiert werden (siehe Tab. 1 im Abschnitt „Vergleich").

Die meisten Frauen sind jung und würden von vielen als gut aussehend wahrgenommen werden, aber es gibt auch einige Bilder von älteren Frauen. Wenn ältere Frauen abgebildet sind, werden sie am häufigsten als Zivilistinnen (Verwandte oder andere zivile Mitarbeiterinnen oder Freiwillige) interpretiert. Frauen, die auf den Beispielbildern einzeln dargestellt sind, tragen sehr oft Status- und Machtsymbole der militärischen Organisation: Sie sind in voller Uniform, tragen Rucksack, Tarnanzug, Gewehr; sie stehen neben Panzern (in einigen Fällen in Begleitung von Männern), Marineschiffen oder Kampfjets, wie in Abb. 3 gezeigt. Sie sind sowohl von vorne als auch von hinten abgebildet. In vielen der Bilder werden Frauen visuell mit Kraft, Stärke und Ausdauer assoziiert. Infolgedessen wird der weibliche Körper neben den männlichen gestellt, ohne das weibliche Geschlecht hervorzuheben. Was wir sehen, ist eine „Kriegsmaschine". Insgesamt kann die Darstellung von Frauen auf diese Weise als eine Art der Disziplinierung gesehen werden, die

Abb. 3 Gepostet am 9. November 2018 (Fotograf Alexander Gustavsson/Schwedische Streitkräfte)

sie dazu bringt, sich der Männlichkeit zu unterwerfen. Auf diese Weise werden sie durch eine Form der De-Feminisierung für die Organisation akzeptabel. Der schwedische Fall stimmt also mit den Ergebnissen von Höpfl (2003) und Sasson-Levy (2011) überein.

Es ist manchmal schwierig, Gesichtsausdrücke zu interpretieren, was mit einer Kultur der Unterwerfung von Gefühlsausdrücken zusammenhängen könnte. Oft werden sehr neutrale Gesichtsausdrücke dargestellt, eine Beobachtung, die auch auf die maskuline Identität militärischer Organisationen bezogen werden kann.

Die Symbole, Farben, Waffen und Strukturen der militärischen Organisation werden auf den Fotos durch die Teilhabe von Frauen verkörpert. Frauen sind auch in den Kampagnen der Öffentlichkeitsarbeit – zum Beispiel in Bezug auf wert-orientierte Themen wie Pride/LBGTQ+ – sowie in den Rekrutierungskampagnen präsent. Wie in früheren Untersuchungen festgestellt wurde, ist dies ein Image, das die schwedischen Streitkräfte als Spiegelbild des nationalen Images von Schweden verfolgen (Strand und Kehl 2018). Darüber hinaus sind Frauen bei der Territorial-verteidigung präsent; sie werden sogar oft allein abgebildet. Es ist wahrscheinlich eine bewusste Strategie, sowohl Männer als auch Frauen auf dem offiziellen Instagram-Account abzubilden und zu versuchen, sie auf ähnliche Weise darzu-stellen. In Wirklichkeit ist die Zahl der Frauen in den schwedischen Streitkräften jedoch viel geringer, als man aus dem Instagram-Account ableiten könnte.

Es wurde festgestellt, dass die Mehrzahl der geposteten Bilder junge Men-schen in ihren Zwanzigern zeigt. Dies deutet auf das Bedürfnis der Militär-organisation hin, junge, gesunde Personen darzustellen – die Art von Soldaten, die sie rekrutieren möchte. Ältere Personen sind eindeutig nicht die Zielgruppe dieses Instagram-Accounts.

5   Der Schweizer Fall

5.1   Der Schweizer Kontext

Obwohl der Militärdienst in der Schweiz für Männer obligatorisch ist, kämpft die Schweizer Armee mit Rekrutierungsproblemen – und damit, Rekruten davon abzu-halten, die Streitkräfte zu verlassen und in den als attraktiver geltenden Zivildienst zu wechseln. Um gegen die sinkenden Bewerberzahlen anzukämpfen, hat die Schweizer Armee 2017 einen Instagram-Account ins Leben gerufen, der die Auf-merksamkeit der jüngeren Generation wecken soll. Die Hauptzielgruppe der Follo-wer sind junge Menschen, wobei ausdrücklich sowohl Männer als auch Frauen eingeschlossen sind. Wie in anderen Departementen der Schweizerischen Bundesverwaltung strebt die Armee eine Erhöhung des Frauenanteils an. 2018 zählt die Armee 0,8 % weibliche Mitglieder. Diese Zahl ist im Vergleich zum Frauenanteil in anderen europäischen Streitkräften extrem niedrig, selbst wenn man berücksichtigt, dass in der Schweiz – im Gegensatz zu Schweden – die Wehrpflicht nur für Männer gilt. Mit der Einführung der Reform *Armee 95* im Jahr 1995 wurden die Frauen vollständig in die Schweizer Armee integriert. Sie erhielten die gleichen Rechte und Pflichten wie Männer, mit Ausnahme der Zulassung zu den Kampftruppen, die erst 2004 gewährt wurde. Obwohl der Militärdienst für Frauen heute noch fakultativ ist, müssen sie die gleichen Prüfungen ablegen wie die Männer. Im Gegenzug erhalten sie die gleiche Ausbildung und sind nun zu allen Kampftruppen zugelassen und können alle militärischen Grade erreichen (Paladino 2015; Seewer 2003). Die politische und öffentliche Diskussion zeigt jedoch, dass die gleichberechtigte Integration von Frauen in die Armee mit Ängsten, Vorurteilen und Widerständen verbunden ist. So zeigte eine repräsentative Umfrage unter Schweizer Bürgerinnen und Bürgern aus dem Jahr 2015, dass nur 30 % der Bevölkerung der Ausweitung der Wehrpflicht auf Frauen zustimmen (Szvircsev Tresch et al. 2015). In einer weiteren repräsentativen Umfrage haben Szvircsev Tresch et al. (2019) heraus, dass 55 % der Schweizer Bürgerinnen und Bürger Frauen als körperlich ungeeignet für bestimmte Aufgaben in der Armee erachten. Dies wirft die Frage auf, ob und wie sich das Ungleichgewicht bei der Rekrutierung, die Geschlechterverteilung im Militär und die Bedenken bezüglich der körperlichen Eignung von Frauen für den Militärdienst auf dem Instagram-Kanal der Schweizer Armee niederschlagen.

5.2 Datenerhebung und Analyse

Die Datengrundlage für den Schweizer Fall besteht aus allen Instagram-Posts, die im Jahr 2018 auf dem offiziellen Account der Schweizer Armee veröffentlicht wurden.[3] Alle Beiträge wurden mit dem dazugehörigen Text und dem Datum der Veröffentlichung in MAXQDA erfasst,[4] einer Software für die qualitative,quantitative und Mixed-Methods-Datenanalyse. Die Gesamtzahl der zwischen dem 1. Januar und 31. Dezember 2018 veröffentlichten Bilder beträgt 576. 28 Bilder zeigen maximal zwei Personen und davon mindestens eine Frau und bilden somit die Schweizer Stichprobe für die weitere Analyse. Insgesamt gibt es 219 Bilder, auf denen maximal zwei Personen im Fokus stehen. Obwohl Frauen auf dem Instagram-

---

[3] https://www.instagram.com/armee.ch/.

[4] https://www.maxqda.de/.

Account der Schweizer Armee deutlich seltener vorkommen als Männer, sind sie dennoch überrepräsentiert, wenn man bedenkt, wie viele Frauen heute in der Schweizer Armee dienen (0,8 %; Schweizer Armee 2019). Die überwiegende Mehrheit der Bilder zeigt junge Frauen und Männer in den Zwanzigern, was vermutlich dem angestrebten Zielpublikum der Organisation entspricht.

5.3   Ergebnisse

Auf der Hälfte der 28 Bilder ist mindestens eine Frau in Tarnkleidung zu sehen, während auf 13 Bildern (46 %) Frauen in Zivil-, Sport- oder Arbeitskleidung abgebildet sind, die für das geschulte Auge manchmal auch als spezifische Militäruniform erkennbar ist. Auf zwei der Bilder (7 %) ist die Kleidung nicht erkennbar (siehe Tab. 2 im Abschnitt Vergleich). Die Mehrheit der Frauen, die auf dem Instagram-Account der Schweizer Armee 2018 abgebildet sind, trägt Tarnkleidung und damit eine Kleidungsart, die für die Armee einzigartig und ein Erkennungsmerkmal der militärischen Organisation ist.

Die in der Datenstichprobe dargestellten Inhalte und Tätigkeiten wurden induktiv kodiert und in Kategorien zusammengefasst. Wir fanden Frauen in einer Krankenhaus- oder *Pflegeumgebung*, Frauen bei der Arbeit oder in Pose mit *Tieren*, Frauen, die als *Spitzensportlerinnen* abgebildet sind und Frauen in einer Gesprächssituation, in der sie zumeist andere Frauen über etwas *informieren*. Die meisten Bilder wurden diesen vier Kategorien zugeordnet. Wir haben auch festgestellt, dass Frauen auf gestellten Fotos, auf denen sie direkt in die Kamera schauen, immer lächelnd abgebildet sind. Auf den meisten Schnappschüssen, die während der Ausübung einer Tätigkeit aufgenommen wurden, fokussieren sie sich auf ihre Arbeit und scheinen konzentriert zu sein und ein Lächeln ist nicht zu sehen. Das Vorhandensein oder Fehlen eines Lächelns scheint also mit dem Kontext der auf dem Bild festgehaltenen Tätigkeit zusammenzuhängen. Insgesamt

Tab. 2 Art der Kleidung in der schwedischen und der Schweizer Stichprobe

	Schweden (n = 45)	Schweiza(n = 28)
Tarnkleidung	67 %	50 %
Andere militärische Uniform	17 %	0 %
Nicht-militärische Kleidung	8 %	46 %
Nicht erkennbar	8 %	7 %

[a]Es gibt zwei Bilder, auf denen zwei Frauen abgebildet sind, von denen eine Tarnkleidung trägt, während die andere in Zivil gekleidet ist. Es treffen also beide Kategorien zu, was zu einem Gesamtprozentsatz von 103 % führt.

haben wir auf 28 Bildern 12 (43 %) lächelnde Frauen gefunden.[5] Dieser Befund
deutet darauf hin, dass Frauen auf den Bildern des Instagram-Accounts der Schweizer Armee eher passiv, freundlich aussehend und mit eher ruhigen Tätigkeiten beschäftigt erscheinen. Diese Beobachtung wird durch die Tatsache unterstützt, dass
12 Bilder unserer Stichprobe im Freien aufgenommen wurden, während 16 Bilder
Büros oder Klassenzimmer, Sporthallen, Krankenhausumgebungen oder andere
schwer zu identifizierende Innenräume zeigen. Bilder, die im Freien aufgenommen
wurden, zeigen ländliche Umgebungen, wobei die Umgebung meist undeutlich
oder im Bildhintergrund kaum zu erkennen ist.

Auch wenn Bilder, auf denen ausschließlich Männer abgebildet sind, nach der
ersten Kategorisierung in dieser Studie nicht weiter analysiert wurden, zeigt sich
schon bei einer flüchtigen Analyse, dass diese Bilder mehr Elemente enthalten, die
auf einen spezifischen militärischen Kontext hinweisen – beispielsweise durch das
Vorhandensein von Panzern, Gewehren oder militärischen Übungsanlagen im
Bildhintergrund – als die Bilder, auf denen Frauen abgebildet sind. In dieser Hinsicht ist das Fehlen von Waffen in unserer Stichprobe auffällig. Während Bilder
von Männern, die ein Gewehr oder eine Pistole in der Hand halten, weit verbreitet
sind, wurde kein einziges Bild gefunden, auf dem Frauen in gleicher Weise
abgebildet sind. Das einzige Bild von 2018, das eine Frau mit einer Waffe zeigt, ist
das folgende:

In Abb. 4 ist die Frau aufgrund ihres Tarnanzugs eindeutig als Angehörige der
Schweizer Armee zu erkennen. Der Schauplatz des Bildes könnte ein Marsch sein;
die Identifikationsnummer ihres Kameraden im Hintergrund könnte auf einen
Orientierungslauf hinweisen. Die Frau geht eine Straße in einer ländlichen Umgebung entlang. Im Hintergrund sind Bäume und Berge zu sehen, und Fahrzeuge
scheinen nicht häufig vorbeizufahren, so dass die Frau in der Mitte der Straße
gehen kann. Dieses Foto ist eines der wenigen in der Schweizer Stichprobe, auf
dem eine Frau im Freien vor einem erkennbaren Hintergrund abgebildet ist. Sie
wird von einer Ziege begleitet, die – in Kombination mit ihrem Lächeln – dem Bild
einen gewissen Niedlichkeitsfaktor verleiht. Wie bereits erwähnt, handelt es sich
um eines der Bilder, auf denen die Frau lächelt und dabei direkt in die Kamera
blickt. Ihrem Gesichtsausdruck nach zu urteilen, scheint sie die ihr zugewiesene
Aufgabe zu genießen und damit eine positive Botschaft zu vermitteln. Sie scheint

---

[5] In diesem Zusammenhang möchten wir auf die Ergebnisse unserer erweiterten Stichprobe
für den Schweizer Fall hinweisen, die auch Bilder mit männlichen Personen umfasst. Von
167 Bildern fanden wir 32, die einen Mann mit einem Lächeln zeigen. Der Anteil der lächelnden Männer (19 %) ist also deutlich geringer als derjenige der lächelnden Frauen
(43 %).

Abb. 4 Gepostet am 18. September 2018

ihr Gewehr locker in der Hand zu halten, und ihr Hut sitzt nicht richtig auf ihrem Kopf. Daher scheint es der dargestellten Szene an Ernsthaftigkeit zu fehlen, was für das Militär eher unpassend ist. Andererseits gelingt es anhand dieser Elemente, die zivil-militärische Kluft bis zu einem gewissen Grad zu überbrücken, indem sie zeigen, dass die Grenzen zwischen Soldatin und Zivilistin fließend sind.

Tiere finden sich auf drei weiteren Bildern unserer Stichprobe, eines zeigt eine Frau mit einem Diensthund, einem Schäferhund (Abb. 5), und zwei Bilder zeigen Frauen, die sich um einen Husky und seinen Welpen kümmern (Abb. 6).

Abb. 5 und 6 weisen ebenso viele Gemeinsamkeiten wie Unterschiede auf. Beide Bilder zeigen eine junge Frau, die auf einem Knie neben einem Hund hockt und eine Hand um den Hals des Hundes legt, um so ihre Zuneigung zu dem Tier zu zeigen. Beide Fotos wurden im Freien aufgenommen.

Abb. 5 Gepostet am 27. August 2018 (Fotografin Andrea Soltermann)

Abb. 6 Gepostet am 5. September 2018

Die Frau in Abb. 5 trägt einen Tarnanzug, der sie eindeutig als Angehörige der Streitkräfte ausweist. Der Hund neben ihr deutet darauf hin, dass sie wahrscheinlich Hundeführerin ist, was bei Frauen, die zum Militär gehen, sehr beliebt ist. Sie schaut zur Seite, weg vom Hund, stützt einen Arm auf ihr Knie und lächelt leicht. Diese Haltung vermittelt den Eindruck einer Mischung aus allgemeiner Gelassenheit und Kontrolle über den Schäferhund, was sie wiederum als Soldatin zu befähigen scheint.

Trotz der Gemeinsamkeiten der Bilder zeigen die Szenen einen unterschiedlichen Inhalt. Die Frau in Abb. 6 blickt in die Kamera und lächelt deutlicher. Der Husky und sein Welpe haben sicherlich eine andere Wirkung auf die Betrachtenden als der Schäferhund. Außerdem finden wir in Bild 6 keinen Hinweis auf die militärische Organisation. Die abgebildete Frau trägt eine spezielle Arbeitsuniform, die in Kombination mit dem Bildhintergrund und den Hunden, die sie streichelt, darauf schließen lässt, dass sie in einem Tierheim oder einer Hundetrainingseinrichtung arbeitet.

Wie bereits erwähnt, ist eine Aktivität, die auf verschiedenen Bildern in der Stichprobe identifiziert wurde, der Austausch oder die Bereitstellung von Informationen, wie in Abb. 7 dargestellt. Die Plakate im Hintergrund lassen vermuten, dass es sich bei der Szene um eine Informationsveranstaltung von Bildungsein-

Abb. 7 Gepostet am 1. September 2018

richtungen handelt, bei der auch die Schweizer Armee Informationen über sich zu verteilen scheint. Wir finden in der Schweizer Stichprobe verschiedene Bilder, auf denen Frauen anderen Frauen etwas erklären oder zeigen.[6] Die Auswahl von Frauen für diese Aufgabe könnte mit dem Ziel begründet werden, die Attraktivität der Streitkräfte für Frauen zu erhöhen. Sie könnte aber auch den Eindruck erwecken, dass Frauen und Männer unterschiedlich behandelt werden, obwohl Frauen formal voll in die Schweizer Armee integriert sind. Zudem stellt sich die Frage, ob nur Frauen geeignet sind, andere Frauen in die Armee einzuführen, und ob Frauen auch beauftragt sind, Männer zu informieren und umgekehrt.

Andere Bilder zeigen Frauen in einer Krankenhausumgebung. Viele Frauen in der Schweizer Armee entscheiden sich für den Sanitätsdienst in der Armee oder werden diesem zugeteilt. Tatsächlich werden in der Schweizer Gesellschaft bezahlte und unbezahlte Care-Arbeiten am häufigsten von Frauen geleistet (Eidgenössisches Büro für die Gleichstellung von Frau und Mann EBG 2010). In diesen Bildern gibt es in der Regel kaum Hinweise darauf, dass es sich bei den dargestellten Frauen um Angehörige der Armee handelt, abgesehen von der spezifischen Kleidung in einigen wenigen Fällen. Die Darstellung weiblicher Angehöriger der Streitkräfte in einem typisch weiblichen Beruf oder einer typisch weiblichen Aufgabe kann als eine Form der Hervorhebung von Weiblichkeit gesehen werden, die Geschlechterstereotypen fördert, insbesondere wenn die Szenen auch durch das freundliche Lächeln der Frauen und die Interaktion mit der Kamera akzentuiert werden, wie in Abb. 4 und 6 zu sehen ist. Es gibt auch Bilder von Frauen, die eine klare Verbindung zum Militär aufweisen, indem sie in ihrer Militäruniform gezeigt werden. Allerdings finden sich in den meisten dieser Bilder keine weiteren Elemente, die auf die militärische Organisation verweisen.

6   Vergleich und Diskussion

Diese Studie zeigt, dass soziale Medien zu einem vollwertigen Instrument für militärische Organisationen geworden sind, um ihre Organisationsidentität zu vermitteln. Daher sind soziale Medien zu einer wichtigen Quelle für die Forschung über militärische Organisationen geworden.

Die Instagram-Analyse der schwedischen und der Schweizer Armee hat gezeigt, dass Frauen auf beiden Accounts im Vergleich zur tatsächlichen Anzahl der dienenden Frauen überrepräsentiert sind. In der schwedischen Stichprobe er-

---

[6]Normalerweise ist auf solchen Bildern nur eine Person zu sehen, anders als in Abb. 7.

scheinen Frauen auf 40 % der Bilder, auf denen eine oder zwei Personen im Mittelpunkt stehen, während die Zahl der Frauen in den schwedischen Streitkräften 18 % beträgt (einschließlich Zivilisten). Auf dem Instagram-Account der Schweizer Armee liegt der Frauenanteil bei 13 % (was 16 Mal höher ist als der Frauenanteil in der Schweizer Armee). Neben dieser Gemeinsamkeit zeigen die Ergebnisse der Fallstudien zwei recht unterschiedliche Darstellungen von Frauen.

Unter Bezugnahme auf McSorley's (2013a, b) Dimensionen der Darstellung von Körpern im Kriegskontext (Kriegsvorbereitung, -praxis und -nachbereitung) lässt sich der weibliche Körper in der schwedischen Stichprobe leichter einer dieser Dimensionen zuordnen als der weibliche Körper in der Schweizer Stichprobe. Im schwedischen Fall gibt es verschiedene Faktoren, die für die Dimension *Kriegsvorbereitung* sprechen: Frauen erscheinen in der Regel voll ausgerüstet und bewaffnet und werden in aktiven Outdoor-Kontexten gezeigt. Die Aufgaben, die die Frauen auf den Instagram-Bildern ausführen, verweisen auf die Hauptaufgabe des schwedischen Militärs, nämlich die Territorialverteidigung, und zeigen die Frauen somit eindeutig in einem Umfeld, das mit der organisationalen Identität der schwedischen Streitkräfte in Verbindung gebracht wird. Im Hinblick auf die *Vorbereitungsdimension* wird der weibliche Körper in der schwedischen Stichprobe daher als ebenso stark wie der der männlichen Soldaten dargestellt und scheint somit an die militärische Organisation angepasst zu sein. Es gibt auch Beispiele für die Beteiligung von Frauen an eher traditionellen *Kriegspraktiken*, wie z. B. an Bord von Marineschiffen und im Rahmen von internationalen Operationen. Die Bilder in der schwedischen Stichprobe deuten darauf hin, dass Frauen wenig Spielraum haben, um ihre (stereotype) Weiblichkeit zu betonen, und dass eine solche Hervorhebung nicht üblich ist. Die Ergebnisse der schwedischen Fallstudie könnten als De-Feminisierung von Soldatinnen interpretiert werden, was mit den Ergebnissen früherer Untersuchungen übereinstimmt. Damit Frauen in die Organisationsidentität passen, werden sie als „militärische Männer" verkörpert.

In der Schweizer Stichprobe fanden wir bei den Bildern, die Frauen zeigen, weniger Assoziationen mit der militärischen Organisation. Obwohl mehr als die Hälfte der Frauen im Tarnanzug abgebildet ist, fanden wir im Schweizer Fall keine Szene, die Frauen in einer aktiven Umgebung im Freien zeigt, die mit militärischer Ausbildung oder Kampffähigkeiten in Verbindung gebracht werden könnte. Es gibt nur ein einziges Bild einer Frau, die eine Waffe hält, und diesem fehlt es an vermeintlich militärischen Elementen wie Disziplin und Ordnung. Außerdem deutet nichts in der Umgebung oder in den Hintergründen darauf hin, dass die Fotos auf einem Ausbildungsstützpunkt oder in einer anderen Umgebung aufgenommen wurden, die für die Streitkräfte typisch ist und den Unterschied zu anderen Organisationen ausmachen würde. Die Bilder in der Stichprobe zeigen daher weder Frauen, die *sich auf den Krieg vorbereiten*, noch im Kontext der *Kriegspraktiken* im Sinne von McSorleys Dimensionen, und sie treffen auch nicht auf die dritte Kategorie – *Nachkriegszeit* – zu. Dies deutet darauf hin, dass Frauen in der Schweizer Armee nicht mit der Kernidentität des Militärs, der Landesverteidigung, in Verbindung gebracht werden.

Verschiedene Aspekte in der Darstellung von Frauen auf dem Instagram-Account der Schweizer Armee unterstreichen ihre stereotype Weiblichkeit. Mehr als die Hälfte der in der Schweizer Stichprobe abgebildeten Frauen lächelt. Damit wird eine emotionale Eigenschaft hervorgehoben, die bereits mit Weiblichkeit assoziiert wird und als spezifisch weibliche Eigenschaft gilt. In der schwedischen Stichprobe lächeln nur 18 % der porträtierten Frauen (siehe Tab. 1). Darüber hinaus werden Frauen im Schweizer Militär ausnahmslos in eher ruhigen und friedlichen Kontexten dargestellt – oft wurden die Fotos in Innenräumen aufgenommen und die zugewiesenen Aufgaben sind nicht für das Militär charakteristisch. Der weibliche Körper wird auf diesen Bildern nicht mit Kraft, körperlicher Fitness oder als „Kriegsmaschine" assoziiert. Daher ist die Verbindung zum typischen oder idealen Soldaten nicht wahrscheinlich. Es gibt auch keinen Hinweis darauf, dass solche Eigenschaften für die Aufgaben und Funktionen, die den porträtierten Frauen zugewiesen werden, erforderlich sind. Die Art und Weise, wie Frauen auf dem Instagram-Account der Schweizer Armee dargestellt werden, entspricht in dieser Hinsicht der Auffassung der Schweizer Bevölkerung über die körperlichen Fähigkeiten von Frauen für militärische Aufgaben. Die Frauen in den schwedischen Streitkräften hingegen sind eindeutig als Soldatinnen zu erkennen, die sich auf den Krieg vorbereiten und trainieren – nicht nur aufgrund ihrer Kleidung, sondern auch aufgrund der Umgebung und ihrer Ausrüstung.

Diese Unterschiede in der Darstellung von Frauen im Militär – ob bewusst oder unbewusst – dürften ein Spiegelbild der unterschiedlichen Rekrutierungsstrategien der schwedischen und der schweizerischen Armee sowie der divergierenden Gleichstellungspolitik der beiden Länder sein. Die unterschiedlichen Ausgangsbedingungen für Männer und Frauen in der Schweizer Armee, die auf der Beschränkung der Wehrpflicht auf Männer beruhen, führen zu ungleichen Chancen (Bondolfi 2012). Die Darstellung von Frauen auf Instagram in der Schweizer Stichprobe legt nahe, dass Frauen zwar integriert, aber nicht vollständig in die militärische Organisation inkludiert sind. Das bedeutet, dass Frauen zwar als Mitglieder der Schweizer Armee auftreten, die Art und Weise, wie sie von der Organisation dargestellt werden, jedoch den Eindruck erweckt, dass Frauen in separaten Bereichen tätig und nur in einem kleinen Teil des breiten Spektrums an Funktionen vertreten sind, die das Militär zu bieten hat. Im schwedischen Fall hingegen scheinen die Frauen in Übereinstimmung mit dem Rekrutierungssystem voll in die schwedischen Streitkräfte integriert zu sein und alle Bereiche mit ihren männlichen Kameraden zu teilen.

7   Schlussfolgerung

Ziel dieser Studie war es, die Art und Weise zu analysieren, wie Frauen auf den offiziellen Instagram-Accounts der schwedischen und der schweizerischen Streitkräfte dargestellt werden. Unsere Analyse zeigt, dass militärische Organisationen als geschlechtsspezifische Organisationen auf unterschiedliche Weise mit der Herausforderung umgehen können, die die Inklusion von Frauen mit sich bringt. Frühere Forschungen konzentrierten sich darauf, wie Militärfrauen in Filmen dargestellt werden und wie (echte) Soldatinnen in den Medien porträtiert werden. Anhand unserer Analyse können wir zeigen, dass die militärische Organisation selbst Strategien verfolgt, um Frauen entweder stereotype männliche Rollen zuzuweisen *oder* Frauen zu feminisieren, um sie in Bezug auf die organisationale Identität des Militärs zu steuern. Was als politisch korrekte Absicht erscheinen mag, nämlich die Überrepräsentation von Frauen in den sozialen Medien im Vergleich zu den tatsächlichen Zahlen in der Organisation, ist in Wirklichkeit eine komplexe Art und Weise, mit der Herausforderung umzugehen, die Frauen in Bezug auf ein männliches Militärideal darstellen. In diesem Zusammenhang haben wir festgestellt, dass Schweizer Frauen nicht in die in der Literatur beschriebene Mainstream-Verkörperung des militärischen Körpers passen – oder nicht daran teilhaben dürfen (z. B. McSorley 2013a, b). Sie werden somit als militärische Körper unsichtbar gemacht. Im schwedischen Fall hingegen verkörpern Frauen den idealen Soldaten und erscheinen somit als Teil der Identität der Militärorganisation – wenn auch etwas untergeordnet gegenüber der hegemonialen Männlichkeit.

Es ist wahrscheinlich, dass der historische Hintergrund der beiden Länder in Bezug auf die Gleichstellung der Geschlechter und vor allem die unterschiedlichen Rekrutierungsstrategien der schwedischen und der Schweizer Armee die Stellung der Frauen im Militär und damit ihre Darstellung auf Instagram beeinflussen. Instagram-Accounts anderer Streitkräfte müssten in Bezug auf ihren gesellschaftlichen und politischen Kontext analysiert werden, um diesbezügliche Muster zu erkennen. Für künftige Forschungen schlagen wir vor, die Darstellung von Männern auf Instagram-Konten von Streitkräften zu berücksichtigen. Dies wurde in dieser Studie nicht untersucht, da der Schwerpunkt und das Interesse auf den Unterschieden in der Darstellung von Frauen in den Streitkräften der beiden Länder lag. Um die Darstellung der Geschlechter umfassend zu untersuchen, wäre es wichtig, auch die Analyse von Männern einzubeziehen, was ein anderes Licht auf die Darstellung von Frauen werfen und sie in eine andere Beziehung setzen könnte. Des Weiteren könnte die Stichprobe auf Bilder ausgeweitet werden, auf denen mehr als zwei Personen abgebildet sind. Darüber hinaus wäre es interessant, Instagram-Posts aus früheren Jahren zu untersuchen und diesen Forschungsbereich weiter zu erforschen, indem – wie bereits erwähnt – weitere Länder in die Analyse einbezogen werden.

Diese Studie gibt nicht nur Aufschluss darüber, wie Frauen von militärischen Organisationen in den sozialen Medien dargestellt werden, sondern zeigt auch, welchen Einfluss visuelle Medien auf die Wahrnehmung einer Organisation haben können. Während der Analyse und bei der Durchsicht der vielen Instagram-Posts – nur eine von mehreren Quellen – der schwedischen und schweizerischen Streitkräfte wurde deutlich, wie stark das Militär auf Bilder angewiesen ist, um seine organisationale Identität zu verfolgen und zu vermitteln. Dies ist ein weiterer Aspekt, der in der zukünftigen Forschung über (soziale) Medien und das Militär mehr Aufmerksamkeit verdient.

Literatur

Acker J (1990) Hierarchies, jobs, bodies: a theory of gendered organizations. Gend Soc 4(2):139–158

Addelston J, Stirratt M (1996) The last bastion of masculinity: gender politics at the citadel. Res Men Masculinities 9:54–76

Alvinius A, Holmberg A (2019) Silence-breaking butterfly effect: resistance towards the military within #metoo. Gender, Work & Organization. https://onlinelibrary.wiley.com/doi/epdf/10.1111/gwao.12349. Zugegriffen am 01.09.2019

Andrén-Papadopoulos K (2009) US soldiers imagining the Iraq war on YouTube. Pop Commun 7(1):17–277

Autenrieth UP (2014) Die Bilderwelten der Social Network Sites. Bildzentrierte Darstellungsstrategien, Freundschaftskommunikation und Handlungsorientierungen von Jugendlichen auf Facebook und Co. [The picture worlds of the social network sites. Image-centered presentation strategies, friendship communication and action orientations of youth on Facebook and co]. Nomos Verlagsgesellschaft, Baden-Baden

Bondolfi S (2012) Wehrpflicht und Geschlecht. Beschränkung der Wehrpflicht auf Männer aus rechtspolitischer Sicht. [Conscription and gender. Limitation of conscription to men from a legal point of view.] Military Power Revue der Schweizer Armee, 1

Burridge J, McSorley K (2013) Too fat to fight? Obesity, bio-politics and the militarization of children's bodies. In: Mc Sorley K (Hrsg) War and the body: militarisation, practice and experience. Routledge, Abingdon, S 62–77

Duncanson C (2009) Forces for good? Narratives of military masculinity in peacekeeping operations. Int Fem J Polit 11(1):63–80

Eidgenössisches Büro für die Gleichstellung von Frau und Mann EBG (2010) Anerkennung und Aufwertung der Care-Arbeit – Impulse aus Sicht der Gleichstellung. [Recognition and upgrading of care work – impulses from the perspective of equality.] Eidgenössisches Departement des Innern (EDI), Fachbereich Gleichstellung in der Familie. https://www.ebg.admin.ch/dam/ebg/de/dokumente/care/anerkennung_und_aufwertungdercare-arbeit.pdf.download.pdf/anerkennung_und_aufwertungdercare-arbeit.pdf. Zugegriffen am 08.08.2019

Godfrey R, Lilley S, Brewis J (2012) Biceps, bitches and borgs: reading Jarhead's represen-tation of the construction of the (masculine) military body. Organ Stud 33(4):541–562

Goffman E (1959) The presentation of self in everyday life. Doubleday Anchor, Garden City

Hale H (2012) The role of practice in the development of military masculinities. Gend Work Organ 19(6):699–722

Hearn J (2011) Men/masculinities: war/militarism – searching (for) the obvious connections. In: Kronsell A, Svedberg E (Hrsg) Making gender, making war. Routledge, London, S 49–62

Hellman M (2016) Milblogs and soldier representations of the Afghanistan war: the case of Sweden. Media War Conflict 9(1):43–57

Hellman M, Wagnsson C (2013) New media and the war in Afghanistan: the significance of blogging for the Swedish strategic narrative. New Media Soc 24:1–18

Hellman M, Olsson E-K, Wagnsson C (2016) EU armed forces' use of social media in areas of deployment. Media Commun 4(1):51–62

Hinjosa R (2010) Doing hegemony: military, men, and constructing a hegemonic masculi-nity. J Mens Stud 18(2):179–194

Holmberg A (2015) A demilitarization process under challenge? The example of Sweden. Def Stud 15(3):235–253

Holmberg A, Alvinius A (2019) How pressure for change challenge military organizational characteristics. Def Stud 19:130–148. https://doi.org/10.1080/14702436.2019.1575698

Höpfl H (2003) Becoming a (virile) member: women and the military body. Body Soc 9:13–30

Lawson S (2014) The US military's social media civil war: technology as antagonism in dis-courses of information-age conflict. Camb Rev Int Aff 27(2):226–245

Lobinger K (2012) Visuelle Kommunikationsforschung. [Visual communication research.] Medienbilder als Herausforderung für die Kommunikations- und Medienwissenschaft. Springer Fachmedien, Wiesbaden

Lundqvist I (2018) Bilden av en krigare: Ett viktigt vapen när stereotyper utmanas. [The image of a warrior: an important weapon when stereotypes are challenged.] Bachelor thesis, Department for Communication and Media, Lund University

McSorley K (Hrsg) (2013a) War and the body: militarisation, practice and experience. Rout-ledge, Abingdon

McSorley K (2013b) War and the body. In: McSorley K (Hrsg) War and the body: militarisa-tion, practice and experience. Routledge, Abingdon, S 1–31

Moehlecke de Baseggio E, Schneider O, Szvircsev Tresch T (2019) #Inclusion – the impact of social media communication on the legitimacy of armed forces. Contemporary mili-tary challenges, June 2019 / 2. J Gen Staff Slov Armed Forces 2:43–59

Muhr SL, Slok-Andersen B (2017) Exclusion and inclusion in the Danish military: a histori-cal analysis of the construction and consequences of a gendered organizational narrative. J Organ Chang Manag 30(3):367–379

Mutlu CE (2013) Introduction. In: Salter MB, Mutlu CE (Hrsg) Research methods in critical security studies: an introduction. Routledge, London/New York, S 139–147

Newlands E (2013) Preparing and resisting the war body: training in the British Army. In: McSorley K (Hrsg) War and the body: militarisation, practice and experience. Routledge, Abingdon, S 35–50

Paladino L (2015) Drei Frauen, drei Zeitalter, drei Werdegänge. [Three women, three eras, three careers.]. Zeitschrift armee.ch 1(15):7–12

Pin-Fat V, Stern M (2005) The scripting of Private Jessica Lynch: biopolitics, gender, and the "geminization" of the US military. Alternatives 30:25–53

Rössler P (2010) Inhaltsanalyse. [Content analysis], 2. Aufl. UVK, Konstanz

Sasson-Levy O (2011) The military in a globalized environment: perpetuating an 'extremely gendered' organization. In: Jeanes E, Knights D, Martin PY (Hrsg) Handbook of gender, work and organization. Wiley Blackwell, Oxford, S 391–410

Seewer G (2003) Vom HD zum Gst Of. Frauen in der Schweizer Armee – 1939 bis in die Gegenwart. [From auxilary service to commissioned officer. Women in the Swiss Armed Forces – from 1939 until today.] Info – Frauen in der Armee, 3 (December)

Strand S, Kehl K (2018) A country to fall in love with/in: gender and sexuality in Swedish Armed Forces marketing campaigns. Int Fem J Polit 21(2):295–314

Swedish Armed Forces (2011) Försvarsmaktens riktlinjer för sociala medier. [Swedish Armed Forces' guidelines for social media.] Document number 17, 100:63719

Swedish Armed Forces (2019) Årsredovisning 2018. [Yearly report 2018.]. https://www.forsvarsmakten.se/siteassets/4-om-myndigheten/dokumentfiler/arsredovisningar/arsredovisning-2018/hkv-2019-02-21-fm2018-10243.7-bilagor-oppna-fm-ar-2018.pdf. Zugegriffen am 01.08.2019

Swiss Armed Forces (2019) Armeeauszählung 2019. [Personnel report 2019.] Internal document

Szvircsev Tresch T, Wenger A, Ferst T, Pfister S, Rinaldo A (2015) Sicherheit 2015 – Aussen-, Sicherheits- und Verteidigungspolitische Meinungsbildung im Trend. [Security 2015 – trends in public opinion on foreign affairs, National Security, and Defence Strategy.] ETH Zürich/Military Academy at ETH Zurich

Szvircsev Tresch T, Wenger A, De Rosa S, Ferst T, Giovanoli M, Moehlecke de BE, Reiss T, Rinaldo A, Schneider O, Scurrell JV (2019) Sicherheit 2019 – Aussen-, Sicherheits- und Verteidigungspolitische Meinungsbildung im Trend. [Security 2019 – trends in public opinion on foreign affairs, National Security, and Defence Strategy.] ETH Zurich/Military Academy at ETH Zurich

Traue B (2013) Visuelle Diskursanalyse. Ein programmatischer Vorschlag zur Untersuchung von Sicht- und Sagbarkeiten im Medienwandel. [Visual discourse analysis. A programmatic approach to visibility and expressiveness in media change.]. Z Diskursforschung 2(1):117–136

Welland J (2017) Violence and the contemporary soldiering body. Secur Dialogue 48(6):524–540

Wells K (2014) Marching to be somebody: a governmentality analysis of online cadet recruitment. Child Geogr 12(3):339–353

Wood JT (1994) Gendered media: the influence of media on views of gender. Gend Lives Commun Gend Cult 9:231–244

(Dis-)Empowered Military Masculinities? Rekrutierung von Veteran*innen durch PMSCs über YouTube

Jutta Joachim und Andrea Schneiker

Zusammenfassung

Staatliche Militärs sind ein zentraler, aber nicht der einzige Ort für die Konstruktion militärischer Maskulinitäten. In diesem Kapitel wird untersucht, wie private Militär- und Sicherheitsunternehmen (PMSCs), die zunehmend sicherheitsrelevante Dienstleistungen für Streitkräfte erbringen und ehemalige Militärangehörige rekrutieren, durch ihre Nutzung sozialer Medien an der Konstruktion dieser Maskulinitäten beteiligt sind. Auf der Grundlage einer qualitativen Inhaltsanalyse der YouTube-Rekrutierungsvideos, die sich in erster Linie an Veteran*innen richten und von zwei großen US-amerikanischen Unternehmen – DynCorp International und CACI – stammen, zeigen wir, wie diese PMSCs zwar die traditionellen Vorstellungen von militärischer Maskulinität bekräftigen, deren traditionelle Bedeutung aber auch in Frage stellen, indem sie das rivalisierende Ideal des „corporate soldier" schaffen. Dieses Ideal wertet nicht nur die ansonsten marginalisierten Maskulinitäten von Veteran*innen auf, indem es ihnen erlaubt, gleichzeitig heldenhafte Krieger, Verwundete und zivile Angestellte zu sein, sondern stärkt auch die unter-

J. Joachim (✉)
Universität Radboud, Nijmegen, Niederlande
E-Mail: jutta.joachim@fm.ru.nl

A. Schneiker
Zeppelin Universität, Friedrichshafen, Deutschland
E-Mail: andrea.schneiker@zu.de

E. Moehlecke de Baseggio et al. (Hrsg.), *Soziale Medien und die Streitkräfte*,
https://doi.org/10.1007/978-3-031-26108-4_6

nehmerische Maskulinität dieser Unternehmen und ermöglicht es ihnen, sich sowohl als legitime Auftragnehmer als auch als überlegene Sicherheitsanbieter zu definieren.

1   Einleitung

Soziale Medien, die ursprünglich für den privaten Konsum entwickelt wurden, werden zunehmend auch von Sicherheitsakteuren wie Streitkräften, privaten Sicherheitsunternehmen, humanitären Nichtregierungsorganisationen (NRO) und terroristischen Netzwerken genutzt. Wissenschaftler*innen haben daher begonnen, sich mit der Rolle zu befassen, die Twitter, Instagram oder YouTube für diese Akteure bei der Förderung und Legitimierung ihrer jeweiligen Anliegen spielen.[1] Die Art und Weise, wie Gender bei der Nutzung dieser neuen Kommunikationsformen eine Rolle spielt, war jedoch bisher kaum Gegenstand der Forschung.[2] Dies ist aus einer Reihe von Gründen überraschend. Erstens, wie Blower (2016, S. 89) feststellt, ermöglicht „der Cyberspace die Projektion einer neuen Bandbreite von Identitätsmöglichkeiten". Da die Nutzer*innen ihre Stimme bei der Veröffentlichung von Inhalten viel unvermittelter als je zuvor einbringen können – sie können sich dafür entscheiden, anonym zu bleiben oder Ton, Bild oder Algorithmen zu verwenden –, werden Identitäten, einschließlich des Geschlechts, wahrscheinlich in einer noch nie dagewesenen Weise geltend gemacht oder in Frage gestellt (van der Nagel 2013). Zweitens ist die Leerstelle in der Literatur zu sozialen Medien verwunderlich, da, wie die bestehende Forschung zeigt, Gender für Sicherheitsakteure eine Rolle spielt, wenn es darum geht, unterschiedliche Zielgruppen anzusprechen. Feministische Wissenschaftler*innen haben insbesondere die Streitkräfte als Orte identifiziert, an denen militärische Maskulinitäten konstruiert, reproduziert und eingesetzt werden (Brown 2012).[3]

Doch das Militär ist nicht mehr der einzige Ort, an dem sich militärische Männlichkeit konstituiert, und auch die herkömmlichen institutionellen Praktiken sind nicht mehr allein ausschlaggebend. Stattdessen sind private Militär- und Sicherheitsunternehmen (PMSCs) zunehmend an der (Neu-)Definition militärischer Maskulinitäten beteiligt. Dies beginnt zum einen mit der Werbung für ihre Dienstleistungen, die vom Objekt- und Personenschutz über die Aufklärung bis hin zum

---

[1] Siehe Shim und Stengel (2017), Geis und Schlag (2017), Bjerg-Jensen (2014).

[2] Für Ausnahmen siehe z. B. Jester (2019), Shim und Stengel (2017).

[3] Siehe auch: Stiehm (1989), Enloe (1983), Kronsell (2005), Morgan (1994).

Kampf reichen, bei den Kunden, einschließlich der Streitkräfte (Joachim und Schneiker 2012, 2018). Andererseits (re)konstruieren PMSCs, wie wir in diesem Beitrag zeigen, militärische Maskulinitäten, indem sie sich an ehemalige Militärangehörige wenden und versuchen, jene, die „die Mitarbeiterbasis der privaten Militärindustrie" in signifikanter Weise definieren (Singer 2003, S. 76; Übersetzung J.J. und A.S.), einzustellen.

Auf der Grundlage einer Inhaltsanalyse von YouTube-Rekrutierungsvideos, die von zwei großen US-amerikanischen PMSCs – DynCorp International und CACI – vorwiegend an Veteran*innen gerichtet werden, wird detailliert dargestellt, wie diese Unternehmen traditionelle Vorstellungen von militärischer Maskulinität bestätigen und sie gleichzeitig durch ein unternehmerisches, rivalisierendes Ideal herausfordern; ein Ideal, das an geschäftliche Maskulinität gekoppelt ist und es Veteran*innen ermöglicht, gleichzeitig heldenhafte Krieger, Verwundete und zivile Mitarbeiter zu sein.

Der Beitrag gliedert sich wie folgt: Zunächst definieren wir unter Rückgriff auf die feministische Literatur das Konzept der militärischen Maskulinität und entwickeln anschließend eine Reihe theoretischer Annahmen über die Beziehung zwischen sozialen Medien und geschlechtsspezifischer Identitätspolitik. Zweitens stellen wir die empirischen Ergebnisse der von uns durchgeführten qualitativen Inhaltsanalyse der YouTube-Rekrutierungsvideos von CACI und DynCorp International vor. Drittens schließen wir mit einer Zusammenfassung der Ergebnisse hinsichtlich der Männlichkeitskonstruktionen, die von den beiden PMSCs eingesetzt und verbreitet werden, sowie mit einer Diskussion ihrer Auswirkungen auf die Literatur zu sozialen Medien, PMSCs und Geschlecht.

2   Militärische Maskulinitäten

Militärische Maskulinität ist nicht nur in Zusammenhang mit den Streitkräften relevant, und ihre Bedeutung ist auch nicht festgelegt. Mit der zunehmenden Relevanz nichtstaatlicher Akteure in Sicherheitsfragen und den Veränderungen, die viele Streitkräfte beispielsweise durch ihre Professionalisierung, die Verbesserung der Waffensysteme oder die zunehmenden Auslandseinsätze erfahren, sind die Bedingungen für den Geltungsbereich dieser geschlechtsspezifischen Identität und das, was sie bedeutet, im Wandel begriffen. Im Einklang mit diesen Entwicklungen schlagen wir eine Definition militärischer Maskulinität vor, die sie als plural und dynamisch sowie als Produkt sozialer Konstruktion begreift. Auf der Grundlage dieser Definition und unter Rückgriff auf Studien zu sozialen Medien entwickeln wir darüber hinaus eine Reihe von Annahmen darüber, wie militärische Maskulini-

tät von PMSCs eingesetzt werden kann, wenn Letztere ehemalige Soldaten auf
YouTube ansprechen. Während eine Forschungslinie darauf hindeutet, dass von
diesen Unternehmen erwartet werden kann, dass sie diese Maskulinität in einer
eher traditionellen und stereotypen Art und Weise darstellen, lassen andere Forschungen vermuten, dass PMSCs sich auf unterschiedliche, multiple und vielleicht
sogar neue Varianten militärischer Maskulinität stützen, da die sozialen Medien
reichlich Möglichkeiten zur Identitätskonstruktion bieten.

Nach Ansicht von Gender-Forscher*innen umfasst militärische Maskulinität
eine Reihe möglicher Positionen, Identitäten oder Performances (Connell 2000), da
sie von anderen identitätsbildenden Kategorien wie Rasse, ethnischer Zugehörigkeit
oder Klasse geprägt ist und sich mit diesen überschneidet (Higate und Henry 2016).[4]
Darüber hinaus spiegeln die vielfältigen Ausprägungen dieser Maskulinität existie-
rende Machtverhältnisse wider. Nach Heeg Maruska (2010, S. 238; Übersetzung J.J.
und A.S.), ist *hegemoniale Maskulinität* „eine Art von Identitätskonstrukt, das an
der Spitze einer Hierarchie steht, die untergeordnete Maskulinitäten und Feminini-
täten einschließt". Im Vergleich dazu sind *untergeordnete Maskulinitäten* „unter-
drückt, ausgebeutet und unterliegen der offenen Kontrolle durch dominantere Formen" (Hinjosa 2010, S. 181; Übersetzung J.J. und A.S.). Sie unterscheiden sich
wiederum von *marginalisierten Maskulinitäten*, die „aus Konstruktionen bestehen,
die weder dominant noch untergeordnet sind, sondern von mächtigeren Formen von
Maskulinität dominiert werden, auch wenn sie einen größeren Anteil an den patriar-
chalen Dividenden erhalten als untergeordnete Maskulinitäten" (ebd.; Übersetzung
J.J. und A.S.). Maskulinitätskonstruktionen spiegeln nicht nur die Machtverhältnisse wider, sondern sind auch „eng mit den Institutionen verwoben, in die die Individuen eingebettet sind" (ebd.; Übersetzung J.J. und A.S.). Die Streitkräfte sind
daher nach wie vor ein zentraler, wenn auch nicht der einzige Ort für die Konstruktion militärischer Maskulinität, der „Männern einzigartige Ressourcen für die Konstruktion einer maskulinen Identität" bietet und als solcher ihre Definition im Laufe
der Zeit maßgeblich geprägt hat (ebd., 180; Übersetzung J.J. und A.S.).

Traditionell ähnelte die hegemoniale militärische Maskulinitäten dem, was Elshtain (1995) als das Modell des *gerechten Kriegers* bezeichnet und das mit dem
„tapferen, körperlich starken, emotional zähen kriegerischen Helden" gleichgesetzt
wird (Woodward und Winter 2004, S. 289; Übersetzung J.J. und A.S.). Militärische
Maskulinität ist jedoch auch durch Selbstdisziplin, Selbstvertrauen und hetero-
sexuelles Begehren gekennzeichnet.[5] Aufgrund der sich verändernden Umstände

---

[4] Siehe auch: Cornwall und Lindisfarne (1994), Higate und Henry (2016), Petersen (2003).
[5] Siehe z. B. Higate (2003, 2007), Higate und Hopton (2004), Hockey (2002), Padilla und
Riege Laner (2002).

(Woodward und Winter 2004), hat sich diese „Krieger-Maskulinität" zwar bis heute erhalten, aber in gewisser Weise verändert (Duncanson 2009, S. 66). Vor allem seit dem Ende des Kalten Krieges unterliegt sie einer „leichten Feminisierung durch die Konstruktion einer harten und aggressiven, aber zärtlichen Maskulinität" (Niva 1998, S. 118; Übersetzung J.J. und A.S.Jester 2019). Dies drückt sich zum Beispiel in dem aus, was Duncanson (2009, S. 70) als eine „Peacekeeping Masculinity" bezeichnet. Diese ist mit „Alltagspraktiken" – etwa im Rahmen von Friedensmissionen – „wie Freundschaften schließen, Kaffee trinken und plaudern" sowie „mit Tapferkeit und effektivem Soldatentum" verbunden (ebd.; Übersetzung J.J. und A.S.).

Darüber hinaus trug „die Entwicklung hin zu ‚intelligenteren' Streitkräften, die mit technologisch hoch entwickelten Waffen und Nachrichtensystemen ausgestattet sind" (Woodward und Winter 2004, S. 295; Übersetzung J.J. und A.S.) ebenfalls zur Rekonstruktion militärischer Maskulinität bei, bei der „der Besitz professioneller Fähigkeiten und Fachkenntnisse" nun als charakteristische Merkmale gelten (Woodward und Jenkings 2011, S. 258; Übersetzung J.J. und A.S.). Schließlich hat der Übergang vieler Streitkräfte von der Wehrpflicht zu professionellen Freiwilligenkräften zu dem geführt, was Strand und Berndtsson (2015, S. 233) auf der Grundlage einer Studie über Rekrutierungsdaten der schwedischen und britischen Streitkräfte als „enterprising soldier" bezeichnen. Diese Art von Soldat*innentum ist nicht mehr nur durch die „geistige und körperliche Herausforderung", die „Reisemöglichkeiten", die „Aufregung", das „Eingehen von Risiken" und den „Wunsch, etwas zu bewirken" oder „etwas Gutes zu tun" motiviert, sondern ist auch daran interessiert, eine Karriere zu verfolgen, „beruflich und persönlich" zu wachsen und „Verantwortung zu übernehmen" (ebd., 239–243; Übersetzung J.J. und A.S.).

Während die Professionalisierung, die Integration von Frauen in die Streitkräfte, die Veränderungen in der Kriegstechnologie und die Zunahme sowie die wachsende Komplexität internationaler (militärischer) Interventionen zur (Re-) Konstruktion militärischer Maskulinität beigetragen haben, wurde der Privatisierung von Sicherheit, die ebenfalls ein neuerer Trend bei den Streitkräften ist, bisher wenig Aufmerksamkeit geschenkt. Da PMSCs, die eine zentrale Dimension dieses Trends darstellen, zunehmend Dienstleistungen für die Streitkräfte erbringen und ehemalige Militärangehörige einstellen, ist davon auszugehen, dass sie auch militärische Maskulinität mitkonstituieren. Um diese Lücke in der Literatur zu schließen, analysieren wir, welche Maskulinitäten diese Unternehmen einsetzen und wie sie diese definieren.

Die YouTube-Rekrutierungsvideos von PMSCs, die sich an Armee-Veteran*innen richten, bieten ein besonders gutes Fenster, um die Vorstellungen der Firmen von militärischer Maskulinität zu erfassen. Erstens beinhalten solche Bemühungen,

Mitarbeitende anzuwerben, wie Brown (2012, S. 152–154; Übersetzung J.J. und A.S.) feststellt, „eine offene Imagepflege und den Versuch, bestimmte Bilder vom Militärdienst zu verkaufen", sowie „Werbung, die von Vorstellungen über Maskulinität und Femininität durchdrungen ist". Zweitens sind Ex-Militärs eine besonders interessante Gruppe, weil sie widersprüchliche Maskulinitäten in sich vereinen (Bulmer und Eichler 2017). Während sie während ihrer Zeit beim Militär für ihr vergangenes Heldentum gefeiert werden – und damit dem hegemonialen Ideal militärischer Maskulinität entsprechen –, leiden sie häufig auch an physischen oder psychischen Verletzungen und haben Schwierigkeiten, sich wieder in das zivile Leben zu integrieren, d. h. sie weisen Merkmale untergeordneter (militärischer) Maskulinitäten auf. Daher ist es von Interesse zu untersuchen, auf der Grundlage welcher Maskulinitäten PMSCs Veteran*innen ansprechen. Schließlich bieten soziale Medien wie YouTube den Forschenden ausgezeichnete Labore für die Untersuchung des Einsatzes von Maskulinitäten, da die einzigartigen Merkmale dieser neuen Kommunikationsformen zahlreiche Möglichkeiten zur Konstruktion von Identitäten bieten (Blower 2016; Davis 2018).

3   Identitätskonstruktion und soziale Medien

Soziale Medien bieten den Nutzern eine noch nie dagewesene Vielfalt an Möglichkeiten, sich online zu präsentieren. Im Gegensatz zu traditionellen Medien benötigen Plattformen wie Twitter, Instagram oder YouTube keine Intermediäre. Stattdessen können sie selbstgesteuert werden und erlauben es den Nutzer*innen, direkt miteinander zu interagieren (Stier et al. 2018). Darüber hinaus erweitern die Spezialeffekte, Ton- und Videofunktionen vieler Plattformen die Möglichkeiten zur Selbstdarstellung (Waters und Jones 2011). Die bisherige Forschung zu Gender und sozialen Medien zeigt jedoch, dass die Genauigkeit, mit der Identitäten dargestellt werden, variieren kann. Einige Studien kommen zu dem Ergebnis, dass diese virtuellen Plattformen die Darstellung von Identitäten in einer eher traditionellen und stereotypen Weise fördern und sie somit verfestigen und bestätigen. Andere hingegen stellen fest, dass soziale Medien zur Rekonstitution und Transformation von Identitäten beitragen.

In Bezug auf den letztgenannten Strang wissenschaftlicher Arbeiten betonen beispielsweise poststrukturalistische Feminist*innen, dass diese neuen Kommunikationsformen das Potenzial haben, unterdrückende und einschränkende Geschlechteridentitäten zu überwinden und egalitärere und ermächtigendere zu konstruieren. Anhand der Untersuchung von Blogs, die von Frauen geschrieben wurden, stellt Blower (2016, S. 100; Übersetzung J.J. und A.S.) fest, dass „das Medium Frauen dazu ermutigt hat, Prozesse der Selbstverwirklichung neu zu formulieren

[und] es ihnen ermöglicht, das Selbst als fließend und plural und aus mehreren Perspektiven zu erkunden". Ähnlich kommen Webb und Temple (2015, S. 640; Übersetzung J.J. und A.S.) in ihrer Umfrage über „soziale Medien und Geschlecht" zu dem Schluss, dass diese neuen Kommunikationsformen „einen Raum der Genderbefreiung bieten, in dem Gender auf innovative Weise dargestellt, konzeptualisiert und theoretisiert werden kann".[6] Davis (2018, S. 2) erkennt auch das Potenzial von Social-Media-Plattformen an, die im Vergleich zu „traditionellen Medien … Nutzer*innen Macht verleihen", da er oder sie „soziale Medien nutzen kann, um eigene Selbstdarstellungen zu erstellen und an die Öffentlichkeit zu bringen" (ebd.; Übersetzung J.J. und A.S.). Bei der Untersuchung der Nutzung von Instagram durch Frauen über Vierzig fand Davis (2018, S. 2; Übersetzung J.J. und A.S.) fest, dass die Plattform Möglichkeiten für „… Widerstand gegen die kulturelle Norm" bietet, die vorschreibt, dass sie sich „nur als nicht-sexuelle Mütter und Pflegende identifizieren sollten". Auf der Grundlage ihrer Analyse der Beiträge von Mädchen sieht Senft (2008) die Möglichkeit, dass diese Nutzerinnen die vorherrschenden, stereotypen Definitionen von „Mädchen" umstoßen und vielleicht sogar „geschlechtsspezifische Zwänge, die die soziale Gleichheit behindern, in Frage stellen" (zitiert in Webb und Temple 2015, S. 639; Übersetzung J.J. und A.S.; siehe auch Bailey et al. 2013).

Obwohl sich die Wissenschaftler*innen der Möglichkeiten der Identitäts(re)konstruktion bewusst sind, fanden sie auch Belege für das Gegenteil. In den Augen von Ringrose (2011) neigen soziale Medienplattformen dazu, stereotype Darstellungen von Geschlechteridentitäten zu verstärken. Männer werden am ehesten als dominant, aktiv und unabhängig dargestellt, während bei Frauen ihre Attraktivität und Abhängigkeit betont wird (Rose et al. 2012, zitiert in Davis 2018). Emmons und Mocarski (2014) kommen bei der Untersuchung der Darstellung von Sportler*innen auf Social-Media-Plattformen zu ähnlichen Ergebnissen. Im Vergleich zu ihren männlichen Kollegen, die in der Regel in aktiven Leistungsrollen gezeigt werden und „eher von der Kamera wegschauen und in Bewegung sind", erscheinen Athletinnen am häufigsten in nicht aktiven Positionen und „posieren eher für Fotos und lächeln" (125; Übersetzung J.J. und A.S.). In ähnlicher Weise stellen Vandenbosch und Eggermont (2015) fest, dass soziale Medien die Selbstobjektivierung bei weiblichen Nutzern fördern. Außerdem, so Sills et al. (2016), ist auf verschiedenen Plattformen häufig eine Zelebrierung der männlichen sexuellen Eroberung, des Slut Shaming und der Sexualisierung von Frauen zu finden, was wiederum Offline-Effekte haben kann, indem beispielsweise eine Vergewaltigungskultur aufrechterhalten wird. Studien, die die Rolle von Rasse und ethnischer Zugehörigkeit in den sozialen Medien untersuchen, deuten ebenfalls auf die Verstärkung tra-

---

[6] Siehe auch: Bailey und Telford (2007), Hans et al. (2011), Loureiro und Ribeiro (2014).

ditioneller Identitätsformen hin. Anstatt einen „neuen" und „farbenblinden Rassismus" zu beobachten, fanden Wissenschaftler*innen Belege dafür, dass eine „alte" Form des rassistischen Diskurses wieder aufgetaucht ist, die „ausdrücklich rassische Unterschiede und Ausgrenzung unterstellt" (Cisneros und Nakayama 2015, S. 108; Übersetzung J.J. und A.S.).

Verfolgt man die Debatte über soziale Medien und Gender und analysiert, ob diese Kommunikationsformen die Neukonstituierung von Genderkonstruktionen fördern oder stattdessen traditionellere Konstruktionen bekräftigen, fallen mehrere Dinge auf. Zunächst scheint der Fokus vor allem auf Frauen und deren Darstellung zu liegen, während Männer bzw. Maskulinität zumeist als Vergleichsmaßstab und nicht als Untersuchungsgegenstand an sich behandelt werden. Darüber hinaus haben Wissenschaftler*innen vor allem die Nutzung sozialer Medien durch Einzelpersonen untersucht und wie diese mit bestehenden Gendernormen übereinstimmen oder diese in Frage stellen. Obwohl sie möglicherweise von grundlegender Bedeutung sind, werden unternehmerische Akteure und ihre Darstellung von Genderrollen über soziale Medien, z. B. im Rahmen des Corporate Branding oder der Personalbeschaffung, in der Literatur – von wenigen Ausnahmen abgesehen – noch nicht behandelt (z. B. Jester 2019).

Vor diesem Hintergrund haben wir die speziell an Veteran*innen gerichteten YouTube-Rekrutierungsvideos von CACI und DynCorp International, zwei in den USA ansässigen PMSCs, untersucht. Beide Unternehmen sind Auftragnehmer der US-Regierung und bieten eine breite Palette von Sicherheits- und militärbezogenen Dienstleistungen an (Isenberg 2009; Military Times 2017). Auch wenn diese PMSCs potenzielle Mitarbeitende über Twitter (Joachim et al. 2018) oder offline und durch Mund-zu-Mund-Propaganda (Petersohn 2018) rekrutieren, beschränken wir unsere Analyse auf die Videos der beiden Unternehmen, die sich an Veteran*innen richten. Im Gegensatz zu anderen Social-Media-Kanälen bieten sie eine viel reichhaltigere Form von Daten, um die (Re-)Konstruktion von maskulinen Identitäten zu untersuchen. Da sie auf Audio und Ton basieren, sind YouTube-Videos besonders mächtige Werkzeuge für Unternehmensakteure, um eine „Identität aufzubauen und ihre Beziehung zu externen Stakeholdern zu stärken" (Waters und Jones 2011, S. 253; Übersetzung J.J. und A.S.).[7] Nach Waters und Jones (2011, S. 249–253; Übersetzung J.J. und A.S.), die den Einsatz von Videos durch Non-Profit-Organisationen untersuchten, geben solche Plattformen „der Organisation ein menschliches Gesicht" und schaffen „einen starken mentalen Eindruck der Organisation in der Öffentlichkeit", weil sie ihren Nutzer*innen erlauben, „ihre Geschichte auf eine kraftvolle, emotional verbindende Weise zu erzählen".

---

[7] Siehe auch Devereux (2017), Boateng und Okoe (2015).

Das Video von CACI trägt den Titel „Deploying Talent – Creating Careers" (CACI 2013). Es ist 4,46 min lang und besteht aus Sequenzen von Interviews mit drei CACI-Mitarbeitenden: Denyse, einer Recruiting-Managerin, Jared, einem Ingenieur im Außendienst, und Stand, einem Einstellungsleiter. Denyse ist eine farbige Frau, Jared und Stand sind weiße Männer. Das Video beginnt mit Standbildern, die mit einem überlagernden Text über die Situation der Veteran*innen kombiniert werden, gefolgt von abwechselnden Interviewsequenzen mit den jeweiligen Sprecher*innen. Das Video von DynCorp mit dem Titel „Proudly Employing Those Who Served" besteht aus einer 3,41-minütigen Präsentation, die eine Interviewsequenz mit einem Veteranen namens Clint mit Szenen sowohl aus seinem Militärdienst als auch aus den verschiedenen Aktivitäten des Unternehmens kombiniert (DynCorp 2012). Das Video beginnt mit Clints persönlicher Geschichte, beginnend mit seiner Entscheidung, den Streitkräften nach dem 11. September beizutreten, gefolgt von einer Beschreibung seiner Erfahrungen im Irak und der Verletzung, die er sich während seiner Stationierung dort zugezogen hat.

Um herauszufinden, welche Arten von maskulinen Identitäten die beiden Unternehmen konstruieren und wie sie dies tun, führten wir eine computergestützte, qualitative Inhaltsanalyse der Videos von CACI und DynCorp mit MAXQDA durch. Nach der Transkription der beiden Videos kodierten wir Ton und Bild getrennt, was die Anzahl der Beobachtungen erhöhte. Wir kodierten deduktiv auf der Grundlage der Attribute, die Wissenschaftler*innen mit den verschiedenen hegemonialen militärischen Maskulinitäten in Verbindung bringen. In Anbetracht dessen, was als traditionelle Formen von Maskulintität angesehen wird, haben wir folgende Codes verwendet *Patriotismus, Kameradschaft, Abenteuer, gemeinsame Erfahrungen* und *Ehre*.[8] Im Hinblick auf das, was Forscher*innen als korporative Variante betrachten, umfassten die Codes u. a., *Leistungen (Gehalt, Rente*, etc.), *Aufwärtsmobilität* und *positives Arbeitsumfeld*.[9] Im Gegensatz dazu reichten die Codes für die feminisierten Versionen der militärischen Maskulinität von *Mitgefühl* und *Fürsorge* zu *emotional* (Joachim et al. 2018). Diese deduktiv generierte Liste von Codes wurde im Verlauf der Analyse induktiv ergänzt, indem Codes modifiziert oder hinzugefügt wurden, insbesondere um untergeordnete militärische Maskulinitäten zu erfassen. Diese kommen in der Literatur nicht sehr häufig vor – mit Ausnahme von Homosexuellen oder neuen Rekruten, die als „Ninnies" bezeichnet werden. Beide Videos von CACI und DynCorp wurden von drei geschulten Personen mehrfach codiert.

---

[8] Siehe z. B. Gareis et al. (2006), Tomforde (2010), Johansen et al.(2014).

[9] Siehe z. B. Strand und Berndtsson (2015), Levy et al. (2007), Eighmey (2006), Joachim et al. (2018).

4 YouTube-Rekrutierung von Veteran*innen durch PMSCs und die Konstruktion des „Corporate Soldier"

Westliche Gesellschaften sind nicht sehr erfahren, was den Umgang mit Veteran*innen betrifft, insbesondere in Bezug auf deren Wiedereingliederung in den zivilen Sektor (Gustavsen 2016, S. 23). PMSC nehmen jedoch für sich in Anspruch, diese Lücke zu füllen und sich „auf das zu beziehen, was die Veteran*innen durchgemacht haben" (ebd.; Übersetzung J.J. und A.S.). Ähnlich wie in „settled cultures", in denen die Rückkehr von Soldat*innen aus militärischen Konflikten oder deren gesellschaftliche Präsenz häufiger vorkommt, versprechen diese Unternehmen den Ex-Militärs „ein ausgeprägtes Repertoire an etablierten kulturellen Ressourcen, um die Erfahrungen zu rahmen" in Form von Maskulinitäten (ebd., 32; Übersetzung J.J. und A.S.). Sie stärken die untergeordneten Maskulinitäten der physisch und psychisch beeinträchtigten Veteran*innen, indem sie ihre frühere hegemoniale militärische Maskulinität bekräftigen und sie mit der geschäftlichen Maskulinität verbinden, die den Ex-Militärs bei ihrem Eintritt in den privaten Sektor versprochen wird. Aufgrund der damit verbundenen Identitäts(re)konstruktion ist die Online-Rekrutierung ehemaliger Militärangehöriger daher nicht nur eine funktionale Notwendigkeit für PMSCs, sondern auch politisch folgenreich und bezeichnend für breitere Identitätsverschiebungen in den Beziehungen zwischen Staat und Gesellschaft (Kronsell 2005).

4.1 Aufwertung marginalisierter Maskulinitäten durch die Bekräftigung traditioneller militärischer Maskulinitäten

Nach Gustavsen (2016, S. 21) ist es für Veteran*innen wichtig, „einen positiven Sinn in [ihren] Erfahrungen" in einem Konfliktgebiet zu finden, insbesondere wenn sie mit körperlichen und emotionalen Verletzungen zurückkehren. Sowohl CACI als auch DynCorp International bieten diese positive Bestätigung in Bezug auf den aktuellen Status und die früheren Erfahrungen ehemaliger Militärangehöriger. CACI ist in dieser Hinsicht am direktesten. Das Unternehmen, das sich selbst mit femininen Attributen wie fürsorglich und emphatisch bezeichnet und sich der marginalisierten Maskulinität von Veteran*innen bewusst ist, rühmt sich, besonders viel Verständnis für „die Verwundbarkeit zu haben, die viele Militärangehörige empfinden, wenn ihnen klar wird, dass der Übergang vom Militär in den zivilen

Sektor Realität wird" (CACI 2013, 1.01–1.13). In Anerkennung der Tatsache, dass über „320.000 der 1,6 Mio. entsandten Militärangehörigen unserer Nation an einer traumatischen Hirnverletzung gelitten haben" (CACI 2013, 0,03–0,09) und dass die „Arbeitslosenquote bei verwundeten Kriegern 50 % höher" ist als „beim Durchschnittsbürger" (CACI 2013, 0,15–0,19), erklärt CACI stolz, dass es „Hunderte von behinderten Veteran*innen und verwundeten Kriegern erfolgreich in die Organisation aufgenommen hat" (CACI 2013, 2.20–2.24).

In ähnlicher Weise behauptet DynCorp, dass sich das Unternehmen „als Ganzes der Unterstützung von verwundeten Kriegern verschrieben hat" (DynCorp 2012, 2.59–3.02). Auf den ersten Blick scheinen diese Aussagen der beiden PMSCs nicht mit den Erkenntnissen aus der Social-Media-Literatur übereinzustimmen. Anstatt stereotyp als stark und mutig dargestellt zu werden, werden Veteran*innen mit Verweis auf ihre Verletzungen und Schwächen abgebildet. Diese werden jedoch nicht als Hindernisse wahrgenommen, sondern als Vorteile, von denen die Unternehmen nicht nur in Bezug auf ihr öffentliches Image, sondern auch in Bezug auf ihr Humankapital profitieren können.

Obwohl die Einstellung von Veteran*innen nicht ungewöhnlich und auch in anderen Branchen üblich ist, sind ehemalige Angehörige der Streitkräfte – ob „ex-Green Beret, ex-Paratrooper, ex-General und so weiter" – in der privaten Sicherheitsbranche besonders begehrte Mitarbeiter (Singer 2003, S. 76; Übersetzung J.J. und A.S.). Sie eignen sich nicht nur aufgrund ihrer Fähigkeiten und ihrer Ausbildung perfekt für die Sicherheitsbranche, wie von Branchenvertretern üblicherweise behauptet wird (Ramos 2013), sondern auch, wie die YouTube-Videos nahelegen, aufgrund ihrer vielfältigen Maskulinitäten. Beide PMSC erkennen nicht nur an, dass Ex-Militärs verletzlich und bedürftig sind (Ortiz 2012), beide PMSCs bekräftigen auch ihre traditionellen militärischen Maskulinitäten, die auf Heldentum und Tapferkeit basieren. Das Video von DynCorp zeigt Soldat*innen, die eine Bahre mit einem verwundeten Kameraden tragen und vor der amerikanischen Flagge salutieren, während der ehemalige Veteran und jetzige Mitarbeiter Clint von seinen traumatischen Erlebnissen während seines Einsatzes berichtet, darunter ein Vorfall, bei dem „ein anderer Marine, der neben [ihm] saß, bei der Explosion getötet wurde" (DynCorp 2012, 1.06–1.14). Im Vergleich zu anderen zivilen Beschäftigungssektoren, in denen die bei den Streitkräften erworbenen Maskulinitäten der Veteran*innen nicht mit den Anforderungen des Arbeitsplatzes übereinstimmen und daher eine Umschulung erfordern (Ramos 2013), erwartet die private Sicherheitsbranche nicht, dass Veteran*innen ihre militärischen Identitäten ablegen. Stattdessen ermutigt DynCorp die Veteran*innen, „mit der gleichen

Hingabe an den Dienst, die Ehre und die Werte weiterzumachen" (DynCorp 2012, 3.08–3.13). In ähnlicher Weise würdigt CACI die „bewährten Führungsqualitäten, Werte, beruflichen Fähigkeiten und die Arbeitsmoral" seiner potenziellen Mitarbeitenden (CACI 2017) sowie deren „Brudermentalität" (CACI 2013, 3.45–3.52). Dass Ex-Militärs bei diesen Unternehmen einsteigen können, wie sie sind, ohne mit ihrer Vergangenheit brechen zu müssen, wird neben solchen Aussagen auch durch die persönlichen Erzählungen in den Videos der beiden PMSCs vermittelt.

Laut Denyse von CACI befähigt sie all das, was sie „in Uniform gelernt" hat, „noch bessere Leistungen während [einer] Karriere bei CACI zu erbringen" (CACI 2013, 2.07–2.14). Clint von DynCorp lobt sein Unternehmen dafür, dass es dieselben Werte hochhält, die ihm während seines Militärdienstes beigebracht wurden, darunter „Prinzipien", „Ehre", „Werte", „Engagement und Hingabe" (DynCorp 2012, 2.34–2.38). Er fährt fort, dass „wir bei DynCorp über Führung sprechen. Es ist Teil unseres Unternehmensdialogs. Und ich denke, es ist wichtig. Aus meinen Erfahrungen im Marine Corps weiß ich, dass es dabei um Prinzipien, Ordnung, Werte und Hingabe geht" (ebd., 2.26–2.37). Die persönlichen Beobachtungen von Clint und Denyse, dass sich ihre militärischen Identitäten problemlos mit ihren Identitäten als zivile Angestellte verbinden lassen, werden zum einen durch die Bildsprache unterstrichen. So werden im Rekrutierungsvideo von DynCorp Mitarbeitende neben und im Team mit US-Soldaten gezeigt, die ihnen beim Heben von Lasten oder bei der Reparatur einer Maschine helfen (DynCorp 2012, 1.50–1.57). Andererseits wird die Verknüpfung dieser beiden Identitäten durch die Sprache verstärkt, zum Beispiel durch den Militärjargon, mit dem CACI Veteran*innen anspricht und ihre militärische Identität bekräftigt: „In [der] Air Force sagen wir ‚Check 6!' Wer hält dir den Rücken frei? Wenn Sie gedient haben, wissen Sie, was es bedeutet, jemandem den Rücken zu stärken. Stellen Sie sich also vor, dass [...] ein Veteran jetzt ein CACI-Mitarbeiter ist – diese Person hält Ihnen den Rücken frei. You know? They do!" (CACI 2013, 3.55–4.14).

Ausgehend von ihren YouTube-Videos betrachten beide PMSCs die militärische Maskulinität als integralen Bestandteil der Beschäftigung von Veteran*innen in der Sicherheitsbranche und als mit ihr vereinbar. Die Fähigkeiten und Werte, die Ex-Militärs in den Streitkräften erworben haben, sind für diese Unternehmen ebenso wertvoll und wichtig wie die Geschichten und Mythen, die sich um sie ranken – also die Romantisierung und der „bedeutende Status", den diejenigen genießen, „die (ehrenhaft) gedient haben" (Dandeker et al. 2006, S. 164; Übersetzung J.J. und A.S.).

4.2 Kopplung und Aufwertung von militärischer Maskulinität mit geschäftlicher Maskulinität

Gleichzeitig mit der Bekräftigung der militärischen Maskulinität von Veteran*innen definieren PMSC diese Maskulinität neu und werten sie weiter auf, indem sie sie mit ziviler und insbesondere geschäftlicher Maskulinität verbinden. Die Arbeit für ein PMSC ermöglicht beides: die „Möglichkeit, Anwendung und Kontrolle von Gewalt" – was früher auch „die eigentliche Bedingung für den Militärdienst" war –, aber auch „Selbstverwirklichung, Selbstunternehmertum und persönliches Wachstum" zu verfolgen (Strand und Berndtsson 2015, S. 234; Übersetzung J.J. und A.S.). Anstatt nur ein Soldat zu sein, der durch Werte wie Pflichtgefühl motiviert ist, werden Veteran*innen zu „corporate soldiers", die eine unternehmerische Tätigkeit ausüben, die der eines Geschäftsmannes entspricht.

In einer Studie über die Behandlung von Veteran*innen in Schweden findet Strand (2018, S. 6, unter Bezugnahme auf Duncanson 2009; Übersetzung J.J. und A.S.), dass die Konstruktion von Soldaten und Veteran*innen als „maskuline Krieger" durch andere Formen der Identität „ergänzt und vielleicht auch herausgefordert" wird. Dies gilt auch für ehemalige Militärangehörige, die von PMSCs rekrutiert werden. Ihre „militärischen Identitäten" werden „durch ein neoliberales Regime produziert und reproduziert, das durch Rationalitäten und Techniken des Marktes umgesetzt wird" (ebd., 3; Übersetzung J.J. und A.S.). Die Aussagen von Jared von CACI sind in dieser Hinsicht illustrativ. Auf der „Suche nach einem Job", den er ausüben konnte, und nach einem Unternehmen, „das Leute aus dem Militär einstellt", war CACI ein Unternehmen, das ihm nicht nur „eine Menge Karrieremöglichkeiten" bot, sondern ihn auch als jemanden schätzte, der „im US-Militär im Irak gedient hatte" (CACI 2013, 0.25–0.30) und erkannte damit die „sehr wertvolle Erfahrung, die [viele seiner Mitarbeiter] gemacht haben" (ebd., 4.15–4.18).

Clint von DynCorp, ein verwundeter Veteran mit einer Behinderung, hatte ebenfalls das Gefühl, dass DynCorp sowohl „seine Erfahrungen als auch [seine] Einschränkungen" schätzte und ihn „mit offenen Armen" empfing (DynCorp 2012, 2.50–2.57). Als er für das Unternehmen zu arbeiten begann, war er sich daher sicher, dass er „am richtigen Ort" war (DynCorp 2012, 2.38–2.29). Aussagen wie diese finden sich sowohl in den YouTube-Videos von CACI als auch von DynCorp und deuten darauf hin, dass die Business-Maskulinität, die Veteran*innen erwerben, eng mit der militärischen Maskulinität verbunden ist und bleibt. Wie bereits im vorangegangenen Abschnitt dargelegt wurde, erfordert das Streben nach einer zivilen Karriere bei einem PMSC wie CACI oder DynCorp nicht, dass die

Veteran*innen ihre Vergangenheit loslassen. Stattdessen bauen die „sinnvollen Beschäftigungsmöglichkeiten in Bereichen, die eng mit ihren militärischen Berufsspezialisierungen verbunden sind" (CACI 2017) oder die „großartigen neuen
Karrieren in der Technologie" sowie „spannende Möglichkeiten für erfahrene
Fachkräfte, Hochschulabsolventen und Veteran*innen" – wie CACI auch auf anderen Social-Media-Kanälen wie Twitter betont (Joachim et al. 2018, S. 305) – auf
den Fähigkeiten und Werten auf, die diese Ex-Militärs bei den Streitkräften erworben haben.

Obwohl CACI und DynCorp nur zwei, wenn auch marktführende Unternehmen
auf dem boomenden und wachsenden Sicherheitsmarkt sind, deuten Überlegungen
von Branchenvertretern darauf hin, dass die Verknüpfung von Unternehmen und
militärischer Identität über diese beiden illustrativen Fälle hinaus von Bedeutung
ist. In einem Artikel, der in der Zeitschrift *Security* veröffentlicht wurde, listet Jerold Ramos, ein Veteran der US-Marine, mehrere Gründe auf, warum seiner Meinung nach Veteran*innen erwünschte Mitarbeiter für die private Sicherheitsbranche sind. Neben der Ausbildung, der „Hightech-Erfahrung mit hochentwickelten
Systemen und Software" und der „Anpassungsfähigkeit" an „sich verändernde
Umstände" zählen dazu auch die Fähigkeit von Veteran*innen, „schnell von einer
Aufgabe oder einem Schwerpunkt zu einer anderen zu wechseln", ihre „Führungsqualitäten", ihr „Engagement für den Dienst" und ihre „Zuverlässigkeit" (Ramos
2013, keine Seitenangabe). Darüber hinaus sind laut White (2017, S. 14) verbinden
PMSCs mit diesen ehemaligen Angehörigen der Streitkräfte „Reputationsvorteile"
und „Personalfunktionen".

5   Fazit

In der wissenschaftlichen Literatur werden Veteran*innen aufgrund ihrer Vergangenheit häufig in einer dichotomen Weise entweder als schutzbedürftig oder als
kriegerische Helden betrachtet (Kronsell 2012; Dyvik 2016; Åse und Wendt 2018).
Unsere Analyse der Online-Rekrutierungskampagnen von PMSCs, die sich an
Ex-Militärs richten, legt nahe, dass eine solche Vorstellung von ihren Maskulinitäten im Hinblick auf den privaten Sicherheitssektor revidiert werden muss. Anstatt
getrennt zu bleiben, werden die beiden Identitäten rekonstruiert und eng miteinander verbunden, wenn ehemalige Militärangehörige von den Streitkräften zu
PMSCs wechseln. PMSCs wie CACI und DynCorp zeigen zwar Wertschätzung für
die marginalisierten Maskulinitäten insbesondere von emotional traumatisierten
Veteran*innen und solchen mit körperlichen Behinderungen, versprechen diesen
Personen jedoch eine praktikable und bessere Alternative. Wenn sie für solche

Unternehmen arbeiten, erwerben Ex-Militärs eine Geschäftsidentität und werden zu produktiven Zivilisten, während sie gleichzeitig die Identität ihrer Vergangenheit als ehrenhafte Soldaten bewahren können.

Diese Erkenntnisse sind in mehrfacher Hinsicht von Bedeutung. Zunächst untermauern sie die kritische Literatur der Sicherheitsforschung, der zufolge PMSCs weder unpolitisch noch bloße Dienstleister sind, sondern aktiv in die laufenden politischen Kämpfe um die Definition von Maskulinitäten eingebunden sind (Joachim und Schneiker 2012, 2015, 2019). Darüber hinaus zeigt unsere Analyse, dass soziale Medien für solche Unternehmen unendlich viele Möglichkeiten zur (Re-)Konstruktion von Identitäten bieten. Im Vergleich zu traditionellen Kommunikationskanälen können sich Identitäten in den sozialen Medien einerseits auf lebendigere und buntere Weise konstituieren, andererseits aber auch auf neue und ungewohnte – oder sogar ambivalentere – Weise miteinander verbunden werden (Waters und Jones 2011).

Im Fall der PMSCs in unserer Studie führt die Verbindung von traditioneller militärischer und geschäftlicher Maskulinität zu einer neuen Identität als „corporate soldier", die Ex-Militärs bei ihrem Eintritt in den privaten Sicherheitssektor erwerben. Diese zusammengesetzte Identität ist jedoch nicht nur für arbeitssuchende Veteran*innen von Bedeutung. Sie ist auch eine Quelle der Macht für PMSCs und eine Gelegenheit, ihre eigene Unternehmensidentität zu rekonstruieren und zu verbessern. Durch die Einstellung ehemaliger Generäle, Navy Seals oder Soldaten können PMSCs einerseits eine hegemoniale, militärische Maskulinität erwerben und sich als legitimere und kompatiblere Sicherheitsakteure etablieren, wenn sie sich um Verträge mit Regierungen und deren Streitkräften bemühen. Andererseits können sich diese Unternehmen, wenn sie die militärische Maskulinität mit ihrer geschäftlichen Variante verbinden, auch als den Streitkräften überlegen darstellen. Mit den „corporate soldiers" können PMSCs behaupten, Veteran*innen als Zivilisten wiederherzustellen und sich um deren wirtschaftliches Wohlergehen zu kümmern, während sie gleichzeitig den Schutz der Bürger*innen im Allgemeinen, sowohl vor internen als auch externen Bedrohungen, gewährleisten und gewährleisten.

Was die Literatur über soziale Medien und die Konstruktion von Identitäten angeht, so ergänzt die Analyse der PMSCs die bestehende Forschung. Anstatt Geschlechterkonstruktionen zu bestätigen oder zu überwinden, scheinen diese neuen Kommunikationsformen viel mehr Möglichkeiten zur Darstellung des Selbst und des Anderen zu bieten. Die Nutzer*innen können, wie es bei PMSCs der Fall ist, je nach Zweck und Adressaten Maskulinität und Femininität mischen und anpassen. Außerdem ist die Konstruktion geschlechtsspezifischer Bedeutungen mit dem Aufkommen der sozialen Medien nicht mehr so eng an offizielle oder traditionelle Institutionen gebunden. Stattdessen werden aufgrund der durch virtuelle Online-Räume geschaffenen Möglichkeiten zunehmend private Akteure einbezogen, die dadurch in der Lage sind, (neu) zu definieren, was geschlechtsspezifische Identitäten bedeuten, und dadurch wiederum einige zu privilegieren und andere zu marginalisieren.

Diese Erkenntnisse bedürfen weiterer wissenschaftlicher Aufmerksamkeit und Forschung. Da es noch recht wenig Wissen darüber gibt, wie Sicherheitsakteure – im Gegensatz zu den Streitkräften – militärische Maskulinitäten (neu) konstituieren oder sogar Feminitäten einsetzen, könnten zukünftige Studien untersuchen, welche anderen Varianten von diesen Akteuren in Umlauf gebracht werden, wie sie strategisch eingesetzt werden und wie Staaten und andere Akteure darauf reagieren. Da soziale Medien in Bezug auf die Identitätskonstruktion von Sicherheitsakteuren ein noch wenig erforschter Bereich sind, ist es wichtig, nicht nur die Arten geschlechtsspezifischer Identitäten zu erfassen, die von diesen Akteuren eingesetzt werden, sondern auch festzustellen, ob sie auf den verschiedenen Plattformen einheitliche oder eher unterschiedliche und widersprüchliche Konstruktionen fördern. Schließlich wurde bisher viel Wert auf die Bereitstellung und Schaffung geschlechtsspezifischer Identitäten gelegt. Im Vergleich dazu gibt es so gut wie keine Erkenntnisse darüber, wie die Adressaten diese Identitätsvorstellungen rezipieren und darauf reagieren. Auf der Grundlage von Social-Media-Daten ist es jedoch teilweise möglich, diese Lücken zu schließen. Da die Nutzer*innen die Möglichkeit haben, Meinungen zu kommentieren und ihre eigenen zu äußern, können wir untersuchen, ob bestimmte Geschlechtervorstellungen mehr oder weniger Akzeptanz finden und ob sie sich durchsetzen. Zusammenfassend lässt sich sagen, dass es bei der Erforschung der Konstruktion politischer Identitäten noch viel zu tun gibt, da mit den sozialen Medien eine neue Variable ins Spiel gekommen ist.

Literatur

Åse C, Wendt M (2018) Gendering the new hero narratives: military death in Denmark and Sweden. Coop Confl 53(1):23–41

Bailey J, Telford A (2007) What's so cyber about it: reflections on cyberfeminism contribution to legal studies. Can J Women Law 19:243–272

Bailey J, Steeves V, Burkell J, Regan P (2013) Negotiating with gender stereotypes on social networking sites: from "bicycle face" to Facebook. J Commun Inq 37(2):91–112

Bjerg-Jensen R (2014) Managing perceptions: strategic communication and the story of success in Libya. In: Engelbrekt K, Mohlin M, Wagnsson C (Hrsg) Lessons from Libya: NATO's 2011 military campaign in context. Routledge, London, S 171–194

Blower L (2016) It's 'Because I am a Woman': realizing identity to reconstruct identity for the female autobiographical inquiry. Convergence: Int J Res New Med Technol 22(1):88–101

Boateng H, Okoe AF (2015) Consumers' attitude towards social media advertising and their behavioral response: the moderating role of corporate reputation. J Res Interact Mark 9(4):299–312

Brown MT (2012) "A woman in the army is still a woman": representations of women in US military recruiting advertisements for the all-volunteer force. J Women Polit Policy 33(2):151–175

Bulmer S, Eichler M (2017) Unmasking militarized masculinity: veterans and the project of military-to-civilian transition. Crit Mil Stud 3:161–181

CACI (2013) Deploying talents – creating careers program [Online]. YouTube. https://www.youtube.com/watch?v=UhVXNcADD7c. Zugegriffen am 29.03.2016

CACI (2017) Veteran hiring [Online]. CACI International Inc. http://careers.caci.com/page/show/veterans. Zugegriffen am 17.02.2017

Cisneros JD, Nakayama TK (2015) New media, old racisms: twitter, Miss America, and cultural logics of race. J Int Intercult Commun 8(2):108–127

Connell RW (2000) Arms and the man: using the new research on masculinity to understand violence and promote peace in the contemporary world. In: Breines I, Connell RW, Eide I (Hrsg) Male roles, masculinities and violence. UNESCO, Paris, S 21–33

Cornwall A, Lindisfarne N (1994) Dislocating masculinity: gender, power and anthropology. In: Cornwall A, Lindisfarne N (Hrsg) Dislocating masculinity: comparative ethnographies. Routledge, London/New York, S 11–47

Dandeker C, Wessely S, Iversen A, Ross J (2006) What's in a name? Defining and caring for "veterans": the United Kingdom in international perspective. Armed Forces Soc 32(2):161–177

Davis SE (2018) Objectification, sexualization, and misrepresentation: social media and the college experience. Soc Med Soc 4(July–September):1–9

Devereux L, Melevar TC, Foroudi P (2017) Corporate identity and social media: existence and extension of the organization. Int Stud Manag Organ 47(2):110–134

Duncanson C (2009) Forces for good? Narratives of military masculinity in peacekeeping operations. Int Fem J Polit 11(1):63–80

DynCorp (2012) Proudly employing those who served [Online]. YouTube. https://www.youtube.com/watch?v=CvQYDT7y0Zw. Zugegriffen am 29.03.2016

Dyvik SL (2016) 'Valhalla rising': gender, embodiment and experience in military memoirs. Secur Dialogue 47(2):133–150

Eighmey J (2006) Why do youth enlist? Identification of underlying themes. Armed Forces Soc 32:307–328

Elshtain JB (1995) Women and war. Basic Books, New York

Emmons B, Mocarski R (2014) She poses, he performs: a visual content analysis of male and female professional athlete Facebook profile photos. Vis Commun Q 21(3):125–137

Enloe C (1983) Does khaki become you? The militarization of women's lives. Pandora, London

Gareis SB, Haltiner K, Klein P (2006) Strukturprinzipien und Organisationsmerkmale von Streitkräften. In: Gareis SB, Klein P (Hrsg) Handbuch Militär und Sozialwissenschaft, 2. Aufl. VS Verlag, Wiesbaden, S 14–25

Geis A, Schlag G (Hrsg) (2017) Visualizing violence: aesthetics and ethics in international politics. Glob Discourse 7(2–3):193–200

Gustavsen E (2016) The construction of meaning among Norwegian Afghanistan veterans. Int Sociol 31:21–36

Hans ML, Lee BD, Tinker KA, Webb LM (2011) Online performances of gender: blogs, gender-bending, and cybersex as relational exemplars. In: Wright KB, Webb LM (Hrsg) Computer mediated communication in personal relationships. Peter Lang Publishers, New York, S 302–323

Heeg MJ (2010) When are states hypermasculine? In: Sjoberg L (Hrsg) Gender and international security: feminist perspectives. Routledge, New York, S 235–255

Higate PR (Hrsg) (2003) Military masculinities: identity and the state. Praeger, Westport

Higate PR (2007) Peacekeepers, masculinities, and sexual exploitation. Men Masculinities 10(1):99–119

Higate P, Henry M (2016) Engendering (In)security in peace support operations. Secur Dialogue 35(4):481–498

Higate PR, Hopton J (2004) War, militarism and masculinities. In: Connell RW, Hearn J, Kimmel M (Hrsg) The handbook of studies on men and masculinities. Sage, Thousand Oaks, S 432–447

Hinjosa R (2010) Doing hegemony: military, men, and constructing a hegemonic masculinity. J Men's Stud 18(2):179–194

Hockey J (2002) "Head down, Bergen on, mind in neutral": the infantry body. J Polit Mil Sociol 30:148–171

Isenberg D (2009) Shadow force: private security contractors in Iraq. Praeger, Westport

Jester N (2019) Army recruitment video advertisements in the US and UK since 2002: challenging ideals of hegemonic military masculinity? Media, War & Conflict. https://doi.org/10.1177/1750635219859488

Joachim J, Schneiker A (2012) Of "true professionals" and "ethical hero warriors": a gender-discourse analysis of private military and security companies. Secur Dialogue 43:495–512

Joachim J, Schneiker A (2015) The license to exploit: PMSCs, masculinities, and third-country nationals. In: Eichler M (Hrsg) Gender and private security in global politics. Oxford University Press, Oxford, S 114–130

Joachim J, Schneiker A (2018) Private security and identity politics ethical hero warriors, professional managers and new humanitarians. Routledge Press, London/New York

Joachim J, Schneiker A (2019) Private security and identity politics: ethical hero warriors, professional managers and new humanitarians. Routledge Press, London

Joachim J, Martin M, Lange H, Schneiker A, Dau M (2018) Twittering for talent: private military and security companies between business and military branding. Contemp Secur Policy 39(2):298–316

Johansen RB, Laberg JC, Martinussen M (2014) Military identity as predictor of perceived military competence and skills. Armed Forces Soc 40(3):521–543

Kronsell A (2005) Gendered practices in institutions of hegemonic masculinity: reflections from feminist standpoint theory. Int Fem J Polit 7(2):280–298

Kronsell A (2012) Gender, sex, and the postnational defense: militarism and peacekeeping. Oxford University Press, New York

Levy O, Taylor S, Boyacigiller NA, Beechler S (2007) Global mindset: a review and proposed extensions. Adv Int Manage 19:11–47

Loureiro SMC, Ribeiro L (2014) Virtual atmosphere: the effect of pleasure, arousal, and delight on word-of-mouth. J Promot Manag 20(4):452–469

Military Times (2017) Best for vets: employers 2017 [Online]. Best for Vets. http://bestforvets.militarytimes.com/best-employers-for-veterans/2017. Zugegriffen am 25.10.2017

Morgan DHJ (1994) Theater of war: combat, the military, and masculinities. In: Brod H, Kaufman M (Hrsg) Theorizing masculinities. Sage, Thousand Oaks, S 165–182

Niva S (1998) Tough and tender: new world order masculinity and the Gulf War. In: Zalewski M, Parpart J (Hrsg) The 'man' question in international relations. Westview, Boulder, S 109–128

Ortiz SR (2012) Veterans' policies, veterans' politics: new perspectives on veterans in the modern United States. University Press of Florida, Gainesville

Padilla PA, Riege Laner M (2002) Trends in military influences on army recruitment themes: 1954–1990. J Polit Mil Sociol 30:113–133

Petersen A (2003) Research on men and masculinities: some implications of recent theory for future work. Men Masculinities 6(1):54–69

Petersohn U (2018) The force of relationships: the influence of personal networks on the market for force [Online]. European Security. https://doi.org/10.1080/09662839.2018.14 25296

Ramos J (2013) 10 ways military veterans are ideal for physical security sector. https://www. securitymagazine.com/articles/84184-ways-military-veterans-are-ideal-for-physical-security-sector. Zugegriffen am 12.12.2017

Ringrose J (2011) Are you sexy, flirty, or a slut? exploring 'sexualization' and how teen girls perform/negotiate digital sexual identity on social networking sites. In: Gill R, Scharff C (Hrsg) New feminities: postfeminism, neoliberalism and subjectivity. Palgrave MacMillan, London, S 99–116

Rose J, Mackey-Kallis S, Shyles L, Barry K, Biagini D, Hart C, Jack L (2012) Face it: the impact of gender on social media images. Commun Q 60(5):588–607

Senft TM (2008) Camgirls: celebrity and community in the age of social networks. Peter Lang, New York

Shim D, Stengel FA (2017) Social media, gender and the mediatization of war: exploring the German armed forces' visual representation of the Afghanistan operation on Facebook. Glob Discourse 7(2–3):330–347

Sills S, Pickens C, Beach K, Jones L, Calder-Dawe O, Benton-Greig P, Gavey N (2016) Rape culture and social media: young critics and a feminist counter public. Fem Media Stud 16(6):935–951

Singer PW (2003) Corporate warriors: the rise of the privatized military industry. Cornell University Press, Ithaca

Stiehm JH (1989) Arms and the enlisted woman. Temple University Press, Philadelphia

Stier S, Bleier A, Lietz H, Strohmaier M (2018) Election campaigning on social media: politicians, audiences, and the mediation of political communication on Facebook and twitter. Polit Commun 35(1):50–74

Strand S (2018) Inventing the Swedish (war) veteran [Online]. Critical Military Studies. https://doi.org/10.1080/23337486.2018.1481267

Strand S, Berndtsson J (2015) Recruiting the "enterprising soldier": military recruitment discourses in Sweden and the United Kingdom. Cri Mil Stud 1(3):233–248

Tomforde M (2010) Neue Militärkultur(en): Wie verändert sich die Bundeswehr durch die Auslandseinsätze? In: Apelt M (Hrsg) Forschungsthema: Militär. VS Verlag für Sozialwissenschaften, Wiesbaden, S 193–219

Van der Nagel E (2013) Faceless bodies: negotiating technological and cultural codes on Reddit gonewild. J Med Arts Cult 10(2):np

Vandenbosch L, Eggermont S (2015) Sexualization of adolescent boys: media exposure and boys' internalization of appearance ideals, self-objectification and body surveillance. Men Masculinities 16(3):283–306

Waters RD, Jones PM (2011) Using video to build an organization's identity and brand: a content analysis of nonprofit organizations' YouTube videos. J Nonprofit Publ Sect Market 23:248–268

Webb LM, Temple N (2015) Social media and gender issues. In: Guzzetti B, Lesley M (Hrsg) Handbook of research on the societal impact of digital media. IGI, Hershey, S 638–669

White A (2017) Beyond Iraq: the socioeconomic trajectories of private military veterans [online]. Armed Forces Soc. https://doi.org/10.1177/0095327X17711898

Woodward R, Jenkings KN (2011) Military identities in the situated accounts of British military personnel. Sociology 45(2):252–268

Woodward R, Winter P (2004) Discourses of gender in the contemporary British Army. Armed Forces Soc 30(2):279–301

Teil III

Soziale Medien-Diskussionen als Einblick in die öffentliche Meinung

Die Bedeutung von Diskussionen auf sozialen Medien für die Streitkräfte

Olivia Schneider

Zusammenfassung

Soziale Medien bieten eine ideale Plattform, um lebhafte Diskussionen zu führen, die sich zum Teil auch um die Armee drehen. Basierend auf theoretischen Überlegungen und Erkenntnissen aus der Forschung zu nutzergenerierten Inhalten, untersucht dieser Beitrag die Bedeutung digitaler Aushandlungsprozesse und gibt einen ersten theoretischen Einblick in die Evidenz, die diese für die zivil-militärischen Beziehungen haben können. Das Bild, das eine Gesellschaft von den Streitkräften hat, wird durch die Narrative und Visualisierungen beeinflusst, die durch verschiedene Medien vermittelt werden. Gemäss einem Mehrebenenmodell der Öffentlichkeit können Diskussionen in sozialen Medien als Teil gesellschaftlicher Aushandlungsprozesse verstanden werden. In diesen Prozessen wird das Bild, das eine Gesellschaft zum Beispiel von den Streitkräften hat, gefestigt oder verändert. Menschen beteiligen sich aus unterschiedlichen Gründen an Diskussionen in sozialen Medien. Einerseits werden kognitive Motive verfolgt, etwa um Wissen zu vertiefen. Andererseits kann es auch einfach darum gehen, Dampf abzulassen. Verhandlungsprozesse in sozialen Medien sollten nicht vernachlässigt werden, denn bisherige Untersuchungen zeigen, dass Online-Kommentare die Einstellung und Wahrnehmung der Lesenden beeinflussen. Diskussionen in den sozialen Medien können die gesellschaft-

O. Schneider (✉)
Militärakademie (MILAK) an der ETH Zürich, Birmensdorf, Schweiz
E-Mail: oliviaschneider@gmx.net

liche Sicht auf die Streitkräfte prägen und sich auf die zivil-militärischen Beziehungen auswirken, indem sie die Unterstützung der Bevölkerung stärken oder schwächen.

1   Einleitung

Soziale Medien zeichnen sich zum einen dadurch aus, dass die niedrigen Zugangsbarrieren es fast allen ermöglichen, Inhalte mit der digitalen Welt zu teilen, sofern über einen Internetzugang und Lese- und Schreibkenntnisse verfügt wird. Die lange Verweildauer in den sozialen Medien[1] sowie die immense Menge an Inhalten, die gepostet werden, verdeutlichen das Ausmaß, wie diese Plattformen heutzutage genutzt werden. So werden beispielsweise pro Sekunde 8818 Tweets gesendet, 966 Instagram-Fotos hochgeladen und 1644 Tumblr-Posts veröffentlicht (Internet Live Stats 2020). Andererseits sind soziale Medien auch durch ein soziales Element gekennzeichnet. „Soziales Handeln […] soll ein solches Handeln heissen, welches seinem von dem oder den Handelnden gemeinten Sinn nach auf das Verhalten anderer bezogen wird und daran in seinem Ablauf orientiert ist" (Weber 2002, S. 653). Dies zeigt sich auch in Online-Anschlussdiskussionen. Lesende von Kommentaren können so auf das Verhalten anderer schließen. Das ist wiederum die Grundlage für weitere Handlungen und beeinflusst z. B. die Art und Weise wie man mit einem eigenen Kommentar reagiert. In der digitalen Welt leiten die Leserinnen und Leser die normativen Einstellungen anderer aus den Einstellungen ab, die sie in ihren Kommentaren ausdrücken und einbetten (Chung 2019).

Dieser Beitrag konzentriert sich auf die Diskussionen, die in sozialen Medien stattfinden, und geht der Frage nach, ob solche Diskussionen einen Einfluss darauf haben können, wie die Streitkräfte wahrgenommen werden. Wenn einfache, soziale Interaktionen in sozialen Medien die Einstellung der Menschen verändern können, dann folgt daraus, dass Diskussionen in sozialen Medien für Streitkräfte von großer Bedeutung sein können, weil diese Interaktionen das Bild prägen, das eine Gesellschaft von ihnen hat. Um diesen Zusammenhang herauszuarbeiten, soll zunächst die Bedeutung der Medienkommunikation für die zivil-militärischen Beziehungen in einer Demokratie erläutert werden. Anschließend wird die Rolle der sozialen Medien in diesem speziellen Kontext diskutiert.

---

[1] In der Schweiz nutzen 85 % der Jugendlichen zwischen 13 und 19 Jahren täglich soziale Netzwerke zur Unterhaltung. Rund die Hälfte der Jugendlichen nutzt soziale Netzwerke, um sich zu informieren (Suter et al. 2018). In den USA nutzen Jugendliche zwischen 8 und 18 Jahren soziale Medien gut 3 Stunden pro Tag (Common Sense Media 2015).

Soziale Medien haben es möglich gemacht, dass Diskussionen und Gesprächsstrukturen, die vor der Ära der sozialen Medien in der Regel privat geführt wurden, auch medial vermittelt werden und damit für eine große Zahl von Menschen unabhängig von Zeit und Raum öffentlich zugänglich sind. Dies wirft die Frage auf, warum sich Menschen an digitalen Diskussionen beteiligen, oder genauer gesagt, warum überhaupt Kommentare abgegeben werden. Die Forschung hat gezeigt, dass Kommentare entweder aus kognitiven oder affektiven Motiven heraus abgegeben werden: Kommentierende wollen entweder ihr Verständnis oder ihre Argumente erweitern oder sie wollen einfach nur Dampf ablassen. In letzter Zeit wurde den Auswirkungen von Kommentaren und Diskussionen in den sozialen Medien besondere Aufmerksamkeit geschenkt, wobei der Schwerpunkt auf der Frage lag, ob solche Diskussionen tatsächlich die Ansichten und Einstellungen zu einem Thema verändern können. Die Ergebnisse dieses noch recht jungen Forschungsgebiets deuten darauf hin, dass es diese Effekte tatsächlich gibt. Diskussionen in den sozialen Medien sollten nicht vernachlässigt werden, sondern als ein wichtiges Element in den zivil-militärischen Beziehungen betrachtet werden. Nach einem Überblick über den Forschungsstand wird in diesem Beitrag die Bedeutung von Online-Anschlussdiskussionen für die Streitkräfte erläutert.

2   Die Rolle der Medienkommunikation in den zivil-militärischen Beziehungen

Streitkräfte sind in das politische System einer Gesellschaft eingebunden. In etablierten Demokratien unterliegen sie als Teil der demokratischen Gesellschaft den gleichen Mechanismen wie das gesamte politische System und müssen sich vor der Bevölkerung legitimieren (Micewski 2013). Legitimität wird zum einen dadurch erreicht, dass die Streitkräfte der demokratischen Kontrolle unterliegen. Das bedeutet, dass eine vom Volk gewählte Führung, eine unabhängige Justiz und zivilgesellschaftliche Institutionen ein Auge auf die Streitkräfte haben und sie im Interesse des Volkes kontrollieren müssen (Ratchev 2011; Janowitz und Little 1974). Dazu ist der Zugang der Öffentlichkeit zu Informationen notwendig, um Transparenz zu gewährleisten und auf die Anliegen der Bürgerinnen und Bürger sowie der Medien einzugehen. Andererseits legitimieren sich die Streitkräfte auch dadurch, dass sie auf dem neuesten Stand bleiben, was Verteidigungsstrategien betrifft und über geeignete militärische Strukturen, ausgebildetes Personal und moderne Organisationsstrukturen verfügen. Unter diesen Umständen können die Streitkräfte die von der Politik vorgegebenen Aufgaben effektiv, effizient sowie sozial und finanziell akzeptabel erfüllen (Ratchev 2011). Zu modernen Organisationsstrukturen gehören heute auch der Umgang und die Auseinandersetzung mit den sozialen Medien. Da Legitimität auch bedeutet, von den Bürgerinnen und Bürgern als legitim und verbindlich anerkannt zu werden (Braun und Schmitt 2009), sind die Streitkräfte als Teil eines demokratischen Systems auf den Rückhalt in der Bevölkerung angewiesen. Eine Möglichkeit, den Kontakt zur Bevölkerung aufrechtzuerhalten, den Rückhalt in der Gesellschaft zu gewinnen und das Ansehen und Vertrauen in die Organisation zu stärken, ist Öffentlichkeitsarbeit und Kommunikation. Eine unabhängige politische Öffentlichkeit ermöglicht eine freie Entscheidungsfindung und verbindet den Staat, einschließlich der Streitkräfte, mit der Zivilgesellschaft (Habermas 2009). Öffentlichkeit ist somit ein Element, das Demokratie ermöglicht (Martinsen 2008). Daher sind die Streitkräfte einerseits auf die Medien angewiesen, um mit der Bevölkerung in Kontakt zu bleiben und die Bürgerinnen und Bürger über militärische Projekte, ihre Erfolge und ihre Kosten zu informieren (Porch 2002). Andererseits ist das Volk, d. h. der Souverän, auf die öffentliche Berichterstattung über die Streitkräfte angewiesen, um die Kontrolle über sie zu behalten (Ratchev 2011).

Die Bedeutung der öffentlichen Kommunikation zeigt sich beispielsweise in einer Studie von Ho und Cho (2017) über die wahrgenommene Effektivität der Polizei in Kansas City. Die Studie zeigt, dass die Leistung der Polizei positiver bewertet wurde, wenn es eine aktive Kommunikation gab – auch wenn die Kriminalitätsrate in dieser Zeit sogar anstieg (ebd.). Kommunikation ist demnach für staatliche Organisationen und sicherheitserzeugende Institutionen wichtig, weil sie es ihnen ermöglicht, sich zu legitimieren. Durch vermittelte Narrative und Visualisierungen prägen die Massenmedien die soziale Konstruktion des Bildes der Streitkräfte in einer Gesellschaft (Virchow 2012; Rukavishnikov und Pugh 2018). Das Bild, das die Gesellschaft von den Aufgaben, der Legitimität, der Struktur und den Problemen der Streitkräfte hat, wird direkt von den Massenmedien beeinflusst (Virchow 2012). Dies gilt sowohl für die eigenen Streitkräfte als auch für die Streitkräfte anderer Staaten.

Auch die sozialen Medien mit ihren lebhaften Diskussionen sind heute Teil der Massenmedien. Es ist daher davon auszugehen, dass auch sie das Bild der Streitkräfte in der Gesellschaft beeinflussen. Informationen oder Meinungen zu Sachverhalten, beispielsweise zu den Streitkräften, werden auf der Grundlage direkter Erfahrungen oder durch medial vermittelte Erlebnisse geprägt (Gerhards und Schäfer 2007). Oft hat nur eine Minderheit der Bevölkerung direkte und aktuelle Erfahrungen mit einer Organisation wie den Streitkräften. Ähnlich verhält es sich mit dem Wissen und den Kenntnissen über die Streitkräfte. Die Mehrheit ist auf Erfahrungen und Kenntnisse angewiesen, die durch die Medien vermittelt werden.

Das Mediensystem hat sich jedoch aufgrund des gesellschaftlichen und technologischen Wandels im letzten Jahrzehnt erheblich verändert. Die Entwicklung des interaktiven Web 2.0 sowie die ständige Erreichbarkeit über das mobile Internet und nicht zuletzt die sozialen Medien haben die Art und Weise, wie wir uns informieren und kommunizieren, neu gestaltet. Die Auswirkungen dieser Veränderungen sollen im Folgenden diskutiert werden.

3   Soziale Medien als einfache Öffentlichkeiten im medialen Raum

Während vor zwei Jahrzehnten die traditionellen Medien die Rolle des Gatekeepers innehatten und professionelle Journalistinnen und Journalisten entschieden, worüber berichtet wurde, hat sich dies mit dem Aufkommen des Internets und insbesondere der sozialen Medien geändert. Heutzutage gibt es fast keine Zugangsbarrieren mehr, um etwas zu veröffentlichen. Allerdings können die erzielte Reichweite und die erzeugte Aufmerksamkeit je nach Medium, Account oder Inhalt sehr unterschiedlich sein (Hendricks und Vestergaard 2019). Auch die Streitkräfte nehmen aktiv am gesellschaftlichen Diskurs teil und kommunizieren proaktiv mit der Bevölkerung über verschiedene Kanäle wie Medienmitteilungen, Websites, verschiedene Social-Media-Accounts und andere Plattformen (Virchow 2012). Während soziale Medien für Organisationen wie die Streitkräfte immer ein gewisses Risiko darstellen – beispielsweise könnten zu viele Informationen durchsickern, was Armeeangehörige in Gefahr bringen könnte, bieten sie auch Chancen. Dieser Beitrag konzentriert sich auf die Chancen, die die sozialen Medien den Streitkräften bieten.

Zunächst einmal ermöglichen das Internet und die sozialen Medien den Streitkräften, eigene, speziell aufbereitete Inhalte zu veröffentlichen, die potenziell auch ohne die Unterstützung der traditionellen Massenmedien sehr schnell ein breites Publikum erreichen können. Eine weitere Chance der sozialen Medien liegt in ihrer Interaktivität. Über soziale Medien kann man nicht nur eine sehr große Zahl von Menschen erreichen, sondern auch mit ihnen in einen Dialog treten. Die Kommunikation erfolgt nicht mehr einseitig an ein vermeintlich schweigendes Publikum, sondern in direkter Interaktion mit den Menschen, die öffentlich und fast ohne Zugangsbarrieren reagieren können. Soziale Medien ermöglichen es den Streitkräften, in einen Dialog mit den Bürgerinnen und Bürgern zu treten. Dies entspricht neuen Ansätzen der Verwaltungskommunikation, die besagen, dass die Bevölkerung dabei unterstützt werden soll, in einer pluralistischen Gesellschaft gemeinsame Interessen zu artikulieren. Das Ziel dieser Art von Verwaltungskommunikation ist die Förderung von Partizipation, Demokratie, guter Regierungsführung und einer besseren Gesellschaft (Deverell et al. 2015).

Wie oben erläutert, ist die Bedeutung von Öffentlichkeit und einem interaktiven, öffentlichen Dialog mit den Bürgerinnen und Bürgern offensichtlich. Im Folgenden soll daher die Bedeutung der Öffentlichkeitsarbeit in diesem Zusammenhang näher erläutert werden. Zu diesem Zweck wird das von Elisabeth Klaus entwickelte Mehrebenenmodell (2017) angewandt, um die Bedeutung von Social-Media-Diskussionen über die Streitkräfte zu eruieren. Ein erweitertes Verständnis von Öffentlichkeit und politischer Kommunikation, wie es das Modell von Klaus vorsieht, ermöglicht es, verschiedene Teilöffentlichkeiten sowie neue Formen der Social-Media-Kommunikation einzubeziehen (Drüeke 2017). Die Öffentlichkeit kann nach Klaus (2017) als ein fortlaufender Prozess verstanden werden, „in dem sich die Mitglieder einer Gesellschaft darauf verständigen, wie sie leben wollen. Dies geschieht im Wesentlichen auf der Grundlage ihrer Lebenserfahrungen" (Klaus 2017, S. 22). Am Beispiel der Streitkräfte bedeutet dies, dass sich Bürgerinnen und Bürger darüber austauschen, wie die sicherheitserzeugenden Organisationen und Institutionen des Staates beschaffen sein sollen. Persönliche und medial vermittelte Erfahrungen mit Streitkräften werden thematisiert, verallgemeinert und bewertet. So können gesellschaftliche Vorstellungen über die Streitkräfte entstehen, sich verändern oder verblassen.

Ein solches Verständnis von politischer Öffentlichkeit bedeutet, dass Sicherheitspolitik nicht nur von den politischen Institutionen gemacht wird, sondern dass Politik auch „ein grundsätzlich allgegenwärtiger Verhaltensmodus" ist (Sutor 1998, S. 45). Damit wird deutlich, dass gesellschaftliche Aushandlungsprozesse in unterschiedlicher Komplexität ablaufen können und dass solche Prozesse die gesellschaftliche Wahrnehmung von Streitkräften auf allen Ebenen beeinflussen. In *komplexen Öffentlichkeiten* werden Informationen über die Streitkräfte professionell und differenziert aufbereitet und über traditionelle Medien, Websites und E-Government als Einwegkommunikation an die Bevölkerung weitergegeben. Der Zugang zu komplexen Öffentlichkeiten ist begrenzt, da es nur eine kleine Anzahl solcher Foren gibt. Der Diskurs in komplexen Öffentlichkeiten über Sicherheitspolitik und Streitkräfte wird von bereits etablierten, sicherheitspolitischen Akteurinnen und Akteuren und Institutionen bestimmt. Diese Akteurinnen und Akteure verfügen oft über konkrete Entscheidungsmacht und sind in der Regel die dominanten Beteiligten in sicherheitspolitischen Diskussionen (Klaus 2017; Drüeke 2017; Katzenbach 2017). Je komplexer die Öffentlichkeit ist, desto größer ist ihre gesellschaftliche Macht und ihr Einfluss auf die „öffentliche Meinung" (Klaus 2017, S. 26).

Gesellschaftliche Aushandlungsprozesse können auch in *mittelgroßen Öffentlichkeiten* stattfinden. „Prototypen für mittlere Öffentlichkeiten stellen Vereine und Bürgerinitiativen dar", die off- oder online stattfinden können (Klaus und Drüeke 2017, S. 117). Im Internet können aber auch neue Formen der Kommunikation entstehen wie etwa soziale Bewegungen. Beispiele hierfür sind die Occupy-Bewegung, die Proteste in Hongkong in den letzten Jahren oder die #FridaysforFuture-Klimabewegung, die alle zu großen Teilen über soziale Medien entstanden sind. Einerseits ist die zwischenmenschliche Kommunikation, etwa in Folgediskussionen, wichtig. Andererseits entwickeln sich unterschiedliche Rollen, und es kann zwischen aktiven und eher passiven Mitgliedern solcher Bewegungen unterschieden werden (Klaus und Drüeke 2017). Daraus ergeben sich bestimmte Rollen – wie Sprechende, Moderierende oder Publikum, die jedoch austauschbar sind. Sie strukturieren die Öffentlichkeiten, indem sie die Kommunikation steuern und ihr damit eine Form geben (Katzenbach 2017). So können Meinungen leichter synthetisiert, gebündelt und einer breiteren Öffentlichkeit zugänglich gemacht werden. Im Internet, das als politischer Raum verstanden wird, können Interessengruppen und soziale Bewegungen sowohl aus staatlichen als auch aus zivilgesellschaftlichen Akteurinnen und Akteuren bestehen (Drüeke 2017).

Anfang 2020 eröffnete sich beispielsweise unter dem Hashtag #ww3 ein Kommunikationsraum in den sozialen Medien, der viral ging. In kürzester Zeit erreichte dieser Hashtag mehrere 100.000 Menschen auf Instagram, Twitter oder Tiktok. Unter diesem Hashtag veröffentlichten vor allem junge Menschen ihre Sorgen, Ansichten und Statements zu einem möglichen dritten Weltkrieg infolge der Spannungen zwischen den USA und dem Iran. Darüber hinaus wurden Einstellungen zu den Streitkräften, der eigenen Einberufung oder einem möglichen Einsatz im Iran diskutiert. Dies geschah auf ironische und zynische Weise – oft in Form von Memes oder kurzen Videos, was wiederum von den Massenmedien aufgegriffen, thematisiert und kritisiert wurde (Kedves 2020; Alfonso 2020). Es ist denkbar, dass sich unter diesem Hashtag eine Bewegung organisieren könnte, wenn die diesbezüglichen Bedenken weiter bestehen. Dies könnte beispielsweise dann geschehen, wenn sich durch die wechselseitige Wirkung der individuell erlebten Angst sowie des empfundenen Handlungsbedarfs eine kollektive Wahrnehmung des Problems entwickelt (Katzenbach 2017). Mit anderen Worten: Äußerungen und Ansichten zu diesem Thema können gebündelt und verfestigt werden, bis sie schließlich in Form von Streiks oder Protesten in die Offline-Welt überschwappen könnten.

Schließlich gibt es noch andere soziale Aushandlungsprozesse, allerdings sind dies oft eher einfache Interaktionssysteme, die beispielsweise entstehen, wenn sich Menschen flüchtig in Büros oder Bars treffen (Katzenbach 2017, S. 154). In solchen *einfachen Öffentlichkeiten* gibt es keine strukturellen Unterscheidungen zwischen den Rollen der Sprechenden und der Zuhörenden. Einfache Öffentlichkeiten können sich auch online bilden, etwa wenn sich Nutzerinnen und Nutzer in Anschlussdiskussionen über ihre Erfahrungen und Meinungen zu den Streitkräften austauschen (Katzenbach 2017). In einfachen Interaktionen und Alltagskommunikation verfestigen sich Deutungsmuster (Schrape 2011). Tatsächlich trägt jede Kommunikation zur Konstruktion von Wirklichkeit bei, indem sie darüber entscheidet, was aufgegriffen und was vergessen wird (Luhmann 2017). Besonderes Interesse gilt daher den sozialen Medien und der neuen Interaktivität des Web 2.0 und den dort entstehenden, einfachen Öffentlichkeiten. Im Internet und insbesondere in den sozialen Medien entstehen Diskussions- und Kommunikationsräume, in denen sich Bürgerinnen und Bürger ohne ausgewiesenes Expertenwissen über Sicherheitspolitik und Streitkräfte austauschen können. Auf der Grundlage ihrer eigenen Erfahrungen und ihres Wissens verhandeln sie diskursiv gesellschaftliche Vorstellungen (Drüeke 2017) und können die Art und Weise, wie Streitkräfte in der Gesellschaft wahrgenommen werden – einschließlich ihrer Narrative und Visualisierungen – prägen, verstärken oder verändern. Im Gegensatz zu traditionellen, einfachen Öffentlichkeiten sind einfache Online-Öffentlichkeiten jedoch medial vermittelt und existieren daher unabhängig von Zeit und Raum. Da der Kommunikationsraum durch medial vermittelte und öffentlich zugängliche Beiträge generiert wird, verliert die anschließende Diskussion ihren flüchtigen Charakter und nimmt eine manifeste, dauerhafte Form an (Katzenbach 2017).

Diese verschiedenen Ebenen der Öffentlichkeit sind nicht voneinander losgelöst, sondern stehen in einer wechselseitigen Beziehung zueinander. Massenmedien sind komplexitätsreduzierende Distributionsstellen, die Teilöffentlichkeiten beobachten und allgemein relevante Informationen und Ansichten in den öffentlichen Diskurs bringen (Marcinkowski 2002; Schrape 2011). Komplexe Öffentlichkeiten haben so die Möglichkeit, gesellschaftliche Aushandlungsprozesse auf den weniger komplexen Ebenen zu steuern und zu beeinflussen. In mittelgroßen Öffentlichkeiten können neue Deutungsmuster und innovative Ideen über Streitkräfte entstehen, wenn sich Interessengruppen zusammenschließen. Das ist zum Beispiel über die sozialen Medien möglich. In mittleren Öffentlichkeiten werden Themen und Deutungsmuster aus einfachen Öffentlichkeiten gebündelt und können so von den Massenmedien aufgegriffen werden (Katzenbach 2017; Drüeke 2017; Klaus 2017; Schrape 2011). In einfachen Öffentlichkeiten auf sozialen Medien können alternative Deutungsmuster auch öffentlich diskutiert werden. Mit der Zeit kann eine Debatte entstehen, in der die individuellen Erfahrungen und Ansichten dieser Öffentlichkeiten als Gruppenerfahrungen und Gruppenmeinungen wahrgenommen werden und als solche in eine massenmediale Öffentlichkeit einfließen können (Katzenbach 2017).

Massenmedien und Social-Media-Kommunikation dienen der Wirklichkeitskonstruktion auf verschiedenen Ebenen. Auf der Ebene der einfachen und mittleren Öffentlichkeiten sind die Deutungsmuster vielfältiger als auf der Ebene der komplexen Öffentlichkeiten. In komplexen Öffentlichkeiten werden umfassende Gegenwartsbeschreibungen und Deutungsmuster aufgegriffen, um der Gesellschaft eine komplexitätsreduzierende Orientierungsgrundlage für Anschlusskommunikation zu bieten (Schrape 2011). Deutungsmuster aus den verschiedenen Ebenen speisen die Aushandlungsprozesse auf den anderen Ebenen und beeinflussen wechselseitig, wie Themen auf den verschiedenen Ebenen diskutiert werden.

Daher sollten die Streitkräfte nicht nur der direkten Kommunikation und der massenmedialen Kommunikation besondere Aufmerksamkeit schenken, sondern auch bestimmten, einfachen Interaktionssystemen und digitalen Folgegesprächen. Im Folgenden wird erörtert, warum Menschen überhaupt an einfachen Online-Öffentlichkeiten teilnehmen und kommentieren sowie welche Wirkung Online-Diskussionen haben können.

4   Motivation zur Teilhabe an einfachen Online-Öffentlichkeiten

Unter Online-Anschlussdiskussionen versteht man die Gesamtheit der nutzergenerierten Inhalte, d. h. alle Kommentare, die auf Medieninhalte oder einen Beitrag in sozialen Medien folgen (Ziegele 2016). Kommentare, die Ziegele (2016) als „postkommunikative und asynchrone Online-Verbindungskommunikation" bezeichnet, werden im Anschluss an digitale Beiträge schriftlich online veröffentlicht (Ziegele 2016, S. 38). Dies ermöglicht es einer Vielzahl von Menschen, sich an einer Diskussion, zum Beispiel über die Streitkräfte, zu beteiligen und ihre Erfahrungen und Ideen unabhängig von Raum und Zeit in die Diskussion einzubringen. Doch warum nimmt sich überhaupt jemand die Zeit, sich auf sozialen Medien oder anderen interaktiven Plattformen zu beteiligen und Kommentare zu schreiben? Eine Analyse von Staender et al. (2019) zeigt, dass Beiträge häufiger geliked oder geteilt als kommentiert werden. Die verschiedenen Beteiligungsabsichten erfordern unterschiedliche Aktivierungsgrade der Nutzerinnen und Nutzer. Etwas zu liken erfordert nur eine geringe Aktivierung – mit einem einzigen Klick ist die Aktion bereits abgeschlossen. Das Teilen hingegen erfordert bereits eine stärkere Aktivierung als das Liken (Staender et al. 2019; Berger und Milkman

2012). Durch das Teilen übernehmen Nutzerinnen und Nutzer aktiv Inhalte und verbreiten sie unter ihrem eigenen Namen im eigenen Netzwerk. Durch das Veröffentlichen eines Kommentars schließlich gibt man anderen einen Einblick in die eigene Meinung und stellt sich damit anderen gegenüber selbst dar (Staender et al. 2019).

Emotionale und überraschende Inhalte haben einen starken Einfluss auf die Bereitschaft zu kommentieren (Staender et al. 2019; Ziegele 2016). Emotionalität bedeutet, dass positive und negative Inhalte vorkommen und unterscheidet sich damit von neutralen und sachlichen Inhalten. Überraschende Inhalte, die etwas Neues enthalten und leicht verständlich sind, fördern die Bereitschaft zu kommentieren, weil sie mit größerem Interesse gelesen werden als Inhalte, die bereits bekannt sind und lediglich das Vorwissen der Nutzerinnen und Nutzer aktivieren. Dies wiederum motiviert die Userinnen und User, ihre eigene Perspektive einzubringen (Ziegele 2016). Ähnlich verhält es sich mit gesellschaftlich relevanten und politisch-ideologischen Themen, die moralisch umstritten sind und Standpunkte präsentieren, die kontrovers diskutiert werden. Solche Themen stimulieren die Bereitschaft zur Kommentierung, weil die Unvollständigkeit des Themas die Kommentierenden quasi herausfordert, „den Prozess der gesellschaftlichen Meinungsbildung … durch die öffentliche Äußerung der eigenen Meinung zu beeinflussen" (Ziegele 2016, S. 326). Allerdings kann die Angst vor negativen Reaktionen auf eine Äußerung die Kommentar-Bereitschaft von Personen mit weniger Selbstvertrauen eher hemmen (Ziegele 2016). Weitere Forschungsergebnisse deuten darauf hin, dass das Kommentieren für diejenigen, die kommentieren, einen bestimmten Zweck erfüllt. Dabei kann zwischen verschiedenen Funktionen unterschieden werden, die das Kommentieren für die Nutzerinnen und Nutzer in ihrer unmittelbar erfahrbaren Lebenswelt hat: Das Kommentieren basiert entweder auf kognitiver oder auf affektiver Motivation (Ziegele 2016).

4.1 Kognitive Funktionen des Kommentierens

Sowohl das Lesen von Kommentaren als auch das Kommentieren selbst erfüllt kognitive Funktionen. Nutzerinnen und Nutzer wollen ihre Ansichten, Informationen, ihr Wissen und ihre persönlichen Meinungen zu verschiedenen Themen mit der Öffentlichkeit teilen (Ziegele 2016). Sie sehen das Kommentieren als Möglichkeit, in einer Diskussion ihr Wissen, zum Beispiel über Streitkräfte und Sicherheitspolitik, zu erweitern, Sachverhalte besser zu verstehen und andere Meinungen kennenzulernen. Das Kommentieren ist aber auch eine Möglichkeit, andere zu widerlegen oder zu belehren. Ähnlich wie die unmittelbare Nachbereitung in traditionellen Gesprächen ermöglichen Online-Nachbereitungsdiskussionen die kognitive Verarbeitung sowie Einordnung von Medieninhalten oder des Meinungsklimas und führen zu einem tieferen, individuellen Verständnis und Wissen – offline wie online. Für diejenigen, die Online-Anschlussdiskussionen lesen, ist die Suche nach Informationen ein wichtiger Aspekt (Springer et al. 2015). So können weitere Informationen, Deutungsmuster und Ansichten gewonnen und mit der eigenen Sichtweise verglichen werden. Der persönliche Strauß an Argumenten kann so neu zusammengestellt, ausgeschmückt und für eine weiterführende Diskussion erweitert werden. Kommentare können eine Brücke zwischen der persönlichen und gesellschaftlichen Relevanz einer Nachricht schlagen (Ziegele 2016). Darüber hinaus ist ein Einblick in die Gesellschaft und die öffentliche Meinung möglich. Analysen haben gezeigt, dass in Online-Diskussionen, in denen die Mehrheit der Kommentare von der Position des kommentierten Artikels abweicht, die Leserinnen und Leser davon ausgehen, dass die öffentliche Meinung eher mit der Position der Kommentierenden übereinstimmt als mit der des Artikels (Lee und Jang 2010).

4.2   Affektive Funktionen des Kommentierens

Menschen haben jedoch nicht nur kognitive Beweggründe, wenn sie einen Kommentar abgeben. Oft werden Medieninhalte durch Kommentare ironisch verarbeitet, wodurch eine angenehme Atmosphäre entsteht, ähnlich wie bei Offline-Folgegesprächen. Darüber hinaus können Medieninhalte auch sehr emotional kommentiert werden. Laut Ziegele (2016) haben sowohl der Akt des Kommentierens als auch die emotionale Diskussion eine kathartische, reinigende und ablenkende Wirkung. Emotionen können so abgebaut werden, und die Kommentierenden können sich vom Alltagsstress ablenken. Beim Kommentieren geht es dann nicht mehr unbedingt um das eigentliche Thema eines Beitrages oder einer Nachricht wie z. B. die Streitkräfte.

Nach der Veröffentlichung von tragischen Medieninhalten werden oft Betroffenheit und Beileid geäußert (Ziegele 2016). Leider kommt es auch bei Streitkräften immer wieder zu tragischen Vorfällen, die dann über die Medien an die Bevölkerung kommuniziert werden. Im Oktober 2019 kam es beispielsweise zu einem tragischen Unfall bei einer militärischen Ausbildung in Georgien. Ein Bericht von ABC News, der auf YouTube hochgeladen wurde, wurde mehr als 1000-mal kommentiert, wobei die Mehrheit der Kommentierenden den Angehörigen ihr tiefes Beileid und ihre Bestürzung ausdrückte (ABC News 2019).

In diesem Zusammenhang werden die Lesenden von Online-Anschlussdiskussionen oft mit sehr emotionalen Kommentaren konfrontiert, die nicht immer mit der Sache zu tun haben, da das Kommentieren manchmal auch als Ventil benutzt wird. Die Leserinnen und Leser werden aber auch mit Kommentaren konfrontiert, die durchaus sachlich sind. Durch Kommentare werden den Leserinnen und Lesern neue Deutungsmuster und Sichtweisen vermittelt oder bestehende bestätigt. Welche Auswirkungen diese Vielfalt an Kommentaren auf die Lesenden hat, wird im nächsten Kapitel erläutert.

5   Auswirkungen von Social-Media-Anschlussdiskussionen

Ein Blick auf Nachrichtenseiten oder Social-Media-Plattformen, die über Streitkräftethemen berichten, zeigt, dass Informationen über die Streitkräfte nicht nur bereitgestellt und gepostet, sondern auch diskutiert werden. Dies wird in anderen Beiträgen dieses Sammelbandes empirisch belegt, etwa von Kümmel, Leightley et al. oder Rivnai. Es stellt sich jedoch die Frage, ob solche Folgediskussionen überhaupt einen Effekt auf die Leserinnen und Leser der Kommentare haben oder ob Online-Diskussionen völlig vernachlässigbar sind. Nach der oben erläuterten Theorie werden in solchen Interaktionen Ideen und Deutungsmuster zu verschiedenen Themen gefestigt (Schrape 2011) und sollten daher auch Auswirkungen auf die Einstellungen der Menschen haben. In den letzten Jahren hat sich die Forschung mit den Auswirkungen von nutzergenerierten Kommentaren auf Leserinnen und Leser beschäftigt und versucht, diese in experimentell angelegten Studien zu erforschen. Um die Bedeutung von Online-Anschlussdiskussionen aufzuzeigen, wird nun ein Überblick über die Ergebnisse dieser Forschung gegeben.

Chen et al. (2019) konnten zeigen, dass negative oder positive Nutzerkommentare die Kaufabsicht von Konsumentinnen und Konsumenten beeinflussen können. Dabei spielt die Reihenfolge der positiven und negativen Kommentare eine Rolle. Die neuesten Informationen dominieren den Einfluss auf die Konsumierenden. Dies wird jedoch durch das Ausmaß des Produktinvolvements moderiert, was, wie Ho-Dac et al. (2013) feststellten, besonders für Produkte schwacher Marken gilt. Bei Produkten starker Marken haben Online-Nutzerkommentare keinen signifikanten Einfluss auf den Absatz. Dies könnte bedeuten, dass Anschlussdiskussionen über Streitkräfte besonders wichtig sein könnten, wenn die Streitkräfte in einer Gesellschaft wenig Unterstützung und Ansehen genießen und die Marke „Streitkräfte" eher schwach ist. Zwar gibt es meines Wissens noch kein Forschungsdesign über die Wirkung von Kommentaren auf die Einstellung zu den Streitkräften, doch gibt es Erkenntnisse über andere staatliche Institutionen. Eine oft zitierte Analyse von Walther et al. (2010) befasst sich mit Online-Anschlussdiskussionen zu Public Service Announcements (PSAs). PSAs – die über Gesundheitsthemen und Drogenprävention informieren und ein bestimmtes Verhalten propagieren sollen – werden in der Regel von Regierungen und Gesundheitsbehörden initiiert und sind ein wichtiger Bestandteil vieler staatlicher Gesundheitskampagnen. Walther et al. (2010) kommen zum Schluss, dass dieselbe Werbung besser bewertet wird, wenn sie mit positiven Kommentaren versehen ist, als wenn sie mit negativen Kommentaren versehen ist. Die Wahrnehmung des tatsächlichen Gesundheitsrisikos wird durch die Kommentare jedoch nicht signifikant beeinflusst. Eine stärkere Identifikation mit der kommentierenden Community führt zu einem verstärkten Effekt, sowohl bei der Bewertung der Werbung als auch bei der Einschätzung des tatsächlichen Gesundheitsrisikos.

Die Bedeutung der sozialen Identifikation mit anderen Kommentierenden wurde auch von Chung erkannt (2019), dessen Forschung darauf hinweist, dass die Kommentare anderer Userinnen und User die Normen und Ansichten zu einem Thema beeinflussen können, insbesondere wenn eine starke soziale Identifikation mit der kommentierenden Gemeinschaft besteht. Es ist daher zu erwarten, dass die Wahrnehmung staatlicher Social-Media-Kampagnen auch durch Anschlussdiskussionen beeinflusst wird. Social-Media-Kampagnen im Kontext der Streitkräfte werden beispielsweise häufig zur Rekrutierung von Jugendlichen genutzt. Junge Menschen werden jedoch nicht nur durch die Kampagne selbst beeinflusst, sondern auch durch die anschließenden Diskussionen ihrer Altersgenossen in den sozialen Medien. Je mehr sie sich mit der kommentierenden Gemeinschaft identifizieren, desto wahrscheinlicher ist es, dass sie von den Anschlussdiskussionen beeinflusst werden. Eine positive Wirkung von Rekrutierungskampagnen ist wahrscheinlicher, wenn nicht nur die Social-Media-Kampagne selbst von den Macherinnen und Machern gelenkt wird, sondern auch die digitale Anschlussdiskussion.

Bei Online-Anschlussdiskussionen ist nicht nur wichtig, ob die Kommentare positiv oder negativ sind. Auch der Ton, in dem die Kommentare verfasst sind, hat einen entscheidenden Einfluss. Eine experimentelle Analyse über die Wirkung des Lesens von Online- Anschlussdiskussionen hat gezeigt, dass die Wahrnehmung und Bewertung eines Themas nicht nur durch den Beitrag selbst beeinflusst wird (Anderson et al. 2014). Wenn man im Internet (auf Nachrichtenseiten oder in sozialen Medien) unhöflichen Kommentaren zu einem Thema ausgesetzt ist, beeinflusst dies die Wahrnehmung des eigentlichen Themas (Anderson et al. 2014; Jennings und Russell 2019; Lee 2012). Eine Analyse von Fernsehdiskussionen durch Mutz und Reeves (2005) hat gezeigt, dass unhöfliche politische Diskussionen im Fernsehen das Vertrauen in Institutionen verringern. Obwohl laut Molina und Jennings (2018) unhöfliche Online-Anschlussdiskussionen mehr Aufmerksamkeit erhalten, sind die höflicheren Social-Media-Diskussionen ausführlicher und führen zu größerer Zufriedenheit. Jennings und Russell (2019, S. 428) fassen zusammen, dass „civil discussion indirectly predicted an increase in both policy support and intended behavior through attitude formation".

Wenn höfliche Diskussionen in sozialen Medien zu größerer Zufriedenheit bei den Lesenden führen und mit größerer Wahrscheinlichkeit politische Unterstützung erzeugen, sind solche Diskussionen für die Streitkräfte von Interesse. Sollten sich die Streitkräfte tatsächlich für die Teilnahme an Online-Anschlussdiskussionen auf verschiedenen interaktiven Plattformen entscheiden, ist es wichtig, sich auf argumentative und zivilisierte Diskussionen zu konzentrieren. Auf diese Weise kann ein positives Image transportiert werden. Die Unterstützung von höflichen Diskussionen ohne gezielte Moderation kann durch die Diskussionesteilnehmenden-selbst erfolgen. Durch höfliche Kommentare setzen sie den Höflichkeitsstandard in einer Online-Anschlussdiskussionen, an dem sich andere orientieren dürften (Han und Brazeal 2015).

Dass Veränderungen im Verhalten und in den Einstellungen zu politischen und sozialen Themen nicht nur ein kurzfristiger Effekt sind, zeigten Stylianou und Sofokleous (2019). Sie untersuchten den Einfluss von Online-Nutzerkommentaren auf die Einstellung gegenüber Minderheiten und kamen zum Schluss, dass positive Kommentare die Vorurteile gegenüber Flüchtlingen verringern. Eine Veränderung, die auch noch eine Woche nach dem Experiment anhielt. Ein solcher Effekt ist am stärksten ausgeprägt, wenn zuvor starke Vorurteile vorherrschten. „Insgesamt deuten die vorhandenen Forschungsergebnisse darauf hin, dass Online-Kommentare zu Nachrichten die Einstellungen, Wahrnehmungen und Bewertungen der Leserinnen und Leser beeinflussen, zumindest soweit dies durch experimentelle Studien belegt werden kann" (Stylianou und Sofokleous 2019, S. 129). Es ist daher anzunehmen, dass Kommentare und Anschlussdiskussionen im Internet und in sozialen Medien auch die Einstellungen, Wahrnehmungen und Bewertungen von Streitkräften beeinflussen können, insbesondere wenn die Kommentare neu, aktuell, positiv und höflich sind. Darüber hinaus könnte es möglich sein, Menschen mit Vorurteilen gegenüber den Streitkräften zu erreichen und vielleicht sogar eine längerfristige Änderung ihrer Einstellung gegenüber den Streitkräften herbeizuführen, wenn sie positive und anständige Kommentare zu diesem Thema lesen.

6   Fazit

Soziale Medien bieten eine Chance für die zivil-militärischen Beziehungen. Sie ermöglichen es den Streitkräften, einfache Öffentlichkeiten zu beobachten, was wiederum ermöglicht, die dort stattfindenden, gesellschaftlichen Aushandlungsprozesse über Streitkräfte zu verfolgen. Da solche Prozesse bisher hauptsächlich im privaten Bereich unter Ausschluss der Öffentlichkeit stattfanden, ist dies eine große Chance, die durch die sozialen Medien ermöglicht wird. So können die Streitkräfte beobachten, welche Vorstellungen über sie oder über sicherheitsrelevante Themen sich in der Gesellschaft verfestigen. Zudem müssen die Streitkräfte dank der sozialen Medien nicht mehr nur zuschauen, sondern haben die Möglichkeit, auf verschiedenen Ebenen an solchen gesellschaftlichen Aushandlungsprozessen teilzunehmen. Wie schon zuvor können sie die komplexe Öffentlichkeit nutzen und professionell aufbereitete, allgemein relevante Informationen und Stellungnahmen über die traditionellen Massenmedien wie Tageszeitungen, Fernsehen und Radio oder Regierungswebseiten bereitstellen. Sie können auch über soziale Medien an mittleren und einfachen Öffentlichkeiten teilnehmen, indem sie die Interaktivität des Web 2.0 und der sozialen Medien nutzen. Dies gilt nicht nur für die Streitkräfte als Organisation, sondern auch für Militärangehörige auf individueller Ebene. Diese neuen Formen der Partizipation sind eine erweiterte Möglichkeit, wie sicherheitsrelevante Sichtweisen und Deutungsmuster in mittlere und einfache Öffentlichkeiten gelangen können. So können die Streitkräfte ihr Bild in der Gesellschaft aktiv gestalten, da – wie die Kommentarforschung zeigt – Diskussionen in sozialen Medien die Einstellungen und das Verhalten der Leserinnen und Leser beeinflussen.

Besonders wichtig ist der Ton, in dem die Kommunikation stattfindet. Höfliche Online-Diskussionen sind argumentativ ausgefeilter und führen zu größerer Zufriedenheit bei den Lesenden. Außerdem kann die Wahrnehmung eines Themas besonders stark beeinflusst werden, wenn es sich um eine schwache Marke mit geringem Ansehen in der Gesellschaft handelt. Die Teilnahme an einfachen Interaktionssystemen ist daher besonders interessant für Streitkräfte mit einem schwächeren Ansehen und geringerem Rückhalt in der Gesellschaft. Auf diese Weise können neue und innovative Deutungsmuster von Streitkräften sowie sicherheitsrelevante Themen diskutiert werden. Dies gilt insbesondere dann, wenn an solchen Interaktionen nicht nur Laien (oft hat nur eine Minderheit direkte Erfahrungen mit Streitkräften), sondern auch Angehörige der Streitkräfte mit direkter Erfahrung und Expertenwissen beteiligt sind und die gesellschaftlichen Aushandlungsprozesse ergänzen.

Auch die Narrative und Visualisierungen, die auf verschiedenen Ebenen in Form von Memes oder Videos vermittelt werden, prägen die Vorstellungen, die eine Gesellschaft von den Streitkräften hat. Die Streitkräfte sind daher gut beraten, nicht nur direkt und einseitig zu kommunizieren, sondern auch mit der Bevölkerung zu interagieren. Es ist eine weitere Chance, sich den Menschen zu präsentieren, sich zu legitimieren und die Unterstützung der Bürgerinnen und Bürger zu stärken. Dank der neuen Möglichkeiten, die durch die sozialen Medien geschaffen wurden, können die Streitkräfte als staatliche Akteure nun auch an einfachen öffentlichen Sphären teilnehmen, da diese über die sozialen Medien vermittelt werden. Durch das medienvermittelte Element und die Schriftform kann dies unabhängig von Zeit und Raum geschehen. Die Streitkräfte können durch Tonalität und Fakten den Diskurs mitgestalten und das Bild, das die Gesellschaft von ihnen hat, über den traditionellen Weg hinaus modellieren. Damit kommt den Diskussionen in den sozialen Medien eine besondere Bedeutung für die zivil-militärischen Beziehungen zu.

Dieser Beitrag bietet einen ersten theoretischen Einblick in gesellschaftliche Aushandlungsprozesse, die über Diskussionen in sozialen Medien stattfinden, und in die möglichen Auswirkungen, die diese Diskussionen auf die zivil-militärischen Beziehungen haben können. Hier gibt es noch viel zu tun. Die hier angestellten Überlegungen stützen sich auf Elisabeth Klaus' (2017) Mehrebenenmodell der Öffentlichkeit sowie auf neuere Erkenntnisse aus experimentellen Forschungsdesigns zu den Wirkungen von nutzergenerierten Inhalten. Um zu untersuchen, ob sicherheitsrelevante Themen und insbesondere Themen zu Streitkräften ähnliche Effekte beim Lesen von Online-Diskussionen zeigen, sollten sich zukünftige Analysen auf die Auswirkung positiver und negativer Kommentare auf die Einstellung zu Streitkräften konzentrieren. Weitere Forschung sollte auch empirisch untersuchen, wie und vor allem welche Themen in Online-Diskussionen über Streitkräfte diskutiert werden. Gibt es Unterschiede je nach Account, Nachrichtenseite oder Forum? Gibt es internationale Unterschiede in der Art und Weise, wie Online-Diskussionen über Streitkräfte geführt werden? Lassen sich Zusammenhänge zwischen dem Ansehen von Streitkräften und der Art und Weise, wie sie diskutiert werden, herstellen? Da es sich um ein sehr junges Forschungsgebiet handelt, müssen noch viele Fragen untersucht werden.

Literatur

ABC News (2019) Military training accident leaves 3 soldiers dead. https://www.youtube.com/watch?v=Xll225Wyy4E. Zugegriffen am 22.01.2020

Alfonso F (2020) How Americans and Iranians are using memes and hashtags to cope with conflict. CNN 2020. https://edition.cnn.com/2020/01/11/middleeast/iran-us-memes-ww3-twitter-trnd/index.html. Zugegriffen am 12.01.2020

Anderson AA, Brossard D, Scheufele DA, Xenos MA, Ladwig P (2014) The "nasty effect:" online incivility and risk perceptions of emerging technologies. J Comput-Mediat Commun 19(3):373–387

Berger J, Milkman KL (2012) What makes online content viral? J Mark Res 49(2):192–205

Braun D, Schmitt H (2009) Politische Legitimität. In: Kaina V, Römmele A (Hrsg) Politische Soziologie. Ein Studienbuch. VS Verlag für Sozialwissenschaften, Wiesbaden

Chen H, Yan Q, Xie M, Zhang D, Chen Y (2019) The sequence effect of supplementary online comments in book sales. IEEE Access 7:155650–155658

Chung JE (2019) Peer influence of online comments in newspapers: applying social norms and the social identification model of deindividuation effects (SIDE). Soc Sci Comput Rev 37(4):551–567

Common Sense Media (2015) The common sense census: media use by tweens and teens. https://www.commonsensemedia.org/research/the-common-sense-census-media-use-by-tweens-and-teens. Zugegriffen am 25.06.2019

Deverell E, Olsson E, Wagnsson C, Hellman M, Johnsson M (2015) Understanding public agency communication: the case of the Swedish armed forces. J Public Aff 15(4):387–396

Drüeke R (2017) Politische Kommunikationsräume im Internet. In: Klaus E, Drüeke R (Hrsg) Öffentlichkeiten und gesellschaftliche Aushandlungsprozesse. Theoretische Perspektiven und empirische Befunde, Critical studies in media and communication, Bd 14. transcript, Bielefeld, S 39–62

Gerhards J, Schäfer M (2007) Demokratische Internet-Öffentlichkeit? Ein Vergleich der öffentlichen Kommunikation im Internet und in den Printmedien am Beispiel der Humangenomforschung. Publistik 52(2):210–228

Habermas J (2009) Philosophische Texte. Suhrkamp, Frankfurt am Main

Han S, Brazeal LM (2015) Playing nice: modeling civility in online political discussions. Commun Res Rep 32(1):20–28

Hendricks VF, Vestergaard M (2019) Reality lost. Markets of attention, misinformation and manipulation. Springer Open, Cham

Ho AT, Cho W (2017) Government communication effectiveness and satisfaction with police performance: a large-scale survey study. Public Adm Rev 77(2):228–239

Ho-Dac NN, Carson SJ, Moore WL (2013) The effects of positive and negative online customer reviews: do brand strength and category maturity matter? J Mark 77(6):37–53

Internet Live Stats (2020). https://www.internetlivestats.com/one-second/. Zugegriffen am 22.01.2020

Janowitz M, Little RW (1974) Sociology and the military establishment, 3. Aufl./with [a new] introduction, Sage series on armed forces and society, Bd 6. Sage, Beverly Hills/London

Jennings FJ, Russell FM (2019) Civility, credibility, and health information: the impact of uncivil comments and source credibility on attitudes about vaccines. Public Underst Sci 28(4):417–432

Katzenbach C (2017) Von kleinen Gesprächen zu großen Öffentlichkeiten? Zur Dynamik und Theorie von Öffentlichkeiten in sozialen Medien. In: Klaus E, Drüeke R (Hrsg) Öffentlichkeiten und gesellschaftliche Aushandlungsprozesse. Theoretische Perspektiven und empirische Befunde, Critical studies in media and communication, Bd 14. transcript, Bielefeld, S 151–174

Kedves A (2020) #ww3 – Junge twittern ihre Angst vor dem dritten Weltkrieg. Tagesanzeiger 2020, 08.01.2020. https://www.tagesanzeiger.ch/kultur/ww3-junge-twittern-ihre-angst-vor-dem-dritten-weltkrieg/story/10343056. Zugegriffen am 22.01.2020

Klaus E (2017) Öffentlichkeit als gesellschaftlicher Selbstverständigungsprozess und das Drei-Ebenen-Modell von Öffentlichkeit. Rückblick und Ausblick. In: Klaus E, Drüeke R (Hrsg) Öffentlichkeiten und gesellschaftliche Aushandlungsprozesse. Theoretische Perspektiven und empirische Befunde, Critical studies in media and communication, Bd 14. transcipt, Bielefeld, S 17–38

Klaus E, Drüeke R (2017) Internetöffentlichkeiten und Gender Studies: Von den Rändern in das Zentrum? In: Klaus E, Drüeke R (Hrsg) Öffentlichkeiten und gesellschaftliche Aushandlungsprozesse. Theoretische Perspektiven und empirische Befunde, Critical studies in media and communication, Bd 14. transcript, Bielefeld, S 101–126

Lee E (2012) That's not the way it is: how user-generated comments on the news affect perceived media bias. J Comput-Mediat Commun 18(1):32–45

Lee E, Jang YJ (2010) What do others' reactions to news on internet portal sites tell us? Effects of presentation format and readers' need for cognition on reality perception. Commun Res 37(6):825–846

Luhmann N (2017) Die Realität der Massenmedien. Springer Fachmedien, Wiesbaden

Marcinkowski F (2002) Massenmedien und die Integration der Gesellschaft aus Sicht der autopoietischen Systemtheorie. In: Imhof K, Jarren O, Blum R (Hrsg) Integration und Medien, Mediensymposium Luzern, 7. VS Verlag für Sozialwissenschaften, Wiesbaden, S 110–121

Martinsen R (2008) Öffentlichkeit in der „Mediendemokratie" aus der Perspektive konkurrierender Demokratietheorien. In: Marcinkowski F, Pfetsch B (Hrsg) Politik in der Mediendemokratie, Politische Vierteljahresschrift, 42, 1. Aufl. VS Verlag für Sozialwissenschaften, Wiesbaden, S 37–69

Micewski ER (2013) Werte und Militär – Werte im Militär. Wertethematik im Kontext von Individuum, Gesellschaft und Streitkräften. Österreichische Militärische Zeitschrift (ÖMZ) 3:255–274

Molina RG, Jennings FJ (2018) The role of civility and metacommunication in Facebook discussions. Commun Stud 69(1):42–66

Mutz D, Reeves B (2005) The new videomalaise: effects of televised incivility on political trust. Am Polit Sci Rev 99(1):1–15

Porch D (2002) "No bad stories". The American media-military relationship. Naval War Coll Rev 55(1):85–107

Ratchev V (2011) Civilianisation of the defence ministry. A functional approach to a modern defence institution, DCAF regional programmes series, no 7. DCAF, Geneva

Rukavishnikov VO, Pugh M (2018) Civil-military relations. In: Caforio G, Nuciari M (Hrsg) Handbook of the sociology of the military, Handbooks of sociology and social research, Bd 19. Springer, Cham, S 123–143

Schrape J (2011) Social Media, Massenmedien und gesellschaftliche Wirklichkeitskonstruktion. Berl J Soziol 21(3):407–429

Springer N, Engelmann I, Pfaffinger C (2015) User comments: motives and inhibitors to write and read. Inf Commun Soc 18(7):798–815

Staender A, Ernst N, Steppat D (2019) Was steigert die Facebook-Resonanz? Eine Analyse der Likes, Shares und Comments im Schweizer Wahlkampf 2015. SCM 8(2):236–271

Stylianou S, Sofokleous R (2019) An online experiment on the influence of online user comments on attitudes toward a minority group. Commun Soc 32(4):125–142

Suter L, Waller G, Bernath J, Külling C, Willemse I, Süss D (2018) JAMES Jugend Aktivität Medien – Erhebung Schweiz, Ergebnisbericht zur JAMES-Studie 2018. Hochschule für Angewandte Wissenschaft, Zürich

Sutor B (1998) Politik. Ein Studienbuch zur politischen Bildung, 5. Aufl. Dr. Paderborn, Schöningh

Virchow F (2012) Militär und Medien. In: Leonhard N, Werkner I-J (Hrsg) Militärsoziologie – Eine Einführung, 2. updated and completed Aufl. VS Verlag für Sozialwissenschaften/Springer Fachmedien Wiesbaden GmbH, Wiesbaden, S 200–219

Walther JB, DeAndrea D, Kim J, Anthony JC (2010) The influence of online comments on perceptions of antimarijuana public service announcements on YouTube. Hum Commun Res 36(4):469–492

Weber M (2002) Schriften. In: Käsler D (Hrsg) Kröners Taschenausgabe, Bd 233. Kröner, Stuttgart, S 1894–1922

Ziegele M (2016) Nutzerkommentare als Anschlusskommunikation. Theorie und qualitative Analyse des Diskussionswerts von Online-Nachrichten. Springer, Wiesbaden

Ein Skandal in der Bundeswehr, eine Dokumentation und ein Thread: Das Kommando Spezialkräfte in den sozialen Medien

Gerhard Kümmel

Zusammenfassung

Im April 2017 fand eine Abschiedsfeier für einen Kompaniechef des *Kommandos Spezialkräfte* (KSK) statt. Diese Feier wurde wegen des mutmaßlichen Fehlverhaltens von KSK-Soldaten, wie z. B. einem sehr speziellen Trainingsparcours, dem Singen rechtsextremer Lieder, dem Hitlergruß und einem geplanten Geschlechtsverkehr, zum Gegenstand eines Beitrags des Politmagazins *Panorama*. Der Beitrag erhielt zahlreiche Kommentare auf der *Facebook-Seite* von *Panorama*, die hier einer induktiven Inhaltsanalyse unterzogen wurden. Dabei konnten fünf verschiedene Themenfelder identifiziert werden: (1) Infragestellung der Geschichte, (2) Respekt und Nachsicht, (3) Schock und Besorgnis, (4) die Verteidigungsministerin und ihre Amtsführung und (5) Tradition und Identität. Die Kommentare spiegeln eine kontroverse Debatte; sie erlauben einen Einblick in die zivil-militärischen Beziehungen in Deutschland und zeigen einige Implikationen des Social-Media-Zeitalters für die Streitkräfte auf.

G. Kümmel (✉)
Zentrum für Militärgeschichte und Sozialwissenschaften der Bundeswehr,
Potsdam, Deutschland
E-Mail: gerhardkuemmel@bundeswehr.org

1   Einleitung

Ziel des vorliegenden Buches ist es, die Beziehung zwischen den Streitkräften und den sozialen Medien zu analysieren und die Auswirkungen der sozialen Medien auf die Streitkräfte zu untersuchen. Dazu trägt das im Folgenden beschriebene Fallbeispiel eines Skandals bei, der sich in der deutschen Bundeswehr ereignet hat.[1] Über ihn wurde im deutschen Fernsehen von einem Politmagazin berichtet, was auf der Facebook-Seite des Magazins zahlreiche Kommentare generierte. Die Beiträge dieses Threads wurden einer einfachen induktiven Inhaltsanalyse unterzogen, die darauf abzielte, die Reaktionen der Zuschauer zu untersuchen und die sie bewegenden Themenfelder zu identifizieren. Die Reaktionen in den Beiträgen konnten so fünf verschiedenen Kategorien zugeteilt werden.

In diesem Beitrag wird zunächst die Geschichte des Skandals skizziert, bevor die Ergebnisse der induktiven Inhaltsanalyse vorgestellt werden. Anschließend werden die Ergebnisse zusammengefasst und einige Schlussfolgerungen im Hinblick auf die zivil-militärischen Beziehungen in Deutschland gezogen. Abschließend werden einige Implikationen des Zeitalters der sozialen Medien für die Streitkräfte aufgezeigt.

2   Die Geschichte: Der Skandal und die Dokumentation

Am 17. August 2017 kündigte das politische Fernsehmagazin *Panorama* des Norddeutschen Rundfunks (NDR) sowohl in einer Pressemitteilung als auch auf seiner Facebook-Seite eine Dokumentation über das mutmaßlich unangemessene Verhalten von Soldaten des *Kommandos Spezialkräfte* (KSK) der Bundeswehr an und vermittelte erste Informationen zum Skandal.[2] Später am Abend wurde der neunminütige Beitrag mit dem Titel „Hitlergruß? Ermittlungen gegen einen Kompaniechef" in der ARD ausgestrahlt (Grabler et al. 2017).

Das Feature erzählt die folgende Geschichte: Im April 2017 wird die *Panorama-Redaktion* von einer Frau kontaktiert, die in der Dokumentation als „Anna" bezeichnet wird. Sie berichtet von ihren Erlebnissen bei einer bizarren Abschiedsparty in einer der vier Kompanien der KSK. Im Vorfeld hat ein KSK-Soldat, der sie bereits von einer Dating-Website kennt und sich sicher zu sein scheint, „dass sie auf harten Sex mit Männern steht" (Grabler et al. 2017, 01:15) Verbindung mit ihr

---

[1] Der vorliegende Beitrag basiert auf Kümmel 2017.
[2] Für weitere Informationen zum KSK, siehe Rose 2009; Gaschke 2010.

aufgenommen. Er versucht „Anna" zu überreden, dem scheidenden Kompaniechef Oberstleutnant Pascal D. nach erfolgreicher Absolvierung eines besonderen Trainingsparcours als Abschiedsgeschenk und Sexspielzeug zu dienen (Gebauer und Lehberger 2017). Eine finanzielle Entlohnung wird nicht angeboten. Die Teilnahme von „Anna" an der Party soll dadurch sichergestellt werden, dass ihr die Erfüllung ihrer sexuellen Fantasien versprochen wird. Der KSK-Soldat bewirbt die Eigenschaften seines Chefs wie folgt: „Zwei Meter groß, fickt alles, was ihm in den Weg kommt. Hände wie ein Klodeckel und tätowiert. Das könnte, was dunkle, sexuelle Ausschweifungen angeht, der Abend deines Lebens werden" (Grabler et al. 2017, 01:22–01:33). Er schickt „Anna" auch einen Videoclip, der seinen Vorgesetzten beim Kickboxen zeigt.

„Anna" nimmt die Einladung an und fliegt am 27. April 2017 mit dem Flugzeug von Hamburg nach Stuttgart. Zwei KSK-Soldaten holen sie ab und begleiten sie zu einem militärischen Schießstand in der Nähe von Sindelfingen (Gebauer und Lehberger 2017). Bei ihrer Ankunft zwischen 21 und 22 Uhr ist die Party bereits in vollem Gange. Rund 60 KSK-Soldaten nehmen teil. Der Trainingsparcours hat bereits begonnen. „Annas" Erinnerungen zufolge beinhaltet der Wettkampf einen Hindernislauf und das Werfen von Schweineköpfen. Nach Beendigung des Wettkampfs wird „Anna" zum Kompaniechef gebracht, dessen Hände noch mit Schweineblut beschmiert sind. Dem Drehbuch zufolge wird ein Zelt als Ort für den Geschlechtsverkehr vorbereitet, doch kommt es dazu nicht, weil der Kommandant bereits zu betrunken ist.

Bei den Journalisten der *Panorama-Redaktion* stößt „Annas" Geschichte zunächst auf ungläubiges Staunen. Dennoch erklären sie sich bereit, der Sache weiter nachzugehen. Mitglieder des *Y-Kollektivs*, eines Netzwerks von Journalisten, stellen weitere Nachforschungen an.[3] Bei ihnen handelt es sich um Dennis Leiffels, der das *Y-Kollektiv* leitet,[4] Jochen Grabler von *Radio Bremen* und Johannes Jolmes aus der *Panorama-Redaktion* (Leiffels et al. 2017). Im Zuge ihrer Recherchen bitten sie das Kommando Heer der Bundeswehr in Strausberg um Informationen. Ein Interview wird zwar abgelehnt, doch antwortet das Kommando Heer per E-Mail und bestätigt dabei „Annas" Geschichte zumindest teilweise. Darüber hinaus enthüllt die E-Mail weitere Details über den Parcours, der einen römisch-mittelalterlichen Wettkampf abbilden soll, der „Bogenschießen, das Zerteilen von Melonen und Ananas mit dem Schwert und das Werfen von Schweineköpfen" beinhaltet (Grabler et al. 2017, 04:17–04:27). Darüber hinaus sollen das Bearbeiten von Baumstämmen

---

[3] Für weitere Informationen, siehe http://presse.funk.net/format/y-kollektiv/.

[4] Siehe http://tincon.org/speaker/dennis-leiffels/.

mit der Axt und die Überwindung einer militärischen Kletterwand Teil des Parcours gewesen sein *(bundeswehr-journal* 2017). Die interne Untersuchung der Bundeswehr kommt außerdem zu dem Schluss, dass es keinen Sex zwischen „Anna" und dem Kompaniechef gegeben hat.

„Anna" berichtet darüber hinaus, dass ein Teil der Gäste auch auf ausdrückliche Aufforderung des Kompaniechefs hin den Hitlergruß gezeigt und die Texte rechtsradikaler Musik lautstark mitgesungen hat. Diese Lieder kann sie der Rechtsrockband *Sturmwehr* zuordnen. Dr. Matthias Quent, Leiter des Instituts für Demokratie und Zivilgesellschaft in Jena, der in dem Dokumentarfilm als Experte befragt wird, bestätigt den rechtsextremen Inhalt der Liedtexte.

Die Ermittlungen der Bundeswehr verifizieren „Annas" Angaben zu den Hitlergrüßen und der rechtsextremen Musik jedoch nicht. Der Befragung der an der Party teilnehmenden KSK-Soldaten zufolge handelte es sich bei den Grüßen nicht um den Hitlergruß, sondern um „Ave Caesar"-Gesten (Gebauer und Lehberger 2017). Das Kommando Heer sieht infolgedessen den Verdacht eines rechtswidrigen Fehlverhaltens von KSK-Soldaten nicht erhärtet. Dennoch könne „das Bestellen einer Escort-Dame" eine Verletzung der Anstandspflicht darstellen (Gebauer und Lehberger 2017).

Kurz nach Bekanntwerden des Vorfalls kündigt ein Pressesprecher der Staatsanwaltschaft Tübingen an, dass ein Ermittlungsverfahren zu dem Vorfall eingeleitet wird (Gebauer und Lehberger 2017). Einige Zeit später wird berichtet, dass die Staatsanwaltschaft Stuttgart ein Ermittlungsverfahren wegen des Verdachts der Verwendung von Kennzeichen verfassungswidriger Organisationen eingeleitet hat (Gebauer 2017).

Auch die Journalisten von *Panorama* erkennen deutliche Hinweise auf ein rechtsextremes Verhalten bei KSK-Soldaten. Der Soldat, der den Kontakt zu „Anna" hergestellt hatt, bestätigt indirekt ihre Erzählung über den Hitlergruß, denn in der weiteren Kommunikation mit ihr erklärt er, dass er „nicht konform mit Hitlergrüßen" gehe und nicht gewusst habe, „wie der Hase läuft" (Grabler et al. 2017, 07:53–07:57). Zudem ergeben die Recherchen von *Y-Kollektiv*, dass der Kompaniechef ein großes Tatoo einer Tschetnik-Flagge mit der serbischen Aufschrift „Mit dem Glauben an Gott und Freiheit oder Tod" trägt. Diese Flagge soll bei radikalen Serben, die am Balkankrieg und an den Massakern an bosnischen Muslimen beteiligt gewesen sein sollen, sehr beliebt gewesen sein (Leiffels et al. 2017, 10:37–11:05).

Des Weiteren bezweifelt das *Y-Kollektiv*, dass Elitesoldaten – die einem starken Korpsgeist anhängen und die höchstwahrscheinlich darauf trainiert sind, harte Verhöre zu ertragen, wenn sie als Kriegsgefangene gefangen genommen werden –

ihre Schuld in den Verhören der Bundeswehr zugeben würden. Durch ein Eingeständnis, den Hitlergruß gezeigt oder rechtsextreme Musik gehört und mitgesungen zu haben, „würden sie sich nur selber schaden und der Truppe schaden. Das würden sie im Leben nicht machen" (Leiffels et al. 2017, 12:05–12:18). Schließlich wurde am Tag nach der Ausstrahlung des Beitrags berichtet, dass aufgrund der Beschwerde einer zivilen Mitarbeiterin des KSK ein Ermittlungsverfahren gegen dessen stellvertretenden Kommandeur Oberst Thomas B. wegen sexistischer und frauenfeindlicher Äußerungen und Bedrohung dieser eingeleitet und dieser stellvertretende Kommandeur deswegen versetzt worden war (Gebauer 2017).

Die Geschichte von „Anna" wirft die Frage auf, ob es in der Bundeswehr im Allgemeinen und in den Spezialkräften im Besonderen Probleme mit Fehlverhalten und rechtsextremen Tendenzen gibt (Gessenharter et al. 1978; Wiesendahl 1998). So kommentiert ZEIT Online (2017), dass es in der jüngeren Vergangenheit in der Bundeswehr mehrere Vorfälle von Mobbing, sexueller Belästigung und rechtsextremem Verhalten gegeben habe. Explizit erwähnt werden dabei der Fall des mutmaßlich rechtsextremen Bundeswehrsoldaten Franco A., der im Verdacht stand, einen Anschlag geplant zu haben, sowie die Fälle von sexueller Belästigung in Pfullendorf und Bad Reichenhall (ZEIT Online 2017). In diesem Zusammenhang verweist ZEIT Online auf schon seit längerer Zeit erhobene Rechtsextremismusvorwürfe gegen das KSK und auf Brigadegeneral a. D. Reinhard Günzel, einen ehemaligen KSK-Kommandeur, der 2003 vom damaligen Verteidigungsminister Peter Struck (SPD) seines Amtes enthoben wurde, „nachdem er einer als antisemitisch kritisierten Rede des Ex-CDU-Mitglieds applaudiert hatte" (ZEIT Online 2017). Des Weiteren stellte er in dem Bildband *Geheime Krieger* das KSK explizit in eine Traditionslinie mit den *„Brandenburgern"*, einer zweifelhaften Spezialeinheit der Wehrmacht (Günzel et al. 2006; Teidelbaum 2008, S. 11). Somit schreibt Oberstleutnant Hans-Günther Fröhling (2008) in der Bundeswehrzeitschrift *IF – Zeitschrift für Innere Führung* zu Recht: „Da Günzel drei Jahre diesen Verband führte, setzt er selbst mit derartigen Äußerungen das KSK dem Verdacht aus, dass zumindest in diesem Zeitraum die Angehörigen des Verbandes möglicherweise in einem Geist sozialisiert wurden, der im Widerspruch zur Inneren Führung steht."

Im Folgenden soll weniger die Frage beantwortet werden, inwieweit die Rechtsextremismusvorwürfe gegen die KSK berechtigt sind. Vielmehr liegt der Fokus auf den Reaktionen der Öffentlichkeit auf diesen *Panorama*-Beitrag, wie sie in dem Thread auf der *Facebook*-Seite von *Panorama* zu finden sind.

3   Der Thread

Die Reaktionen der Zuschauer auf den *Panorama-Beitrag* waren in dem Thread im Vergleich zu den Reaktionen auf andere Beiträge in derselben Sendung recht zahlreich. Der Beitrag selbst und ein zusammengefasster Ausschnitt daraus wurden insgesamt mehr als 224.000 Mal angeklickt und innerhalb weniger Tage 304 Mal kommentiert. Im Vergleich dazu wurden die drei folgenden Beiträge der Sendung nur 85.000 Mal angeklickt, und der Beitrag über Richter unter Stress in derselben Ausgabe erhielt nur 44 Kommentare. Die für diesen Beitrag analysierte Stichprobe besteht aus den oben erwähnten 304 Kommentaren zum KSK-Beitrag, von denen die letzten am 23. August 2017 gepostet wurden.

Eingeräumt werden muss in diesem Kontext, dass es manchmal schwer zu erkennen ist, ob der Name des Verfassers eines Beitrags ein echter Name oder ein Alias ist. Während nur bei wenigen Beiträgen offen zu erkennen ist, dass der Nutzer Soldat der Bundeswehr war oder noch ist, ist es bei anderen Beiträgen recht wahrscheinlich, dass der Nutzer einen militärischen Hintergrund hat. Die Mehrzahl der Beiträge lässt jedoch keine eindeutige Identifizierung eines militärischen oder nicht-militärischen Hintergrunds zu. Dennoch steht dies einer induktiven Inhaltsanalyse nach Mayring (2015) nicht im Wege. Im Rahmen einer solchen Analyse des empirischen Materials wurden die Beiträge auf die in ihnen enthaltenen Themen hin untersucht. Diese Themen wurden dann zu Themenfeldern synthetisiert. Nach diesem Verfahren konnten die Beiträge in die folgenden fünf Themenfelder eingeordnet werden: (1) Zweifel an dem Berichteten, (2) Respekt und Nachsicht, (3) Betroffenheit und Sorge, (4) die Person der Verteidigungsministerin und ihre Amtsführung und (5) Tradition und Identität.

3.1   Zweifel an dem Berichteten

Vielfach werden in den Beiträgen und Kommentaren Zweifel geäußert, ob die berichtete Geschichte tatsächlich der Wahrheit entspricht. „Das ist der unglaubwürdigste Mist, den ich seit langem gelesen habe", schreibt Jan Hammel.[5] Die Zweifel beginnen bei der Zeugin selbst, deren Glaubwürdigkeit in Frage gestellt wird. So weist Arne Rosenow darauf hin, dass zwar alle „von Nazis und Hitlergruß" reden, es aber „noch nicht bewiesen" sei, „dass das so war. Es gibt eine Aussage. Aber wer sagt denn, dass diese Dame sich nicht etwas hinzugedichtet hat?" Diese Frage stellt sich umso mehr, je mehr die Zuschauer das Verhalten der

---

[5] Alle Kommentare in den folgenden Kapiteln wurden auf der Facebook-Seite *von Panorama* gepostet, siehe Panorama 2017.

Zeugin als moralisch verwerflich empfinden. Anja Baffour erklärt noch recht diplomatisch, dass sie sich „über die junge Dame" nur wundern könne. Dagobert Engelhardi äußert am selben Tag seine Verwunderung über „Annas" freiwillige Teilnahme an der Abschiedsfeier und sieht darin ein „sehr, sehr merkwürdiges Verhalten". Margith Turner wird noch deutlicher, indem sie sich und die Leser ihres Beitrags fragt, „[w]elche anständige Frau (…) sich darauf ein[lässt], als Sexgeschenk zu dienen?" Für viele Nutzer ist „Annas" Geschichte schlichtweg unglaubwürdig und wird als Reaktion auf ihre unerfüllten Erwartungen interpretiert. Für Sven Hoerl wirkt es „etwas merkwürdig. Aber vielleicht war es auch der Frust, weil sie unbefriedigt blieb. Wie man sich auch als Gespielin bei so was zum Verkehr vorführen lassen kann, bleibt mir unverständlich." Arian Richter stimmt dem zu, indem er fragt, was für eine Frau Anna denn sei, denn „[s]ie ist doch angereist, um vom Kommandanten hart ‚beglückt' zu werden. Weil er zu besoffen war und sie nicht befriedigt hat, meldete sie Nazi-Parolen. Solche Frauen sind schlimmer als die Soldaten, die Nationalstolz zeigten." Für Uwe Vetter ist klar, dass Anna dies aus Enttäuschung darüber getan haben müsse, „weil er besoffen war." Der Kommentar von Holger Rogge schließlich ist der deutlichste:

> Eine Frau, die bekannt dafür ist, gern von harten Jungs unentgeltlich gevögelt zu werden, wird von einem KSK-Soldaten zu einem Abschiedsfest des Kommandanten eingeladen, um diesem sexuell gefällig zu sein. Der Kommandant ist zu besoffen, um es der notgeilen Dame zu besorgen. Diese frustrierte Frau ‚öffnet' sich einem Team von Journalisten denen, die Bundeswehr suspekt ist. Heraus kommt eine Story, die lediglich auf der Aussage o.g. Frau fußt. Das ist für mich nicht glaubwürdig.

Die Zweifel an „Anna" wecken eine tiefe Skepsis gegenüber der Aussagekraft des Features und der vermittelten Informationen, was zu starken Vorbehalten gegenüber der Qualität der zugrunde liegenden journalistischen Arbeit führt. Diemut Schmidt etwa schreibt. dass „der Medienhype um diese Veranstaltung (…) höchst zweifelhaft und der Saure-Gurken-Zeit geschuldet [sei]. (…) Es gibt doch weiß Gott genügend echte Probleme. Haben wir es nötig, Gerüchte aufzublähen?" Markus Gebauer wiederum konstatiert: „Schlechter Beitrag, nachgestellte Szenen, billige Comic-Bilder. Das sind keine fake, sondern fucking news. Und von solch einem Unsinn soll ich meine Sicht auf das Weltgeschehen bekommen?" Tobias Ruppert fasst in seinem Beitrag die Situation wie folgt zusammen:

> Mal kurz zusammengefasst: Es gab diesen Parcours, der bei einer eher privaten Abschiedsfeier sicherlich keine dienstliche oder strafrechtliche Verfehlung darstellt. Und die Aussage der jungen Dame ist zumindest mehr als fragwürdig, was den Teil mit dem Rechtsrock (geschmacklos, aber nicht verboten) und dem Heben des rechten Arms angeht. Bleibt ein mäßig recherchierter Beitrag, der für den gemeinen empörten Bürger wie gemacht ist. Und solch einen Mist bezahle ich mit meinen Gebühren?

Margith Turner kritisiert einen „Sensationsjournalismus" in dem Beitrag und beklagt sich darüber, „dass der Staat mich zwingt, diese Farce noch zu finanzieren." Tine Jänschke spricht ironisch von „Topjournalismus". Auch Hans-Jürgen Lemke ist besorgt über die Qualität der journalistischen Arbeit und meint, dass *Panorama* einfach nur „irgendwelchen Dreck auf[bauscht]. Alles, was berichtet wurde, ist einfach Unsinn". Dementsprechend wird *Panorama* aufgefordert, nüchtern, sachlich und zurückhaltend zu berichten. Arne Rosenow etwa appelliert an die Unschuldsvermutung, die auch für die Medien gelten sollte. Ähnlich fragt sich Thomas Johannes Schmidt:

> „Was ist denn eigentlich passiert? Harte Kerle, von denen erwartet wird, dass sie ihr Leben riskieren, machen eine Abschiedsfeier. Und dabei singen sie nicht ‚Herr, deine Liebe', sondern sie werfen Schweineköpfe. Das ist wirklich ein Skandal. Sie laden eine Frau ein, die genau weiß, worauf sie sich einlässt. Skandalös! Pfui, pfui, pfui. Na, ist ja nichts passiert, der Kerl war zu besoffen. Und jetzt – das ist, was von der spektakulären Geschichte übrig bleibt: Die haben ein rechtsradikales Lied gehört, vielleicht sogar mitgegrölt, und den Hitler-Gruß gezeigt. Entschuldigung: Dafür, dass die Geschichte den ganzen Tag in den Medien gelaufen ist, ist das doch wirklich ein ziemlich dünnes Süppchen."

Andere gehen noch einen Schritt weiter, stellen die journalistische Integrität von *Panorama* in Frage und werfen dem Team eine tendenziöse Berichterstattung in politischer Absicht vor. René Beer formuliert seine Kritik wie folgt: „Was schreibt ihr mir für Sachen hier? Bei ‚*Panorama*' weiß man, was man hat: Linke Nachrichtenkultur, die gegen Patrioten gerichtet ist. (…) Hetze gegen patriotische Bürger, die unserem Lande dienen. Eine Schande, wie weit es hier gekommen ist." Markus Köckert stimmt dem zu:

> Weil Soldaten mutmaßlich die ‚falsche' Musik gehört haben und im SUFF den falschen Arm mutmaßlich gehoben haben könnten, wird hier eine bunt illustrierter Sonderbeitrag ausgestrahlt? Ich habe den Beitrag gesehen, und insbesondere die zynischen Kommentare der Reschke hatten für mich aber eindeutig den Eindruck gemacht, als geht es hier nur um blinde Stimmungsmache gegen unsere Einsatzkräfte.

Abschließend weist Carmen Knut darauf hin, dass man „die Schuldigen" schon ausgemacht habe, bevor die Ermittlungen abgeschlossen sind. „Die Frau war wahrscheinlich enttäuscht, dass sie nicht … Und lässt sich dann so was einfallen. Was habt ihr ihr bezahlt? Das muss man sich fragen." Weiter erklärt sie, dass es „[e]ine Unverschämtheit [sei], unsere Elite-Soldaten in den Dreck zu ziehen. Ihr könnt euch nicht mal ausmalen, was die durchmachen müssen."

3.2 Respekt und Nachsicht

Die letzte Bemerkung verweist auf das zweite Themenfeld – den Respekt und die Wertschätzung für die Arbeit, die die KSK-Soldaten im Dienste des Landes und für die Gesellschaft leisten. Holger Seiz zum Beispiel betont, dass er „stolz auf diese Männer und ihren Einsatz für Deutschland" sei Und Mark Us Vel ergänzt,

> „dass [das] KSK keine Truppe ist, die im Ernstfall im Sandkasten spielt! Diese Männer sind auch im Training mitunter täglich in Lebensgefahr, im Einsatz sowieso! Wofür? FÜR DEUTSCHLAND! Sie verteidigen unser Land!"

Das deutet auf eine gewisse Toleranz und Nachsicht hin, wenn es um Verhaltensweisen geht, die nicht ganz mit den offiziellen Verhaltensregeln für KSK-Soldaten übereinstimmen. Im gleichen Sinne stellt Max Sunwell fest, dass man „[m]it Informatikern und Muttersöhnchen (…)keinen Krieg gewinnen [kann]!!! (…) Lasst die Jungs in Ruhe!!! Undankbares Pack." Auch Ines Brumm äußert ihr Verständnis:

> Ihr geilt Euch an solcher Scheiße auf, das ist geradezu lächerlich. Lasst die Jungs feiern, wie sie wollen. Traurig genug, dass die Bundeswehr bald nur noch aus rosa Rüschen tragenden Warmduschern bestehen wird, die im Leben nicht in der Lage sein werden, die Heimat unter Einsatz Ihres Lebens zu beschützen. Heimat – darf man das sagen, oder ist das auch ein Relikt aus der Nazizeit?

Kurz darauf kommentiert Wolfgang Hansert mit großer Gewissheit: „Und wenn: Es sind junge Männer. Das sind keine Nazis. Das ist nur Nationalstolz im Gedenken an unsere Soldaten. Wenn Sie für Deutschland im Auslandseinsatz sterben, regt sich keiner auf, ihr Heuchler." Roland Gillig stimmt dem zu und meint, dass bei einer römisch-mittelalterlichen

> Mottoparty (…) der Prätorianergruß dazu[gehört]. Mich persönlich stört es nicht, dass beim Freizeitverein Y offenbar Patriotismus[2] bis hin zu Nationalismus verbreitet ist (erstaunlich – ich hätte ja gedacht, dass linksextreme Deutschlandhasser oder pazifistische Neu'69er sich verpflichten, aber es scheinen doch eher Menschen mit Nationalstolz zu sein).

Bert Grönheim weist auf die extrem gefährlichen Situationen hin, denen die Soldaten ausgesetzt sind und fordert Nachsicht: „Das sind Kräfte, die Einsätze mit hohem Tötungs- oder Verletzungsrisiko ausführen. Man sollte sie unbehelligt feiern lassen." Am deutlichsten formuliert diese Meinung Ralph Bauer, der feststellt, dass das KSK eine Einheit sei,

die laufend, ständig am Rande aller menschlichen Fähigkeiten, Grenzen, was psychische Extremsituationen angeht, fast täglich ein- und ausüben muss, um im Ernstfall mit absoluten Grausituationen professionell umgehen zu können. Alle Tötungs-
arten und Überlebensarten in Extremsituationen müssen sitzen. Das ist nicht der
christliche, Moral- und humanistisch orientierte Haufen, den Frau von der Leyen
gerne hätte. Bei Tötungsmaschinen und Menschen, die töten müssen, um das Überleben der Landsleute zu sichern, sieht der alltägliche Humor und Sarkasmus etwas
anders aus als beim normalen CDU-Bibelkreis und Ortsvereinsangehörigen. Wer
unter Umständen in Afghanistan, Syrien, Mali [oder] Kosovo Dienst geschoben
hat, sieht das Leben und den Tod und alles, was dazugehört, etwas realistischer als
irgendwelche Schreiberlinge, die aus der Theorie heraus urteilen. Kriegstaktik,
Kriegspsychologie usw. und das Einüben dessen ist immer am Rande des Normalen.
Daher: Wenn solche bezahlten Killer und Tötungsmaschinen des Staates feiern,
geht's halt derb zu. (…) Frau von der Leyen steht Truppen vor, die ihr Land so lie-
ben müssen, dass sie töten oder getötet werden für ein paar Euro, und absoluten
Gehorsam leisten sollen, bedingungslos für's Vaterland, aber bitte christlich, nett,
freundlich und humanistisch und moralisch ohne Beanstandungen. Liebe Leute,
diesen Soldaten gibt's nicht. Und in Spezialtötungstrupps zweimal nicht. Doppel-
moral. Wollt ihr solche Storys und Bilder nicht, dann stellt eure Kriege ein und
schafft Armeen und Soldaten ab.

Von einem wirklichen Skandal könne man nicht sprechen. „Hand aufs Herz: Nicht
schön, aber auch kein Skandal", schreibt Anja Baffour. Dies gelte umso mehr,
wenn man bedenkt, dass Alkohol im Spiel war. „Ein bisschen Spaß muss erlaubt
sein. Das war sicherlich kein Hitlergruß. Die Leute waren doch in Feierlaune und
betrunken", meint Dagobert Engelhardi. Ähnlich äußert sich Heinz Hellbach, der
nur „das Werfen von Schweineköpfen" als verwerflich empfindet und hinzufügt, er
habe „großes Verständnis für diejenigen, unter anderen auch für unsere Polizei, die
jeden Tag mit dem menschlichen Abschaum zu tun haben. Dass die auch mal ihren
Spaß brauchen, um sich den ganzen angestauten Frust mit einem Saufgelage von
der Seele zu spülen. Und was spielt es da für eine Rolle, wenn sie sich im Rausch
auch mal ein bisschen daneben benehmen?" Kai Ullrich wiederum schreibt, er
würde

auch lieber von linken Sozialpädagogen aus dem zweiten Bildungsweg verteidigt
werden! Es gibt Dinge, die muss man einfach mal hinnehmen und nicht in den Medien breitlatschen. Das sind Auftragskiller mit extremer Ausbildung, Herrgott! Da
gibt es weder Transgenderdiskussion, noch hat irgendeine Küchenfee da an die
Öffentlichkeit zu gehen.

Andere verweisen auf ähnliche Vorfälle, die keine solchen Folgen hatten. So stellt
Ulrich Kesse fest:

Verstehe diese ganze Aufregung nicht wirklich. Ich war 1978/80 bei einer Kampfeinheit (Panzergrenadier). Bei Zug- oder Kompaniefeiern nach Manövern blieb es dort auch nicht aus, dass mal das eine oder andere ‚verbotene' Lied gesungen wurde oder der ‚Hitlergruß' gezeigt wurde. Lasst doch diese Leute leben. Sie halten schließlich für unser Vaterland ihren Kopf hin. Ich für meinen Teil kann sie verstehen.

Schließlich beruft sich Alexander May in diesem Zusammenhang auf das demokratische Recht auf freie Meinungsäußerung:

Wir müssen wieder dahin kommen, dass das, was viele geschmacklos finden, dennoch vom Recht auf Meinungsfreiheit gedeckt wird. Auch das Zeigen eines Hitlergrußes oder die undefinierbare sog. Hassrede sollten durch die Meinungsfreiheit gedeckt sein. So wie selbstverständlich die Gegenrede dazu.

3.3   Betroffenheit und Sorge

Andere Kommentatoren zeigen sich dagegen wenig überrascht und bestreiten die Authentizität der Geschichte nicht. Martin Armbrust etwa wundert sich „nicht, dass es bei den KSK-Kräften solche Umtriebe gibt. Die wissen nicht, wofür sie stehen: eine demokratische Gesellschaft, die sich an den allgemeinen und unveräußerlichen Menschenrechten orientiert. Ich habe nicht den leisesten Zweifel daran, dass diese Vorwürfe stimmen." Tom Meyers stimmt dem zu und erklärt, dass das Militär Rechte anziehe „wie ein Misthaufen die Fliegen". Jonas Hortebusch fragt ironisch: „Waaaaaas? Nazis bei der Bundeswehr? Ich bin schockiert! Jetzt sagt mir nicht auch noch, dass Elvis tot ist! Das wären zu viele ‚News' an einem Tag!" In die gleiche Kerbe schlägt Tobi He: „Was? Nazis bei der Armee? Das konnte ja niemand bei einem so sozialen und in seiner Struktur überhaupt nicht reaktionären Verein ahnen." Andere Kommentatoren verweisen in diesem Zusammenhang auf ähnliche Vorfälle in der Vergangenheit und vermuten, dass diese auf ein strukturelles Problem zurückzuführen seien. Niels Petring zum Beispiel ist sich sicher, dass es „das System ‚Militär'"sei und dass es „keine Einzelfälle" seien. Elio Bauer stimmt dem zu:

20 Jahre Einzelfälle? Seit Ende des 2. Weltkrieges wird mit Nazis Kuschelkurs betrieben. Eine richtige Aufarbeitung und Entnazifizierung hat es nie richtig gegeben, ob bei der Bundeswehr, Justiz, Politik, Wirtschaft usw.

Für einige war der Bericht nur die Spitze des Eisbergs. „Was bliebe von der Truppe noch übrig, wenn man alle Nazis entfernen würde? Leere Kasernen wahrscheinlich", schreibt Matthias Wetzel. Andere verweisen auf die Aussetzung der Wehrpflicht. Josef Theobald zum Beispiel sieht in dem Vorfall

> die Schattenseiten einer Freiwilligen- und Berufsarmee. Nur: Dies war politisch so gewollt. Bei einer Wehrpflicht- und Berufsarmee hätte dies wegen einer anderen soziokulturellen Zusammensetzung der Streitkräfte vermieden werden können. Jetzt muss man öfters rigoros handeln. Weil der Nachwuchs oft nur in rechtsextremen Kreisen zu finden ist, wird es schwer, die richtigen Leute zu verpflichten.

Red Mask stimmt zu und fragt sich,

> ‚warum' um Himmels Willen wundert sich denn da jemand?! Beim Bund gab es schon immer Nazis. Wenn man die Wehrpflicht abschafft, ist es doch mehr als ‚normal', dass ausschließlich Menschen mit ausgeprägter Heimatliebe sich zum Bund berufen fühlen. Zu meiner Zeit, anno 90, wurden die Faschos in der Kompanie als Sonderlinge eingestuft (…). Damals hat sich keiner der Nazis getraut, sich offen (mit Hitlergruß oder Devotionalien) zu seiner Gesinnung zu bekennen – heute, wo nur noch ‚Berufene' unter sich sind, wird das ‚Nationale' hemmungslos ausgelebt. Man bekommt halt immer das, was man sich erschafft.

Bernd Adrian stimmt zu, dass es wahrscheinlich noch schlimmer wird, weil die Bundeswehr seit der Abschaffung der Wehrpflicht noch mehr „Waffenbegeisterte und auch viele Rechte" anziehen würde. Außerdem verweisen Kommentatoren auf Fehler, Defizite und Versäumnisse bei der Eignungsprüfung, die zu dem aktuellen Dilemma beigetragen haben könnten. So plädiert Maxe Baumann dafür, dass sich die Eignungstests stärker darum bemühen sollten, Rekruten zu identifizieren, die ein „moralisch gefestigtes Weltbild" haben, und sich nicht nur darauf konzentrieren sollten, „wie niedrig deren Hemmschwelle zum Töten ist." Außerdem, so Matthias Wetzel, trügen die Vorgesetzten eine gewisse Mitverantwortung, da sie hätten wissen sollen, „wen sie da zu Killern ausbilden". Christa Elli Schonscheck stimmt zu, dass so etwas „ja nicht von heute auf morgen [passiert]. Solche Vorgänge haben doch eine Anlaufzeit, in der offenbar nie Kontrollen stattfanden." Derartige Einstellungen könnten Daniel Lücking zufolge bei den Kampftruppen besonders ausgeprägt sein, denn gerade dort gebe es

> ‚Traditionalisten', die sich z. B. auf adlige Herkunft oder die Mitgliedschaft in einer schlagenden Verbindung aus Studienzeiten etwas einbilden. (…) Persönlich wundert es mich nicht, dass nun auch Offiziere betroffen sind. Das Gedankengut ist ja in den letzten Jahrzehnten immer wieder zu Tage getreten. Tun lässt sich dagegen wenig – insbesondere bei der KSK, die sehr aufeinander eingeschworen sind und eine geschlossene Gruppe bilden, aus der niemand auszuscheren hat. Da wird kein Untergebener den Chef verraten oder jemand anderen melden.

Während einige der Beiträge eine Art von lapidarem Zynismus zeigen, verfallen andere in Fatalismus. Konrad Struck etwa ist sich sicher, dass „[d]ie Bundeswehr (...) das nie in den Griff kriegen" werde, und will „möchte nicht wissen, was alles unter den Teppich gekehrt wird." Eine ähnliche Skepsis zeigt sich bei Andreas Reymann:

> Heuchlerisch, wer glauben machen will, dass dies Ausnahmen in den unteren Rängen wären. Bundeswehr und auch Geheimdienste sind per se völlig anti-demokratisch, und darin liegt die Gefahr der heutigen Zeit, da alle Parteien im Bundestag die Neuausrichtung der deutschen Außenpolitik – gegen die mehrheitliche Meinung der Bevölkerung – unterstützen und sich dabei zunehmend auf diese Institutionen stützen, sie finanzieren und vor Kritik bewahren wollen, statt sie zu kontrollieren.

Die meisten Beobachter, die den Bericht nicht anzweifeln, sehen im Fehlverhalten der KSK-Soldaten eine potenzielle Bedrohung für das demokratische politische System in Deutschland und fordern Konsequenzen. So schreibt Klaus-Dieter Kroll: „Unglaublich, und die sollen uns beschützen?" Matthias Dittmann wiederum sieht in dem *Panorama*-Beitrag eine unmissverständliche Warnung an die Politik, da es „der Bundesregierung zu denken geben [sollte], wenn selbst die Bundeswehrelite schon komplett anders denkt als die Demokraten es wünschen!" Walter Borgius ist noch deutlicher und sieht die politischen Eliten in Deutschland zum Handeln aufgerufen: „Dass es Neonazis in der Bundeswehr gibt, schockiert mich wenig. Darum ist es aber umso wichtiger, ein Auge auf eben diese Kreise zu haben, die bewaffnet und politisch brandgefährlich sind."

So werden in vielen Beiträgen harte Konsequenzen für die Vorfälle gefordert. Norbert Gesser zum Beispiel meint: „Rechtes Gedankengut hat bei der Bundeswehr nichts verloren. Und wo es sich illegal breit macht, gehören die Verantwortlichen bestraft." Karl Lochner sieht das ganz ähnlich: „Wenn das stimmt, gehören alle vom Dienst suspendiert, und zwar ohne jegliche Abfindungen oder sonstige Ansprüche." Auch Andreas Mitterhofer verweist auf die Verpflichtung der Elitesoldaten auf die demokratische Ordnung, was „mit dem Hitlergruß (...) nicht vereinbar" sei. Dieser rechtfertige folglichdie Entlassung dieser Soldaten. Patricia Castañeda-Holmsve ist ganz auf dieser Linie, wenn sie argumentiert, dass

> Menschen, die diese Gesinnung vertreten, (...) nicht in die Armee [gehören]. Und solche mittelalterlichen Spiele haben einfach nichts mehr mit Spaß zu tun, das ist krank. Hoffentlich hat diese Aktion Konsequenzen.

Viele Kommentatoren, können auch nicht nachvollziehen, warum in vielen Beiträgen großes und weitreichendes Verständnis für das Fehlverhalten der Elitesoldaten gezeigt wird. Mike Zeh zum Beispiel hält

[d]ie Zeugin (…) auf jeden Fall [für] glaubhaft. Die, die jetzt behaupten, dass die Soldaten außerhalb der Dienstzeit solche Parolen legitim äußern dürften, haben die Verantwortung eines Staatsorgans missverstanden. Mensch, die haben eine Vorbildfunktion, auch gegenüber nachfolgenden Generationen. Da hat ein Hitlergruß nix zu suchen, auch privat nicht. Soviel Disziplin sollte man erwarten dürfen, schließlich werden jene auch von Steuergeldern bezahlt.

Als Konsequenz fordert Axel Wellinghausen, dass

„[d]er Sachverhalt (…) gründlich ermittelt werden [muss]. Ermittelnde Behörden sollten vor allem ihre Arbeit machen dürfen, nicht behindert werden. Sofern disziplinarische und/oder strafrechtliche Verfehlungen bewiesen werden können, gehören diese auch in letzter Konsequenz verfolgt. Ich wehre mich gegen Vorverurteilungen genauso wie gegen das Herunterspielen oder das ‚Unter-den-Tisch-Kehren' von Fakten. Ich hoffe, dass die eingesetzten, zumeist gut motivierten Ermittler der beteiligten Sicherheitsbehörden ihre Arbeit machen dürfen."

Einige der Beiträge in diesem Themenfeld loben ausdrücklich die journalistische Arbeit, die mit der Produktion des Beitrags verbunden war und als Teil der Ermittlungen gesehen wird. Walter Borgius bedankt sich bei *Panorama* für den Beitrag und meint, dass der „Hass und Unsinn hier in den Kommentaren" das Team nur ermutigen sollte, „weiter kritischen Journalismus zu betreiben. (…) Vielen Dank dafür."

3.4 Die Person der Verteidigungsministerin und ihre Amtsführung

Am Vorabend des 30. April 2017 strahlte das ZDF-Magazin *Berlin direkt* ein Interview mit Verteidigungsministerin Dr. Ursula von der Leyen aus, in dem es um den Skandal um den mutmaßlich rechtsextremen Soldaten Franco A. ging. In dem Interview stellte die Ministerin den Fall Franco A. in einen größeren Zusammenhang mit weiteren Vorfällen und sprach von einem Führungsversagen der Vorgesetzten:

[I]ch glaube, wir müssen Pfullendorf, sexualisierte Herabwürdigung, Sondershausen, übelste Schikane und jetzt der Soldat A. mit rechtsextremistischem Gedankengut, von dem wir in den Aufklärungen noch nicht genau wissen, was er plante und ob er ein Netzwerk hatte – das sind alles unterschiedliche Fälle, aber sie gehören für mich inzwischen zusammen zu einem Muster, dass ich heute sage: Die Bundeswehr hat ein Haltungsproblem. Und sie hat offensichtlich eine Führungsschwäche auf verschiedenen Ebenen. Und da müssen wir konsequent drangehen.

In diesem Kontext ist es kaum verwunderlich, dass in den kommentierenden Beiträgen zu dem *Panorama*-Beitrag auch die Person der Ministerin thematisiert wird, zumal sie den dargestellten Vorfall am 22. August 2017 offiziell als „absolut geschmacklos" bezeichnet hatte. Die Kommentare schwanken hier zwischen ausdrücklicher Zustimmung einerseits und heftiger Kritik andererseits. Für Hans-Jürgen Lemke beispielsweise ist das Handeln der Ministerin ein wenig begründeter Aktionismus:

> So langsam habe ich die Schnauze voll. Warum kann man nicht endlich mal Ruhe geben? Seit die Flinten (M) Uschi da dauernd rumrührt, gibt es nur noch Nazis in der Truppe. ‚Panorama' bauscht dann auch noch irgendwelchen Dreck auf. Das, was da gebracht wurde, ist doch alles Spinnerei. Ich war ‚sehr' lange bei der Bundeswehr, und so etwas habe ‚nie' erlebt.

Jens Simon stimmt dem zu, wenn er schreibt: „Endlich kann die Verteidigungsministerin wieder einen Kommandeur entlassen sowie alle anwesenden Soldaten auch." Wieder kann der Nazi-Hexenhammer rausgeholt werden, und die Berliner Inquisition wird jagen und öffentlich verbrennen.

Darüber hinaus wird der Ministerin vorgeworfen, dass sie gegenüber ihrer Truppe zu wenig Loyalität gezeigt habe. So meint Roland Fleischmann, dass man „diese Fete mit der Escort-Lady (noch die beste Idee) geschmacklos finden [kann]. Man kann das auch INTERN kritisieren. Aber man muss loyal sein zu seinen Leuten, und das vermisse ich sehr stark bei der ersten Bundesverteidigungsministerin, die Deutschland je hatte." Frank Rosemeyer teilt diese Ansicht und zeigt sich empört darüber, dass die Ministerin „die Zuständige" ist und „ihre Unterstellten [beschimpft]"

Andere nehmen die Äußerungen der Ministerin zum Anlass, ihre Amtsführung gründlich zu kritisieren. Heinz Scharrer zum Beispiel stellt an die Ministerin die Forderung „Lernen Sie doch erst Mal ihren Job." Und Nils Lessmann ist der Meinung, dass die Bundeswehr unter der Führung der Ministerin „nichts weiter als ein unterfinanzierter, kastrierter Genderhaufen" sei. Sowohl die Integration von Frauen in die Bundeswehr als auch die positive Reaktion der Bundeswehr auf gesellschaftliche Forderungen werden als Verweichlichung der Streitkräfte mit negativen Auswirkungen auf die militärische Einsatzbereitschaft und die militärische Effektivität interpretiert. In diesem Zusammenhang hofft Thomas Müller, „diese Verteidigungsminister-Darstellerin bald los" zu sein. Joe WT schließlich meint, dass „[d]ie Flinten-Uschi (…) ihren Laden mal so gar nicht im Griff zu haben [scheint], sie sollte ihren Platz frei machen für einen, der es kann."

Es gibt aber auch eine ganze Reihe von zustimmenden Äußerungen zur Ministerin. Marcel Heldt zum Beispiel findet, dass „man diese Frau nur loben [kann]".

Auch Florian Friedrich ist froh, „dass mal jemand das Verteidigungsministerium führt, der nicht in dieser Kadermentalität des Militärs drin stecktt." Ähnlich fragt sich Ingrid Rausch, ob man von der Ministerin wirklich erwarten sollte, „loyal zu Rechten" zu sein. Im Gegenteil, so Maria Stein, sei es notwendig, „die Bundeswehr auszumisten". Matthias Schlott fordert zudem „disziplinarische[] Konsequenzen", was nach Ansicht von Christa Elli Schonscheck auch für die Vorgesetzten gelten müsse, die offenbar zu wenige Kontrollen durchgeführt hätten. Auch Manfred Willi Reichert sieht nicht die Notwendigkeit, dass die Ministerin loyal zu ihrer Truppe sein müsse: „Warum muss man loyal sein, und wie weit soll Loyalität gehen, wenn es zum Rechtsbruch kommt?" Leonardo Cucchiara weist denn auch nachdrücklich darauf hin, dass die Ministerin keine andere Wahl gehabt habe, als heftige Kritik zu üben:

Das ist ja gerade das größte Hindernis bei der Aufklärung von Vergehen innerhalb der Bundeswehr, dass von oben Stillschweigen diktiert wird, weil man es ‚unter sich regeln' will. In der Bundeswehr gibt es definitiv ein weitläufiges Problem mit latentem Nationalismus. Ich war selber in dem Verein und kenne auch noch einige aktive Soldaten. Jeder weiß von diesem Gespenst in der Truppe. (…) Und es ist eindeutig ein Problem der Führung. Leider trauen sich immer die Wenigsten den Mund aufzumachen, wenn sie sowas miterleben. Aber selbst wenn es irgendwie rauskommt, wird es völlig verharmlost und heruntergespielt. Auch von ‚oben'. Leider selber erlebt. Das wird sich nur ändern, wenn man die Vorgänge öffentlich anprangert. Es muss endlich alles ohne Rücksicht auf Dienstgrad und Kameradschaft aufgedeckt werden, damit die ‚Führung', die den Einfluss hat, was zu ändern, endlich mal erkennt, was für Zustände in der Truppe herrschen. Die Ministerin macht das in meinen Augen völlig richtig. Von mir aus könnte sie noch härter durchgreifen.

3.5 Tradition und Identität

Angesichts einer neuen Traditionsdebatte in der Bundeswehr und der Überarbeitung des Traditionserlasses wird in den Kommentaren auch das Themenfeld von Tradition und Identität behandelt. Andreas Reymann beispielsweise findet es „[e]kelerregend, aber leider nicht überraschend, dass die undemokratischste Institution im Staate Traditionen der Nazi-Diktatur pflegt." Nils Lessmann, der mehrere Kommentare verfasst hat, bezeichnet es dagegen ironisch als „schlimm", dass es „Soldaten [gibt], die stolz auf ihr Land sind und Traditionspflege betreiben. Sollen lieber linke Chaoten und Anarchisten in der Bundeswehr dienen?" Kurz darauf fügt er hinzu, dass „[d]ie Bundeswehr (…) eben die Nachfolge der Streitkräfte der vorherigen deutschen Staaten (Deutsches Kaiserreich, Weimarer Republik,

Wehrmacht) [ist] und (…) deshalb diese Traditionen bewahren [sollte]." Schließlich argumentiert er, dass „ein starkes Militär eben patriotische Soldaten [braucht]. Zu einer schlagkräftigen Streitkraft gehört ein starker Korpsgeist, der eben durch militärische Traditionen gefestigt wird."

Christoph Habereder hingegen widerspricht dieser Haltung, wenn er schreibt, dass „ ‚Traditionspflege' (…) zum Problem werden [kann] und (…) sicherlich aufgrund unserer Vergangenheit besonderer Sensibilität [bedarf]." Claus Bier warnt in diesem Zusammenhang davor, dass Patriotismus leicht mit Nationalismus verwechselt werden könne, und dass es daher umso berechtigter sei, zu fragen, „warum die Tradition einer Armee, die zwei (Angriffs-)Weltkriege verloren hat, aufrechterhalten werden soll. Warum hat es die Bundeswehr nicht geschafft, eigene Traditionen zu entwickeln?" Auch Sajeel Ahmah sieht die Notwendigkeit für „einen gewissen gesunden Patriotismus im Militär", glaubt aber, dass in diesem Fall die Grenze zum Rassismus überschritten worden sei. Er weist darauf hin, dass „Nazi-Symboliken, Hitlergruß, das Hören von menschenverachtender Musik (…) kein Patriotismus, sondern reiner Rassismus [sind]. Es gibt schon einen Unterschied zwischen Patriotismus und Rassismus." Christopher Müller hingegen hält Patriotismus nicht für notwendig, denn „[d]er einzige richtige und wichtige Patriotismus, der bei der Bundeswehr vorherrschen sollte, ist Verfassungspatriotismus, mit dem Willen, diesen zu achten, zu ehren und verteidigen. Rechtes Gedankengut ist verfassungsfeindlich!"

Es könnte jedoch noch mehr auf dem Spiel stehen, wie Norbert Grünewald argumentiert. Er stellt die Traditionen in den größeren Zusammenhang der Identität und glaubt, dass „[d]ie Bundeswehr (…) ein Identitätsproblem [hat].". Oda DeVito schließlich stellt das Thema in einen noch komplexeren Rahmen und argumentiert, dass es sich um ein gesamtgesellschaftliches Problem handelt:

> Wenn man die ‚Beiträge' in diesem Thread liest, weiß man nicht mehr, wovor einem mehr gruseln soll? Vor den unflätigen Beschimpfungen und Diffamierungen der Redaktion, der Journalisten als Volldeppen und linke Schmierfinken, die angeblich weder von seriöser Recherche noch von professioneller Stichhaltigkeit einen Schimmer hätten? Oder vor dem verherrlichenden Untertanengeist, der die mutmaßlichen Vorfälle in dieser ‚Eliteeinheit' als harmlose Feierexzesse verharmlost? Oder die unverhohlenen Sympathiebekundungen für diese ‚Jungs', die angeblich täglich für uns Bürger ihren ‚Arsch riskieren', während die gebührenfinanzierten Medien aus Sensationsgeilheit jeden uninteressanten Mist aufblasen würden? Oder gar vor den sexistischen und widerlichen Beschimpfungen und Herabwürdigungen dieser selbstgerechten Verteidiger der Truppe, die die Zeugin als Schlampe, Nutte oder notgeile Denunziantin verleumden? Eines steht jetzt schon fest: Wir haben nicht nur ein Problem in der Truppe, wir haben ein weit größeres in unserer Gesellschaft mit den kollektiven Wertmaßstäben.

4   Fazit

Die Analyse der Beiträge im *Panorama-Thread* auf *Facebook* gehört zum vergleichsweise jungen Forschungsgebiet der „Social Media Analytics" (Stieglitz et al. 2014). In sozialen Medien präsentiert sich eine Teilgruppe der Öffentlichkeit und der öffentlichen Meinung. Um Zugang zu diesem Bereich zu erhalten, muss man Zugang zu moderner Informationstechnologie haben und diese auch zu nutzen wissen. Die Öffentlichkeit der sozialen Medien ist also nicht repräsentativ für die breite Öffentlichkeit. Dennoch kann die Analyse einer solchen Teilöffentlichkeit für den gesamtgesellschaftlichen Diskurs relevant sein.

In dem hier vorgestellten Fall hat die induktive Inhaltsanalyse des Threads, der sich aus dem *Panorama-Beitrag* entwickelt hat, fünf Themenfelder, die in den Beiträgen behandelt werden, aufgedeckt und identifiziert.

1. Die Beiträge im ersten Themenfeld äußern großeZweifel am Wahrheitsgehalt des Fernsehbeitrags über die Ereignisse auf der KSK-Abschiedsparty.
2. Die Beiträge des zweiten Themenfeldes fordern Respekt vor der professionellen Leistung der Angehörigen dieser KSK-Einheit und zeigen erhebliche Nachsicht gegenüber dem angeblichen oder tatsächlichen Fehlverhalten der Elitesoldaten.
3. Im dritten Themenfeld zeigt sich eine große Betroffenheit über den berichteten Vorfall und die daraus resultierende Sorge um deren Implikationen für das Funktionieren der Demokratie in Deutschland.
4. Das vierte Themenfeld wird durch Beiträge repräsentiert, die die Sendung zum willkommenen Anlass nehmen, die Person der Verteidigungsministerin und ihre Amtsführung zu kommentieren.
5. Die Beiträge des fünften Themenfeldes schließlich betrachten den Vorfall im weitaus größeren Kontext von militärischen Traditionen und militärischer Identität.

In der Debatte innerhalb dieser auf der *Facebook*-Seite von *Panorama* vertretenen Teilöffentlichkeit gibt es keine Verlierer und keine Gewinner, denn keine der beiden Seiten kann unbestritten einen Sieg in der Debatte beanspruchen. Positiv ist einerseits, dass die ‚checks and balances' funktionieren – die Befürworter der Inneren Führung beteiligen sich an der Debatte und artikulieren ihre Position. Negativ ist hingegen, dass man feststellen muss, dass die Inhalte und Prinzipien von Innerer Führung keineswegs unumstritten geteilt werden. Viele Beiträge lassen sich als Kritik an der Inneren Führung lesen, was zeigt, dass diese Kritik auch in

Teilen der Gesellschaft geteilt wird. Der Kampf um die Innere Führung ist also noch nicht ausgefochten, weder in den Streitkräften noch in der Öffentlichkeit, sondern er geht weiter.

Was das Verhältnis der Bundeswehr zu den sozialen Medien betrifft, so ist der vorliegende Fall interessant, da die Bundeswehr als Institution nicht – zumindest nicht offen (in der heutigen Zeit sollte nichts ausgeschlossen werden) – am Diskurs auf der *Facebook*-Seite von *Panorama* teilnimmt. Gleichzeitig generiert eine Bundeswehrthematik 224.000 Klicks und mehr als 300 Kommentaren der interessierten Öffentlichkeit. Diese Kommentare stammen sowohl von Zivilisten als auch von ehemaligen oder aktuellen Angehörigen der Streitkräfte. Es sind individuelle Antworten und Reaktionen auf die Dokumentation über den mutmaßlichen Vorfall bei den deutschen Spezialkräften. Über die Bundeswehr wird also in den sozialen Medien gesprochen, ob sie will oder nicht, und daran lässt sich wenig ändern. In der Konsequenz bedeutet dies, dass eine Kontrolle der sozialen Medien mehr oder weniger unmöglich ist. Natürlich kann sich die Bundeswehr als Institution offiziell in den Streit einmischen, was dem Thema aber möglicherweise mehr Bedeutung und politische Aussagekraft verleihen würde als es der Bundeswehr lieb wäre. So hofft man in der Öffentlichkeitsarbeit des Verteidigungsministeriums vielleicht, dass dieses Thema sozusagen in den Tiefen des Internets und der damit verbundenen Nachrichtenflut untergeht. Im Vergleich zu früheren Zeiten wird die Debatte jedoch nicht mehr nur mündlich geführt, sondern in schriftlicher Form und bleibt somit für immer im Internet. Das hat zur Folge, dass die Debatte über diesen Vorfall zwar unter tonnenweise anderen Nachrichten begraben sein mag, aber immer noch sehr leicht zu finden ist – es genügt ein Suchbefehl in einer Suchmaschine wie Google und anderen. Der Vorfall und die Debatte darüber können immer wieder abgerufen werden, auch wenn schon viel Zeit vergangen ist. Willkommen in der schönen neuen Welt der sozialen Medien.

Literatur

Berlin direkt (2017) Personalprobleme in der Truppe: Interview with the Minister of Defence, Ursula von der Leyen. Berlin direkt. https://www.zdf.de/politik/berlin-direkt/berlin-direkt-vom-30-april-2017-100.html. Zugegriffen am 29.08.2017

bundeswehr-journal (2017) Bei Abschiedsfeier der KSK „die Sau rausgelassen": Recherchen zu KSK-Feier. Bundeswehr ermittelt bei Elitetruppe. Bundeswehr-journal. http://www.bundeswehr-journal.de/2017/bei-abschiedsfeier-der-ksk-die-sau-rausgelassen/. Zugegriffen am 29.08.2017

Fröhling HG (2008) Mehr Transparenz. IF – Zeitschrift für Innere Führung, 1. Aufl. http://
www.if-zeitschrift.de/portal/a/ifz/start/themen/buerger_staat/!ut/p/z1/hY_NCsIwEIT-
fqJukaOvRYivFWhV_k4uEJtRITUqI4sGHN0HxVtzDwM7sfssCgxMwzR-
q5U4ZzTvfUzY-Z2m1q8iEkBneEFTuyzSLlzuS5zEc4PhvhPkYDdQUwVZIoJ6RDDL
2Y9gCAyZk1BgtXVAntVNeW8udsVFvrOtCcrfWJ5ESQBGeZTjG5HsKv5KCLub-
zBOGyLlYBeOUP_vzt8iY8DfTCtejk2jTTj9HfirSuR-0bjVwyPA!!/dz/d5/L2dBISEv-
Z0FBIS9nQSEh/#Z7_B8LTL2922D1Q20IUI8B3MT2EU6. Zugegriffen am 29.08.2017
Gaschke S (2010) Unter Kriegern: Sind Elitesoldaten auf geheimer Mission die Zukunft der
Bundeswehr? Ein Besuch beim Kommando Spezialkräfte. ZEIT-Online. http://www.zeit.
de/2010/31/KSK-Kommando-SPezialkraefte/komplettansicht. Zugegriffen am 29.08.2017
Gebauer M (2017) Ärger in Elite-Einheit. Frauenfeindliche Sprüche: Bundeswehr setzt
KSK-Kommandeur ab. Spiegel online. http://www.spiegel.de/politik/deutschland/
bundeswehr-ksk-kommandeur-wegen-frauenfeindlicher-sprueche-abgesetzt-a-1163440.
html. Zugegriffen am 29.08.2017
Gebauer M, Lehberger R (2017) Bundeswehreinheit KSK: Ermittlungen nach abstoßender
Feier von Elitesoldaten. Spiegel online. http://www.spiegel.de/politik/deutschland/
bundeswehr-ermittelt-nach-geschmackloser-party-von-ksk-soldaten-a-1163290.html.
Zugegriffen am 29.08.2017
Gessenharter W, Fröhling H, Krupp B, Nacken W (1978) Rechtsextremismus als normativ-
praktisches Forschungsproblem: Eine empirische Analyse der Einstellungen von studie-
renden Offizieren der Hochschule der Bundeswehr Hamburg sowie von militärischen
und zivilen Vergleichsgruppen. Beltz, Frankfurt am Main
Grabler J, Leiffels D, Jolmes J (2017) Hitlergruß? Ermittlungen gegen Kompaniechef.
Rechtsrock und Hitlergruß auf einer Verabschiedungsfeier für den Kompaniechef?
Bundeswehr und Staatsanwaltschaft haben Ermittlungen aufgenommen. Panorama.
http://www.ardmediathek.de/tv/Panorama/Hitlergru%C3%9F-Ermittlungen-gegen-
Kompaniec/Das-Erste/Video?bcastId=31091 8&documentId=45275570. Zugegriffen am
29.08.2017
Günzel R, Walther W, Wegener UK (2006) Geheime Krieger: Drei deutsche Kommandover-
bände im Bild: KSK, Brandenburger, GSG 9. Pour le Mérite, Selent
Kümmel G (2017) Das Kommando Spezialkräfte, eine Reportage und ein Thread. Eine Analyse der Zuschauerreaktionen auf der Facebook-Seite von „Panorama". In: von Uwe H, von
Rosen C, Hartmann C (Hrsg) Jahrbuch Innere Führung 2017: Die Wiederkehr der Ver-
teidigung in Europa und die Zukunft der Bundeswehr. Miles Verlag, Berlin, S. 233–256
Leiffels D, Grabler J, Jolmes J (2017) Ermittlungen bei Bundeswehr-Eliteeinheit: Hitlergrüße
und Rechtsrock. Y-Kollektiv Dokumentation. https://www.youtube.com/watch?v=G_
oSUzT5iw8. Zugegriffen am 29.08.2017
Mayring P (2015) Qualitative Inhaltsanalyse. Grundlagen und Techniken, 12. Aufl. Beltz,
Weinheim
Panorama (2017) [Bundeswehr: Hitlergruss beim KSK?] [Facebook]. 17 August 2017.
https://www.facebook.com/panorama.de/videos/1095337790603890/. Zugegriffen am
23.08.2017
Rose J (2009) Ernstfall Angriffskrieg. Frieden schaffen mit aller Gewalt? Verlag Ossietzky,
Hannover
Stieglitz S, Dang-Xuan L, Bruns A, Neuberger C (2014) Social Media Analytics: Ein inter-
disziplinärer Ansatz und seine Implikationen für die Wirtschaftsinformatik. Wirtschafts-
informatik 56(2):101–109

Teidelbaum L (2008) Braunzone Bundeswehr? Der bundesdeutsche Rechtsextremismus und die Bundeswehr, 4. Aufl. Informationsstelle Militarisierung e.V., Tübingen

Wiesendahl E (1998) Rechtsextremismus in der Bundeswehr: Ein Beitrag zur Aufhellung eines tabuisierten Themas. Sicherh Frieden 16(4):239–246

ZEIT Online (2017) Bundeswehr. Vizekommandeur der KSK soll abgesetzt werden. ZEIT-Online. http://www.zeit.de/gesellschaft/zeitgeschehen/2017-08/bundeswehr-ksk-kommandeur-stellvertreter-absetzung?print. Zugegriffen am 29.08.2017

Die Stimmung auf den Sozialen Medien Accounts der Streitkräfte im Vereinigten Königreich: Eine erste Analyse von Twitter-Inhalten

Daniel Leightley, Marie-Louise Sharp, Victoria Williamson, Nicola T. Fear und Rachael Gribble

Zusammenfassung

Frühere Untersuchungen über die Wahrnehmung der britischen Streitkräfte in der Öffentlichkeit des Vereinigten Königreichs (UK) ergaben häufig ein widersprüchliches Verständnis des Militärs als „Helden" und „Opfer". Um diese Widersprüche näher zu untersuchen, untersuchte diese Studie die öffentlichen Einstellungen und Wahrnehmungen der britischen Streitkräfte anhand einer Stimmungsanalyse von Twitter-Inhalten, die am oder nach dem 1. Januar 2014 gepostet wurden. Twitter ist eine der größten Soziale Medien-Plattform mit schätzungsweise 126 Mio. täglich aktiven Nutzenden weltweit und 17 Mio. aktiven Nutzenden im Vereinigten Königreich. Es wurde eine maßgeschneiderte Datenerfassungsplattform entwickelt, um relevante Tweets und Antworten zu identifizieren und zu extrahieren. Insgesamt wurden 323.512 Tweets und 17.234 Antworten identifiziert und ausgewertet. Es zeigte sich, dass Tweets, die sich auf die britischen Streitkräfte bezogen oder diese thematisierten, signifikant häufiger positiv als negativ waren, wobei die öffentliche Wahrnehmung der Streitkräfte im Laufe der Zeit stabil blieb. Wir stellten auch fest, dass negative

D. Leightley (✉) · M.-L. Sharp · V. Williamson · N. T. Fear · R. Gribble
King's Centre für militärische Gesundheitsforschung, King's College London, London, Großbritannien
E-Mail: daniel.leightley@kcl.ac.uk; marie-louise.sharp@kcl.ac.uk; victoria.williamson@kcl.ac.uk; nicola.t.fear@kcl.ac.uk; rachael.gribble@kcl.ac.uk

© Der/die Autor(en), exklusiv lizenziert an Springer Nature Switzerland AG 2023   183
E. Moehlecke de Baseggio et al. (Hrsg.), *Soziale Medien und die Streitkräfte*,
https://doi.org/10.1007/978-3-031-26108-4_9

Tweets eher am späten Abend oder frühen Morgen gepostet wurden als zu anderen Tageszeiten. Darüber hinaus wurden in dieser Studie Unterschiede in der Art und Weise festgestellt, wie positive und negative Tweets in Zusammenhang mit politisierten Hashtags zu Regierungspolitik, politischen Organisationen und psychischer Gesundheit diskutiert wurden. Dies war ein unerwartetes Ergebnis, und es bedarf weiterer Forschung, um die Gründe dafür zu verstehen.

1 Einleitung

Die öffentliche Unterstützung für militärische Maßnahmen spielt eine wichtige Rolle in der Verteidigungs- und Außenpolitik. Sie reicht von der Legitimierung militärischer Operationen über die Aufrechterhaltung der militärischen Effektivität, die Rechtfertigung des Verteidigungshaushalts, die Förderung der Personalbindung und -rekrutierung bis hin zur Unterstützung von Veteranen (Rahbek-Clemmensen et al. 2012; Gribble et al. 2015). Seit Beginn des britischen Engagements im Irak und in Afghanistan vor fast zwei Jahrzehnten war die militärische Führung sehr besorgt darüber, was die britische Öffentlichkeit von diesen Einsätzen hält und wie die öffentliche Wahrnehmung die Unterstützung für das Personal und die Veteranen nach deren Rückkehr beeinflussen könnte (Hines et al. 2015; Gribble et al. 2019). Es gab und gibt jedoch einen Mangel an britischer Forschung zur Einstellung der Öffentlichkeit gegenüber den britischen Streitkräften aus britischer Sicht.

Belege für Unterschiede in den Einstellungen und Wahrnehmungen zwischen der allgemeinen Öffentlichkeit und den Streitkräften werden als „zivil-militärische Kluft" bezeichnet. Sie wurde erstmals in der aus den USA stammenden Literatur beschrieben und bezieht sich auf die kulturelle und demografische Kluft, die zwischen der Gesellschaft und den Angehörigen der Streitkräfte aufgrund fehlender Kontakte, gemeinsamer Erfahrungen und demografischer Repräsentation entstehen kann (Huntington 1957; Biderman 1960). Eine sich vergrößernde Kluft kann Auswirkungen auf das gegenseitige Verständnis und die gegenseitige Unterstützung, die Verteidigungs- und Sicherheitspolitik, die Rekrutierung und Bindung von Militärangehörigen und den Übergang der aus dem Militärdienst Ausgeschiedenen in die zivile Gesellschaft haben (Rahbek-Clemmensen et al. 2012). Frühere Forschungsarbeiten in diesem Bereich deuten auf einen Widerspruch in der Art und Weise hin, wie die Öffentlichkeit die britischen Streitkräfte wahrnimmt (McCartney 2011). Eine Studie, die sich auf Daten der British Social Attitudes Survey stützt, ergab beispielsweise ein hohes Maß an öffentlicher Wertschätzung und Respekt für die Streitkräfte, wobei „mehr als acht von zehn Personen" angaben, dass sie „eine ‚hohe' oder ‚sehr hohe' Meinung von den Streitkräften" hätten (Gribble et al. 2012, S. 141). Der Studie zufolge waren die Angehörigen der Streitkräfte sogar angesehener als jeder andere Beruf, einschließlich der Ärzte, die regelmäßig die Liste der angesehensten Berufe anführen (ebd., S. 143).

Die Unterschiede in der Wahrnehmung könnten darauf zurückzuführen sein, dass die Öffentlichkeit immer weniger Kontakt zu denjenigen hat, die in den Streitkräften gedient haben oder derzeit dienen, nachdem das militärische Establishment nach dem Kalten Krieg geschrumpft ist und die Generationen, die die Wehrpflicht im Ersten und Zweiten Weltkrieg und den Nationaldienst – der 1963 im Vereinigten Königreich abgeschafft wurde – erlebt haben, verstorben sind (Strachan 2003). Darüber hinaus haben sich in den letzten 20 Jahren die Rolle(n) und Aufgaben der britischen Streitkräfte deutlich verändert. Aktive Kampfeinsätze im Irak und in Afghanistan wurden eingestellt, und das Personal ist zunehmend an nichtkombatanten Operationen beteiligt, wie z. B. an humanitären Einsätzen, einschließlich der Operation Gritrock als Reaktion auf die Ebola-Epidemie im Jahr 2014, der Unterstützung von Ersthelfern bei der Bekämpfung der Waldbrände in England und Wales im Jahr 2018 und der Unterstützung der Bewohner und Bewohnerinnen in England während der weit verbreiteten Überschwemmungen im Jahr 2019 und Anfang 2020 (BBC 2018; Forces. Net 2019). Trotz dieser öffentlichkeitswirksamen Aufgaben an vorderster Front deuten Forschungsergebnisse jedoch darauf hin, dass die Öffentlichkeit die täglichen Aufgaben der Streitkräfte nicht versteht, da der Fokus der Medien auf ihre aktuellen Aktivitäten reduziert ist, was zu einer eher negativen Wahrnehmung beitragen kann (Latter et al. 2018).

Während es eine klare Bewunderung für die britischen Streitkräfte gibt, geht dies oft mit falschen Vorstellungen und Fehlinformationen über die Auswirkungen des Militärdienstes auf diejenigen, die gedient haben, einher (Rahbek-Clemmensen et al. 2012; Gribble et al. 2015, 2019; Hines et al. 2015). Britische Untersuchungen zeigen, dass die Öffentlichkeit die negativen Auswirkungen des Militärdienstes auf Militärangehörige und Veteranen regelmäßig überschätzt, insbesondere was die psychische Gesundheit betrifft. Das Sozialforschungsinstitut Ipsos MORI führte in Zusammenarbeit mit dem King's College London die Studie „Hearts and minds: Misperceptions and the military" durch, eine internationale Umfrage zur Wahrnehmung der Streitkräfte, bei der insgesamt 5010 Personen aus fünf Ländern (Australien, Großbritannien, USA, Kanada und Frankreich) interviewt wurden (Ipsos MORI 2015). In der Studie wurden mehrere falsche Vorstellungen in der Bevölkerung festgestellt, darunter die Überschätzung der Ausgaben für die Streitkräfte, die Überschätzung der psychischen Probleme und die Überschätzung des Einflusses ehemaliger Militärangehöriger auf das Justizsystem (ebd.). Diese Ergebnisse sind nicht ungewöhnlich, denn frühere Umfragen haben gezeigt, dass

91 % der britischen Bevölkerung glauben, es sei zu erwarten, dass ehemalige Militärangehörige aufgrund ihres Dienstes körperliche, emotionale oder psychische Probleme haben (Ashcroft 2012).

Neuere Online-Umfragen deuten darauf hin, dass solche Wahrnehmungen weiterhin bestehen. So zeigt beispielsweise eine von YouGov durchgeführte Umfrage, dass Veteranen im Vereinigten Königreich aufgrund ihres Militärdienstes als institutionalisiert, psychisch beeinträchtigt oder „beschädigt" wahrgenommen werden (Latter et al. 2018). Darüber hinaus besteht die allgemeine Auffassung, dass Veteranen weniger in der Lage sind, Beziehungen außerhalb der Streitkräfte aufzubauen. Gleichzeitig glaubt die Öffentlichkeit jedoch auch, dass der Militärdienst positive Eigenschaften wie Selbstdisziplin, Loyalität und Selbstvertrauen fördert. Insgesamt scheinen diese Ergebnisse die bereits erwähnte Dichotomie von Held und Opfer im Verständnis der britischen Öffentlichkeit von den Streitkräften und ihrer Rolle widerzuspiegeln (McCartney 2011). Es sollte auch beachtet werden, dass solche Wahrnehmungen weitere Auswirkungen auf die Unterstützung militärischer Operationen durch die Öffentlichkeit und damit auf die Fähigkeit der Regierung haben könnten, Außenpolitik zu betreiben (Forster 2005; McCartney 2010).

Im Vereinigten Königreich gibt es nur wenige Forschungsarbeiten, die die öffentliche Wahrnehmung der britischen Streitkräfte mit Hilfe traditioneller Methoden wie Umfragen oder persönlichen Befragungen untersuchen. Die steigenden Kosten für die Durchführung groß angelegter quantitativer Umfragen – und die Schwierigkeiten, genügend Teilnehmer zu rekrutieren – könnten künftige Forschungen in diesem Bereich verhindern. Es wurde vermehrt auf Online-Umfragen zurückgegriffen, die jedoch keine Möglichkeit zur Kontextualisierung der Antworten bieten und oft aus der Ferne ohne direkten Kontakt oder Beziehung durchgeführt werden. Eine alternative Methode ist die Nutzung sozialer Medien, um die öffentliche Meinung als Reaktion auf aktuelle Ereignisse in Echtzeit zu beobachten. Obwohl es Bedenken gegen die Nutzung sozialer Medien gibt, ist es wichtig anzuerkennen, dass die Nutzung sozialer Medien namenlosen Individuen eine Plattform bieten kann, um ihre Ideen und Gedanken frei und ohne Ausgewogenheit zu verbreiten, und dass dies andere Wahrnehmungen überzeichnen und abwerten könnte.

Twitter wird zunehmend genutzt, um die öffentliche Meinung und Wahrnehmung zu quantifizieren. So wurde beispielsweise die aus Tweets und Antworten auf Tweets berechnete Stimmung verwendet, um die öffentliche Wahrnehmung von Essstörungen, Impfstoffen, Krankheiten und Schmerzen zu beschreiben (Ashcroft 2014; Hines et al. 2015; Mahar et al. 2017). Twitter, ein Microblogging-Dienstleister, hat schätzungsweise 126 Mio. täglich aktive Nutzerinnen und Nutzer, die täglich über 400 Mio. Tweets erzeugen. Allein im Vereinigten Königreich hat Twitter über 17 Mio. aktive Nutzende (Morgan 2001; Szayna et al. 2007). Es ist daher eine ideale Plattform für die Analyse der öffentlichen Meinung über die britischen Streitkräfte. In dieser Studie untersuchten wir die Anwendbarkeit der Stimmungs- und Inhaltsanalyse von Twitter, einschließlich Tweets und Antworten, die sowohl von Mitgliedern der Zivilgesellschaft als auch von Konten der Streitkräfte gepostet wurden, um die öffentliche Wahrnehmung der britischen Streitkräfte zu verstehen. Auf diese Weise wollen wir alternative Methoden zur Untersuchung der öffentlichen Wahrnehmung in diesem Bereich unterstützen und verstehen, wie soziale Medien unser Verständnis im Vergleich zur bisherigen Literatur verbessern können.

2   Methodik

2.1   Studiendesign und Datenquellen

Diese Studie wurde als quantitative Analyse von Tweets und Antworten – einschließlich der Verwendung von Hashtags – konzipiert, die von öffentlich zugänglichen Accounts auf Twitter gepostet wurden und sich auf die britischen Streitkräfte beziehen oder diese diskutieren. Drei Mitglieder des Studienteams[1] durchsuchten Twitter manuell, um relevante Accounts zu identifizieren. Die Einschlusskriterien für die Accounts waren:

1. öffentlich zugänglich (nicht-privat);
2. Beiträge, die sich auf die britischen Streitkräfte beziehen oder diese diskutieren (z. B. eine Veteranenorganisation oder eine Person, die gedient hat);
3. in englischer Sprache verfasst sind;
4. gepostet am oder nach dem 1. Januar 2014;[2]
5. zum Zeitpunkt der Datenextraktion mindestens 1000 Follower haben.

Die Forschenden entschieden anhand des Inhalts der Tweets und der Antworten, die von dem Konto gepostet wurden, ob es für die Aufnahme in die Studie geeignet war. Darüber hinaus wurde die Anzahl der Follower des Kontos als Indikator für die Vertrauenswürdigkeit herangezogen, um sicherzustellen, dass keine gefälschten Konten („Bots") oder neue Konten aufgenommen wurden, die möglicherweise nicht vertrauenswürdig sind.
    Die Ausschlusskriterien für die Konten waren:

---

[1] Forscher: Dr. Daniel Leightley, Dr. Marie-Louise Sharp und Dr. Rachael Gribble.
[2] Vor dem 1. Januar 2014 verarbeitete, sammelte und verbreitete Twitter Inhalte auf eine andere Art und Weise, so dass ein direkter Vergleich vor und nach diesem Datum unzulässig ist.

1. keine identifizierbare Sprache;
2. Sie enthielten nur einen Link oder ein Bild (ein Hinweis auf Spam-Tweets, auch als Junk-Tweets bezeichnet);
3. ein Re-Tweet ohne Kommentar;
4. 15 Zeichen oder weniger enthalten.

Für die Datenerfassung wurde die Twitter Streaming Application Programming Interface (API) verwendet, die zur Sicherstellung einer fairen Nutzung eine Raten-beschränkung hat, d. h. es können nur 2500 Tweets pro Konto erfasst werden (Twitter 2019). Für jedes Twitter-Konto, das die Einschlusskriterien erfüllte, wurde die API verwendet, um die letzten 2500 Tweets und, wenn möglich, die Antworten auf jeden Tweet zu extrahieren. Die Tweets wurden automatisch gesammelt und in einer passwortgeschützten Datenbank gespeichert. Die Datenextraktion wurde im Mai 2019 durchgeführt und umfasste den Inhalt des Tweets bzw. der Antwort, die Koordinaten (Breitengrad/Längengrad) des Tweets bzw. der Antwort, das Er-stellungsdatum, die voraussichtliche Sprache des Tweets bzw. der Antwort, die Art des Postings und, falls es eine Antwort gab, den Nutzer oder die Nutzerin, an den die Antwort gerichtet war.

Abb. 1 zeigt ein Flussdiagramm, das den Prozess veranschaulicht, den wir bei der Analyse der Tweets und Antworten angewendet haben, zusammen mit der An-zahl der einbezogenen und ausgeschlossenen Tweets und Antworten.

2.2 Datenbereinigung

Um die extrahierten Twitter-Inhalte zu analysieren, war es wichtig, die Tweets und Antworten vor der Analyse und der Modellierung zu bearbeiten, um sicherzu-stellen, dass wir keine irrelevanten oder unwichtigen Merkmale modellieren. Dies ist ein Standardverfahren für die Verarbeitung natürlicher Sprache, das in einer Reihe von Studien verwendet wird (Jinwei et al. o. J.; Gundlapalli et al. 2013; Leightley et al. 2019). Zu diesem Zweck wurden die folgenden Textverarbeitungs-schritte auf die Tweets und Antworten angewendet, um Tweets und Antworten zu entfernen, die nicht von Interesse waren:

1. Entfernen von Sonderzeichen, die keine nützlichen Informationen lieferten, z. B. (&), („ "), (∗), (+), (<), (>);
2. Identifizierung von Antworten und Erwähnungen anderer Nutzer oder Nutze-rinnen (dargestellt durch @) und Entfernung von Hyperlinks;
3. Entfernung des Hashtag-Symbols (#) und Aufteilung von Hashtags in mehrere Wörter mit dem Ziel, den Hashtag auf Kernbegriffe zu reduzieren.

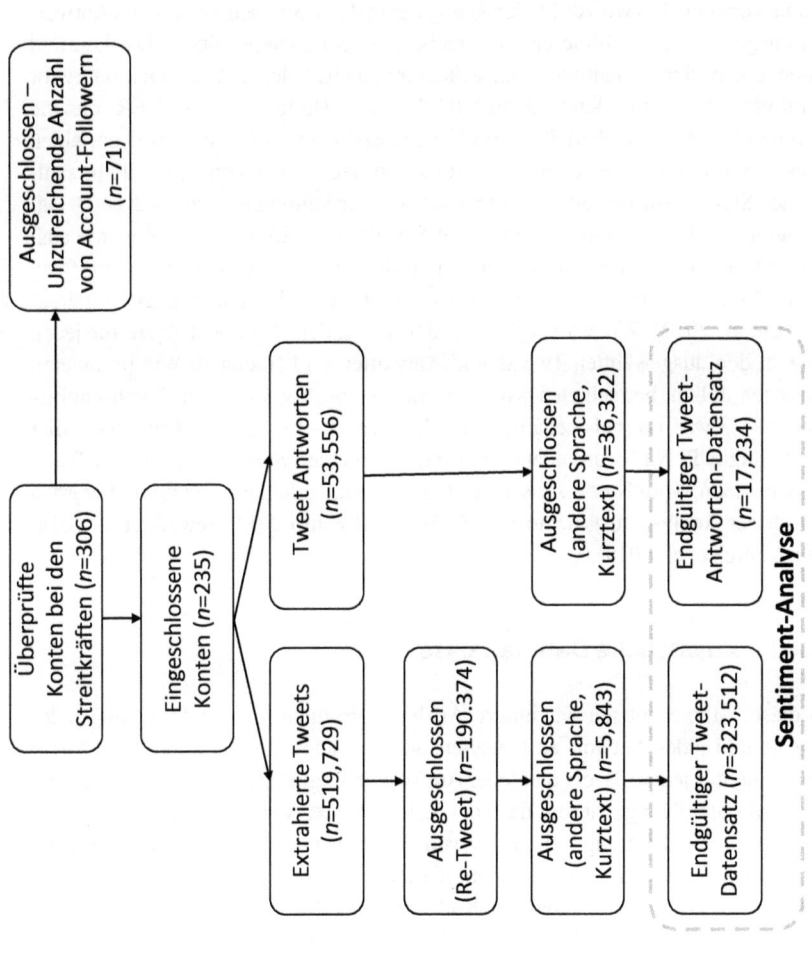

Abb. 1 Flussdiagramm der Datenextraktion und -verarbeitung aus abgerufenen Tweets und Antworten

2.3   Stimmungsanalyse

Bei der klassischen Inhaltsanalyse identifizieren Leserinnen und Leser qualitativ Themen und Konzepte in einem Text, was zeitaufwändig und begrenzt ist. In dieser Studie verwendeten wir zur Einschätzung der in den einzelnen Tweets und Antworten ausgedrückten Gefühle ein automatisiertes, computergestütztes Lexikon und einen regelbasierten Sentiment-Klassifikator namens Valence Aware Dictionary for Sentiment Reasoning, kurz VADER (Gilbert und Hutto 2014). VADER, das die Stimmung sowie den Wert für jedes Wort klassifiziert, um einen positiven, einen negativen und einen neutralen Score für jeden Satz zu berechnen, wurde in zahlreichen Studien zur Bewertung und Vorhersage der Stimmung verwendet (z. B. Daniulaityte et al. 2016; Ghani et al. 2018; Sewalk et al. 2018). VADER wurde ausgewählt, da es sich als erfolgreich bei der zuverlässigen Verarbeitung von Social-Media-Texten erwiesen hat (Huang et al. 2018; Sewalk et al. 2018; Pérez-Pérez et al. 2019). Wir verwendeten VADER, um den Sentiment-Score für jeden Satz in den ausgewählten Tweets und Antworten zu berechnen. Wie in anderen Ansätzen üblich, betrachteten wir einen Satz als positiv, wenn der Durchschnittswert $\geq+0{,}3$ war, oder als negativ, wenn der Wert $\leq-0{,}3$ war. Der Mittelwert aller Werte ungleich Null wurde dann verwendet, um einen Stimmungswert pro Tweet zu berechnen. Mittelwerte zwischen $-0{,}3$ und $+0{,}3$ galten als neutral und wurden von dieser Analyse ausgeschlossen (Gilbert und Hutto 2014; Sewalk et al. 2018; Pérez-Pérez et al. 2019).

2.4   Zusätzliche Datenanalyse

In dieser Studie nutzten wir unsere Analyse, um nicht nur die Stimmung jedes Tweets und jeder Antwort zu bewerten, sondern auch den Inhalt und die Metadaten, die mit jedem Tweet und jeder Antwort bereitgestellt wurden. In der Literatur wird darauf hingewiesen, dass der Zeitpunkt der Veröffentlichung, Hashtags und die Geolokalisierung – sofern sie von Twitter verwendet oder erfasst werden – einzigartige Einblicke bieten können, die andernfalls von der Stimmungsanalyse allein nicht erfasst werden könnten (Kolliakou et al. 2016; Radzikowski et al. 2016; Roland et al. 2017). Im Einzelnen wurden die folgenden Merkmale extrahiert und analysiert:

1. Der Wochentag und die Uhrzeit, also wann der Inhalt gepostet wurde, wurden für jeden Tweet und jede Antwort extrahiert. Frühere Untersuchungen haben gezeigt, dass es starke Korrelationen zwischen dem Stimmungswert und dem

Wochentag und der Uhrzeit, zu der der Inhalt gepostet wurde, gibt. Zum Beispiel fanden (McIver et al. 2015) heraus, dass Tweets, die am frühen Morgen gepostet wurden, oft negativer waren als solche, die am Abend gepostet wurden, was möglicherweise Veränderungen des psychologischen Zustands während des Tages widerspiegelt.

2. Twitter erlaubt die Verwendung von „Hashtags" in Tweets und Antworten, die in den Metadaten enthalten sind. Hashtags (mit dem Symbol # gekennzeichnet) markieren Schlüsselwörter oder Phrasen und werden von Twitter kategorisiert. Sie fassen die Gesamtaussage eines Tweets/einer Antwort zusammen und zeigen, welche Themen der Postende für relevant und wichtig hält (Radzikowski et al. 2016).

3. Einige Twitter-NutzerInnen haben zugestimmt, dass ihr Standort zum Zeitpunkt des Postings öffentlich zugänglich gemacht wird. Dies könnte sich als nützlich erweisen, um ihr aktuelles Herkunftsland zu identifizieren sowie spezifische Länderfragen zu unterscheiden, um den Inhalt des Tweets weiter zu entschlüsseln und zu verstehen und etwaige Aussagen zu validieren (Radzikowski et al. 2016).

Es ist wichtig zu beachten, dass nicht alle Twitter-Nutzer Hashtags verwenden oder die Erlaubnis erteilt haben, dass auf ihren Standort zugegriffen und dieser geteilt werden kann.

2.5 Statistische Analyse

Die in dieser Studie durchgeführte Analyse folgt weitgehend den zuvor beschriebenen Analysen und verwendet die Programmiersprache Python (Kolliakou et al. 2016; Sewalk et al. 2018; Pérez-Pérez et al. 2019). Erstens liefern wir ungewichtete deskriptive Statistiken über die Häufigkeit, Standardabweichung (SD) und Länge von Tweets und Antworten sowie die durchschnittliche Wortlänge pro Tweet/Antwort, die Posting-Rate pro Account, die Anzahl der Likes/Retweets, die durchschnittliche Anzahl der Hashtags und die durchschnittliche Anzahl der Tweets/Antworten, die am Morgen oder am Nachmittag gepostet wurden. Zweitens wollten wir herausfinden, ob es Unterschiede zwischen positiven und negativen Stimmungswerten gab, indem wir einen nichtparametrischen Mann-Whitney-Test durchführten, um festzustellen, ob sich die Stimmungslage im Laufe der Zeit statistisch verändert hat. Drittens wurden die beliebtesten Hashtags, die für Tweets und Antworten verwendet wurden, auf der Grundlage einer Häufigkeitsauszählung separat ermittelt. Die Anzahl der positiven Tweets für jeden Hashtag wurde mit

Hilfe der Chi-Quadrat-Statistik verglichen, was für die Antworten wiederholt wurde. Schließlich wurden für die Tweets und Antworten mit einer geografischen Markierung die beliebtesten Länder, in denen die Tweets/Antworten verfasst wurden, gruppiert und ermittelt. Die Statistiken wurden unter Verwendung des gesamten Nenners (n) berechnet, sofern nicht anders angegeben ist (siehe Abb. 1).

3   Ergebnisse

3.1   Deskription

Insgesamt wurden 323.512 Tweets und 17.234 Antworten identifiziert und für die Analyse extrahiert (Abb. 1; Tab. 1). Die durchschnittliche Anzahl der Zeichen betrug 115 für die Tweets (SD: 41) und 59 für die Antworten (SD: 38). Im Durchschnitt wurde jeder Tweet dreimal re-tweeted (SD: 8), und die Antworten wurden im Durchschnitt einmal re-tweeted (SD: 2). Die Postings enthielten durchschnittlich 2,43 Hashtags (SD: 3,07) für Tweets und 1,61 Hashtags (SD: 0,21) für Antworten. Die Studie ergab auch, dass die meisten Tweets nach der Mittagszeit, d. h. zwischen 12:00 und 23:59 Uhr, gepostet wurden (16,07, SD, 5,17), während die meisten Antworten vor der Mittagszeit, d. h. zwischen 00:00 und 11:59 Uhr, gesendet wurden (2,46, SD, 1,62).

Anhand der Metadaten für jeden Tweet oder jede Antwort konnten wir feststellen, dass die beliebtesten Methoden zum Posten eines Tweets oder einer Antwort Twitter für iPhone (28,55 %, 21,31 %), der Twitter Web Client (21,56 %, 18,94 %) und Twitter für Android (6,30 %, 11,76 %) waren.

Tab. 1 Top-Level-Statistiken für extrahierte Tweets und Antworten

Statistik	Tweet (n = 323.512) Mittelwert (SD)	Antworten (n = 17.234) Mittelwert (SD)
Länge der Zeichen	115 (41)	59 (38)
Tweet-Rate (pro Konto)	10 (42)	5 (61)
Likes	3,09 (2)	0,47 (0,08)
Retweets	3 (8)	1 (2)
Hashtags	2,43 (3,07)	1,61 (0,21)
Bilder	0 (0,53)	0 (0,02)
Hyperlinks	0 (0,87)	0 (0,0)
Empfänger (@)	1,2 (0,61)	1,24 (0,16)
Zeitraum der Veröffentlichung		
Morgens (00:00–11:59 Uhr)	8,34 (3,17)	2,46 (1,62)
Nachmittags (12:00–11:59 Uhr)	16,07 (5,17)	2,01 (1,59)

SD Standardabweichung

3.2 Stimmungsanalyse

Ein höherer Anteil der Tweets (48,70 %; 157.576/323.512) wurde mit einem positiven Sentiment-Score gegenüber einem negativen Score (10,83 %, 35.053/323.512) identifiziert. Bei den Antworten war es umgekehrt: 52,01 % wurden als negativ (8963/17.234) und 38,78 % (6683/17.234) als positiv eingestuft. Die Zitate 1 und 2 veranschaulichen die Arten von Tweets und Antworten, die entweder als positiv oder negativ eingestuft wurden.

Die Abb. 2 und 3 zeigen die positiven und neutralen Stimmungswerte für Tweets bzw. Antworten im Zeitverlauf. Die Abweichung der Stimmungswerte im Zeitverlauf war gering, und es gab keine signifikanten Unterschiede zwischen positiven und negativen Tweets oder Antworten für jedes in die Analyse einbezogene Quartal. Dennoch gab es einen allgemeinen Abwärtstrend bei den Stimmungswerten für Tweets zwischen Zitat 1 im Jahr 2014 und Zitat 2 im Jahr 2019, was bedeutet, dass mehr negative Tweets gepostet wurden (−0,161). Dies ging einher mit einem Anstieg der Stimmungswerte der Antworten, was bedeutet, dass mehr positive Antworten gepostet wurden (0,147). Obwohl der Rückgang statistisch nicht signifikant war, könnte er auf die höhere Anzahl von Tweets und Antworten und die gestiegene Medienaufmerksamkeit zurückzuführen sein, die die britischen Streitkräfte zwischen 2018 und 2019 erhielten, wie z. B. die Ermittlungen gegen ehemalige Angehörige der britischen Streitkräfte, die in Nordirland dienten (Mills et al. 2019). Umgekehrt könnte der Anstieg der Stimmungswerte der Antworten im selben Zeit-

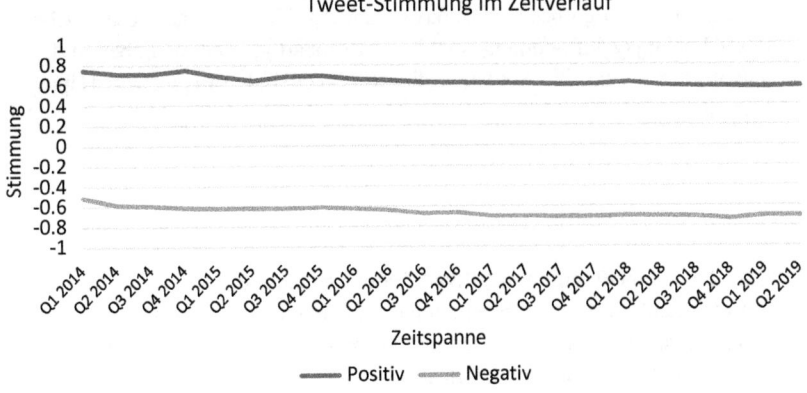

Abb. 2 Stimmungswerte für Tweets vom 1. Januar 2014 bis zum 30. Juni 2019

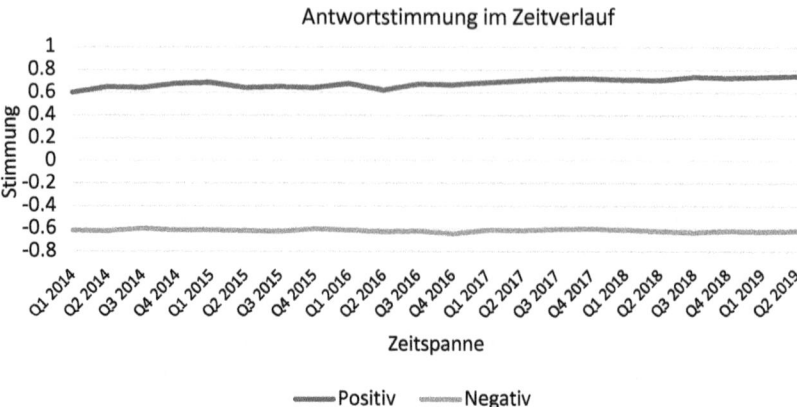

Abb. 3 Stimmungswerte für Antworten vom 1. Januar 2014 bis zum 30. Juni 2019

raum als Reaktion auf die negative Medienaufmerksamkeit oder die Veröffentlichung negativer Twitter-Inhalte zurückzuführen sein. Allerdings war auch dieser Anstieg statistisch nicht signifikant.

Zitat 1: Beispiel für einen positiven Tweet und eine Antwort

Tweet: „In den #britischen Streitkräften zu dienen ist die beste Entscheidung, die ich je getroffen habe und hat mich zu dem Mann gemacht, der ich heute bin #dienen #militärisch #stolz"

Antwort: „Ein großes Lob an das @ArmyLGBT-Team, das diese Woche mit @Lucianjay auf Sendung war! Es war großartig, über das Leben in der @BritishArmy und die Soldaten, die #LGBTQ sind, zu sprechen. Happy Pride an alle"

Zitat 2: Beispiel für einen negativen Tweet und eine Antwort

Tweet: „Länder würden wahrscheinlich weniger humanitäre Hilfe benötigen, wenn wir sie nicht bombardieren und Waffen an Länder verkaufen würden, die sie ebenfalls bombardieren #justsaying"

Antwort: „@armyjobs Die britische Regierung verkauft Waffen, um eine fremde Nation zu destabilisieren und dann kommt die britische Armee damit!"

Um festzustellen, ob die Tageszeit den Stimmungswert verändert, haben wir jeden Tweet und jede Antwort in einminütigen Blöcken über einen 24-Stunden-Zeitraum zusammengefasst (Abb. 4 und 5). In den ersten Stunden des Tages wurden sowohl die Stimmungswerte der Tweets als auch die der Antworten negativer, während sich die Stimmungswerte im Laufe des Tages verbesserten (d. h. weniger negative und mehr positive Inhalte). Darüber hinaus konnte für die Dauer der Stu-

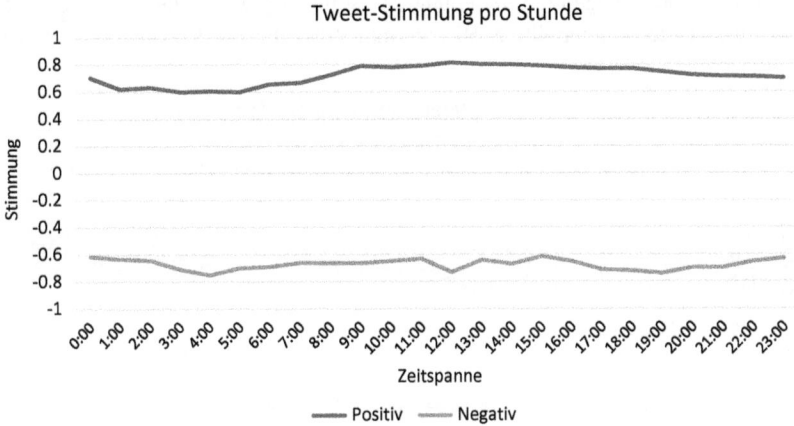

Abb. 4 Stimmungswerte für Tweets über 24 h des Tages

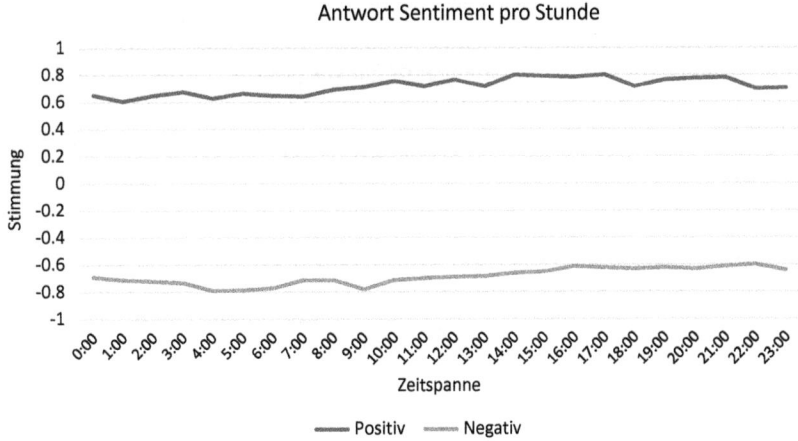

Abb. 5 Stimmungswerte für Antworten über 24 h des Tages

die ein signifikanter Unterschied zwischen positiven und negativen Tweets festgestellt werden ($p = 0{,}045$), während für die Antworten auf Tweets im selben Zeitraum ebenfalls signifikante Unterschiede festgestellt wurden ($p = 0{,}022$).

Um weiter zu untersuchen, welche Rolle die Zeit für das Aufstellen von positiven
und negativen Tweets und Antworten spielt, analysierten wir auch den Wochentag, an
dem der Inhalt gepostet wurde. Insgesamt fanden wir keine signifikanten Unterschiede zwischen den Stimmungswerten für Tweets und Antworten (Abb. 6 und 7).

Abb. 8 und 9 zeigen die Verteilung der Stimmungswerte aller negativen und
positiven Tweets, unterteilt in Histogramm-Bins, die einen Zuwachs von *0,1*

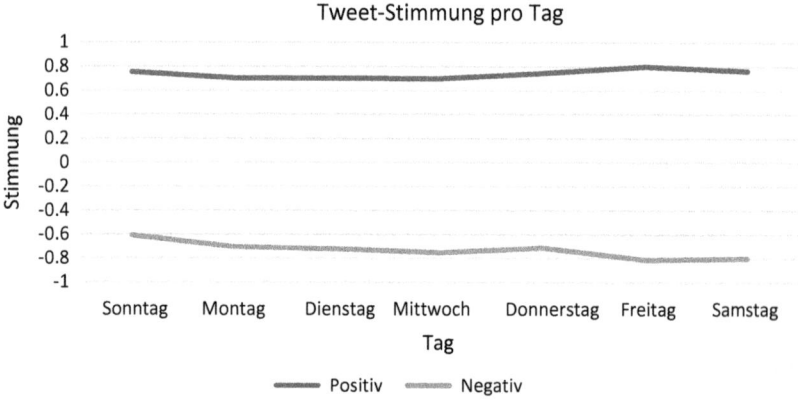

Abb. 6 Stimmungswerte für Tweets für jeden Wochentag

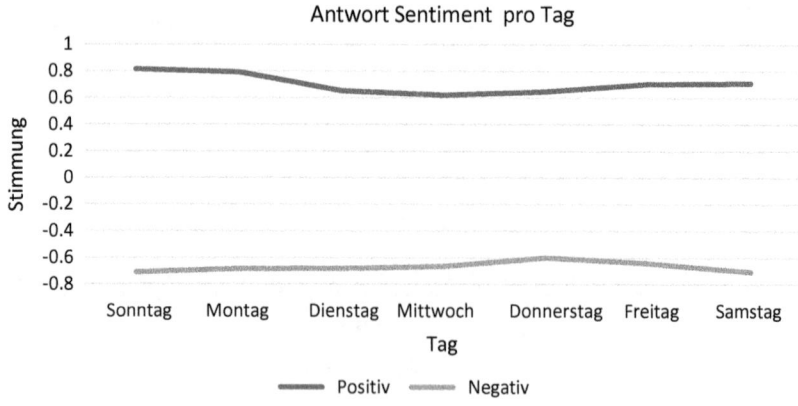

Abb. 7 Stimmungswerte für Antworten für jeden Tag der Woche

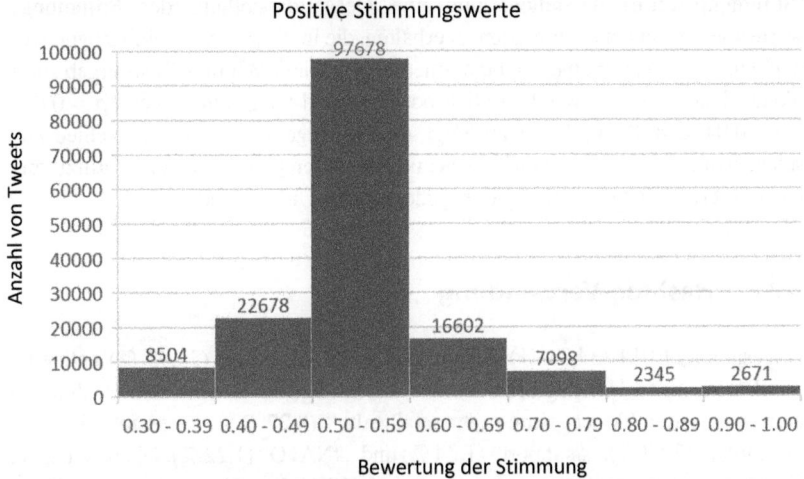

Abb. 8 Histogramm-Verteilung der für Tweets berechneten positiven Stimmungswerte

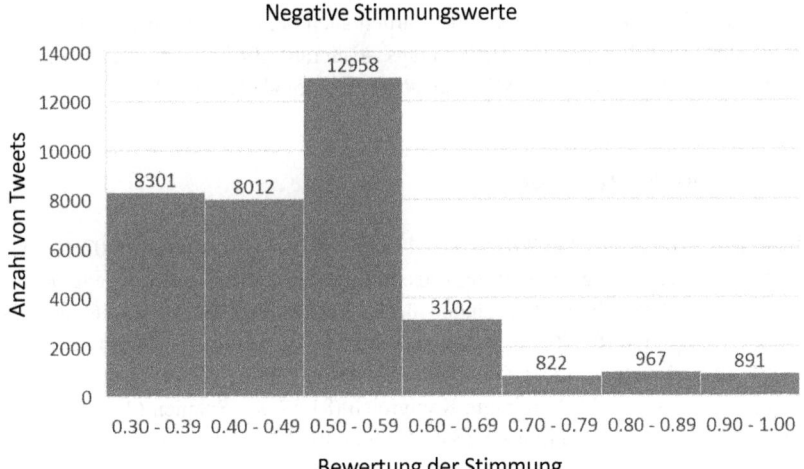

Abb. 9 Histogramm-Spanne für negative Stimmungswerte, die für Antworten berechnet wurden

(Stimmungswerte) darstellen, um eine Gesamtdarstellung der Stimmungswerte aller Tweets und Antworten zu erhalten, die in die Analysen einbezogen wurden. Die Anwendung eines nichtparametrischen Mann-Whitney-Tests ergab signifikante Unterschiede zwischen allen positiven und negativen Tweets ($p = 0{,}041$, $\mu = -0{,}04$, und SD, $0{,}709$). Dies zeigt, dass es insgesamt einen Unterschied zwischen positiven und negativen Tweets und Antworten gibt. Bei einer Stratifizierung nach Zeit (d. h. Zitat 1 2014) gibt es jedoch keine Unterschiede.

3.3   Hashtag-Verwendung

Insgesamt 111.014 (34,31 %) Tweets und 4128 Antworten (23,95 %) enthielten mindestens einen Hashtag (Tab. 2). Die am häufigsten verwendeten Hashtags in den analysierten Tweets waren „#mentalhealth" (8,27 %), „#veteran" (8,14 %), „#country" (3,87 %), „#support" (1,24 %) und „#NATO" (1,22 %). Die beliebtesten Hashtags in den Antworten waren ‚#veteran' (12,46 %), ‚#lestweforget' (8,68 %), ‚#notinmyname' (5,45 %), ‚#brexit' (4,99 %) und ‚#labour' (2,71 %). Statistisch signifikante Unterschiede zwischen positiven und negativen Tweets wurden bei der Verwendung von „#veteran" (44,00 %, $p = 0{,}002$) und „Land" (49,94 %, $p = 0{,}054$) gemessen. Signifikante Unterschiede wurden auch bei den Antworten auf Tweets festgestellt, zum Beispiel für die Hashtags ‚#veteran' (39,84 %, $p = 0{,}001$), ‚#notinmyname' (12,97 %, $p = 0{,}001$) und „#Arbeit" (45,34 %, $p = 0{,}002$).

3.4   Geolokalisierung

Insgesamt wurden 75.766 Tweets (23,41 %) und 1047 Antworten (6,07 %) mit einer Geolokalisierungsmarkierung versehen, die den Breiten- und Längengrad angibt (Tab. 3). Die beliebtesten Länder für das Posten eines Tweets waren das Vereinigte Königreich (62,40 %), Frankreich (11,31 %), Spanien (7,34 %), Portugal (7,19 %) und Belgien (5,91 %). Die beliebtesten Länder für die Beantwortung eines Tweets waren das Vereinigte Königreich (81,57 %), Spanien (4,10 %), Belgien (3,61 %), die Falklandinseln (3,44 %) und die USA (2,86 %).

Tab. 2 Top 5 Hashtags, berechnet anhand der Häufigkeit des Auftretens in Tweets und Antworten

Tweet (n = 111.014)			Antwort (n = 4128)			
Hashtag	n (%)	% positiv	Chi2(p-Wert)	Hashtag	n (%)	% positiv	Chi2(p-Wert)
#mentalhealth	9180 (8,27)	33,49	0513 (0473)	#Veteran	514 (12,46)	39,84	14.486 (< 0001)
#Veteran	9036 (8,14)	44,00	14.466 (0002)	#lestweforget	358 (8,68)	89,33	0,116 (0733)
#Land	4296 (3,87)	49,94	9317 (0054)	#NichtinmeinemNamen	225 (5,45)	12,97	31.158 (< 0001)
#Unterstützung	1376 (1,24)	26,05	2627 (0267)	#Brexit	205 (4,99)	48,10	9317 (0054)
#NATO	1354 (1,22)	58,30	2576 (0108)	#Arbeit	111 (2,71)	45,34	21.278 (0002)

Tab. 3 Top-5-Länder, berechnet anhand der Häufigkeit des Auftretens, aus denen Tweets und Antworten gemäß den Twitter-Metadaten stammen

Tweet (n = 75.766)		Antwort (n = 1047)	
Land	n (%)	Land	n (%)
UK	47.277 (62,40)	UK	854 (81,57)
Frankreich	8569 (11,31)	Spanien	42 (4,1)
Spanien	5561 (7,34)	Belgien	37 (3,61)
Portugal	5447 (7,19)	Falkland-Inseln	35 (3,44)
Belgien	4477 (5,91)	USA	29 (2,86)

4   Diskussion

Insgesamt deuten unsere Ergebnisse darauf hin, dass die öffentliche Wahrnehmung der britischen Streitkräfte im Laufe der Zeit stabil war – zwischen 2014 und 2019 wurden keine statistisch signifikanten Veränderungen bei den analysierten positiven und negativen Tweets/Antworten festgestellt. Diese Ergebnisse spiegeln die Ergebnisse des British Social Attitudes Survey (Gribble et al. 2012) und verdeutlichen, dass sich die Rolle der britischen Streitkräfte nach den Ereignissen im Irak und in Afghanistan zwar weiterentwickelt hat, dies jedoch kaum Auswirkungen auf die Wahrnehmung zu haben scheint und die breite Öffentlichkeit nach wie vor über die Streitkräfte diskutiert. In dieser Studie wurde jedoch festgestellt, dass der Wochentag, an dem ein Tweet oder eine Antwort gepostet wurde, zwar nicht signifikant war, die Tageszeit jedoch tatsächlich ein wichtiger Faktor für die Stimmung eines Tweets oder einer Antwort war. So ergab unsere Studie, dass negative Tweets und Antworten eher am späten Abend oder frühen Morgen gepostet wurden als zu anderen Tageszeiten.

Frühere Untersuchungen haben gezeigt, dass das Umfeld sozialer Medien unvorhersehbar und chaotisch ist und dass die Inhalte, die zu jeder Zeit gepostet werden, grenzenlos variieren (Taecharungroj 2017). In dieser Studie stellten wir fest, dass ein großer Teil der Tweets als positiv identifiziert wurde, während mehr Antworten negativ waren. Im Allgemeinen war dies der Fall, wenn Personen auf einen positiven Tweet negativ antworteten, was den Beobachtungen im Bereich der Social Media Beziehungen entspricht (Taecharungroj 2017). Im Laufe der Zeit blieb dieses Verhalten konstant, auch wenn die Anzahl der geposteten positiven und negativen Inhalte zunahm. Die Unvorhersehbarkeit der Regierungspolitik und der Darstellung in den Medien spielt ebenfalls eine wichtige Rolle bei der Art und Weise, wie die Öffentlichkeit mit sozialen Medien umgeht. Dies könnte erklären, warum Unterschiede in Bezug auf den Tag/die Uhrzeit der Veröffentlichung von Tweets und Antworten beobachtet wurden, da sich die Medien auf einen 24-Stunden-Berichterstattungszyklus zubewegen und sich von der traditionellen Berichterstattung (d. h. Berichterstattung um 9 Uhr morgens) entfernen.

Die Ergebnisse zur Verwendung von Hashtags bei der Diskussion über die britischen Streitkräfte in den sozialen Medien bieten neue Einblicke in die Art und Weise, wie die Wahrnehmung des Militärs politisch motiviert oder durch Assoziationen mit aktuellen Ereignissen wie dem EU-Referendum 2016 („#brexit") und den Parlamentswahlen 2019 im Vereinigten Königreich („#labour") geprägt sein kann und mit bestimmten kulturellen Ereignissen wie dem Remembrance Day („#lestweforget") verbunden ist. Dies könnte das Ergebnis von Schuldzuweisungen, politischer Verbundenheit mit Kriegen, dem Anstieg von Nationalismus und Rassismus aufgrund des Brexit oder Änderungen in der Politik der britischen Regierung in Bezug auf die Streitkräfte sein (Ford und Goodwin 2017; Jennings und Stoker 2019). Außerdem stellten wir fest, dass der beliebteste Hashtag für Tweets „#mentalhealth" und für Antworten „#veteran" war. Wir stellen die Hypothese auf, dass dies die mediale Aufmerksamkeit für die psychische Gesundheit von Angehörigen der britischen Streitkräfte widerspiegeln könnte, die zu einem Anstieg des öffentlichen Bewusstseins für dieses Thema geführt hat (Ashcroft 2012; Lee 2016; Gribble et al. 2019). Wie Untersuchungen im Vereinigten Königreich gezeigt haben, überschätzt die Öffentlichkeit regelmäßig die negativen Auswirkungen des Militärdienstes auf Militärangehörige und Veteranen, insbesondere in Bezug auf die psychische Gesundheit, was erklären könnte, warum die Mehrheit der Tweets mit „#mentalhealth" negativ war (Ipsos MORI 2015). Außerdem wurde „#support" häufig in Verbindung mit „#mentalhealth" getwittert. Dies könnte den Eindruck verstärken, dass die Öffentlichkeit der Meinung ist, dass die britischen Streitkräfte in Bezug auf die psychische Gesundheit ihrer Mitglieder nicht ausreichend unterstützt werden.

Eine detaillierte Analyse zeigte, dass es einen statistischen Unterschied in der Verwendung von „#mentalhealth" zwischen positiven und negativen Tweets gab, was auf einen abwärts gerichteten (negativeren) Fokus hinweist. Dies könnte darauf zurückzuführen sein, dass die Nutzer bereit sind, ihre Gedanken und Erfahrungen im Zusammenhang mit psychischer Gesundheit und Militärdienst zu äußern. Darüber hinaus könnten Mediendarstellungen, wie die Fernsehserie „Bodyguard" (Turner 2018), oder die Stigmatisierung von Veteranen in Bezug auf den Zugang zu und die Inanspruchnahme von Gesundheitsdiensten ebenfalls die öffentliche Wahrnehmung beeinflussen (Murphy und Busuttil 2015; Sharp et al. 2015). In diesem Zusammenhang ist es wichtig anzuerkennen, dass die Nutzung sozialer Medien namenlosen Einzelpersonen eine lautstarke Plattform bieten kann, um ihre Ideen und Gedanken frei und unvoreingenommen zu verbreiten, wodurch andere Wahrnehmungen überzeichnet und abgewertet werden könnten. In unserer Analyse haben wir festgestellt, dass die beliebtesten Hashtags nicht von einigen wenigen „lautstarken" Konten verwendet wurden, sondern dass sie weit verstreut waren, wobei die durchschnittliche Anzahl der Tweets und Antworten, die in die Studie einbezogen wurden, bei etwa 9 pro Konto lag.

Frühere Studien deuten darauf hin, dass im Allgemeinen zwischen ein und zwei Prozent der Tweets Geolocation-Metadaten enthalten (Burton et al. 2012). In dieser Studie fanden wir jedoch heraus, dass etwa 24 % der Tweets und 6 % der Antworten eine Geolokalisierung enthielten, was deutlich höher ist, als aufgrund der Literatur zu erwarten war. Dies könnte auf Verzerrungen, ungenaue Aufzeichnungen oder den Anteil der Tweets zurückzuführen sein, die von Nutzern gepostet wurden, die Twitter die Erlaubnis zur Erfassung dieser Informationen gegeben haben. Es zeigte sich, dass das Vereinigte Königreich das beliebteste Land für Posts zum Thema britische Streitkräfte ist. Es wurden jedoch interessante Unterschiede zwischen Tweets und Antworten festgestellt. Während die Tweets häufig aus Ländern stammten, in denen NATO-Aktivitäten stattfanden, scheinen die Antworten hauptsächlich aus Ländern zu stammen, in die britische Staatsangehörige auswandern.

4.1   Stärken und Beschränkungen

Diese Studie ist die erste ihrer Art, die die Anwendbarkeit der Stimmungsanalyse auf Twitter untersucht. Wie auch in früheren Untersuchungen (Gribble et al. 2012), ergab diese Studie, dass die öffentliche Meinung im Laufe der Zeit stabil ist, mit ähnlichen, wenn auch nicht signifikanten Trends von positiven und negativen Tweets und Antworten zwischen 2014 und 2019. Diese Studie trägt zur wissenschaftlichen Literatur bei, indem sie robuste und tiefgreifende Datenanalysetechniken einsetzt, um unser Verständnis der öffentlichen Wahrnehmung der britischen Streitkräfte zu verbessern. Darüber hinaus führt sie einen neuen Forschungsbereich zur Politisierung der Streitkräfte im öffentlichen Diskurs ein. Die in dieser Studie angewandte Methode hat sich als geeignet für diesen Forschungsbereich erwiesen und könnte in zukünftigen Arbeiten eingesetzt werden, um Echtzeit-Feedback zu Veränderungen in der Rekrutierungsstrategie, der Unterstützung der psychischen Gesundheit und der Regierungspolitik oder zukünftigen Militäroperationen zu liefern.

Die Ergebnisse dieser Studie müssen vor dem Hintergrund der folgenden Einschränkungen betrachtet werden. Erstens umfasste diese Studie Konten, die manuell identifiziert wurden. Dies war zwar systematisch und entsprach den allgemeinen Grundsätzen für systematische Übersichten (Moher et al. 2009), doch sollten künftige Arbeiten darauf abzielen, robustere und automatisierte Lösungen für die Identifizierung von Konten zu entwickeln. Zweitens beschränkte diese Studie die Analysen auf Tweets und Antworten, die sich auf die britischen Streitkräfte beziehen. Obwohl die Ergebnisse auf einen stabilen Trend im Laufe der Zeit hindeuten, ist daher nicht bekannt, ob dies nur den Trend der Twitter-Diskussionen über die Streitkräfte widerspiegelt. Um diese Frage zu klären, sollten zukünftige Arbeiten die Analyse auf Vergleiche mit anderen Ländern und Berufen ausweiten. Drittens haben wir nicht versucht, die Unterschiede zwischen aktiven und ehemaligen Militärangehörigen zu ermitteln. Künftige Arbeiten sollten daher untersuchen, welche Rolle der Status des aktiven Dienstes für die öffentliche Stimmung spielt. Außerdem sollten die Veränderungen quantifiziert werden, um die Auswirkungen positiver und negativer politischer Veränderungen, wie z. B. des EU-Referendums, auf die öffentliche Wahrnehmung zu bewerten. Schließlich hat diese Studie nur einen kleinen Teil der seit 2014 veröffentlichten Twitter-Inhalte erfasst. Die Anzahl der Tweets, die aufgrund der Twitter-API gesammelt werden konnten, war begrenzt, und es wurden nur die auf Twitter geposteten Wahrnehmungen erfasst. Außerdem wurden die Analysen nicht gewichtet, um die Anzahl der Tweets pro Nutzerkonto zu berücksichtigen. Zukünftige Arbeiten sollten sich daher auf die

Entwicklung einer längsschnittlichen Kohorte sozialer Medien konzentrieren, die speziell auf Inhalte und Themen in Zusammenhang mit den britischen Streitkräften ausgerichtet ist.

5   Schlussfolgerungen

Diese Studie ergab, dass Tweets, die sich auf die britischen Streitkräfte beziehen oder diese thematisieren, eher positiv als negativ sind. Im Gegensatz dazu waren die Antworten auf Tweets eher negativ als positiv. Sowohl bei den Tweets als auch bei den Antworten blieb die Stimmung im Laufe der Zeit stabil, mit geringen Schwankungen in der Proportionalität. Zusätzlich zu den Stimmungswerten wurde in dieser Studie die Häufigkeit von Hashtags analysiert, wobei Unterschiede in der Verwendung von politisierten Hashtags mit Bezug zur Regierungspolitik oder zu politischen Organisationen festgestellt wurden. Es ist nicht bekannt, warum diese Unterschiede aufgetreten sind. Insgesamt zeigen die Ergebnisse der für diese Studie durchgeführten Analysen, dass weitere Arbeiten erforderlich sind, um den Kontext und den Inhalt von Tweets und Antworten quantitativ und qualitativ zu verstehen.

Literatur

Ashcroft M (2012) The armed forces & society: the military in Britain – through the eyes of Service personnel, employers and the public. (Online). Lord Ashcroft KCMG PC. http://lordashcroftpolls.com/wp-content/uploads/2012/05/THE-ARMED-SOCIETY.pdf. Zugegriffen am 21.01.2020

Ashcroft M (2014) The veterans' transition review. (Online). Lord Ashcroft KCMG PC. http://www.veteranstransition.co.uk/vtrreport.pdf. Zugegriffen am 21.01.2020

BBC (2018) Soldiers help tackle fire near Saddleworth Moor. (Online). BBC. https://www.bbc.co.uk/news/uk-england-manchester-44638416. Zugegriffen am 29.02.2020

Biderman AD (1960) Morris Janowitz. The professional soldier: a social and political portrait. Ann Am Acad Pol Soc Sci 332(1):162–163. https://doi.org/10.1177/000271626033200122

Burton SH, Tanner KW, Giraud-Carrier CG, West JH, Barnes MD (2012) "Right time, right place". Health communication on Twitter: value and accuracy of location information. J Med Internet Res 14(6):e156. https://doi.org/10.2196/jmir.2121

Daniulaityte R, Chen L, Lamy FR, Carlson RG, Thirunarayan K, Sheth A (2016) "When 'bad' is 'good'": identifying personal communication and sentiment in drug-related tweets. JMIR Public Health Surveill 2(2):e162. https://doi.org/10.2196/publichealth.6327

Forces.Net (2019) Floods: British soldiers prepare to continue relief efforts throughout the night as rain persists. (Online). Forces.Net. https://www.forces.net/news/warning-further-rain-british-soldiers-continue-yorkshire-flood-relief. Zugegriffen am 29.02.2020

Ford R, Goodwin M (2017) A nation divided. J Democr 28(1):17–30. https://doi.org/10.1353/jod.2017.0002

Forster A (2005) Armed forces and societies: changing roles and legitimacy. In: Forster A (Hrsg) Armed forces and society in Europe. Palgrave Macmillan, Basingstoke

Ghani NA, Hamid S, Abaker I, Hashem T, Ahmed E (2018) Social media big data analytics: a survey. Comput Hum Behav. https://doi.org/10.1016/j.chb.2018.08.039

Gilbert E, Hutto C (2014) VADER: a parsimonious rule-based model for sentiment analysis of social media text. (Online). In: Eighth international AAAI conference on weblogs and social media. Ann Arbor, Michigan, S. 216–255. http://www.aaai.org/ocs/index.php/ICWSM/ICWSM14/paper/download/8109/8122. Zugegriffen am 27.01.2020

Gribble R, Wessley S, Klein S, Alexander D, Dandeker C, Fear N (2012) British social attitudes: the 29th report. (Online). In: Park A et al (Hrsg) British social attitudes: the 29th report, S 138–155. www.bsa-29.natcen.ac.uk/media/38852/bsa29_full_report.pdf. Zugegriffen am 21.01.2020

Gribble R, Wessley S, Klein S, Alexander D, Dandeker C, Fear N (2015) British public opinion after a decade of war: attitudes to Iraq and Afghanistan. Politics 35(2):128–150. https://doi.org/10.1111/1467-9256.12073

Gribble R, Wessley S, Klein S, Alexander D, Dandeker C, Fear N (2019) Who is a "Veteran"? RUSI J 164(7):10–17. https://doi.org/10.1080/03071847.2019.1700683

Gundlapalli AV, Carter ME, Palmer M, Ginter T, Redd A, Pickard S, Shen S, South B, Divita G, Duvall S, Nguyen TM, D'Avolio LW, Samore M (2013) Using natural language processing on the free text of clinical documents to screen for evidence of homelessness among US veterans. (Online). AMIA Ann Symp Proc 2013:537–546. http://www.ncbi.nlm.nih.gov/pubmed/24551356. Zugegriffen am 27.01.2020

Hines LA, Gribble R, Wessley S, Dandeker C, Fear N (2015) Are the armed forces understood and supported by the public? A view from the United Kingdom. Armed Forces Soc 41(4):688–713. https://doi.org/10.1177/0095327X14559975

Huang M, ElTayeby O, Zolnoori M, Yao L (2018) Public opinions toward diseases: infodemiological study on news media data. J Med Internet Res 20(5):e10047. https://doi.org/10.2196/10047

Huntington S (1957) The soldier and the state; the theory and politics of civil-military relations. Am Hist Rev. Belknap Press of Harvard University Press, Cambridge. https://doi.org/10.1086/ahr/63.2.368

Ipsos MORI (2015) Hearts and minds: misperceptions and the military. (Online). London. www.ipsos.com/ipsos-mori/en-uk/hearts-and-minds-misperceptions-and-military. Zugegriffen am 21.01.2020

Jennings W, Stoker G (2019) The divergent dynamics of cities and towns: geographical polarisation and Brexit. Polit Q 90(S2):155–166. https://doi.org/10.1111/1467-923X.12612

Jinwei C, Roussinov D, Robles-Flores JA, Nunamaker JF (o. J.) Automated question answering from lecture videos: NLP vs. pattern matching. In: Proceedings of the 38th annual hawaii international conference on system sciences. IEEE, S 43b. https://doi.org/10.1109/HICSS.2005.113

Kolliakou A, Ball M, Derczynski L, Chandran D, Gkotsis G, Deluca P, Jackson R, Shetty H, Stewart R (2016) Novel psychoactive substances: an investigation of temporal trends in social media and electronic health records. Eur Psychiatry Elsevier Masson 38:15–21. https://doi.org/10.1016/j.eurpsy.2016.05.006

Latter J, Powell T, Ward N (2018) Public perceptions of veterans and the armed forces. (Online). London. https://www.fim-trust.org/wp-content/uploads/2018/11/20181002-YouGov-perceptions-final.pdf. Zugegriffen am 21.01.2020

Lee D (2016) Dropbox hack 'affected 68 million users'. (Online). BBC. https://www.bbc.co.uk/news/technology-37232635. Zugegriffen am 21.01.2020

Leightley D, Pernet D, Velupillai S, Mark KM, Opie E, Murphy D, Fear NT, Stevelink SAM (2019) The development of the military service identification tool: identifying military veterans in a clinical research database using natural language processing and machine learning (Preprint). JMIR Med Inform. https://doi.org/10.2196/15852

Mahar AL, Gribble R, Aiken AB, Dandeker C, Duffy B, Gottfried G, Wessely S, Fear NT (2017) Public opinion of the Armed Forces in Canada, U.K. and the U.S. J Mil Veteran Fam Health 3(2):2–3. https://doi.org/10.3138/jmvfh.3.2.002

McCartney H (2010) The military covenant and the civil-military contract in Britain. Int Aff (R Inst Int Aff 1944–) 86(2):411–428. http://www.jstor.org/stable/40664074. Zugegriffen am 21.01.2020

McCartney H (2011) Hero, victim or villain? The public image of the British soldier and its implications for defense policy. Def Secur Anal 27(1):43–54. https://doi.org/10.1080/14751798.2011.557213

McIver DJ, Hawkins JB, Chunara R, Chatterjee AK, Bhandari A, Fitzgerald TP, Jain SH, Brownstein JS (2015) Characterizing sleep issues using Twitter. J Med Internet Res 17(6):e140. https://doi.org/10.2196/jmir.4476

Mills C, Torrance D, Dempsey N, Strickland P (2019) Investigation of former armed forces personnel who served in Northern Ireland. (Online). UK Parliament. https://research-briefings.parliament.uk/ResearchBriefing/Summary/CBP-8352#fullreport. Zugegriffen am 21.01.2020

Moher D, Liberati A, Tetzlaff J, Altman DG (2009) Preferred reporting items for systematic reviews and meta-analyses: the PRISMA statement. PLoS Med 6(7):e1000097. https://doi.org/10.1371/journal.pmed.1000097

Morgan MJ (2001) Army recruiting and the civil-military gap. Parameters 31(2):101–117

Murphy D, Busuttil W (2015) PTSD, stigma and barriers to help-seeking within the UK Armed Forces. J R Army Med Corps 161(4):322–326. https://doi.org/10.1136/jramc-2014-000344

Pérez-Pérez M, Pérez-Rodríguez G, Fdez-Riverola F, Lourenço A (2019) Using Twitter to understand the human bowel disease community: exploratory analysis of key topics. J Med Internet Res 21(8):e12610. https://doi.org/10.2196/12610

Radzikowski J, Stefanidis A, Jacobsen KH, Croitoru A, Crooks A, Delamater PL (2016) The measles vaccination narrative in Twitter: a quantitative analysis. JMIR Public Health Surveill 2(1):e1. https://doi.org/10.2196/publichealth.5059

Rahbek-Clemmensen J, Archer EM, Barr J, Belkin A, Guerrero M, Hall C, Swain KEO (2012) Conceptualizing the civil-military gap. Armed Forces Soc 38(4):669–678. https://doi.org/10.1177/0095327X12456509

Roland D, Spurr J, Cabrera D (2017) Preliminary evidence for the emergence of a health care online community of practice: using a netnographic framework for Twitter hashtag analytics. J Med Internet Res 19(7):e252. https://doi.org/10.2196/jmir.7072

Sewalk KC, Tuli G, Hswen Y, Brownstein JS, Hawkins JB (2018) Using Twitter to examine web-based patient experience sentiments in the United States: longitudinal study. J Med Internet Res 20(10):e10043. https://doi.org/10.2196/10043

Sharp ML, Fear NT, Rona RJ, Wessely S, Greenberg N, Jones N, Goodwin L (2015) Stigma as a barrier to seeking health care among military personnel with mental health problems. Epidemiol Rev 37(1):144–162. https://doi.org/10.1093/epirev/mxu012

Strachan H (2003) The civil-military "gap" in Britain. J Strateg Stud 26(2):43–63. https://doi.org/10.1080/01402390412331302975

Szayna TS, McCarthy KF, Sollinger JM, Demaine LJ, Marquis JP, Steele B (2007) The civil-military gap in the United States: does it exist, why, and does it matter? RAND Corporation, Santa Monica. https://www.rand.org/pubs/monographs/MG379.html. Zugegriffen am 21.01.2020

Taecharungroj V (2017) Starbucks' marketing communications strategy on Twitter. J Mark Commun 23(6):552–571. https://doi.org/10.1080/13527266.2016.1138139

Turner L (2018) Bodyguard and mental health: David Budd could help save lives of those with PTSD. (Online). BBC. https://www.bbc.co.uk/news/uk-45629815. Zugegriffen am 29.02.2020

Twitter (2019) Dev.twitter (online). Twitter. https://dev.twitter.com/streaming/overview. Zugegriffen am 19.05.2019

Ein transparentes Netzwerk – Der digitale Widerstand der Soldaten und die wirtschaftlichen Unruhen

Shira Rivnai Bahir

Zusammenfassung

Die vorliegende Studie bietet mehrere Einblicke in die Beziehung zwischen den Merkmalen des digitalen Aktivismus und der Fähigkeit von Gruppen mit begrenzten Protestmöglichkeiten, wie z. B. Soldaten im obligatorischen Militärdienst in Israel, zu protestieren und einen sozialen Wandel zu unterstützen. Darüber hinaus weist sie auf eine einzigartige Konfiguration der kollektiven Identität hin, die nicht in organisierten kollektiven Aktionen, sondern in einem rhizomatischen Prozess unter der Oberfläche wurzelt. Die fragmentierten Stimmen dieser Soldaten treffen in der kybernetischen Sphäre als quasi transparentes Netz zusammen und bilden eine kanonische kollektive Stimme. Diese einzigartige Konfiguration scheint eine Brücke zwischen den beiden bestehenden Konzepten des digitalen Aktivismus zu schlagen, von denen das eine dazu neigt, die Bedeutung des Kollektivs zu unterschätzen, während das andere davon ausgeht, dass die Gruppe trotz des Handelns von Individuen die dominante Struktur bleibt.

S. R. Bahir (✉)
Ben-Gurion-Universität des Negev, Beer-Sheva, Israel

IDF-Zentrum für Verhaltenswissenschaften, Tel Aviv, Israel

1   Einleitung

Die Einrichtung eines grenzüberschreitenden Mediensystems, das den Informationsfluss verbindet und sich auf ein globales Kommunikationsnetz stützt, ist mit dem
Wandel verbunden, der sich in der Aktivität der sozialen Bewegungen vollzogen hat
(Van Lear und Van Aelst 2010; Chalaby 2005). Dieses Phänomen manifestierte sich
unter anderem in den Massenmobilisierungen, die zu Beginn des Jahrzehnts weltweit stattfanden, einschließlich umfangreicher Demonstrationen in Israel. Eine der
wichtigsten Diskussionen über die Rolle des Internets und der sozialen Netzwerke
im Bereich des Aktivismus befasst sich mit dem Wesen des kollektiven Handelns.
Bei einer Vielzahl von Protesten wurde eine vernetzte Aktionsstruktur festgestellt,
die keine ausgeprägte Führung hatte (McDonald 2002; Castells 2007, 2009; Leung
2013; Bobel 2007; Fominaya 2010), sondern wurde stattdessen durch die Handlungen von Individuen angetrieben (Bennett und Segerberg 2011, 2012; McDonald
2015; Milan 2015). In Bezug auf diese Merkmale wurden verschiedene Kon-
zeptualisierungen und Modelle vorgeschlagen, um die flexible Affinität zwischen
dem Individuum und dem Kollektiv zu beschreiben (McDonald 2002, 2015; Hosseini 2009; Bennett und Segerberg 2012). Dennoch bestehen einige Wissenschaftler
darauf, dass es verfrüht wäre, das soziale Wesen kollektiven Handelns im On-
line-Raum zu preisen (Gerbaudo 2015; Milan 2015; della Porta Pavan 2018).

Eine weitere große Kontroverse betrifft den Grad der individuellen Handlungsfähigkeit. Einerseits sind einige Forschende der Ansicht, dass die Merkmale des
digitalen Raums Machtbeziehungen aufrechterhalten (Gillespie 2014; Harlow und
Guo 2014; Nahon 2016; Van Dijck 2014). Andererseits wird argumentiert, dass der
Online-Diskursraum einer größeren Anzahl von Bevölkerungsgruppen eine
Stimme und Zugang zur Wissensproduktion gibt (Van Dijck 2009; Papacharissi
2010, 2015; Lievrouw 2011, 2018). Dementsprechend haben eine Reihe von Studien die Rolle der sozialen Medien nicht nur bei der Etablierung von Protesten,
sondern auch bei der Definition der Themen von Protesten und der Stärkung mar-
ginalisierter Bevölkerungsgruppen hervorgehoben (Papacharissi und de Fatima
Oliveira 2012; Sanderson et al. 2016; Gamie 2013; Breuer et al. 2015; Gabriel
2016; Thorsen und Sreedharan 2019; De Moraes et al. 2017).

Die vorliegende Studie liefert mehrere Erkenntnisse über die Beziehung zwischen
den Merkmalen des digitalen Aktivismus und der Fähigkeit von Gruppen mit begrenzten Protestmöglichkeiten, wie israelische Wehrpflichtige, zu protestieren und
sozialen Wandel zu fördern. Insbesondere werden in diesem Beitrag die Merkmale
der Soldaten der Israelischen Verteidigungsstreitkräfte (IDF) als Gruppe von Aktivisten und die Art und Weise, wie sie die rechtlichen Beschränkungen überwinden,
denen sie in Bezug auf die Teilnahme an Protesten unterworfen sind, dargelegt.

Im Gegensatz zur traditionellen Forschung im Bereich der sozialen Bewegungen, die sich auf eine konkrete Bewegung oder einen Protest konzentriert, konzentriert sich die aktuelle Forschung auf die Diskurssphäre, in der nationale Sicherheit und wirtschaftliche Aspekte auf Social-Media-Plattformen diskutiert werden. Dieser empirische Fokus sowie die Analyse von rund 600 Beiträgen, die auf sozialen Netzwerkseiten verfasst wurden, ergaben Erkenntnisse auf zwei Ebenen – der inhaltlichen Ebene, die den Schwerpunkt der Diskussionen offenbart, und der dynamischen Ebene, die die Identität der Sprecher und Sprecherinnen und die Merkmale der kollektiven Identität offenbart. Es zeigt sich, dass sowohl der Diskurs als auch die Merkmale des kollektiven Handelns in die soziokulturellen Prozesse eingebettet sind, die in den letzten 10 Jahren in Israel stattgefunden haben. Dazu gehören auch Veränderungen in den zivil-militärischen Beziehungen. Vor allem aber spiegeln die Ergebnisse die sozioökonomischen Wahrnehmungen und Merkmale des digitalen Aktivismus wider, die mit der Massenmobilisierung in Israel zu Beginn des letzten Jahrzehnts zusammenhängen.

Auf der inhaltlichen Ebene stellte die Studie fest, dass sich der Diskurs auf zwei Hauptthemen konzentrierte: erstens auf den Militärdienst als Versprechen und nicht eingelösten wirtschaftlichen Vertrag und zweitens auf den Militärdienst als wirtschaftliche Belastung für die Wehrpflichtigen und ihre Eltern. Die grundlegende Erkenntnis ist die zentrale Bedeutung der mikroökonomischen Perspektive,[1] die sich auf die kleinen wirtschaftlichen Einheiten der Gesellschaft – das Individuum und die Familie – konzentriert. Dies steht im Gegensatz zu der makroökonomischen Perspektive, die in den traditionellen Medien in Zusammenhang mit der Debatte über den Verteidigungshaushalt üblich ist.

Außerdem wurde der Forschungsbereich auf der Grundlage eines Diskurses und nicht einer Gruppe definiert, was bedeutet, dass die Identität der Sprechenden nicht offengelegt wird. Dennoch trug die Diskursanalyse zu einem wichtigen Ergebnis bei. Die wichtigste Erkenntnis ist, dass das Hauptthema des Diskurses, ob als Sprecher oder als Subjekt, die Wehrpflichtigen waren, eine Bevölkerungsgruppe mit begrenzter Organisations- und Protestmacht.

Obwohl – wie bereits erwähnt – die Studie nicht auf eine soziale Bewegung oder einen organisierten Protest abzielt, deutet das Vorhandensein eines wiederkehrenden kanonischen Narrativs dennoch wiederholt auf die Bildung einer kollektiven Stimme hin. Dieser Befund impliziert, dass sich die Wehrpflichtigen trotz der ihnen auferlegten Beschränkungen für die Teilnahme an Protestaktionen als ein Sektor und als Aktionsgruppe formieren. Dieser Prozess des Zusammenhalts, der unter der Oberfläche und auf diffuse Weise stattfindet, wird als rhizomatischer Pro-

---

[1] Siehe Varian und Repcheck 2010.

zess bezeichnet (Castells 2015). Sowohl die Einzigartigkeit der Struktur der Aktion als auch die Beziehung zwischen dem Einzelnen und dem Kollektiv beruhen jedoch gerade darauf, dass dieses Kollektiv bereits zuvor als soziale Struktur existierte, wenn auch ohne die Fähigkeit, sich auf diese Weise zu artikulieren. Das Kollektiv ist also in der Tat fragmentiert und vereint sich nun wieder zu einem handelnden Kollektiv.

Der vorliegende Beitrag bietet drei theoretische Hintergründe: soziale Bewegungen und die digitale Sphäre, soziale Bewegungen und wirtschaftliche Unruhen in Israel sowie Aktivismus und israelische Wehrpflichtige. Die beiden letztgenannten ermöglichen es uns, den sozialen Kontext kennenzulernen, in dem sich die Proteste der Wehrpflichtigen entwickelt haben, und zwar sowohl in Bezug auf die Normalisierung der Proteste als auch speziell in Bezug auf wirtschaftliche Aspekte und die Nutzung von Social-Media-Plattformen. Anschließend werden das Forschungsdesign und die Methodik vorgestellt. Schließlich werden drei Ergebnisse präsentiert, von denen sich zwei mit der Inhaltsanalyse befassen, während das dritte die Organisationsstruktur und die Merkmale der sozialen Aktionen untersucht.

2   Soziale Bewegungen und wirtschaftliche Unruhen in Israel

Im Anschluss an die weltweite Protestwelle in der arabischen und westlichen Welt fand Ende 2011 auch in Israel eine Bürgermobilisierung statt, die sich in weit verbreiteten Aktivitäten in sozialen Netzwerken und traditionellen Medien, Protestcamps im ganzen Land und großen Demonstrationsmärschen äußerte (Swirsky 2013). Dieser Protest war nicht nur ein Konsumentenprotest für eine Senkung der Lebenshaltungskosten, sondern spiegelte auch die Unzufriedenheit der jungen Generation mit dem neoliberalen Wirtschaftssystem wider und forderte weitreichende Veränderungen im wirtschaftlichen Bereich (Hershkovitz 2017). Die Forderung nach einer Änderung der Prioritäten ging einher mit der Erwartung, dass der Staat sich um das Wohlergehen des Einzelnen kümmern sollte, einschließlich der Bereitstellung grundlegender Dienstleistungen wie Bildung und Gesundheitsversorgung (Grinberg 2013; Ram und Filc 2013; Rosenhek und Shalev 2014). Die Demonstrierenden richteten ihre Anschuldigungen gegen verschiedene Institutionen und Organisationen, und der Umfang des Verteidigungshaushalts wurde stark kritisiert (Ben Hador und Rivnai-Bahir 2013).

Obwohl die Proteste von vielen Sektoren unterstützt wurden und das „Volk" als Körperschaft, die sich gegen die Verteilung der Ressourcen wendet, repräsentieren sollten, kamen die meisten Initiatoren und Anführer aus der Mittelschicht (Rosenhek und Shalev 2014; Ram und Filc 2013; Shenhav 2013). In diesem Sinne diente der Protest als Mittel zur Schaffung einer „bürgerlichen" sozialen Identität, die über die bekannten politischen, ethnischen und kulturellen Grenzen hinausging (Rosenhek und Shalev 2014). Zugleich waren verschiedene politische und ethnische Identitäten, die die israelische Politik geprägt haben, auf einer tieferen Ebene präsent (Rosenhek und Shalev 2014; Shenhav 2013). Erhebungen haben gezeigt, dass Menschen mit linken politischen Ansichten eine höhere Wahlbeteiligung aufweisen als Menschen mit rechten Ansichten, Säkulare im Gegensatz zu Religiösen, Menschen mit höherer Bildung im Gegensatz zu Menschen mit tieferer Bildung und Menschen mit mittlerem und höherem Einkommen im Gegensatz zu Geringverdienern (Hermann 2012). Untersuchungen von Rosenhek und Shalev (2014) haben gezeigt, dass diese stark vertretenen Gruppen in vielerlei Hinsicht auch die sozialen Gruppen sind, deren wirtschaftliche Lage sich in den letzten 20 Jahren am meisten verschlechtert hat. Darüber hinaus ging es nach Ansicht von Shalev (2015) nicht um einen Übergang von einer sozialistischen zu einer neoliberalen Wirtschaft, sondern um einen Wandel innerhalb eines neoliberalen Systems, der sich vor allem in der Abschaffung des Schutzes und der Privilegien für bestimmte Teile der jüdischen Bevölkerung Israels – einschließlich derjenigen, die im Militär dienen – niederschlug. In Bezug auf die Proteste wird behauptet, dass sich einige Bevölkerungsgruppen, wie die palästinensische Bevölkerung Israels und die Ultra-Orthodoxen, weitgehend von der Teilnahme an den Protestaktionen fernhielten (ebd.). Es wird vermutet, dass diese Bevölkerungsgruppen sogar von den Grenzen der kollektiven Identität, die der Bewegung zugrunde liegt, ausgeschlossen wurden, was zum Teil auf die Verwendung eines militärischen Wortgebrauchs zurückzuführen ist, das die Ableistung des Militärdienstes als Rechtfertigung für die Erhebung von Ansprüchen beinhaltet (Rosenhek und Shalev 2014; Shenhav 2013).

Die Meinungen über die Ergebnisse und Folgen der sozialen Mobilisierung, die gegen Ende 2011 in Israel stattfand, gehen auseinander (Shevchenko und Helman 2017). Gleichzeitig scheinen sich die Wissenschaftler jedoch in einem zentralen Aspekt einig zu sein: Eine der wichtigsten Folgen war die Stärkung des Wirtschafts- und Klassendiskurses in der israelischen Gesellschaft (Rosenhek und Shalev 2014). In diesem Zusammenhang stellte die Protestbewegung die Annahme in Frage, dass die Verteilung von Ressourcen durch unpolitische Prozesse mittels der Marktkräfte und professioneller Wirtschaftsexperten bestimmt wird (Avigur-Eshel 2018). Mit anderen Worten, der Protest hat in vielerlei Hinsicht das Politische das Ökonomischen determiniert und gezeigt, dass Belohnungen, Löhne und Arbeitsbedingungen politische Ideen sind, die auf einer Ideologie beruhen und nicht auf einer objektiven Theorie ohne Interessen oder Weltanschauung (Rosenhek und Shalev 2014).

Dieser Wahrnehmungsprozess hat direkte Auswirkungen auf die Gruppe, die in den IDF dient, und darauf, wie das Rekrutierungsmodell wahrgenommen wird. Das Wehrpflichtmodell bewahrt noch weitgehend das Prinzip des Universalismus, das eine große kulturelle und soziale Vielfalt verspricht (Lomsky Feder und Ben Ari 2007). Durch die Zersplitterung der israelischen Gesellschaft in Untergruppen und den Eintritt in einen Prozess der Hyper-Sektorisierung wird jedoch das Verhältnis zwischen dem republikanischen Vertrag[2] und der Rekrutierungspolitik und dem Prinzip des Universalismus gebrochen. So wächst der Eindruck, dass das republikanische Prinzip, das die Gleichheit der Ressourcen zwischen den Geschlechtern, ethnisch-nationalen Gruppen, religiösen Gruppen und Klassen als Gegenleistung für die Erfüllung der Wehrpflicht garantiert, nicht existiert (Levy et al. 2007).

Auch wenn das Prinzip des Universalismus während des Militärdienstes zu bestehen scheint, löst es sich in der wirtschaftlichen Realität Israels auf. So verschwindet zum Beispiel langsam die Praxis, die Gruppe der Wehrpflichtigen zu bevorzugen, die nicht zu einer Randgruppe gehört. Gleichzeitig genießen Wehrpflichtige aus Randruppen, die sich in die IDF integrieren und höhere Positionen erreichen, das symbolische Kapital des Militärdienstes, finden sich aber nach ihrer Entlassung aus dem Dienst in einer anderen sozialen und wirtschaftlichen Realität wieder. Dies ist darauf zurückzuführen, dass das während des Militärdienstes erworbene symbolische Kapital auf dem zivilen Markt nicht vermarktbar ist. Mit anderen Worten: Das republikanische Eintrittsticket allein garantiert noch kein Auskommen.

3 Aktivismus und Wehrpflichtige in den israelischen Verteidigungsstreitkräften

Gemäß dem israelischen Sicherheitsdienstgesetz[3] gilt die Wehrpflicht für die gesamte Bevölkerung zwischen 18 und 49 Jahren, sowohl für den aktiven Dienst als auch für den Reservedienst. Trotz der Veränderungen, die in den letzten Jahrzehnten in der israelischen Gesellschaft und in den zivil-militärischen Be-

---

[2] Der republikanische Vertrag bezieht sich auf einen Ansatz zur Staatsbürgerschaft, der den Militärdienst als Definition der Staatsbürgerschaft und ihrer Grenzen ansieht und die IDF als einen Staatsapparat für soziale Ein- und Ausgrenzung betrachtet (Helman 1999; Shafir und Peled 2002; Sasson-Levy 2006; Levy et al. 2007).

[3] Das Verteidigungsdienstgesetz (konsolidierte Fassung), 5747–1986.

ziehungen stattgefunden haben, genießt die militärische Organisation in der jüdisch-israelischen Gesellschaft in Israel nach wie vor große Wertschätzung und Vertrauen (Tiargan-Orr und Eran-Jona 2016; Hermann et al. 2018), und der Militärdienst wird immer noch als Eintrittskarte in die israelische Gesellschaft wahrgenommen (Levy et al. 2007; Lomsky-Feder und Sasson-Levy 2018). Diese Wahrnehmung hat auch Auswirkungen auf die sozialen Bewegungen und den Aktivismus. Die so wahrgenommene Eintrittskarte hat die Wehrpflicht zu einer Legitimationsquelle für die Mobilisierung für einen Wandel in den Bereichen Soziales, Sicherheit und Politik gemacht.

Diese Situation steht jedoch im Widerspruch zu den gesetzlichen Bestimmungen der Generalstabsverordnung. Wie es im Originaltext heißt, ist es den Soldaten untersagt, an einer nicht von den IDF organisierten Demonstration teilzunehmen, sich öffentlich – mündlich oder schriftlich – zu äußern oder eine Petition zu unterzeichnen, die sich auf parteipolitische, politische oder militärische Fragen bezieht.[4] Aufgrund dieser Diskrepanz handelte es sich bei den Aktivisten in den meisten Fällen um zivile Organisationen, Journalisten und Familienangehörige von Soldaten und nicht um die Wehrpflichtigen selbst.[5] Die wenigen Ausnahmen waren Fälle von Einspruch aus Gewissensgründen oder lokale Proteste – wie ein Aufstand in einem Militärgefängnis im Jahr 1997 –, von denen viele keine gesellschaftliche Unterstützung und Legitimität erlangten (Epstein 2001). Im Laufe der Jahre und insbesondere nach der Massenmobilisierung von 2011 wurden mehrere Anträge an die Militärstaatsanwaltschaft gestellt, die Verordnung aufzuheben oder abzuschwächen.[6] Im Jahr 2016 schließlich, nach einem Aufruf, Soldaten an der Pride Parade teilnehmen zu lassen, wurde der Wortlaut der Verordnung leicht aufgeweicht.[7]

---

[4] Generalstabsverordnung (1990), Befehl 33.0116: Öffentliches Handeln von Militärangehörigen, öffentliche Erklärungen und Beziehungen zu Journalisten.

[5] Zum Beispiel die von Soldatenmüttern angeführte soziale Bewegung „Vier Mütter", die den Abzug der IDF-Truppen aus dem Libanon fordert, eine von Familien von Kriegsgefangenen angeführte Bewegung, die deren Freilassung fordert, und eine von Soldatenfamilien angeführte Bewegung, die die Untersuchung von Ausbildungsunfällen und Fehlfunktionen fordert (Doron und Lebel 2004).

[6] Appell an die IDF: Heben Sie das Verbot der Teilnahme von Soldaten an Demonstrationen auf. Gili Cohen, Haaretz, 20.02.2014. Die IDF ändert die Anordnung: Soldaten sollen an zivilen Demonstrationen teilnehmen dürfen. Gili Cohen, Haaretz, 18.07.2016.

[7] Allgemeiner Befehl 8.0105: Öffentliche Aktivitäten von Militärangehörigen, öffentliche Erklärungen und Beziehungen zu Journalisten, der Öffentlichkeit und der höheren staatlichen Ebene.

Ab 2012 sahen sich die IDF mit einer neuen Herausforderung konfrontiert: Proteste in den sozialen Medien. Im Jahr 2014 wurde ein Video hochgeladen, das eine gewaltsame Konfrontation zwischen einem israelischen Soldaten und Palästinensern in Hebron dokumentiert. Das Video wurde von einem Bericht begleitet (der sich später als falsch herausstellte), demzufolge der israelische Soldat nach dem Vorfall ins Gefängnis geschickt wurde. Daraufhin brach im Internet eine Kampagne aus, die sich mit dem Soldaten solidarisieren und gegen seine Bestrafung protestieren wollte. Viele Soldaten luden Bilder von sich hoch, auf denen sie das Schild „Ich stehe auch zu David HaNahlawi"[8] Sowohl auf der Facebook-Seite der Kampagne sowie auf anderen Seiten trugen. Im Gegensatz zu diesem Fall untergruben die meisten der später von Soldaten initiierten digitalen Aktivitäten nicht die Anwendung militärischer Gewalt, sondern befassten sich mit dem Wohlergehen der Soldaten. Dazu gehört beispielsweise eine Initiative aus dem Jahr 2015, die sich gegen eine Änderung des Verfahrens zur Erteilung einer Genehmigung für den Bartwuchs an Wehrpflichtige wendet (#freewill),[9] ein Protest gegen eine Änderung des Urlaubsprotokolls der Soldaten während der Hohen Heiligen Tage 2016 (#thesilencingprotest),[10] und eine Initiative aus dem Jahr 2015, die aus Protest gegen die Bezahlung der Soldaten entstanden ist („Aber ich bin ein armer Soldat").[11]

Die Reaktion der IDF auf das Protestphänomen war unterschiedlich. Im Jahr 2014, gegen Ende der Solidaritätskampagne für David HaNahlawi, erklärte Generalstabschef Benny Gantz, Facebook sei weder ein militärisches Führungsinstrument noch ein Ersatz für eine Diskussion zwischen den Kommandeuren und ihren Truppen.[12] In diesem Sinne bekräftigte ein Sprecher der IDF, dass „die IDF ihre Soldaten über die Kommandeure anweist. So etwas wie einen Protest auf Facebook gibt es nicht. Protest ist nicht militärisch."[13] Der leitende Bildungsoffizier Brigadegeneral Avner Paz-Tsuk gab eine Erklärung ab, wonach das soziale Netzwerk „eine öffent-

---

[8] The First Digital Revolt in the IDF, Gili Cohen und Amos Harel, 30.04.2014, Haaretz. Diese Protesterklärung sowie die nachfolgenden Hashtags und Kommentare wurden aus dem Hebräischen ins Englische übersetzt.

[9] Soldaten protestieren gegen die „Bartrevolution" in den IDF. Yoav Zeitun, 18.06.2015, Ynet.

[10] Neuer Soldatenprotest im Netz: „Uns unserer Tage der Freiheit berauben". Mor Levy, 21.03.2016, Mako.

[11] Soldaten protestieren: „Ich bin arm, ich lebe von meinen Eltern". Gilad Morg, 12.11.2015, Ynet.

[12] Generalstabschef zum Riesenprotest: „Facebook ist kein Befehlsinstrument". Amir Bohbot, 01.05.2014, Walla.

[13] IDF-Sprecher: ‚So etwas wie Proteste auf Facebook gibt es in der IDF nicht'. Li-Or Averbach, 01.05.2014, Globes.

liche Sphäre ist, in der die militärischen Befehle und Verfahren für die Aktivitäten und das Verhalten der Soldaten in der Öffentlichkeit gelten."[14] Im Gegensatz zu solchen Äußerungen, die im Bereich der Erklärung blieben, wurden in anderen Fällen Disziplinarmaßnahmen ergriffen, die von der Entlassung bis hin zum Hausarrest reichten.[15]

Im Jahr 2018 verabschiedete die Knesset das Nationalstaatsgesetz.[16] Dieses Gesetz wird von seinen Gegnern als schädlich für die Gleichheit zwischen den Bürgern des Staates Israel angesehen, und es handelt sich um ein Gesetz, das keine Diskriminierung aufgrund der Nationalität oder der ethnischen Herkunft verbietet.[17] Nach dieser Gesetzesinitiative kam es erneut zu einem Dilemma, als nichtjüdische Soldaten und Offiziere in sozialen Netzwerken Beiträge veröffentlichten, in denen sie das Gesetz verurteilten und sogar die Angehörigen derselben ethnischen Gruppe aufforderten, nicht mehr in der Armee zu dienen. Daraufhin suspendierten die IDF einen der Initiatoren und erließen später im Jahr eine Verordnung über die Nutzung des Internets durch Soldaten. In der Verordnung wird unter anderem klargestellt, dass „öffentliche Äußerungen zu politischen, staatlichen oder militärischen Angelegenheiten" zu vermeiden sind und dass „es verboten ist, einen Protest zu organisieren."[18]

Es ist interessant festzustellen, dass angesichts dieses komplexen Prozesses nur wenige Forscher die Merkmale der Beteiligung von Wehrpflichtigen an sozialen Medien untersucht haben. Wie bereits von Stern und Ben Shalom (2019) festgestellt wurde, liegt der Schwerpunkt der Forschungsliteratur – angewandt, empirisch und theoretisch – auf der Untersuchung der Merkmale der Streitkräfte in diesem Bereich und ihrer Fähigkeit, ihre strategischen Ziele mit ihrer Hilfe zu erreichen.

Die Studie von Stern und Ben Shalom (2019) bietet einen Einblick in diesen Bereich, indem sie die Aktivitäten israelischer Wehrpflichtiger auf Facebook und die Wahrnehmung dieser Aktivitäten durch die Soldaten analysiert. In ähnlicher

---

[14] Stabschef über Riesenprotest: ‚Facebook ist kein Befehlswerkzeug'. Amir Bohbot, 01.05.2014, Walla.

[15] Zum Beispiel: Die Rache an Soldaten, die in der glühenden Hitze ohne Klimaanlage festsaßen: Abschiebung und einmonatiger Hausarrest. Yoav Zeitun, 12.08.2015, Ynet. Die Soldaten, die auf Facebook protestierten, wurden aus der IDF ausgeschlossen. Rafi Jarby, 15.05.2015, Maariv.

[16] Grundgesetz: Israel – Der Nationalstaat des jüdischen Volkes.

[17] Vorgeschlagenes Grundgesetz: Israel – Der Nationalstaat des jüdischen Volkes. Adalah, 16.07.2018.

[18] Generalstabsbefehl 107.08:- Nutzung des Internets durch Soldaten.

Weise fanden Kuntsman und Stein (2015), die ein breites Spektrum von Bildern untersuchten, die von israelischen Wehrpflichtigen hochgeladen wurden, heraus, dass dies ihnen ermöglichte, kontroverse Botschaften anonym zu verbreiten, ohne Sanktionen zu riskieren. Gleichzeitig schenkten beide Studien jedoch der sozialen Struktur der Aktivität oder der kollektiven Identität, die in diesem Bereich entsteht, wenig Aufmerksamkeit.

4   Soziale Bewegungen und die digitale Sphäre

Trotz der Vielzahl von Theorien und Definitionen zu sozialen Bewegungen besteht die gemeinsame Auffassung, dass soziale Bewegungen durch organisierte und konsequente Bemühungen versuchen, Veränderungen in der sozialen Ordnung herbeizuführen (Tilly und Tarrow 2015). Die Massenmobilisierung, die zu Beginn des letzten Jahrzehnts in der arabischen Welt, in Europa, den USA, Südamerika und Israel stattgefunden hat, deutet darauf hin, dass das Internet ein wichtiger Akteur in diesem Bereich ist. Ohne die Tatsache zu negieren, dass sich diese Protestorganisationen in Zusammenhang mit lokalen sozialen, kulturellen, wirtschaftlichen und politischen Transformationen entwickelt haben (Bennett und Segerberg 2012; Castells 2015; Grinberg 2013; Rosenhek und Shalev 2014; Anderson 2011; Breuer et al. 2015), haben viele Wissenschaftler auf die weit verbreitete und einzigartige Nutzung des Cyberspace und sozialer Netzwerke als gemeinsames Merkmal hingewiesen (Castells 2015; Bastos und Mercea 2016; Mercea 2016; Carty 2015).

In den letzten zehn Jahren wurden zahlreiche Studien durchgeführt, um die Rolle des Internets und der sozialen Netzwerke in diesem Bereich zu ermitteln und zu charakterisieren, wobei sich viele auf die soziale Struktur, die Art der kollektiven Identität und die Art des Entstehungsprozesses dieser Identität konzentrierten. Es wurden zwei Modelle der kollektiven Identität vorgeschlagen – das erste ist „plattformgestützt", als traditionelles kollektives Handeln, das die Sphäre der sozialen Medien als Medium für die Organisation und Kommunikation nutzt, und das zweite ist „plattformbasiert", als kollektives Handeln, das online stattfindet und nur dank der Sphäre der sozialen Medien existiert (Karatzogianni 2018; Priante et al. 2018).

In der Folge wurde argumentiert, dass diese neue Organisationsstruktur, in deren Zentrum eine vernetzte Organisation steht, nicht hierarchisch ist, oft keine klare Führung hat und ein hohes Maß an Autonomie unter ihren Mitgliedern aufweist (McDonald 2002; Castells 2007, 2009; Leung 2013; Bobel 2007; Fominaya 2010). Einige Forschungsarbeiten betrachten das Organisieren im Internet jedoch nicht als kollektive Aktion auf der Grundlage von Netzwerkverbindungen, sondern als eine Netzwerkverbindung, die auf der Aktivität von Einzelpersonen beruht

(Bennett und Segerberg 2012; Milan 2015). In dieser Hinsicht besteht die Bedeutung des Personalisierungsprozesses darin, dass die Bürgerinnen und Bürger nicht nur bedeutende Inhalte generieren, sondern auch an der Gestaltung und Konstruktion der Diskurs- und Aktivitätssphären teilnehmen (Papacharissi 2015). Diesem Organisationsmodell zufolge, das Milan (2013) als „Cloud-Protesting" bezeichnet, ist die Cloud eine technologische Plattform, auf der die kulturelle und symbolische Aktivität der Gruppe oder Bewegung mit dem Beitrag einer großen Anzahl von Individuen durchgeführt wird, die von ihren persönlichen Accounts und Profilen aus agieren (Milan 2013, S. 6).

Diese Komplexität hat die Frage aufgeworfen, wie die kollektive Identität als Handlungsgrundlage für diese Art von Aktivität und Organisationsstruktur genutzt werden kann. Auf welche Weise funktionieren die vorherrschenden Komponenten im Prozess des Aufbaus einer kollektiven Identität, einschließlich Solidarität, gemeinsamer Werte und eines Zugehörigkeitsgefühls (Leung 2013; Polletta und Jasper 2001)? Viele Wissenschaftler haben betont, dass der Prozess des Aufbaus einer kollektiven Identität in diesem Raum in ständiger Verhandlung mit dem Selbst steht, so dass eine flexible, fließende Konfiguration der kollektiven Identität entsteht (Burnap und Williams 2015; Milan 2015; Bennett und Segerberg 2012; Fominaya 2010; Hosseini 2009).

So wird die lose Organisationsstruktur in der Tat durch einen selektiven und reflexiven Prozess der Darstellung und Identifizierung von Merkmalen durch die Individuen geschaffen, wobei die einzigartige Konfiguration der Struktur anschließend denselben reflexiven Prozess bewahrt und ermöglicht (Hosseini 2009). Darüber hinaus ermöglicht nach Fominaya (2010) der Raum ein Gefühl des Zusammenhalts und der Solidarität, das sich durch eine offene und fortlaufende Diskussion entwickelt, in der man sich gegenseitig reflexive Geschichten über eine gemeinsame Aktivität oder einen gemeinsamen Kampf mitteilen kann. Um diese einzigartigen Merkmale widerzuspiegeln, wurden Konzepte wie *Fluidität* (McDonald 2002) und *interaktive Solidarität* (Hosseini 2009) als Ersatz für den Begriff *Solidarität* vorgeschlagen, um den flexiblen Charakter des Prozesses zu betonen.

Über die soziale Struktur des Kollektivs hinaus kamen Bedenken hinsichtlich der Art der Handlungsfähigkeit des Einzelnen auf. Einerseits wächst die Ansicht, dass das Web ein technologischer Mechanismus ist, der sich in einem von Interessen und Akteuren gesättigten Raum entwickelt, wobei die meisten Prozesse transparent und verdeckt bleiben (Gillespie 2014; Nahon 2016; Van Dijck 2014). Nach dieser Auffassung ist es genau dieser Mechanismus, der kollektives Handeln strukturiert. Es wird auch behauptet, dass die neuen Medien nicht für alle zugänglich sind und dass benachteiligte Bevölkerungsgruppen nach wie vor auf traditionelle Mittel angewiesen sind, um ihre Botschaften zu vermitteln (Harlow und Guo 2014). Andererseits wird argumentiert, dass der Wechsel von einem einseitigen

Modell der Wissensverbreitung zu einem multidirektionalen Modell den Einzelnen in die Lage versetzt hat, in einer Sprache zu antworten, die die kulturellen Ergebnisse gestaltet (Papacharissi 2010; Van Dijck 2009; Lievrouw 2011). Dieser Zugang, der keine Spezialisierung erfordert, verwischt den Ursprung der traditionellen Autorität, wie Regierungen, Zeitungsverlage und organisierte kommerzielle Akteure, und trägt so zu ihrer Dezentralisierung bei (Papacharissi 2010; Van Dijck 2009; Lievrouw 2011; Tong und Zuo 2014). Aus dieser Perspektive haben verschiedene Forschende gezeigt, wie der digitale Raum Randgruppen oder Bevölkerungsgruppen eine Stimme verleiht, die traditionell keinen Zugang zu Instrumenten der Wissensverbreitung haben. Dazu gehört zum Beispiel die Fähigkeit von Frauen, soziale Strukturen herauszufordern (Gabriel 2016; Thorsen und Sreedharan 2019; de Moraes et al. 2017), die Möglichkeit der Demonstrierenden, sich im Arabischen Frühling zu mobilisieren (Papacharissi und de Fatima Oliveira 2012; Gamie 2013; Breuer et al. 2015), und die Fähigkeit ethnischer Gruppen, sich Gehör zu verschaffen (Gabriel 2016; Sanderson et al. 2016). Es gibt nur wenige Wissenschaftler, die versuchen, diese Dichotomie aufzubrechen. Chadwick (2017) beispielsweise behauptet, dass es zwei Systeme gibt – die ehemalige Elite und die neuen Akteure –, die gleichzeitig vorhanden sind. Es ist daher offensichtlich, dass diejenigen, denen es gelingt, die Praktiken beider Systeme aufrechtzuerhalten, die größte Macht haben.

Die vorliegende Studie soll eine Reihe von Erkenntnissen sowohl über die soziale Struktur des Kollektivs in der digitalen Sphäre als auch über die Fähigkeit von Gruppen mit begrenzten Protestmöglichkeiten aufzeigen, die in dieser Sphäre protestieren und den sozialen Wandel fördern.

5 Methodik

Das Forschungsdesign zielte darauf ab, die Merkmale des Diskurses über nationale Sicherheit und Wirtschaft in der Online-Sphäre kennenzulernen. Die Analyse der Ergebnisse ermöglichte jedoch die Identifizierung von Erkenntnissen, die über diese inhaltlichen Aspekte hinausgehen, wie im Folgenden dargestellt wird.

5.1 Datenerhebung

Diese Studie wandte ein einzigartiges Forschungsdesign an, das auf zwei Phasen beruhte. In einem ersten Schritt wurde die Diskursarena für Wirtschaft und nationale Sicherheit identifiziert und eine Diskursanalyse durchgeführt. Um die Grenzen der vorherrschenden Diskursarena zu ermitteln, wurden Facebook-Seiten und Foren, die sich als Stakeholder in wirtschaftlichen Fragen definierten, auf der Grundlage von Suchanfragen über die generische Suchmaschine von Google sowie über ein Datamining-Programm ausgewählt.[19] Es wurde ein Operator entwickelt, der aus 20 Schlüsselwörtern zur Wirtschaft besteht, die mit 20 Schlüsselwörtern zu verteidigungsrelevanten Themen in Beziehung gesetzt wurden:

Die Schlüsselwörter im Bereich Wirtschaft waren: Lebenshaltungskosten, Budget, Rente, teuer, Preis, Mittelschicht, Beträge, Tycoons, NIS, Kapital, Reichtum, Geld, Ausgaben, arm, reich, Kosten, Unterschiede (zusätzliche Sätze mit denselben Wörtern). Die Schlüsselwörter zu verteidigungsbezogenen Themen waren: IDF, nationale Sicherheit, Soldat, Armee, Soldaten, Reservetruppe, Waffe, Krieg, Militär, Uniform, Sicherheitsbedrohung, Generäle, Offiziere, Panzer, Raketen (zusätzliche Sätze mit denselben Wörtern).

Im zweiten Schritt wählte ich aus den Suchergebnissen auf der Grundlage des Diskursvolumens und des Aktivitätsniveaus die folgenden fünf Facebook-Seiten sowie drei Foren aus. Die ausgewählten Facebook-Seiten waren Yair Lapid, Hagorem Ha'enoshi, Yisrael Yekara Lanu, Tzedek Hevrati – Operations Room, und Shelly Yehomovitz. Die ausgewählten Foren waren Tapuz Aktuelle Ereignisse, FXP Talking und Rotter Politik und Aktuelle Ereignisse.

Die Suche wurde auf die ausgewählten Foren über einen Zeitraum von einem Jahr (Januar 2014 bis Januar 2015) beschränkt. Außerdem hatten alle ausgewählten Seiten und Foren eine aktive Diskursarena,[20] welche viele Beteiligte aufwiesen.[21] Zur Datenerfassung und -überwachung wurde eine Data-Mining-Software eingesetzt.[22] Von allen Daten, die auf der Grundlage einer gezielten Abfrage der Diskursarena gesammelt wurden (ca. 9000 Elemente), wurden insgesamt 600 Elemente (Facebook-Posts und Blog-Kommentare) auf ihre Relevanz hin ausgewählt.[23]

---

[19] Die Datenüberwachung erfolgte mit der Software Buzilla. http://www.buzilla.com.

[20] Eine Arena, in der täglich mehrere Beiträge und Mitteilungen verfasst werden.

[21] Zusätzlich zu den Foren- oder Seitenadministratoren schreiben mehr als 50 Teilnehmer.

[22] Die Informationen wurden in Buzilla mit Hilfe einer Abfrage überwacht, die sowohl die Suchbegriffe als auch die überwachten Quellen, Websites, Daten usw. enthielt.

[23] Der Relevanzindex ist ein Index, der die Suchergebnisse nach ihrer Relevanz für die Abfrage ordnet, basierend auf der Bedeutung des Themas, dem Vorhandensein vieler Suchbegriffe, der Häufigkeit der Suchbegriffe, usw. Dies ist ein eingebauter Index von Buzilla.

5.2   Datenanalyse

Der Textkorpus wurde qualitativ analysiert, um latente Bedeutungen und Diskurse zu untersuchen. Basierend auf dem von Glaser und Strauss entwickelten Ansatz der Grounded Theory (1967; Strauss und Corbin 1990; Glaser 1992) wurde der Diskurs analysiert, ohne im Voraus einen analytischen Rahmen oder Hypothesen aufzustellen. In diesem Rahmen wurde der Schwerpunkt auf das Auffinden verschiedener Glaubens- und Sprachmuster (Johnstone 2018, S. 3) in Bezug auf die Verbindung zwischen nationaler Sicherheit, Militärdienst und wirtschaftlichen Aspekten gelegt.[24]

6   Befunde

Die Analyse der Forschungsergebnisse bietet Einblicke in das kollektive Handeln von Soldaten auf zwei Ebenen: den Inhalt der Diskussionen und die Beziehung zwischen dem Individuum und dem Kollektiv, einschließlich der Identität der Sprechenden.

6.1   Der unerfüllte republikanische Vertrag

Der Diskurs im Netz deutet darauf hin, dass der Schwerpunkt auf materieller Abgeltung als Grundlage für die Gewährleistung sozioökonomischer Widerstandsfähigkeit liegt, anstatt sich direkt auf eine Abgeltung als Beitrag zur Sicherheit des Staates zu konzentrieren. Diese Perspektive bezieht sich nicht nur auf die unmittelbare materielle Entlohnung der Wehrpflichtigen, sondern erstreckt sich auch auf ihre wirtschaftlichen Rechte nach Beendigung des Wehrdienstes.

Mehrere Personen haben Beiträge hochgeladen, in denen die Lebenshaltungskosten in Israel, einschließlich der Immobilienpreise, kritisiert werden. Diese Argumente wurden in Zusammenhang mit der Erfüllung der Wehrpflicht und der Unfähigkeit, in Israel wirtschaftlichen Wohlstand zu erreichen, vorgebracht. Damit wird die sozioökonomische Situation, wie sie in Bezug auf die Entlohnung der Wehrpflichtigen zum Ausdruck kommt, dem republikanischen Prinzip völlig untergeordnet – d. h. der Staat muss sich um die Bedürfnisse und das Wohlergehen derjenigen kümmern, die durch ihren Militärdienst einen Beitrag zum Staat geleistet haben. Der folgende Beitrag wurde von einem Elternteil eines Soldaten geschrieben:

---

[24] Alle Daten wurden ins Englische übersetzt.

Ich, der ich meine Kinder zur Loyalität gegenüber unserem Land erzogen habe, kämpfe in der Armee und bin nicht überrascht, dass die besten Jugendlichen sich entfremdet fühlen und nicht dienen wollen. Die Kinder sehen nicht, wie sie den Alltag bewältigen, und hören die Worte ‚es gibt nichts' ... Bitte, das ist ein Hilferuf nach Veränderung, nach einem Leben in Würde!

Eine ähnliche Aussage wurde von einem ehemaligen Soldaten gepostet:

Du stehst einen Monat nach deiner Entlassung aus der Armee auf und hast überhaupt keine Richtung im Leben, und jetzt weißt du, dass du Geld sparen musst, denn um in Israel eine Hypothek aufzunehmen, brauchst du 30 % Eigenkapital !!!

Ein Leitprinzip des Sicherheitsethos ist die Notwendigkeit, den Fortbestand des Staates Israel zu gewährleisten, wobei sich die Existenz der Sicherheit unter anderem auf die Möglichkeit bezieht, den Bürgern und Bürgerinnen eine gewisse Lebensqualität zu garantieren. Eines der schärfsten Argumente in diesem Zusammenhang betrifft die Tatsache, dass es keine Verbindung zwischen der Bewachung des Landes im Sinne der Sicherheit und dem Land als Ort des Lebensunterhalts, als Ressource und Vermögenswert gibt: „Ich habe auf diesem Land gekämpft, und wenn ich darum bitte, auf ihm zu leben, ist das leider nicht möglich."

Der Militärdienst wird also im Diskurs als Grundlage für die Legitimierung von Ansprüchen auf wirtschaftliche Rechte dargestellt. Die Behauptungen über nicht eingehaltene Versprechen spiegeln größtenteils einen Riss im oder eine Enttäuschung über den republikanischen Vertrag wider. Die Grundannahme dieser Behauptungen ist, dass die Beziehung zwischen dem Militärdienst und der Zugehörigkeit zur Gesellschaft ein Versprechen auf – wenn auch begrenztes – wirtschaftliches Wohlergehen mit sich bringt. Die gemäßigte Stimme dieses Diskurses appelliert an die verschiedenen Institutionen des Staates, sich um seine Bürgerinnen und Bürger zu kümmern, indem sie Dienstleistungen wie Gesundheitsfürsorge und Bildung bereitstellen und ein Wirtschaftssystem verwalten, das ihr Wohlergehen sicherstellt. Ähnlich wie bei den Protesten von 2011 besteht die Hauptforderung darin, die Lebenshaltungskosten und die Wohnungspreise zu senken. Im radikaleren Diskurs wird dem Vertragsbruch sogar Böswilligkeit zugeschrieben, und es wird sogar der Vorwurf der vorsätzlichen Ausbeutung der Wehrpflichtigen erhoben. In diesem Zusammenhang werden die Bürgerinnen und Bürger ausdrücklich aufgefordert, den Vertrag ebenfalls zu brechen, indem sie sich weigern, sich einschreiben zu lassen oder in Kampffunktionen zu dienen, und Positionen mit einem geringeren Maß an Engagement und Intensität zu wählen. Sowohl im gemäßigten als auch im radikalen Diskurs wird die wirtschaftliche Belastung durch den Kriegsdienst als extrem hoch empfunden. Mit anderen Worten: Aus wirtschaftlicher Sicht ist er das am wenigsten lohnende Geschäft, da er mit hohen Kosten verbunden ist, aber nicht die Möglichkeit bietet, parallel zum Militärdienst zu arbeiten oder einen Beruf zu erlernen, während die gewonnene Erfahrung keinen Vorteil auf dem zivilen Arbeitsmarkt darstellt.

6.2   Die wirtschaftliche Last tragen

Eines der Hauptargumente, das in dieser Studie zum Netzdiskurs über das Modell der Wehrpflicht geäussert wird, hängt mit der wirtschaftlichen Situation der Soldaten und ihrer Familien zusammen. Die Analyse des Diskurses im Internet hat diese Argumente stark hervorgehoben und auf die realen Schwierigkeiten der Wehrpflichtigen hingewiesen, gut zu leben und ihre Grundbedürfnisse zu decken. Die Autoren und Autorinnen im Internet behaupten, dass der Sold bzw. der Lebensunterhalt der Soldaten unzureichend ist und daher in großem Umfang auf alternative Quellen (Ersparnisse, Unterstützung durch die Eltern, Arbeit, Geschenke) zurückgegriffen werden muss. Diese Behauptungen beziehen sich sowohl auf die Deckung des laufenden und täglichen Bedarfs der Soldaten (einschließlich der Ausrüstung, die sie zur Erfüllung ihrer Aufgaben benötigen) als auch auf die Finanzierung von „Luxusgütern" wie Telefonrechnungen und Unterhaltung.

Die folgenden Zitate sind zwei Beispiele für Beiträge, die sich auf diese Fragen beziehen. Der erste Beitrag wurde von einem Soldaten verfasst, der zweite von der Mutter eines Soldaten:

> Die Ausrüstung ist teuer. Wir können es uns nicht leisten, sie selbst zu kaufen, und niemand kümmert sich darum. Bitte helfen Sie uns, uns warm zu halten.
>
> Mein Sohn war auch in der Kampftruppe, und wenn ich ihn nicht mit allem ausgestattet hätte, was die IDF nicht zur Verfügung stellen, wäre mein Sohn in der gleichen Situation wie diese Soldaten.

Außerdem behaupten einige der Autoren, dass die Soldaten und ihre Familien von ihren Kommandeuren ausdrücklich aufgefordert wurden, die notwendige Ausrüstung mit ihrem eigenen Geld zu kaufen.

Die Tatsache, dass der Soldat finanziell unterstützt werden muss, sowie die wirtschaftliche Realität, der er sich in Zukunft stellen muss, werden als schädlich für ihn und seine Familie empfunden. Noch wichtiger ist, dass sich das Problem – und damit die Behauptung der ungleichen Verteilung der wirtschaftlichen Lasten auf individueller und staatlicher Ebene während und nach dem Militärdienst – im Vergleich zu anderen, nicht mobilisierten Bevölkerungsgruppen verschärft. Das folgende Beispiel veranschaulicht diesen Punkt:

Wie hilft man einem Kind, das zur Armee geht, ... damit es ihm an nichts fehlt? Man muss zusätzliche Arbeit annehmen, aber dann muss man auch zusätzliche Steuern zahlen. Und uns fehlt die finanzielle Hilfe, die er mit seiner Arbeit bekommen hätte ... Das Kind geht in den Dienst des Staates, wir tun alles, was wir können, um ihm angemessene Kleidung zu kaufen und das zu geben, was die Armee nicht liefert, während ganze Sektoren nicht dienen, arbeiten, der Sicherheit des Staates schaden und niemand eine Antwort hat. Was sollen wir tun????

Abgesehen von der mangelnden Finanzierung sprechen Kommentatoren von einer ungerechten Verteilung der Mittel aufgrund der überhöhten Budgets für Jeschiwa-Studenten,[25] dass sie die Steuerlast nicht tragen und dass die ultraorthodoxe Bevölkerung den Eintritt in den Arbeitsmarkt vermeidet. Dies wird in der folgenden Erklärung näher ausgeführt:

Ich sehe Tausende von Soldaten, die Tage und Nächte in den Territorien verbringen, um uns zu schützen!!! Dieselben Soldaten, die nach ihrer Entlassung arbeitslos sein werden, sie werden keinen Pfennig in der Tasche haben. ... Diese toten Soldaten, deren Familien zusammengebrochen sind. Und auf der anderen Seite sehe ich all die Vorteile, die an undankbare Leute gehen, die nicht einmal daran gedacht haben, der Armee beizutreten oder in irgendeiner Weise zum Staat beizutragen. Ich sage, dass wir alle gleich an Rechten und Pflichten sind!!!! Wer gibt, soll auch etwas bekommen!!!

Der Diskurs über Fairness, der als Basis über den Mangel an Gleichheit geführt wird, ist unter den Jugendlichen und insbesondere unter den Kandidaten für den Sicherheitsdienst dominant und zentral (Rivnai Bahir und Avidar 2017). Er wurzelt in einer anhaltenden Debatte über die Umsetzung des Rekrutierungsmodells unter Jeschiwa-Studenten. Nach einer historischen Vereinbarung können Jeschiwa-Studenten vom Militärdienst befreit werden, damit sie ihre Zeit den religiösen Studien widmen können. Diese Vereinbarung steht zwar im Widerspruch zum Verteidigungsdienstgesetz.[26] Dieser Widerspruch besteht seit der Gründung des Staates Israel und stellt daher eine rechtliche und öffentliche Kontroverse dar. Diese Kontroverse ist mitverantwortlich für die mangelnde politische Stabilität, die den Staat Israel im letzten Jahrzehnt kennzeichnete.[27]

In Anbetracht der Doppelbelastung und des Schwerpunkts auf der wirtschaftlichen Dimension ist diese Art der Nichtrekrutierung nicht unbedingt der Haupt-

---

[25] Der Begriff Jeschiwa-Studenten bezieht sich auf junge ultra-orthodoxe Juden in Israel, die in jüdischen religiösen Bildungseinrichtungen (Jeschiwa) studieren.

[26] Das Verteidigungsdienstgesetz (konsolidierte Fassung), 5747 (1986).

[27] Siehe Stadler 2007.

faktor für die wahrgenommene Ungleichheit bei der Verteilung der Lasten. In dieser Hinsicht wird die obligatorische Mobilisierung der ultraorthodoxen Bevölkerung nicht als ultimative Lösung angesehen, da davon ausgegangen wird, dass ein ultraorthodoxer Soldat einen viel höheren Unterhaltsbeitrag erhält. Dies wird in der folgenden Erklärung deutlich gemacht:

> Es macht keinen Sinn, einen ultraorthodoxen Bürger im Alter von 21 Jahren zu rekrutieren, da dieser Bürger bereits verheiratet ist und einige Kinder hat. Daher wird dieser Bürger nicht nur keinen nennenswerten Beitrag zu irgendeinem Bereich leisten, in dem er seinen Dienst verrichtet, sondern [er] wird das Land auch weit mehr kosten als jeder andere Soldat oder Dienstleistende – denn die Familie dieses ultraorthodoxen Soldaten muss unterstützt werden. Dies wird den Verteidigungshaushalt belasten und natürlich zu einer Lohnungleichheit führen, während der Beitrag des ultraorthodoxen Soldaten mit mehreren Kindern marginal sein wird. Bei allem Respekt, die IDF-Soldaten „arbeiten sich den Arsch ab" während ihres Militärdienstes, und ein Vater mehrerer Kinder wird nicht in der Lage sein, auf die gleiche Weise zu dienen – und da sein Gehalt viel höher sein wird als das eines regulären Soldaten, der mehr beiträgt, wird das Defizit des Verteidigungshaushalts steigen.

Die Analyse der im Internet gefundenen Äusserungen zeigt also, dass der Schwerpunkt der Behauptung einer mangelnden Gerechtigkeit nicht in erster Linie bei der tatsächlich nicht dienenden Referenzgruppe liegt, sondern bei der Belohnung derjenigen, die in Frage kommen. So beruht die Debatte über die Belastung durch den Militärdienst auch auf der Vorstellung, dass der republikanische Vertrag zwischen dem Staat und dem Einzelnen nicht erfüllt wird. Wie eine Person auf der Facebook-Seite von Yair Lapid schrieb:

> Wann werden Sie also diesen Unsinn der ‚Gleichheit der Lasten' loswerden … und damit beginnen, die Bedingungen der Soldaten zu verbessern, die bereits dienen und ihren Beitrag leisten? … Es gibt Stützpunkte, wo das Essen schlecht ist, die Lebensbedingungen sind nicht gut. Die Gehälter aller Soldaten sind einfach beschämend, die Zuschüsse sind niedrig. Es gibt nicht genügend Stipendien und Unterstützung nach dem Militärdienst. Helfen Sie ihnen während des Militärs, ihre Reifeprüfungen zu absolvieren und zu verbessern, die psychometrische Prüfung zu bestehen, einen Beruf zu studieren, … irgendein Zertifikat.

Der Autor betont weiter, dass die Gleichheit der Belastung aus der Perspektive der materiellen Belohnungen ein unerreichbares Ziel ist (auch unter denjenigen, die im Militär dienen) und daher überhaupt nicht angestrebt werden sollte:

> Man will weitere 2000–3000 „Sondersoldaten" holen, alles für sie tun, um die Armee für sie geeignet zu machen, ihnen hohe Gehälter zahlen – wofür? Für eine nicht existierende Lastengleichheit? So etwas gibt es nicht und wird es nie geben. Selbst die

Zeitsoldaten leisten einen unterschiedlichen Dienst. Der eine geht um 15 Uhr zur Arbeit, der andere bleibt 21 Tage in der Basis. Rund 45 % der Frauen in Israel leisten keinen Dienst in der Armee. Wo bleibt hier die Gleichheit? Es gibt Soldaten, die 17 Monate dienen, gegenüber Soldaten, die 36 Monate dienen.

Wie aus diesen Aussagen hervorgeht, wird im Diskurs über die wirtschaftliche Sicherheit in den sozialen Medien dem Prinzip des funktionalen Ausgleichs der Vorzug vor dem Prinzip der Fairness und des Universalismus gegeben. Die Bedeutung dieses alternativen Prinzips besteht darin, dass eine hohe Entlohnung derjenigen, die eine Aufgabe erfüllen, für die Gesellschaft lebenswichtig und wesentlich ist.

7   Transparentes Kollektiv in Aktion

Was das transparente Kollektiv in Aktion betrifft, so sah das Forschungsdesign keine Konzentration auf die Gruppe oder das Kollektiv vor. Dennoch hat die Analyse der Diskursarena dazu beigetragen, die Dominanz der Wehrpflichtigen – ob in der Gegenwart oder in der Vergangenheit – sowohl als Subjekt als auch als Sprechergruppe zu identifizieren. Ihre dominante Rolle im Diskurs kann auf eine Reihe von Faktoren zurückgeführt werden, von der normativen Natur der Nutzung sozialer Medien durch die Mitglieder dieser Altersgruppe über die Größe und Breite der Population der IDF-Soldaten in der Vergangenheit und Gegenwart bis hin zur Tatsache, dass Israel eine Wehrpflicht hat, wodurch die IDF die Armee des Volkes ist und eine tiefe Identifikation der israelischen Gesellschaft mit den Soldaten und ihren Familien hervorruft (Rivnai Bahir und Avidar 2017).

Es scheint jedoch, dass vor allem die tatsächlichen Merkmale des Feldes – d. h. die Social-Media-Plattformen – die Möglichkeit der Wehrpflichtigen als Diskursgeneratoren ermöglicht haben. Die „Stimme" der in dieser Untersuchung analysierten Wehrpflichtigen ist in der Tat eine Sammlung individueller Stimmen, die nicht mit einer organisierten Protestaktionsstruktur oder einer gewerkschaftlich organisierten Bewegung, die Veränderungen fordert, in Verbindung stehen; es gab keine führende Protestseite oder einen durchschlagenden Hashtag. Dieses Ergebnis steht im Einklang mit der in der Literatur vertretenen Ansicht,[28] das kollektive Rahmen der sozialen Medien nicht mehr als ein Netzwerk von Individuen ist, die als Einzelne handeln.

---

[28] Wie in der theoretischen Übersicht dieses Beitrags ausführlich dargelegt wurde.

Darüber hinaus bringen die Stimmen, die sich im Web zu einer einzigen kanonischen Stimme zusammenfinden, ein Unbehagen zum Ausdruck, was sich auch im Inhalt der Beiträge widerspiegelt. Das Unbehagen, das in den sozialen Medien zum Ausdruck kommt, konzentriert sich auf mikroökonomische Aspekte wie die Lebensqualität und die wirtschaftliche Lage des Einzelnen, d. h. der Soldaten. Im Gegensatz dazu wurde in den letzten Jahren im Diskurs über die wirtschaftlich-nationale Sicherheit in den Massenmedien der makroökonomischen Perspektive, d. h. den Diskussionen über den Verteidigungshaushalt, viel Raum gegeben. In diesem Zusammenhang lag der Schwerpunkt auf der Höhe des Budgets in Zusammenhang mit dem Wirtschaftswachstum und den nationalen Prioritäten.

Diese Verschiebung scheint auf zwei Prozesse zurückzuführen zu sein. Erstens durchdringen die besonderen Merkmale der sozialen Medien – vor allem die Personalisierung sozialer Phänomene – auch die Online-Debatte über die Wehrpflicht und die Soldaten, wobei der Schwerpunkt auf der mikroökonomischen Ebene sowie auf dem Alltagsleben liegt. Zweitens hat sich der Stellenwert der wirtschaftlichen Dimension und des wirtschaftlichen Diskurses in der Öffentlichkeit im Laufe der Jahre erweitert, was eine Fülle von Verbindungen mit sich bringt. Es handelt sich nicht mehr um einen Nischendiskurs für Kenner und Ökonomen, sondern um eine weit verbreitete Diskussion, die in einer Vielzahl von Bereichen und durch eine Vielzahl von Akteuren geführt wird. Dieses Phänomen ist zum Teil auf den grundlegenden Wandel zurückzuführen, der sich in den letzten 10 Jahren in den Prozessen der Wissensproduktion, -verbreitung und -nutzung vollzogen hat. So markiert die Umwandlung des öffentlichen Diskurses in einen persönlich-individuellen Diskurs eine weitere Etappe in der Ausweitung des wirtschaftlichen Diskurses über Streitkräfte und Sicherheit und das Aufkommen neuer Stimmen.

Das Aufkommen eines solchen sozioökonomischen Diskurses steht in Zusammenhang mit den Protesten, die zu Beginn des letzten Jahrzehnts in Israel und der westlichen Welt stattfanden. Wie bereits erwähnt, war die Mittelschicht, die im Mittelpunkt der Proteste in Israel im Jahr 2011 stand, nicht nur wirtschaftlich, sondern auch politisch und ethnisch zugehörig, was sich unter anderem in der Verwendung des republikanischen Vertrags widerspiegelte (Shenhav 2013; Rosenhek und Shalev 2014; Ram und Filc 2013). Die Grundlage des Vertrages ist, wie bereits erwähnt, die Last der Sicherheit, und die betroffene Bevölkerung, die sie trägt, sind – sowohl in der Vergangenheit als auch in der Gegenwart – die Wehrpflichtigen. Daher kann die erneute Intensivierung der instrumentellen Ansprüche der Wehrpflichtigen, die in dieser Studie analysiert wurde, als lokaler Ausdruck des Protests von 2011 angesehen werden.

8   Fazit

Die Studie in diesem Beitrag zeigt eine Veränderung der dialektischen Beziehung zwischen dem Individuum und dem Kollektiv. Im untersuchten Fall ermöglicht die Aktivität der Soldaten im digitalen Raum die Schaffung komplexer Beziehungen der Trennung und Wiederverbindung zwischen dem Individuum und dem Kollektiv sowie der kollektiven Identität. Die Wehrpflichtigen bilden ein zusammenhängendes Kollektiv mit klaren und deutlichen Grenzen. Gleichzeitig ist ihre Fähigkeit, sich an Protestaktionen zu beteiligen, aufgrund der militärischen Befehle erheblich eingeschränkt, und sie können nicht zu einem handelnden Kollektiv werden. Daher wird das bestehende Unbehagen in den digitalen Raum als individuelle Stimmen hochgeladen, die versuchen, Veränderungen herbeizuführen.

Dieser Prozess steht im Einklang mit dem Verständnis des persönlichen Charakters von Handlungen im digitalen Raum und insbesondere in den sozialen Medien (Bennett und Segerberg 2011, 2012; Papacharissi 2015). Nach Bennett und Segerberg (2011, 2012) beruht die Logik des Handelns in dieser Situation nicht auf Kollektivität, sondern vielmehr auf verbindendem Handeln. Die Einzigartigkeit des vorliegenden Falles geht jedoch über diesen Begriff hinaus und betont, dass dasselbe Kollektiv tatsächlich bereits als soziale Struktur existierte, ohne sich jedoch auf diese Weise Gehör verschaffen zu können. Obwohl die anfängliche Zugehörigkeit zum Kollektiv legitim war und ist, bildet sie angesichts der Einschränkungen keine Handlungsgrundlage oder Organisationsfähigkeit, sondern zerfällt in eine Reihe von Einzelstimmen. In Verbindung mit den Merkmalen des digitalen Raums werden diese Einzelstimmen von der anderen Seite wieder zu einer neuen kollektiven Identität mit unterschiedlichen und einzigartigen Merkmalen zusammengeführt. Castells (2015, S. 15), der die Protestwelle von 2011 verfolgte, behauptet, dass es sich bei der Zusammenführung von Stimmen im Raum der sozialen Medien um eine rhizomatische soziale Bewegung handelt. Er stützt sich dabei auf die biologische Konzeptualisierung, die beschreibt, wie sich Wurzeln ausbreiten.[29] Castells beschreibt den Prozess eher als einen horizontalen denn als einen hierarchischen Prozess.[30]

---

[29] Für weitere Informationen siehe (Jang et al. 2006).

[30] Obwohl Castells (2015) dieses Konzept in Zusammenhang mit sozialen Bewegungen erwähnt, haben Deleuze und Guattari (1987 [1980]) diese Metapher verwendet, um ihre theoretischen Überlegungen zur Entstehung des politischen Denkens zu beschreiben. In dieser Theorie lag der Schwerpunkt auf dem Fehlen einer zentralen Quelle oder einer zentralen Richtung für die Fülle der vorhandenen Ideen. In ähnlicher Weise verwendete Latour (1999, S. 19) dieses Konzept, um die Eigenschaften des Web als lose und sich verändernd zu beschreiben. Siehe auch Jensen (2019).

Die Art und Weise, in der die Teilnehmer an diesem Diskurs agieren und auf-
tauchen, wie sie sich in der Analyse der Ergebnisse dieser Studie widerspiegelt,
zeigt in der Tat, dass der Diskurs oder das Argument nicht hierarchisch strukturiert
ist, sondern horizontal an einer Reihe von Stellen entsteht. So spaltet sich das Kollektiv tatsächlich auf und zerfällt in eine Vielzahl von Stimmen auf verschiedenen
Kanälen, um dann in einem rhizomatischen Prozess wieder zu einem handelnden
Kollektiv zu werden.

Literatur

Anderson L (2011) Demystifying the Arab Spring: parsing the differences between Tunisia,
    Egypt and Libya. Foreign Aff 90(3):2–7
Avigur-Eshel A (2018) More of the same: discursive reactions of members of Knesset to the
    2011 social protest in Israel. Middle East Law Gov 10(2):117–140
Bastos MT, Mercea D (2016) Serial activists: political twitter beyond influentials and the
    twittertariat. Mew Media Soc 18(10):2359–2378
Ben Hador B, Rivnai-Bahir S (2013) "The defense budget is a fog screen, so we will not see
    what happens there" – the discussion on the network about the defense budget during the
    'tent protest'. Lecture at the 44th conference of the Israeli Sociological Association. Rup-
    pin Academic Center (Hebrew), Hever Valley
Bennett LW, Segerberg A (2011) Digital media and the personalization of collective action.
    Inf Commun Soc 14(6):770–799
Bennett LW, Segerberg A (2012) The logic of connective action. Inf Commun Soc 15(5):739–
    768
Bobel C (2007) 'I'm not an activist, though I've done a lot of it': doing activism, being activist
    and the 'perfect standard' in a contemporary movement. Soc Mov Stud 6(2):147–159
Breuer A, Landman T, Farquhar D (2015) Social media and protest mobilization: evidence
    from the Tunisian revolution. Democratization 22(4):764–792
Burnap P, Williams ML (2015) Cyber hate speech on twitter: an application of machine
    classification and statistical modeling for policy and decision making. Policy Internet
    7(2):223–242
Carty V (2015) Social movements and new technology. Westview Press, Boulder
Castells M (2007) Communication, power and counter-power in the network society. Int J
    Commun 1(1):238–266
Castells M (2009) Communication power. Oxford University Press, Oxford
Castells M (2015) Networks of outrage and hope: social movements in the internet age, 2.
    Aufl. Polity, Cambridge
Chadwick A (2017) The hybrid media system: politics and power. Oxford University Press,
    Oxford
Chalaby JK (2005) From internationalization to transnationalization. Glob Media Commun
    1(1):28–33

De Moraes GHSM, Boldrin J, Silva DS (2017) Participation in Brazilian feminist movements on social networks: a study on the campaign Meu Amigo Secreto (my secret Santa). Inf Soc 27(2):219–234. (Portuguese)

Deleuze G, Guattari F (1987) A thousand plateaus. University of Minnesota Press, Minneapolis

Della Porta D, Pavan E (2018) The nexus between media, communication and social movements looking back and the way forward. In: Meikle G (Hrsg) The Routledge companion to media and activism. Routledge, New York, S 29–37

Doron G, Lebel U (2004) Penetrating the shields of institutional immunity: the political dynamic of bereavement in Israel. Mediterr Polit 9(2):201–220

Epstein AD (2001) Mutiny in the 6th military jail and the patterns of public protest in a changing Israeli society. Democr Cult 4–5:13–54

Fominaya CF (2010) Creating cohesion from diversity: the challenge of collective identity formation in the global justice movement. Sociol Inq 80(3):377–404

Gabriel D (2016) Blogging while black, British and female: a critical study on discursive activism. Inf Commun Soc 19(1):1622–1635

Gamie S (2013) The cyber-propelled Egyptian revolution and the de/construction of ethos. In: Folk M, Apostel S (Hrsg) Online credibility and digital ethos: evaluating computer-mediated communication. IGI Global, Hershey, S 316–330

Gerbaudo P (2015) Protest avatars as memetic signifiers: political profile pictures and the construction of collective identity on social media in the 2011 protest wave. Inf Commun Soc 18(8):916–929

Gillespie T (2014) The relevance of algorithms. In: Gillespie T, Boczkowski PJ, Foot A (Hrsg) Media technologies: essays on communication, materiality and society. MIT Press, Cambridge, MA, S 167–194

Glaser B, Strauss AL (1967) The discovery of grounded theory. Aldine, Chicago

Glaser BG (1992) Basics of grounded theory analysis: Emergence vs. forcing. Sociology Press, Mill Valley. CA

Grinberg LL (2013) The j14 resistance mo(ve)ment: the Israeli mix of Tahrir Square and Puerta del Sol. Curr Sociol 61(4):491–509

Harlow S, Guo L (2014) Will the revolution be tweeted or facebooked? Using digital communication tools in immigrant activism. J Comput-Mediat Commun 19(3):463–478

Helman S (1999) Negotiating obligations, creating rights: conscientious objection and the redefinition of citizenship in Israel. Citizsh Stud 3(1):45–70

Hermann T (2012) The Israeli democracy index 2012. The Israeli Democracy Institute, Jerusalem. (Hebrew)

Hermann T, Anabi O, Heller E, Omar F (2018) The Israeli democracy index 2018. The Israel Democracy Institute, Jerusalem. (Hebrew)

Hershkovitz S (2017) "Not buying cottage cheese": motivations for consumer protest – the case of the 2011 protest in Israel. J Consum Policy 40(4):473–484

Hosseini SAH (2009) Alternative globalizations: an integrative approach to studying dissident knowledge in the global justice movement. Routledge, New York

Jang CS, Kamps TL, Skinner DN, Schulze SR, Vencill WK, Paterson H (2006) Functional classification, genomic organization, putatively cis-acting regulatory elements, and relationship to quantitative trait loci, of sorghum genes with rhizome-enriched expression. Plant Physiol 142(3):1148–1159

Jensen CB (2019) Is actant-rhizome ontology a more appropriate term for ANT? In: Blok A, Farias I, Roberts C (Hrsg) The Routledge companion to actor-network theory. Routledge, New York, S 73–86

Johnstone B (2018) Discourse analysis, Bd 3. Wiley, Hoboken

Karatzogianni A (2018) Leaktivism and its discontents. In: Meikle G (Hrsg) The Routledge companion to media and activism. Routledge, London, S 250–258

Kuntsman A, Stein RL (2015) Digital militarism: Israel's occupation in the social media age. Stanford University Press, Stanford

Latour B (1999) On recalling ANT. In: Law J, Hassard J (Hrsg) Actor-network theory and after. Blackwell Publishers, Oxford, S 15–25

Leung A (2013) Anonymity as identity: exploring collective identity in anonymous cyberactivism. Int J Technol Knowl Soc 9(2):173–184

Levy Y, Lomsky-Feder E, Harel N (2007) From "obligatory militarism" to "contractual militarism" – the changing face of militarism in Israel. Isr Stud 12(1):127–148

Lievrouw L (2011) Alternative and activist new media. Polity Press, Cambridge

Lievrouw LA (2018) Alternative computing. In: Meikle G (Hrsg) The Routledge companion to media and activism. Routledge, New York, S 65–73

Lomsky-Feder E, Ben-Ari E (2007) Diversity in the Israel defense forces. In: Soeters JL, Van der Meulen J (Hrsg) Cultural diversity in the armed forces. Routledge, Abingdon/New York, S 139–153

Lomsky-Feder E, Sasson-Levy O (2018) Women soldiers and citizenship in Israel: gendered encounters with the state. Routledge, Abingdon

McDonald K (2002) From solidarity to fluidarity: social movements beyond "collective identity"– the case of globalization conflicts. Soc Mov Stud 1(2):109–128

McDonald K (2015) From Indymedia to anonymous: rethinking action and identity in digital cultures. Inf Commun Soc 18(8):968–982

Mercea D (2016) Civic participation in contentious politics. Palgrave, Basingstoke

Milan S (2013) WikiLeaks, anonymous, and the exercise of individuality: protesting in the cloud. In: Brevini B, Hintz A, McCurdy P (Hrsg) Beyond WikiLeaks: implications for the future of communications journalism and society. Palgrave Macmillan, Basingstoke, S 191–208

Milan S (2015) When algorithms shape collective action: social media and the dynamics of cloud protesting. Soc Media Soc 1(2):1–10

Nahon K (2016) Where there is social media there is politics. In: Bruns A, Enli G, Skogerbo E, Larsson AO, Christensen C (Hrsg) The Routledge companion to social media and politics. Routledge, New York, S 39–55

Papacharissi Z (2010) A networked self. In: Papacharissi Z (Hrsg) A networked self: identity, community, and culture on social network sites. Routledge, New York, S 304–318

Papacharissi Z (2015) Affective publics: sentiment, technology, and politics. Oxford University Press, New York

Papacharissi Z, de Fatima Oliveira M (2012) Affective news and networked publics: the rhythms of news storytelling on# Egypt. J Commun 62(2):266–282

Polletta F, Jasper JM (2001) Collective identity and social movements. Annu Rev Sociol 27(1):283–305

Priante A, Ehrenhard ML, van den Broek T, Need A (2018) Identity and collective action via computer-mediated communication: a review and agenda for future research. New Media Soc 20(7):2647–2669

Ram U, Filc D (2013) The 14th of July of Daphni Leef: the rise and fall of the social protest. Theory Crit 41:17–43. (Hebrew)

Rivnai Bahir S, Avidar M (2017) Alternative vs. canonical discourses regarding military service. In: Tibor Szvircsev Tresch, Eva Moehlecke de Baseggio (Hrsg) Recruitment & retention, part 2. Res Militaris, 5 (online). http://resmilitaris.net/index.php?ID=1025992. Zugegriffen am 18.11.2019

Rosenhek Z, Shalev M (2014) The political economy of Israel's 'social justice' protests: a class and generational analysis. Contemp Soc Sci 9(1):31–48

Sanderson J, Frederick E, Stocz M (2016) When athlete activism clashes with group values: social identity threat management via social media. Mass Commun Soc 19(3):301–322

Sasson-Levy O (2006) Identities in uniform: masculinities and femininities in the Israeli military. Magnes, Jerusalem. (Hebrew)

Shafir G, Peled Y (2002) Being Israeli: the dynamics of multiple citizenship, Bd 16. Cambridge University Press, Cambridge

Shalev M (2015) From socialism to capitalism? Economy and society in Israel. Lecture at a conference in the study of Israeli society to mark the 65th anniversary of the journal "Megamot". (Hebrew), Jerusalem

Shenhav Y (2013) The carnival: protest in a society without oppositions. Theory Crit 41:121–145. (Hebrew)

Shevchenko Y, Helman S (2017) Anti-neoliberal protest and neoliberal outcomes: the appropriation and translation of the 'Tents Protest' by the Trachtenberg Committee. Isr Sociol 19(1):145–168

Stadler N (2007) Playing with sacred/corporeal identities: Yeshivah students' fantasies of military participation. Jew Soc Stud 13(2):155–178

Ster N, Shalom UB (2019) Confessions and tweets: social media and everyday experience in the Israel Defense Forces. Armed Forces Society 2:1–24

Strauss AL, Corbin JM (1990) Basics of qualitative research: grounded theory procedures and techniques. Sage, Sage Newbury Park

Swirsky S (2013) The people demand control over their money. Theory Crit 41:147–163. (Hebrew)

Thorsen E, Sreedharan C (2019) #EndMaleGuardianship: women's rights, social media and the Arab public sphere. New Media Soc 21(5):1121–1140

Tiargan-Orr R, Eran-Jona M (2016) The Israeli public's perception of the IDF: stability and change. Armed Forces Soc 42(2):324–343

Tilly C, Tarrow S (2015) Contentious politics, 2. Aufl. Oxford University Press, New York

Tong J, Zuo L (2014) Weibo communication and government legitimacy in China. Inf Commun Soc 17:66–85

Van Dijck J (2009) Users like you? Theorizing agency in user-generated content. Media Cult Soc 31(1):41–58

Van Dijck J (2014) Datafication, dataism and dataveillance: big data between scientific paradigm and ideology. Surveill Soc 12(2):197

Van Lear J, Van Aelst P (2010) Internet and social movement action repertoires: opportunities and limitations. Inf Commun Soc 13(8):1146–1171

Varian HR, Repcheck J (2010) Intermediate microeconomics: a modern approach, Bd 6. WW Norton & Company, New York

Teil IV

Risiken und Gefahren von sozialen Medien

Die dunkle Seite der Interkonnektivität: Soziale Medien als Cyberwaffe?

Sofia Martins Geraldes

Zusammenfassung

Im traditionellen Verständnis werden Waffen als Werkzeuge verstanden, die Schäden verursachen oder verursachen können, während Cyberwaffen sich auf die Verwendung von Computercodes beziehen, die Schäden verursachen oder verursachen können. In beiden Konzepten werden Schaden und Beeinträchtigung als inhärent physisch verstanden. Während der Aufstieg sozialer Netzwerke neue Möglichkeiten für die strategische Kommunikation in den Streitkräften schafft, erleichtert er auch feindliche Aktivitäten, wie z. B. psychologische Operationen, mit dem Potenzial, Schaden über den physischen Bereich hinaus zu verursachen, und stellt somit das traditionelle Verständnis von Waffen in Frage. Dieser Beitrag untersucht das Potenzial sozialer Medien, als Cyberwaffe eingesetzt zu werden, und vertritt die These, dass Russland im Konflikt mit der Ukraine soziale Medien als Cyberwaffe eingesetzt hat. Die Analyse zeigt, dass Russlands Einsatz sozialer Medien der Ukraine Schaden zufügte, was in der Folge zur Reform des Sicherheits- und Verteidigungssektors in der Ukraine beitrug.

S. M. Geraldes (✉)
Instituto Universitário de Lisboa (ISCTE-IUL), Centro de Estudos Internacionais,
Lissabon, Portugal
E-Mail: Sofia_Cristina_Geraldes@iscte-iul.pt

© Der/die Autor(en), exklusiv lizenziert an Springer Nature Switzerland AG 2023   235
E. Moehlecke de Baseggio et al. (Hrsg.), *Soziale Medien und die Streitkräfte*,
https://doi.org/10.1007/978-3-031-26108-4_11

1   Einleitung

Trotz der Dynamik, mit der neue Bedrohungen und Herausforderungen in Zusammenhang mit dem Cyberspace auf der internationalen Sicherheitsagenda nach dem Kalten Krieg infolge technologischer Innovationen und Veränderungen in der geopolitischen Landschaft an Bedeutung gewonnen haben, wurde der Cyberspace nicht immer als Sicherheitsthema betrachtet (Maness und Valeriano 2015; Hansen und Nissenbaum 2009; Eriksson und Giacomello 2006). Diese Situation spiegelt sich in der noch nicht ausgereiften Konzeptualisierung dessen wider, was als Cyberbedrohung, Cyberangriff und insbesondere als Cyberwaffe gilt.

Für den Begriff Cyberwaffe gibt es noch keine einheitliche Definition, und da es ihm an analytischer Schärfe mangelt, wurde er als Sammelbegriff für verschiedene Formen der feindlichen Nutzung des Cyberspace verwendet (Stevens 2017). In diesem Zusammenhang haben Rid und McBurney (2012, S. 7) versucht, zu definieren, was als Cyberwaffe gilt und was nicht, und verstehen darunter „einen Computercode, der mit dem Ziel verwendet wird oder verwendet werden soll, Strukturen, Systeme oder Lebewesen zu bedrohen oder ihnen physischen, funktionalen oder psychischen Schaden zuzufügen".

Diese Begrifflichkeit trägt zu einem engen Verständnis der Formen bei, die die feindliche Nutzung des Cyberspace annehmen kann, die im Allgemeinen mit der Störung kritischer Infrastrukturen in Verbindung gebracht wird. Der Russland-Ukraine-Konflikt hat jedoch gezeigt, dass die feindliche Nutzung des Cyberspace auch in sozialen Medien durch verschiedene Arten von Militäroperationen erfolgen kann, bei denen die Hauptziele nicht Maschinen oder Netzwerke, sondern Köpfe sind (Lange-Ionatamishvili und Svetoka 2015). Während ein Cyberangriff auf kritische Infrastrukturen verheerende Auswirkungen haben kann, kann ein Angriff auf den Cyberspace auch durch die Ausnutzung der digitalen Domäne erfolgen, um Wahrnehmungen zu formen, Entscheidungen zu beeinflussen und Handlungen beim Ziel zu provozieren (Lange-Ionatamishvili und Svetoka 2015). Laut Lange-Ionatamishvili und Svetoka (2015) können die Folgen dieser Art von Cyberangriffen ebenso schwerwiegend sein wie die eines Angriffs auf kritische Infrastrukturen. Dies entspricht dem, was Herrick (2016, S. 99) als „die soziale Seite der ‚Cyber-Macht'" bezeichnet.

Darüber hinaus konzentrierte sich die Debatte über soziale Cyberangriffe und die feindliche Nutzung sozialer Medien auf deren Einsatz in Friedenssituationen, wobei der Schwerpunkt vor allem auf ihrer Wirksamkeit als Instrument zur Verbreitung von Desinformationen, mit denen die Bevölkerung des Gegners manipuliert werden soll, und als Herausforderung für die Demokratie lag.[1] Soziale Medien wurden jedoch auch in Konfliktsituationen und gegen die Streitkräfte eingesetzt, um die Moral des Gegners zu schädigen, was wiederum die Kampfkraft und damit die Fähigkeit, auf Aggressionen zu reagieren, beeinträchtigen kann (Mölder und Sazonov 2018).

Im Hinblick auf dieses Szenario soll in diesem Beitrag anhand einer Fallstudienanalyse des Russland-Ukraine-Konflikts untersucht werden, inwieweit soziale Medien als Cyberwaffe in zwischenstaatlichen Konfliktsituationen eingesetzt werden können, und zwar durch und gegen die Streitkräfte.[2] Das zentrale Argument ist, dass Russland im Konflikt mit der Ukraine soziale Medien als Cyberwaffe eingesetzt hat, was wiederum zur Reform des Sicherheits- und Verteidigungssektors in der Ukraine beigetragen hat.

Der Russland-Ukraine-Konflikt zeigt den wachsenden Einfluss des Cyberspace und der sozialen Medien als digitale Plattform in der Konfliktlandschaft des 21. Jahrhunderts zur Unterstützung konventioneller Militäraktionen, wenn man bedenkt, dass die Annexion der Krim und der anhaltende Konflikt in der Ostukraine, insbesondere in der Donbass-Region, mit der umfassenden Nutzung sozialer Medien durch Russland für Desinformation und Cyberangriffe gegen die Ukraine zusammenfielen (Zeitzoff 2017; Danyk et al. 2017; Herrick 2016; Lange-Ionatamishvili und Svetoka 2015).

Der vorliegende Beitrag gliedert sich in drei Abschnitte. Im ersten Abschnitt führen wir in die Debatte über die Definition von Cyberwaffen ein. Im zweiten Abschnitt untersuchen wir die Chancen und Risiken, die mit der Nutzung sozialer Medien durch die Streitkräfte für strategische Kommunikationsoperationen verbunden sind. Darüber hinaus zeigen wir, dass die feindliche Nutzung sozialer Medien über strategische Kommunikationsoperationen hinausgeht und sowohl auf operativer als auch auf taktischer Ebene eingesetzt werden kann. Im dritten Abschnitt zeigen wir, wie soziale Medien im Russland-Ukraine-Konflikt als Cyberwaffe eingesetzt wurden, und untersuchen ihre Auswirkungen.

---

[1] Siehe z. B. Fried und Polyakova (2018).

[2] Mit dieser Studie soll keine deterministische Sichtweise auf die Technologie vermittelt werden, sondern vielmehr die traditionellen Vorstellungen von Krieg in Frage gestellt werden, insbesondere in Bezug auf die Frage, was als Waffe gilt und welche Art von Schaden eine Waffe verursachen kann, um als solche betrachtet zu werden.

2   Cyberwaffen

Trotz des unbestreitbaren Platzes, den die aufkommenden Bedrohungen und Herausforderungen in Zusammenhang mit dem Cyberspace auf der internationalen Sicherheitsagenda nach dem Kalten Krieg einnehmen, wurde der Cyberspace nicht immer
als Sicherheitsthema betrachtet. Der Begriff „Cybersicherheit" wurde in den frühen
1990er-Jahren von Informatikern eingeführt und bezog sich auf Unsicherheiten in
Zusammenhang mit vernetzten Computern und auf die Notwendigkeit, die in
Computersystemen vorhandenen Daten sowie die Computersysteme selbst vor un-
befugtem Eindringen von außen zu schützen (Hansen und Nissenbaum 2009).

Politische Eliten, der Privatsektor und die traditionellen Medien erkannten jedoch schnell das Potenzial der politischen und sozialen Auswirkungen von
Computersystemen und deren Folgen für die Sicherheit (Valeriano und Maness
2018; Hansen und Nissenbaum 2009). Diese sogenannte „securitisation"[3] beinhaltet zwei Kernelemente beim Einsatz sozialer Medien, ein technisches und ein
soziales. Das technische Element bezieht sich zum einen auf den Netzwerk-
charakter von Computersystemen. Diese Systeme steuern physische Objekte wie
Züge, Pipelines und elektrische Transformatoren. Das bedeutet, dass diese Systeme im Falle eines Cyberangriffs kompromittiert werden können, was wiederum
die Strom- oder Kommunikationsverteilung behindern oder verhindern, Transport-
systeme stören, Finanztransaktionen unmöglich machen und folglich Chaos verursachen kann (Hansen und Nissenbaum 2009). Das soziale Element hingegen
hängt mit der technologischen Abhängigkeit von Staaten und Gesellschaften zusammen, die – angesichts der wachsenden Zahl von Prozessen, die sich auf den
digitalen Bereich stützen – ein Gefühl der Verwundbarkeit erzeugt (van der Meer
2015). Dementsprechend wurde das Konzept des Cyberspace über eine technische
Frage hinaus erweitert und auch als Sicherheitsproblem anerkannt.

Cyberwaffen haben eine ähnliche Entwicklung durchlaufen. Obwohl sie seit
den 1990er-Jahren als militärische und nachrichtendienstliche Mittel eingesetzt
werden, wurden sie erst Ende des ersten Jahrzehnts der 2000er-Jahre – 2007 und
2010 in Estland[4] und Stuxnet[5] als Instrument zur Durchsetzung nationaler

---

[3] Für ein detailliertes Verständnis dieser „securitisation" siehe z. B. Hansen und Nissenbaum
(2009).

[4] Für ein besseres Verständnis siehe zum Beispiel Boyte (2017).

[5] Stuxnet ist ein bösartiger Computerwurm, der auf SCADA-Systeme (Supervisory Control
and Data Acquisition Systems) abzielt. Obwohl weder die USA noch Israel den Einsatz von
Stuxnet offen zugegeben haben, wird angenommen, dass der Einsatz von Stuxnet für die
Schädigung des iranischen Atomprogramms verantwortlich war. Für ein besseres Verständnis siehe zum Beispiel Lindsay (2013).

strategischer Interessen eingesetzt, so dass die strategische Fähigkeit von waffenfähigem Code und sein Potenzial, internationale Beziehungen zu destabilisieren, erst richtig erkannt wurde. Dies führte zu einer intensiven Debatte über die Regulierung des Erwerbs und der Verwendung dieser Art von Waffen[6] (Stevens 2017).

Ungeachtet dessen ist, wie Stone (2013) feststellt, zeigt die laufende Debatte über den Cyberspace im Allgemeinen, dass das Verständnis über Konzepte, die im Rahmen von Sicherheits- und Verteidigungsstudien routinemäßig verwendet werden, wie z. B. Waffen und in diesem Fall Cyberwaffen, sehr unsicher ist. Für den Begriff Cyberwaffe gibt es noch keine einheitliche Definition. Bislang wurde er als Sammelbegriff für verschiedene Formen der feindlichen Nutzung des Cyberspace verwendet, was zu einem Mangel an analytischer Schärfe führte. Darüber hinaus erschweren das Fehlen einer konventionellen Physikalität – was bedeutet, dass der Code nur in Infrastrukturen existiert und schwer aufzuspüren und zu unterbinden ist – und der subjektive Prozess der Festlegung der Art und des Ausmaßes des Schadens die Bemühungen um eine klare Definition dessen, was als Cyberwaffe gilt (Stevens 2017).

Dennoch wurden einige Anstrengungen unternommen, um das Verständnis dessen, was eine Waffe im Allgemeinen und eine Cyberwaffe im Besonderen ausmacht, zu vertiefen. Traditionell werden Waffen als Werkzeuge verstanden, die Schaden verursachen oder dazu bestimmt sind, Schaden zu verursachen, insbesondere physischen Schaden (Meiches 2017; Bousquet et al. 2017; Stevens 2017; Rid und McBurney 2012). Darüber hinaus sind Waffen Instrumente, die eingesetzt werden oder dazu bestimmt sind, eingesetzt zu werden, um die Macht zu verstärken und den Willen oder das Verlangen zu verändern (Meiches 2017; Bousquet et al. 2017). Daher können Waffen als Werkzeuge definiert werden, die mit dem Ziel oder dem Potenzial eingesetzt werden, Strukturen, Systeme und Lebewesen physischen, funktionalen oder psychischen Schaden zuzufügen, um die Macht zu vergrößern (Meiches 2017; Bousquet et al. 2017; Rid und McBurney 2012). In diesem Szenario werden Cyberwaffen als eine Untergruppe von Waffen verstanden: „Ein Computercode, der mit dem Ziel eingesetzt wird oder dafür ausgelegt ist, Strukturen, Systeme oder Lebewesen physischen, funktionalen oder psychischen Schaden zuzufügen", um die Macht zu vergrößern (Rid und McBurney 2012).

Nach Ansicht von Rid und McBurney (2012) ist die Grenze zwischen dem, was als Cyberwaffe gilt und was nicht, zwar fließend, doch ist es aus mehreren Gründen wichtig, sie zu bestimmen: (1) aus Sicherheitsgründen – wenn ein Werkzeug kein Schadenspotenzial hat, ist es weniger gefährlich; (2) aus politischen Gründen – ein

---

[6] Für ein besseres Verständnis siehe z. B. Eilstrup-Sangiovanni (2018).

unbewaffnetes Eindringen ist weniger dringlich als ein bewaffnetes; (3) aus rechtlichen Gründen – etwas als Waffe anzuerkennen bedeutet, dass es grundsätzlich
verboten werden kann und seine Entwicklung, sein Besitz und seine Verwendung
strafbar sein können. Diese Unterscheidungen sind wichtig, um angemessene und
verhältnismäßige Antworten zu entwickeln. Daher wird nach Rid und McBurney
(2012) beispielsweise Cyberspionage nicht als Waffe betrachtet, obwohl sie wahrscheinlich die häufigste Form von Cyberangriffen ist.

Wie bereits erwähnt, besteht das Hauptziel beim Einsatz von Waffen jedoch
darin, die Macht zu vergrößern (Meiches 2017; Bousquet et al. 2017; Rid und
McBurney 2012). Wie der nächste Abschnitt zu zeigen versucht, zeigen die Be-
weise in Zusammenhang mit der feindlichen Nutzung sozialer Medien, dass physische Zerstörung nicht die einzige Möglichkeit ist, Schaden anzurichten und die
Macht zu stärken, zumindest im digitalen Bereich – und insbesondere im militärischen Rahmen.

3   Soziale Medien und die Streitkräfte

3.1   Streitkräfte und die Nutzung von Sozialen Medien: Chancen und Risiken

Die Auswirkungen der Medienlandschaft auf den Krieg im Allgemeinen und auf
die Streitkräfte im Besonderen sind keine Neuheit. Dennoch haben das neue
Informationsumfeld und die zunehmende Nutzung und Rolle der sozialen Medien
neue Chancen, aber auch neue Risiken und Herausforderungen für das Militär mit
sich gebracht (Ryan und Thompson 2017; Müür et al. 2016; Olsson et al. 2016;
Hellman et al. 2016).

Die Nutzung sozialer Medien im militärischen Rahmen birgt einen inhärenten
Widerspruch. Die Streitkräfte gelten als geschlossene, formelle und geheimnis-
volle Organisation, die auf formelle Weise kommuniziert, was im Gegensatz zu der
informellen, offenen und emotionalen Art der Kommunikation in den sozialen Medien steht. Nichtsdestotrotz werden diese Plattformen vom Militär sowohl auf nationaler als auch auf internationaler Ebene genutzt. Auf nationaler Ebene werden
soziale Medien in der Regel als Instrument zur Rekrutierung sowie zur Kontaktauf-
nahme mit der Zivilgesellschaft genutzt, um den Auftrag und die Aktivitäten des
Militärs zu präsentieren und zu erläutern. Auf internationaler Ebene bieten soziale
Medien den Streitkräften neue Möglichkeiten, ihre Botschaft in Einsatzgebieten zu

verbreiten, ihren Ruf zu verbessern und ihre nationale strategische Sichtweise zu vermitteln, um den immer wichtiger werdenden Kampf um die Herzen und Köpfe zu gewinnen (Olsson et al. 2016; Hellman et al. 2016). Daher könnte man argumentieren, dass soziale Medien eine interessante Plattform bieten, über die die Streitkräfte mit ihrem Publikum interagieren können – nicht nur zur Rekrutierung, sondern auch für die strategische Kommunikation, die darauf abzielt, die Transparenz zu verbessern und Maßnahmen zu legitimieren (Golan und Ben-Ari 2018; Ryan und Thompson 2017; Hellman et al. 2016; Mirrlees 2015).

Die globale Reichweite, der offene Zugang und die Geschwindigkeit des Informationsaustauschs stellen jedoch sowohl die Stärken als auch die Schwächen der sozialen Medien dar. Darüber hinaus bedeuten die unvorhersehbaren und unkontrollierbaren Eigenschaften dieser digitalen Plattformen, dass die Kontrolle über das Narrativ verloren gehen kann, was wiederum militärisches Personal, militärische Operationen und die Erfüllung strategischer Ziele gefährden kann. Risiken in Zusammenhang mit Informationen gab es im Verteidigungssektor schon immer, aber mit dem Aufkommen der sozialen Medien können sie neue Formen annehmen. Die Verbreitung von Informationen kann Soldaten durch die Weitergabe sensibler Informationen bloßstellen und/oder die öffentliche Wahrnehmung nicht nur in Bezug auf politische Angelegenheiten, sondern auch in Bezug auf Verteidigungsaktivitäten verändern (Ryan und Thompson 2017; Olsson et al. 2016; Hellman et al. 2016).

Nach Ansicht von Ryan und Thompson (2017) hat das Aufkommen von Smartphones und der ständige Austausch von Informationen in sozialen Medien das Risiko für Militärangehörige erhöht, versehentlich gegen die Sicherheitsbestimmungen zu verstoßen. Darüber hinaus kann die Offenlegung sensibler Informationen von böswilligen Akteuren als Informationsquelle, zur Aufdeckung von Passwörtern, für Social Engineering, Identitätsdiebstahl, physisches Abfangen und Erpressung genutzt werden (Ryan und Thompson 2017; Olsson et al. 2016; Hellman et al. 2016). In Anbetracht der Auswirkungen auf die Sicherheit, den Zweck der Mission und den Ruf der Streitkräfte und ihrer Aktivitäten machen soziale Medien das Militär daher potenziell angreifbar (Ryan und Thompson 2017; Olsson et al. 2016; Hellman et al. 2016). Folglich sind Social-Media-Plattformen wie Twitter, Facebook und YouTube für militärische Operationen genauso wichtig geworden wie Munition, Truppen und Luftstreitkräfte und werden nun als ein Werkzeug und umkämpfter Kampfraum des einundzwanzigsten Jahrhunderts anerkannt (Lange-Ionatamishvili und Svetoka 2015; Mirrlees 2015).

3.2   Die feindliche Nutzung sozialer Medien jenseits der Chancen und Risiken der strategischen Kommunikation

Die militärische Nutzung sozialer Medien geht über die Chancen und Risiken der strategischen Kommunikation hinaus. Soziale Medien können auf operativer und taktischer Ebene von strategischem Wert sein und zum Einsatz verschiedener militärischer Aktivitäten beitragen, wodurch die feindliche Nutzung sozialer Medien erweitert wird (Herrick 2016). Die feindselige Nutzung sozialer Medien – die nie oder fast nie geächtet wird, was Vergeltungsmaßnahmen komplexer macht – ist ein weit verbreitetes Phänomen, das den Missbrauch von Social-Media-Plattformen durch Regierungen, den privaten Sektor, Organisationen und Einzelpersonen zur Verfolgung politischer und militärischer Ziele betrifft (Willemo 2019).

Die von Nissen vorgeschlagene Konzeptualisierung von sozialen Medien (2015, S. 40) zeigt die Ausweitung dieser Plattformen über ihre Verwendung als Kommunikationsinstrument hinaus:

> Mit dem Internet verbundene Plattformen und Software, die verwendet werden, um nutzergenerierte und allgemeine Medieninhalte zu sammeln, zu speichern, zu aggregieren, zu teilen, zu verarbeiten, zu diskutieren oder bereitzustellen ... können Wissen und Wahrnehmungen beeinflussen und dadurch direkt oder indirekt Verhalten als Ergebnis sozialer Interaktion in Netzwerken auslösen.

Im Gegensatz dazu hat Zeitzoff (2017) soziale Medien im engeren Sinne als „eine Form elektronischer Kommunikations- und Netzwerkseiten, die es Nutzern ermöglicht, Inhalte (Texte, Bilder, Videos usw.) und Ideen innerhalb einer Online-Community zu verfolgen und zu teilen" definiert. Für die Zwecke dieser Untersuchung erschien uns die von Nissen (2015) vorgeschlagene Definition besser geeignet, da sein Konzept der sozialen Medien über ihre Rolle als Kommunikationsmittel hinausgeht.

Die erfolgreichen Kampagnen sowohl Russlands als auch des Islamischen Staates hat zu einer veränderten Wahrnehmung der Bedeutung der Informationsbedrohung geführt (Giles o.J.). Die mutmaßliche russische Einmischung in die US-Präsidentschaftswahlen 2016 und in europäische Referenden und Wahlen wie den Brexit und die französischen Präsidentschaftswahlen haben das Paradigma der sozialen Medien, die während des Arabischen Frühlings als positives Instrument wahrgenommen wurden, verändert. Die Wahrnehmung der sozialen Medien hat sich von einem positiven Instrument, das die soziale Mobilisierung während des Arabischen Frühlings ermöglichte, zu einem negativen Instrument gewandelt, das für die Verbreitung von Hassreden, die Rekrutierung für terroristische Organisationen und Desinformationskampagnen genutzt wird, bei denen Fakten für die Meinungsbildung der Öffentlichkeit und der Eliten weniger einflussreich sind als Emotionen (Roozenbeek und van der Linder 2018; Jankowski 2018; Bjola 2017).

Die feindselige Nutzung sozialer Medien ist jedoch kein neues Phänomen. Schon lange vor der Entstehung des Islamischen Staates hatte Osama bin Laden die Möglichkeiten der modernen Medien erkannt und nutzte die Vernetzung des Internets für Subversions- und Informationsaktivitäten (Giles o.J.). Anfang der 2000er-Jahre nutzten terroristische Organisationen die sozialen Medien, um die Legitimität und Glaubwürdigkeit der von den USA angeführten multinationalen Streitkräfte im Irak und in Afghanistan in Frage zu stellen. Terroristische Organisationen verbreiteten in den sozialen Medien Narrative, um die Bevölkerung der beitragenden Länder zu beeinflussen und sie dazu zu bringen, die Präsenz ihrer jeweiligen Länder in diesen Regionen in Frage zu stellen und abzulehnen. Das zentrale Ziel dieser Taktik bestand darin, den Schwerpunkt durch die Verbreitung von Erzählungen und Bildern in den sozialen Medien vom physischen auf den kognitiven Bereich zu verlagern (Nissen 2015).

Soziale Medien haben seit ihrer Einführung in das politische Spektrum in mehreren Konfliktsituationen eine wichtige Rolle gespielt. Bei dem Angriff von Al-Shabaab auf das Westgate-Einkaufszentrum in Nairobi nutzte die Terrororganisation Twitter, um den Angriff live zu twittern. Der Islamische Staat nutzte Twitter für Propaganda und Rekrutierung, während die iranische Twitter-Revolution zwischen 2009 und 2010 dazu diente, die vom iranischen Regime begangenen Missstände nach außen zu tragen. Im Jahr 2010 schließlich spielten soziale Medien eine wichtige Rolle bei der Entwicklung des Arabischen Frühlings, indem sie als Raum für freie Meinungsäußerung dienten und eine Massenmobilisierung ermöglichten (Nissen 2015).

Soziale Medien sind Teil zeitgenössischer Konflikte und Politik geworden und werden sowohl von staatlichen als auch von nichtstaatlichen Akteuren genutzt, um sowohl im virtuellen als auch im physischen Bereich Effekte zu erzielen (Zeitzoff 2017; Danyk et al. 2017; Nissen 2015). Laut Nissen (2015) sind soziale Medien zu einer bevorzugten Waffe geworden, da sie leicht zugänglich und nutzbar sind und kostengünstig zur Effizienz verschiedener militärischer Aktivitäten zur Erreichung politischer und militärischer Ziele beitragen, wie z. B. nachrichtendienstliche Tätigkeiten, psychologische Operationen, offensive und defensive Cyber-Operationen sowie Command and Control (C2).

Nachrichtendienst bezieht sich in diesem Zusammenhang auf eine Gruppe von Aktivitäten, die das Sammeln, Verarbeiten, Integrieren, Analysieren, Bewerten und Interpretieren von Daten beinhalten. Im Bereich der sozialen Medien bedeutet „Intelligence" die Überwachung von Online-Aktivitäten, um Daten zu sammeln und zu aggregieren, um Wissen im Allgemeinen zu generieren und insbesondere den Prozess des Targeting zu unterstützen[7] (Nissen 2015).

Die Neigung, Beiträge zu teilen, führt zu einer immensen Datenmenge, die soziale Medien zu einem fruchtbaren Boden für nachrichtendienstliche Tätigkeiten macht. Durch die Aggregation und Korrelation mehrerer Informationsquellen können die Akteure die demografische Größe, die Organisationsstruktur, die Tätigkeitsbereiche und die Netzwerkreichweite ihrer Zielperson einschätzen. Außerdem können böswillige Akteure aufgrund der in sozialen Medien verfügbaren Geolokalisierung Truppenbewegungen lokalisieren und identifizieren (Ryan und Thompson 2017; Marcellino et al. 2017). Ein Beispiel ist der Kampf gegen den Terrorismus: 2015 erregte ein mit einem Geotag versehener Beitrag auf dem Social-Media-Konto eines Kämpfers die Aufmerksamkeit einer Einheit der US-Luftwaffe, die daraufhin eine Bombenkampagne auf ein Gebäude des ISIS startete (Marcellino et al. 2017). Darüber hinaus bieten diese Plattformen die Möglichkeit, Daten online und in Echtzeit zu sammeln, je nach Geschwindigkeit der Überwachungs- und Analysesoftware, ohne dass „Boots on the Ground" erforderlich sind (Nissen 2015, S. 61–64). Daher sind soziale Medien ein attraktives Instrument zur Überwachung und Dokumentation der Aktivitäten eines Gegners (Herrick 2016).

Psychologische Operationen beziehen sich auf eine Gruppe von militärischen Aktivitäten, die darauf abzielen, die Wahrnehmung, die Emotionen, die Motive, die Überlegungen und das Verhalten der Zielgruppen zugunsten der Ziele des Angreifers zu beeinflussen. Psychologische Operationen können offen oder verdeckt durch Maßnahmen wie Täuschung, Propaganda und Subversion durchgeführt werden, um zu formen, zu informieren, zu beeinflussen, zu manipulieren, in die Irre zu führen, zu entlarven, zu zwingen, abzuschrecken und zu mobilisieren (Nissen 2015). Die sozialen Medien bieten einen fruchtbaren Boden für psychologische Operationen, da ihre technischen Eigenschaften eine schnelle und kostengünstige Verbreitung von Informationen mit globaler Reichweite ermöglichen. Darüber hinaus macht ihr vertrauensbasierter Charakter, der durch ein Netzwerk von Freunden oder Gleichgesinnten gebildet wird, die Darstellung vertrauenswürdiger und glaubwürdiger als die der offiziellen Medien und/oder staatlichen Institutionen (Lange-Ionatamishvili und Svetoka 2015).

Staatliche und nichtstaatliche Akteure setzen psychologische Operationen ein, um Fakten und Handlungen, die die Glaubwürdigkeit von Gegnern in Frage stellen können, durch die Manipulation von Informationen, z. B. durch die Förderung von Desinformationskampagnen, weiterzugeben. Die Nutzung sozialer Medien zur

---

[7] In diesem Zusammenhang bedeutet Targeting die Ausrichtung einer Desinformationskampagne auf eine bestimmte Person oder Gruppe (Roose 2018).

Förderung psychologischer Operationen, insbesondere durch die Manipulation von Informationen, zeigt eine neue Tendenz im Cyberspace, die im Gegensatz zu den traditionellen Formen von Cyberangriffen steht. Solche Operationen zielen auf Gesellschaften mit dem spezifischen Ziel ab, ihre Überzeugungen und Verhaltensweisen zu beeinflussen, um Zwietracht zu säen und ihr Vertrauen in Institutionen und Regierungen zu schwächen (Kalpokas 2017; Prier 2017; Lange-Ionatamishvili und Svetoka 2015).

In Bezug auf soziale Medien versuchen staatliche und nichtstaatliche Akteure, Trendmechanismen zu kontrollieren und zu erforschen, um Misstrauen in öffentliche und private Institutionen zu schaffen und interne Konflikte zu verursachen. Zu diesem Zweck werden auf diesen digitalen Plattformen bestimmte Narrative verbreitet und durch algorithmusgesteuerte Mechanismen Trends geschaffen, die sich fast augenblicklich weltweit verbreiten (Prier 2017). Diese Dynamik ermöglicht es also, dass ein Narrativ viral wird, was es zu einer „kostengünstigen und schnellen Möglichkeit macht, die Wahrnehmung der Gesellschaft zu manipulieren, um ein störendes Verhalten im realen Leben hervorzurufen" (Lange-Ionatamishvili und Svetoka 2015, S. 105). Darüber hinaus erschwert die mit dem Cyberspace verbundene Mehrdeutigkeit die Identifizierung der Quelle und verhindert die Planung einer Reaktion auf diese Aktivitäten (Libicki 2017). In diesem Sinne, so Prier (2017, S. 52), sind die sozialen Medien „zum Knotenpunkt von Informationsoperationen und Cyberkriegsführung geworden", indem sie „Zugang für Propaganda" schaffen.

Cyberoperationen in sozialen Medien können offensiv oder defensiv sein. Offensivoperationen beziehen sich auf verschiedene Aktivitäten, die darauf abzielen, den Zugang zu verweigern, Informationen zu stören, zu beeinträchtigen, zu verletzen oder zu zerstören; das Hacken von Passwörtern persönlicher Konten, um Inhalte offenzulegen; und das Eindringen, um Inhalte in Social-Media-Profile zu verändern oder einzufügen. Defensive Maßnahmen beinhalten den Schutz von Social-Media-Plattformen, Konten und Profilen durch Verschlüsselung, Anti-Tracking und Gegenmaßnahmen (Nissen 2015).

Command and Control (C2) bezieht sich auf eine Gruppe von Aktivitäten, die die interne Kommunikation, den Informationsaustausch, die Koordination und die Synchronisation von Aktionen in sozialen Medien beinhalten, um die Koordination und Synchronisation von verstreuten Gruppen zu erleichtern (Nissen 2015).

Obwohl die Auswirkungen digitaler Plattformen auf Konfliktszenarien indirekter sind als konventionelle Waffensysteme, können sie dennoch die Verbreitung von Informationen in Umfang und Geschwindigkeit beeinflussen, was wiederum den Verlauf der Ereignisse verändern kann (Zeitzoff 2017). Laut Zeitzoff (2017) nutzen Akteure in Konfliktsituationen soziale Medien nicht nur, um

Unterstützung zu mobilisieren, sondern auch, um die Narrative über ihre Gruppe und ihren Gegner aktiv zu gestalten sowie um operative und taktische militärische Aktionen zu unterstützen. In diesem Sinne soll im folgenden Abschnitt gezeigt werden, wie Russland im Ukraine-Konflikt soziale Medien nutzte, um den Gegner auf allen Ebenen – von der politischen bis zur militärischen – zu destabilisieren.

4   Soziale Medien als Cyberwaffe? Der Fall des Russland-Ukraine-Konflikts[8]

4.1   Russland-Ukraine-Konflikt:[9] Russische Militäroperationen auf Social Media[10]

Wie im vorangegangenen Abschnitt dargelegt, geht die Nutzung sozialer Medien über die Chancen und Risiken der strategischen Kommunikation hinaus. Sie können auch für militärische Operationen, z. B. psychologische Operationen, zur Sammlung von Informationen und zur Rekrutierung für terroristische Organisationen eingesetzt werden. Dementsprechend wurden soziale Medien sowohl in innerstaatlichen als auch in zwischenstaatlichen Konfliktszenarien eingesetzt, wie z. B. im Russland-Ukraine-Konflikt (Herrick 2016). Der Einsatz des Cyberspace und sozialer Medien im Russland-Ukraine-Konflikt zeigt den wachsenden Einfluss dieser digitalen Plattformen in der Konfliktlandschaft des einundzwanzigsten Jahrhunderts zur Unterstützung konventioneller militärischer Aktionen (Herrick 2016; Lange-Ionatamishvili und Svetoka 2015). Nach Ansicht von Zeitzoff (2017) fielen die Annexion der Krim und der anhaltende Konflikt in der Ostukraine, insbesondere

---

[8] Diese Untersuchung zielt nicht darauf ab, das Verständnis der zugrunde liegenden Dynamik des Konflikts zu vertiefen, sondern die Rolle der sozialen Medien als Cyberwaffe in diesem Konflikt aufzuzeigen.

[9] Soziale Medien wurden auch von den ukrainischen Streitkräften, der Regierung und der Zivilgesellschaft genutzt, um Informationen zu verbreiten oder sich Vorteile zu verschaffen (Herrick 2016). Wir konzentrieren uns jedoch auf die Nutzung dieser Plattformen durch Russland, da sie einen Paradigmenwechsel in der Informationskriegsführung darstellt (Giles o.J.; Herrick 2016; Lange-Ionatamishvili und Svetoka 2015).

[10] Es gibt zwar Belege dafür, dass Russland sowohl traditionelle als auch soziale Medien nutzt, um das Narrativ gegenseitig zu verstärken und jüngere und ältere Generationen anzusprechen (Blank 2017; Lange-Ionatamishvili and Svetoka 2015). Das Ziel dieses Kapitels ist es, sich auf die Seite der sozialen Medien zu konzentrieren, um die Neuheit und die Herausforderungen zu berücksichtigen, die diese digitalen Plattformen mit sich bringen.

in der Donbass-Region, mit Russlands umfassender Nutzung sozialer Medien und des Cyberspace für Desinformationen und Cyberangriffe gegen die Ukraine zusammen. Diese Annahme wird auch von Danyk et al. (2017) geteilt, die feststellen, dass den Kampfhandlungen in Illovaysk und Debalcevo verstärkte Aktivitäten im Informationsumfeld vorausgingen, die mit einer Zunahme der Verbreitung negativer Informationen über die ukrainischen Behörden, die Regierung und die Streitkräfte einhergingen. Die Plattformen der sozialen Medien wurden von den russischen Streitkräften, Geheimdiensten und Stellvertretern genutzt, um mehrere militärische Operationen durchzuführen (Herrick 2016). Der Cyberspace hat einerseits Russlands Macht gestärkt, indem er Fähigkeiten bereitstellte, die die Verwirklichung seiner außenpolitischen Ziele ermöglichten, sei es durch die Erleichterung der Förderung von Propaganda und Zwang oder durch die Sammlung von Daten. Andererseits stellte die Schwierigkeit, Angriffe zuzuordnen, eine kosteneffiziente Strategie zur Verfügung (Ajir und Vailliant 2018; Mejias und Vokuev 2017).

In der Ukraine nutzte Russland soziale Medien insbesondere für die Rekrutierung, nachrichtendienstliche Aufklärung und psychologische Operationen.[11] Vkontakte und Odnoklassinski, russische soziale Netzwerke, wurden genutzt, um Agenten für Rebellengruppen zu rekrutieren, Daten und Informationen über die Profile ukrainischer Militärangehöriger und Zivilisten zu sammeln und psychologische Operationen auf allen Ebenen, von der politischen bis zur militärischen, durchzuführen (Willemo 2019; Müür et al. 2016). Das zentrale Ziel dieser Operationen bestand darin, den Gegner zu destabilisieren – eher zu verwirren als zu überzeugen –, indem Furcht, Angst und Hass unter der russischsprachigen Bevölkerung in der Ukraine kultiviert, Misstrauen zwischen der ukrainischen Regierung und den ukrainischen Streitkräften gesät sowie das Misstrauen zwischen der ukrainischen Regierung, den ukrainischen Streitkräften und der Zivilgesellschaft verbreitet und die ukrainischen Streitkräfte demoralisiert und demobilisiert wurden (Giles o.J.; Cordy 2017; Sazonov et al. 2017; Müür et al. 2016; Lange-Ionatamishvili und Svetoka 2015).

Der Einsatz von psychologischen Kampagnen,[12] Irreführung, Manipulation und Einschüchterung sind keine neuen Ansätze in der Außenpolitik des Kremls. Das

---

[11] Russische psychologische Operationen zielten darauf ab, verschiedene Zielgruppen zu formen: Ukrainer, Russen und internationale Zielgruppen (Blank 2017). Das Ziel dieses Kapitels ist es jedoch, sich auf die ukrainische Wahrnehmung zu konzentrieren, insbesondere auf die ukrainischen Streitkräfte.

[12] Die Fokussierung auf diese Operationen hängt damit zusammen, dass psychologische Operationen beim Vorgehen gegen die russische Informationsaggression den Kern der ukrainischen Strategie bilden.

Internet und die sozialen Medien haben jedoch neue Möglichkeiten für die Effizienz alter Methoden wie aktiver Maßnahmen geschaffen[13] (Cordy 2017). Laut Giles (o.J.) ist die russische Informationskriegsführung ein fortlaufender Prozess, der sich ständig weiterentwickelt und anpasst, indem Erfolge erkannt und verstärkt werden, während gescheiterte Versuche aufgegeben und nicht weitergeführt werden. In der Ukraine haben die Russen seit Anfang der 1990er-Jahre psychologische Operationen durchgeführt, doch mit dem Aufkommen des Internets und der sozialen Medien wurden neue Möglichkeiten geschaffen (Sazonov et al. 2017). Daher wurden nach der Euromaidan-Revolution[14] eine neue Reihe von psychologischen Operationen eingesetzt (Cordy 2017; Blank 2017; Sazonov et al. 2017).

Soziale Medien wurden von Russland in der Ukraine für intensive psychologische Operationen genutzt, insbesondere durch die Verbreitung von Desinformationskampagnen mittels Trollen,[15] Bots,[16] Social-Engineering-Angriffe[17] und Impersonation[18] (Danyk et al. 2017). In diesem Zusammenhang wurde 2013 über eine „Trollfabrik" berichtet, die sich außerhalb von St. Petersburg befand und als Internet Research Agency bezeichnet wurde, wo Hunderte von bezahlten Bloggern – Trolle – dazu angehalten wurden, Putin zu loben und die Opposition zu verurteilen. Die Krise in der Ukraine war das zentrale Schlachtfeld für diese Trolle, die aufgefordert wurden, Kommentare zu veröffentlichen, die den ukrainischen Präsidenten verunglimpften und die angeblichen Gräueltaten der ukrainischen Streitkräfte darstellten (Mejias und Vokuev 2017). Diese Bots und Trolle wurden eingesetzt, um menschliche Voreingenommenheit und Schwachstellen auszunutzen, indem sie bestimmte Narrative verstärken und Informationen manipulieren, um zu destabilisieren, den Zusammenhalt zu untergraben und Chaos zu schüren. Darüber hinaus haben solche Taktiken auch das Potenzial, den Prozess des

---

[13] Zum besseren Verständnis des Begriffs „aktive Maßnahmen" siehe beispielsweise Giles (2016); Ajir und Vailliant (2018).

[14] Der Euromaidan war eine Welle von Bürgerprotesten, die im November 2013 in der Ukraine begann und durch die Entscheidung der ukrainischen Regierung ausgelöst wurde, die Unterzeichnung des Assoziierungsabkommens mit der Europäischen Union auszusetzen, um eine stärkere Partnerschaft mit Russland und der Eurasischen Wirtschaftsunion aufzubauen.

[15] In diesem Zusammenhang ist ein Troll eine Person, die soziale Medien nutzt, um Chaos und Zwietracht zu säen.

[16] Ein Bot ist in diesem Zusammenhang ein automatisiertes Konto.

[17] In diesem Zusammenhang bezieht sich Social Engineering auf die Manipulation und Ausnutzung menschlicher kognitiver Neigungen, um Einfluss zu nehmen (Willemo 2019).

[18] In diesem Zusammenhang bezieht sich Impersonation auf den Akt der Vorgabe, eine andere Person, Organisation, Zeitung oder Website zu sein, zum Zweck der Manipulation (Willemo 2019).

Situationsbewusstseins zu untergraben, so dass die Manipulation von Aktivitäten in sozialen Medien militärische Entscheidungen, die auf der Analyse von Aktivitäten in sozialen Medien beruhen, gefährden kann (Willemo 2019).

Solche Operationen wurden gegen alle Ebenen eingesetzt, von der politischen bis zur militärischen. Ihr Ziel war es, negative Informationen über die wichtigsten Behörden der Regierung zu verbreiten, indem sie als korrupt und faschistisch bezeichnet wurden. Darüber hinaus wurden sie eingesetzt, um die Moral zu schwächen und die Demobilisierung der Streitkräfte mit Kampagnen wie „Generäle – Verräter der Ukraine" und „Es lebe die ukrainische Artillerie" zu fördern sowie die Bevölkerung zu beeinflussen und zu verwirren (Danyk et al. 2017; Sazonov et al. 2017).

Russische psychologische Operationen in den sozialen Medien gegenüber dem ukrainischen Militär wurden mittels Desinformationskampagnen durchgeführt, die auf gesammelten Daten und der Verwendung verschiedener Mythen und Narrative beruhten. Die ukrainischen Streitkräfte wurden als Exekutionskommandos, Nazis, Mörder und Terroristen dargestellt. Darüber hinaus wurden manipulierte Bilder verbreitet, die angeblich von den ukrainischen Streitkräften begangene Gräueltaten zeigten, darunter Folter, die Verwendung von Zivilisten für den Organhandel, die Rekrutierung von Kindersoldaten, den Einsatz schwerer Waffen gegen Zivilisten und kannibalische Akte (Cordy 2017; Sazonov et al. 2017; Müür et al. 2016; Lange-Ionatamishvili und Svetoka 2015).

Es gibt mehrere Beispiele für Geschichten, die manipuliert wurden, um die ukrainischen Streitkräfte zu diskreditieren und zu demoralisieren. Im Jahr 2014 wurde das Foto eines Kriegsopfers in Syrien aus dem Jahr 2013 als Beweis dafür verwendet, dass ukrainische Soldaten einen dreijährigen Jungen in Sloviansk verwundet hatten. Der Junge wurde angeblich von den ukrainischen Streitkräften auf einem öffentlichen Platz in Sloviansk gefoltert und gekreuzigt, um Angst in der Bevölkerung zu schüren (Mejias und Vokuev 2017; Lange-Ionatamishvili und Svetoka 2015). Darüber hinaus gibt es Belege für gezielte Nachrichten an Soldaten und Offiziere, die sensible persönliche Informationen und Drohungen gegenüber ihren Familien enthielten (Tsybulska 2019, zitiert in Willemo 2019). Darüber hinaus waren (und sind) junge Soldaten die Gruppe, die am stärksten gefährdet ist, innerhalb der Streitkräfte manipuliert zu werden, da sie manchmal die Gewohnheiten des zivilen Lebens beibehalten (Sazonov et al. 2017). Darüber hinaus wurden Gerüchte über die unmenschlichen Lebensbedingungen in den ukrainischen Streitkräften verbreitet, die beschrieben, dass das Militär von Gewalt, Chaos und Hunger beherrscht wird, was zur Desertion von Hunderten und Tausenden ukrainischer Soldaten beitrug, die sich der russischen Seite anschlossen (Sazonov et al. 2017).

Laut Danyk et al. (2017) zielten diese Operationen darauf ab, die ukrainischen Behörden – insbesondere die ukrainischen Streitkräfte – zu diskreditieren, was zu Unzufriedenheit und Misstrauen gegenüber dem ukrainischen Militär führte. Außerdem schufen sie Uneinigkeit über die Notwendigkeit militärischer Maßnahmen und schadeten der Moral der Soldaten, was sie wiederum zur Desertion veranlasste. Infolgedessen wurde die Kampfkraft der Streitkräfte geschädigt, was wiederum die Fähigkeit zur Reaktion auf die Aggression einschränkte (Mölder und Sazonov 2018). Laut Mölder und Sazonov (2018, S. 320) war „die Annexion der Krim ein erfolgreich durchgeführter Angriff, auf den die Streitkräfte nicht vorbereitet waren und sich ohne Widerstand ergaben".

4.2 Trolle, Bots und Reformen: Die Auswirkungen der russischen Informationsoperationen auf den Politik-, Sicherheits- und Verteidigungssektor der Ukraine

Die Auswirkungen der militärischen Operationen Russlands in den sozialen Medien gegen die Ukraine – insbesondere gegen die ukrainischen Streitkräfte – auf die Offline-Einstellungen und auf das Verhalten der Militärangehörigen zu beurteilen, ist eine anspruchsvolle und wahrscheinlich unmögliche Aufgabe. Daher schlagen wir einen anderen Ansatz vor, indem wir versuchen, die wichtigsten Schritte zu identifizieren, die zur Bewältigung dieser Herausforderungen in der politischen und militärischen Landschaft der Ukraine unternommen wurden. Die erste Konsequenz ist die Festlegung von Maßnahmen zur Bewältigung dieser Herausforderungen, was zumindest die öffentliche Anerkennung des Problems selbst voraussetzt.

Im politischen Kontext führten die Ereignisse im Jahr 2014 zur Gründung des Ministeriums für Informationspolitik der Ukraine. Die Schaffung dieser neuen Einrichtung wurde von der Absicht getragen, dem von Russland geführten Informationskrieg entgegenzuwirken, was sich vor allem in der Aufgabe und Struktur dieser neuen Einrichtung widerspiegelt. Die Hauptaufgabe des Ministeriums für Informationspolitik der Ukraine besteht darin, die Informationssouveränität und das Informationsumfeld der Ukraine durch die folgenden Maßnahmen zu schützen und zu verbessern:

- Verbesserung der Kommunikation mit den Bürgerinnen und Bürgern;
- Gewinnung des Informationskriegs in den besetzten und befreiten ukrainischen Gebieten;

- Förderung von offener Regierungsführung und Transparenz im Namen der Bürger und Bürgerinnen;
- Schutz der Redefreiheit und der Rechte von Journalisten und Journalistinnen;
- Anpassung der Mediengesetzgebung an europäische Standards, Anforderungen und Empfehlungen.

Darüber hinaus zeigt die Struktur des Ministeriums – ein Minister und zwei Stellvertreter – auch seine militärische Dimension, wenn man bedenkt, dass einer der Stellvertreter, der vom Verteidigungsministerium ernannt wurde, die Verantwortung hat, den Informationskrieg zu gewinnen (Ministry of Information Policy of Ukraine o.J.).

Im politischen und militärischen Kontext ist die Verabschiedung der Doktrin der Informationssicherheit der Ukraine im Jahr 2017 nach der „russischen Informationsaggression" hervorzuheben, deren Ziel es ist, „den zerstörerischen Informationseinfluss der Russischen Föderation ... mit dem Einsatz der neuesten Informationstechnologien" zu bekämpfen (Presidency of Ukraine 2017). Eine von mehreren Stellen, die für die Erfüllung der in dieser Doktrin genannten Ziele verantwortlich sind, ist das Verteidigungsministerium, was die militärische Dimension dieser Bedrohung verdeutlicht. Zu den identifizierten Bedrohungen für die nationalen Interessen und die Sicherheit der Ukraine im Bereich der Information gehören auch die Herausforderungen, die von den Operationen ausgehen, die darauf abzielen, „die Verteidigungsfähigkeit zu untergraben, das Personal der ukrainischen Streitkräfte und andere militärische Kräfte zu demoralisieren", was sich in der ukrainischen Sorge um die Auswirkungen der von Russland geführten Informationskriegsführung auf die Moral der ukrainischen Streitkräfte manifestiert (Presidency of Ukraine 2017). Darüber hinaus richteten die ukrainischen Streitkräfte im militärischen Rahmen eine Pressestelle ein, um die strategische Kommunikation des Militärpersonals zu unterstützen. Darüber hinaus wurde eine mobile Gruppe von Psychologinnen und Psychologen und anderen Fachpersonen gebildet, deren Aufgabe es war, die Soldaten zu unterstützen, indem sie sie mit Informationen versorgten, die ihnen fehlten. Auch der Präsenz in den sozialen Medien wurde Vorrang eingeräumt, um die Widerstandsfähigkeit gegenüber Informationsoperationen zu stärken. Bildung, Sensibilisierung und die Umsetzung bewährter Praktiken wurden ebenfalls als wichtige Komponenten im Umgang mit Informationsoperationen erkannt (Willemo 2019).

Im Jahr 2015 schließlich führten „die bewaffnete Aggression der Russischen Föderation gegen die Ukraine" sowie „die russische Besetzung von Teilen der Ukraine" und „die russische Aufstachelung zum Konflikt" zur Überarbeitung der Militärdoktrin und der nationalen Sicherheitsstrategie der Ukraine (Presidency of Ukraine 2015a, b). Die „russische Bedrohung" lieferte also einmal mehr ein Argument für die Förderung von Reformen in der Ukraine, insbesondere im Bereich der Verteidigung und Sicherheit. Im Hinblick auf die Militärdoktrin stand die Informationssicherheit im Mittelpunkt der Reformen und wurde sogar als „game changer" anerkannt, unter anderem in Bezug auf die Art der Kriegsführung. Die Verbesserung der Informationspolitik im Militär und die Verhinderung von psychologischen Operationen durch das Ausland ist daher ein wichtiges Ziel der Doktrin (Presidency of Ukraine 2015a). In Zusammenhang mit der Nationalen Sicherheitsstrategie wurde die russische Informationskriegsführung ebenfalls als relevante Bedrohung für die nationale Sicherheit und somit als ein Bereich, in dem Maßnahmen ergriffen werden sollten, angesehen (Presidency of Ukraine 2015b).

5 Abschließende Überlegungen

Die Neuheit, die dem Cyberspace als Sicherheitsthema zugrunde liegt, spiegelt sich zum Beispiel in der beginnenden Konzeptualisierung dessen wider, was als Cyberwaffe gilt (Maness und Valeriano 2015; Hansen und Nissenbaum 2009; Eriksson und Giacomello 2006). Das Konzept der Cyberwaffe wird noch immer nicht analytisch erörtert, was zu einem engen Verständnis dessen führt, was als feindliche Nutzung des Cyberspace gilt, die im Allgemeinen mit der Störung kritischer Infrastrukturen verbunden ist (Stevens 2017; Lange-Ionatamishvili und Svetoka 2015). Die Nutzung sozialer Medien zur Durchführung militärischer Operationen, z. B. psychologischer Operationen, hat jedoch gezeigt, dass Schaden im Cyberspace über den Angriff auf Maschinen durch Computercode hinausgehen kann (Lange-Ionatamishvili und Svetoka 2015). Diese Überlegungen sind vor allem aus zwei Gründen wichtig: Einerseits wird zunehmend darüber diskutiert, wie der Cyberspace reguliert werden kann, und zwar nicht nur in Bezug auf den Erwerb und die Nutzung von waffenfähigem Code, sondern auch in Bezug auf soziale Medien (Stevens 2017). Andererseits sind die meisten der für diese Untersuchung analysierten Operationen, die in sozialen Medien stattfinden, nicht verboten, was Vergeltungsmaßnahmen noch komplexer macht.

Vor diesem Hintergrund wurde in dieser Studie die Nutzung sozialer Medien durch Russland im Konflikt mit der Ukraine analysiert, um das Potenzial sozialer Medien als Cyberwaffe zu bewerten und damit über Angriffe auf kritische Infrastrukturen hinauszugehen. Um dieses Ziel zu erreichen, haben wir die von Rid und McBurney (2012) vorgeschlagene Konzeptualisierung des Begriffs „Cyberwaffe" verwendet, die diese Waffen als Computercode versteht, der verwendet wird, um Strukturen, Systemen oder Lebewesen physischen, funktionalen oder mentalen Schaden zuzufügen. Ein Einwand gegen diese Konzeptualisierung ist die Beschränkung auf Computercode, wodurch andere Formen der Ausnutzung des Cyberspace, wie die Nutzung sozialer Medien, ausgeschlossen werden. Wie wir zu zeigen versuchten, unterstützte die Nutzung eines sozialen Netzwerks über die Verwendung von Computercode hinaus die militärischen Operationen Russlands vor Ort in der Ukraine mit politischen und sicherheitspolitischen Implikationen (Zeitzoff 2017; Danyk et al. 2017; Herrick 2016; Lange-Ionatamishvili und Svetoka 2015). Wir unterstützen jedoch die Aussage von Rid und McBurney (2012) in Bezug auf die Bedeutung der Abgrenzung dessen, was aus sicherheitstechnischen, politischen und rechtlichen Gründen als Cyberwaffe gilt und was nicht.

Nichtsdestotrotz hat die Nutzung sozialer Medien im Russland-Ukraine-Konflikt, wie in diesem Beitrag gezeigt werden soll, dazu beigetragen, ukrainischen Strukturen, Systemen und Lebewesen, insbesondere den ukrainischen Streitkräften, Schaden zuzufügen. Laut Danyk et al. (2017) führten diese Operationen zu Unzufriedenheit und Misstrauen gegenüber dem Militär und zu Uneinigkeit über die Notwendigkeit militärischer Aktionen. Außerdem schadeten sie der Moral der Soldaten und ermutigten sie folglich zur Desertion. Infolgedessen wurde die Kampfkraft der Streitkräfte geschwächt, was wiederum die Fähigkeit zur Reaktion auf die Aggression verringerte (Mölder und Sazonov 2018). Darüber hinaus kann einerseits die Bewertung der Kausalität der Nutzung sozialer Medien für die Beeinflussung von Einstellungen und Verhaltensweisen von Militärangehörigen eine Herausforderung darstellen und schwer nachzuweisen sein. Andererseits wurde die Informationsaggression Russlands zur offiziellen Rechtfertigung der Gründung und des Auftrags des Ministeriums für Informationspolitik der Ukraine im Jahr 2014, der Verabschiedung der Doktrin der Informationssicherheit der Ukraine im Jahr 2017 und der Überarbeitung der ukrainischen Militärdoktrin sowie der nationalen Sicherheitsstrategie der Ukraine im Jahr 2015 herangezogen. Dies spiegelt zumindest die ukrainische Wahrnehmung des von Russland verursachten Schadens wider.

Daraus schließen wir, dass Russland im Konflikt mit der Ukraine soziale Medien als Cyberwaffe eingesetzt hat. In diesem Zusammenhang ist es wichtig, nicht nur den wahrgenommenen Schaden zu betrachten, den diese Aktionen in der Ukraine verursacht haben, sondern auch die Rolle zu berücksichtigen, die sie bei der Reform des ukrainischen Sicherheits- und Verteidigungssektors gespielt haben.

Literatur

Ajir M, Vailliant B (2018) Russian information warfare: implications for deterrence theory. Strat Stud Q 12(3):70–89

Bjola C (2017) Propaganda in the digital age. Glob Aff 3(3):189–191

Blank S (2017) Cyber war and information war à la Russe. In: Perkovich G, Levite AE (Hrsg) Understanding cyber conflict: 14 analogies. Georgetown University Press, Washington, DC, S 81–98

Bousquet A, Grove J, Shah N (2017) Becoming weapon: an opening call to arms. Crit Stud Secur 5(1):1–8

Boyte KJ (2017) A comparative analysis of the cyberattacks against Estonia, the United States, and Ukraine: exemplifying the evolution of internet-supported warfare. Int J Cyber Warfare Terror 7(2):54–69

Cordy J (2017) The social media revolution: political and security implications. (Online). NATO Parliamentary Assembly. https://www.nato-pa.int/download-file?filename=sites/default/files/2017-11/2017%20-%20158%20CDSDG%2017%20E%20bis%20-%20SOCIAL%20MEDIA%20REVOLUTION%20-%20CORDY%20REPORT.pdf. Zugegriffen am 20.12.2019

Danyk Y, Maliarchuk T, Briggs C (2017) Hybrid war: high-tech, information and cyber conflicts. Connect Q J 16(2):5–24

Eilstrup-Sangiovanni M (2018) Why the world needs an international cyberwar convention. Philos Technol 31:379–407

Eriksson J, Giacomello G (2006) The information revolution, security, and international relations: (IR) relevant theory? Int Polit Sci Rev 27(3):221–244

Fried D, Polyakova A (2018) Democratic defense against disinformation. Atlantic Council, Washington

Giles K (2016) Handbook of Russian information warfare. (Online). Rome: NATO Defense College. http://www.ndc.nato.int/news/news.php?icode=995. Zugegriffen am 20.12.2019

Giles K (o.J.) The next phase of Russian information warfare. (Online). NATO Strategic Communications Centre of Excellence. https://www.stratcomcoe.org/next-phase-russian-information-warfare-keir-giles. Zugegriffen am 20.12.2019

Golan O, Ben-Ari E (2018) Armed forces, cyberspace, and global images: the official website of the Israeli defense forces 2007–2015. Armed Forces Soc 44(2):280–300

Hansen L, Nissenbaum H (2009) Digital disaster, cyber security, and the Copenhagen school. Int Stud Q 53:1155–1175

Hellman M, Olsson E-K, Wagnsson C (2016) EU armed forces' use of social media in areas of deployment. Media Commun 4(1):51–62

Herrick D (2016) The social side of 'cyber power'? Social media and cyber operations. (Online). International Conference on Cyber Conflict, NATO CCD COE Publications. https://ccdcoe.org/uploads/2018/10/Art-07-The-Social-Side-of-Cyber-Power.-Social-Media-and-Cyber-Operations.pdf. Zugegriffen am 20.12.2019

Jankowski NW (2018) Researching fake news: a selective examination of empirical studies. Javnost Public 25(1–2):248–255

Kalpokas I (2017) Information warfare on social media: a brand management perspective. Baltic J Law Polit 10:35–62

Lange-Ionatamishvili E, Svetoka S (2015) Strategic communications and social media in the Russia Ukraine conflict. In: Geers K (Hrsg) Cyber war in perspective: Russian aggression against Ukraine. NATO CCD COE Publications, Tallin, S 103–111

Libicki MC (2017) The convergence of information warfare. Strat Stud Q 11(1):49–55

Lindsay JR (2013) Stuxnet and the limits of cyber warfare. Secur Stud 22:365–404

Maness RC, Valeriano B (2015) The impact of cyber conflict on international interactions. Armed Forces Soc 42(2):1–23

Marcellino W, Smith ML, Paul C, Skrabala L (2017) Monitoring social media: lessons for future department of defense social media analysis in support of information operations. (Online). Rand Corporation. https://www.rand.org/pubs/research_reports/RR1742.html. Zugegriffen am 20.12.2019

Meiches B (2017) Weapons, desire, and the making of war. Crit Stud Secur 5(1):1–19

van der Meer S (2015) Enhancing international cyber security: a key role for diplomacy. Secur Hum Rights 26:193–205

Mejias UA, Vokuev NE (2017) Disinformation and the media: the case of Russia and Ukraine. Media Cult Soc 39(7):1027–1042

Ministry of Information Policy of Ukraine (o.J.) Improving Ukraine's information environment. (Online). Ministry of Information. https://mip.gov.ua/files/Presentation/en_pres.pdf. Zugegriffen am 20.12.2019

Mirrlees T (2015) The Canadian armed forces "YouTube war": a cross-border military-social media complex. Glob Media J 8(1):71–93

Mölder H, Sazonov V (2018) Information warfare as the Hobbesian concept of modern times – the principles, techniques, and tools of Russian information operations in the Donbass. J Slav Mil Stud 31(3):308–328

Müür K, Mölder H, Sazonov V, Pruulmann-Vengerfeldt P (2016) Russian information operations against the Ukrainian state and defence forces: April–December 2014 in online news. J Baltic Secur 2(1):28–71

Nissen TE (2015) The weaponization of social media: characteristics of contemporary conflicts. (Online). Royal Danish Defence College, Copenhagen. http://www.fak.dk/en/publications/Documents/The%20Weaponization%20of%20Social%20Media.pdf. Zugegriffen am 20.12.2019

Olsson E-K, Deverell E, Wagnsson C, Hellman M (2016) EU armed forces and social media: convergence or divergence? Def Stud 16(2):97–117

Presidency of Ukraine (2015a) Military doctrine of Ukraine. (Online). Legislation of Ukraine. https://zakon.rada.gov.ua/laws/show/555/2015#n17. Zugegriffen am 20.12.2019

Presidency of Ukraine (2015b) National security strategy of Ukraine. (Online). Legislation of Ukraine. https://zakon.rada.gov.ua/laws/show/287/2015. Zugegriffen am 20.12.2019

Presidency of Ukraine (2017) Doctrine of information security of Ukraine. (Online). Council of Europe. https://rm.coe.int/doctrine-of-information-security-of-ukraine-developments-in-member-sta/168073e052. Zugegriffen am 20.12.2019

Prier J (2017) Commanding the trend: social media as information warfare. Strat Stud Q 11(4):50–85

Rid T, McBurney P (2012) Cyber-weapons. Rusi J 157(1):6–13

Roose K (2018) Social media's forever war. (Online). The New Work Times. https://www.nytimes.com/2018/12/17/technology/social-media-russia-interference.html. Zugegriffen am 20.12.2019

Roozenbeek J, van der Linder S (2018) The fake news game: actively inoculating against the risk of misinformation. J Risk Res 22(5):1–11

Ryan M, Thompson M (2017) Social media in the military: opportunities, perils and a safe middle path. In: Watola DJ, Macintyre A (Hrsg) Technology and leadership: international perspectives. Canadian Defence Academy Press, Ontario, S 217–225

Sazonov V, Müür K, Kopõtin I (2017) Methods and tools of Russian information operations used against Ukrainian armed forces: the assessments of Ukrainian experts. ENDC Occas Pap 6:52–66

Stevens T (2017) Cyberweapons: an emerging global governance architecture. (Online). Palgrave Communications. https://www.nature.com/articles/palcomms2016102.pdf. Zugegriffen am 20.12.2019

Stone J (2013) Cyber war will take place! J Strateg Stud 36(1):101–108

Valeriano B, Maness RC (2018) International relations theory and cyber security: threats, conflicts, and ethics in an emergent domain. In: Brown C, Eckersley R (Hrsg) The Oxford handbook of international political theory. Oxford University Press, Oxford, S 259–272

Willemo J (2019) Trends and developments in the malicious use of social media. (Online). NATO Strategic Communications Centre of Excellence. https://www.stratcomcoe.org/trends-and-developments-malicious-use-social-media. Zugegriffen am 20.12.2019

Zeitzoff T (2017) How social media is changing conflict. J Confl Resolut 61(9):1970–1991

Fehlinformation und Desinformation in Sozialen Medien als Impuls für die finnische nationale Sicherheit

Teija Norri-Sederholm, Elisa Norvanto, Karoliina Talvitie-Lamberg und Aki-Mauri Huhtinen

Zusammenfassung

Soziale Medien werden mehr und mehr zu einer Sicherheitsbedrohung. Die Unzufriedenheit mit dem Inhalt und der Qualität des Informationsflusses nimmt nicht nur auf nationaler Ebene zu, sondern auch auf der Ebene des täglichen Lebens der Menschen. Die sozialen Medien sind einer der wichtigsten Kanäle für die Verbreitung von Fehlinformationen und Desinformationen und haben sich zu einem wichtigen Instrument für die Beeinflussung insbesondere politischer Aktivitäten entwickelt. Wir definieren Fehlinformation als geteilte Information, die unbeabsichtigt falsch ist, während Desinformation sich auf falsche Informationen bezieht, die absichtlich zur systematischen Informationsbeeinflussung sowie zur Propaganda geteilt werden. Das Zeitalter nach dem Kalten

T. Norri-Sederholm (✉) · A.-M. Huhtinen
Abteilung für Führung und Militärpädagogik, Nationale Verteidigungsuniversität, Helsinki, Finnland
E-Mail: teija.norri-sederholm@mil.fi; aki.huhtinen@mil.fi

E. Norvanto
Finnisches Verteidigungskommando, Helsinki, Finnland
E-Mail: elisa.norvanto@mil.fi

K. Talvitie-Lamberg
Fakultät für Informationstechnologie und Kommunikationswissenschaften, Universität Tampere, Tampere, Finnland
E-Mail: karoliina.talvitie-lamberg@tuni.fi

Krieg hat eine neue globale Machtordnung geschaffen, indem Informationen –
die zunehmend über soziale Medien verbreitet werden – für politische Zwecke
genutzt werden. Kleine Länder wie Finnland sind immer abhängiger vom globalen Informationsfluss geworden, während sie gleichzeitig zunehmend der
Verbreitung von Fehlinformationen und Desinformationen ausgesetzt sind.
Daher sind die sozialen Medien zu einem immer wichtigeren Faktor im Hinblick auf nationale Sicherheitsbedrohungen geworden. Gleichzeitig sind sie
aber auch eine potenzielle Plattform für die Schaffung von (allgemeinem) Vertrauen in die nationale Sicherheit durch den Austausch korrekter Informationen
unter den Bürgern und Bürgerinnen. Diese Studie konzentriert sich auf den
Fluss von Fehlinformationen und Desinformationen in den sozialen Medien in
Bezug auf die Streitkräfte und die nationale Sicherheit. In diesem Beitrag gehen
wir auch auf die Rolle des allgemeinen Vertrauens für die psychologische
Widerstandsfähigkeit ein und untersuchen die Rolle der Europäischen Union
bei der Bekämpfung von Desinformation.

1   Einleitung

Die Digitalisierung und die sozialen Medien als neue Meinungsmacher haben die
Geschwindigkeit, mit der sich Informationen verbreiten, die Art und Weise, wie
Informationen produziert werden, und die Art und Weise, wie Menschen über nationale Grenzen hinweg miteinander in Verbindung stehen, verändert. Der sich verändernde Bereich des Informationsraums sowie die Medienlandschaft haben das
heutige Sicherheitsumfeld stark beeinflusst (Kofman et al. 2017). Die Nutzung
sozialer Medien hat auch die westlichen Länder einer neuen Art der Informationsbeeinflussung ausgesetzt. Soziale Medien sind ein wichtiger Akteur bei der Unterstützung des Autoritarismus und nehmen dem traditionellen Journalismus Medien-
raum weg. Sie können genutzt werden, um Spannungen zwischen verschiedenen
Gruppen zu schüren, Misstrauen gegenüber staatlichen Institutionen und Entscheidungsträgern zu wecken sowie den politischen Diskurs und sogar Parlamentswahlen zu beeinflussen. Dass die Bürgerinnen und Bürger in großem Umfang Desinformationen, einschließlich irreführender oder völlig falscher Informationen,
ausgesetzt sind, stellt für Gesellschaften und Streitkräfte auf der ganzen Welt eine
große Herausforderung dar (Singer und Brooking 2018).
     Informationelle Beeinflussungsaktivitäten haben böswillige Absichten, die da-
rauf abzielen, die Wahrnehmung, das Verhalten und die Entscheidungen der Zielgruppen zu beeinflussen. Die verschiedenen Techniken zielen darauf ab, Ab-

kürzungen in unserem Denken auszunutzen, indem sie entweder über die von uns geteilten Daten etwas über uns lernen oder indem sie „Nudges" anwenden, die unsere kognitiven Verzerrungen manipulieren (Pamment und Agardh-Twetman 2018, S. 5). In Ländern wie Finnland, wo die Verteidigungskräfte in Friedenszeiten auf dem Wehrpflicht-System basieren, ist es auch entscheidend, den Aspekt der jungen Menschen und der sozialen Medien zu verstehen. Soziale Medien sind ein wesentlicher Bestandteil der Alltagsrealität junger Menschen. So sind Jugendliche ständig Zielscheibe politischer, kommerzieller und sozialer Informationen, die ihre Meinungen und Handlungen beeinflussen sollen. Darüber hinaus sind sie feindlichen Akteuren, Gegnern oder Trollen ausgesetzt, die soziale Medien für ihre eigenen Zwecke nutzen. Vor allem junge Menschen haben das Gefühl, dass soziale Medien ein integraler Bestandteil ihrer Realität sind. Singer und Brooking (2018, S. 139) stellen fest, dass, da „die Welt inzwischen von den Launen der Viralität und der Aufmerksamkeitsökonomie beherrscht wird, viele Menschen versuchen, sich ihren Weg zu Ruhm und Einfluss zu erschwindeln. Und noch mehr verkaufen ihnen gerne die Werkzeuge dafür".

Soziale Medien sind in der Tat zu einer Sicherheitsbedrohung geworden, da ihre „dezentralisierte Technologie ... es jedem Einzelnen ermöglicht, den Kreislauf der Gewalt in Gang zu setzen" (Singer und Brooking 2018, S. 13). Die Verbreitung von Fehlinformationen und Desinformationen sowie die Ausübung von Einfluss auf allen Ebenen und in allen Bereichen der Gesellschaft ist die neue globale Machtordnung im Rhizom des Internets. Die Verbreitung von Fehlinformationen und Desinformationen ist ein weltweit wachsendes Phänomen, eine neue Form der hybriden Kriegsführung, die von immer mehr staatlichen Akteuren genutzt wird, um ihre politischen Ziele zu erreichen und politische Prozesse in anderen Ländern zu unterwandern. Darüber hinaus sorgen die sozialen Medien dafür, dass wir immer andere finden können, die unsere Ideen teilen, wie schlecht und schrecklich sie auch sein mögen.

Bei Twitter ist die Popularität eine Funktion von Followern, „Likes" und „Retweets" ... Bei Google ist die Popularität eine Funktion von Hyperlinks und Schlüsselwörtern; je besser besucht und je relevanter eine bestimmte Website ist, desto höher wird sie in den Google-Suchergebnissen eingestuft. Auf Facebook wird die Popularität durch die „Likes" von Freunden und die Aktualisierungen, die Sie teilen, bestimmt. Das Ziel ist es, die Nutzer emotional an das Netzwerk zu binden. Wenn Sie Ihre Freunde mit dummen, anzüglichen Nachrichten bombardieren, werden Sie immer weniger Aufmerksamkeit erhalten. Wenn Sie einen großen persönlichen Moment beschreiben (eine Hochzeit, eine Verlobung oder einen beruflichen Meilenstein), können Sie Ihr lokales soziales Netzwerk tagelang dominieren (Singer und Brooking 2018, S. 139).

Auch militärische Organisationen werden immer mehr zu bloßen Überbringern der Strategie der Regierung – ein Trend, der nicht ohne Herausforderungen ist. Die Grenzen zwischen Politik und militärischem Handeln sind fließend geworden. Je mehr Politik über die sozialen Medien gemacht wird, desto mehr engagieren sich die Streitkräfte in den sozialen Medien. Allerdings sehen die Streitkräfte auch Vorteile in der Nutzung sozialer Medien, die zunehmend zu einem Raum werden, in dem Geopolitik gestaltet wird (Mangat 2018). „Für die Regierung ist jede Kommunikation ein strategischer Informationsaustausch, um bestimmte Ergebnisse für den Staat zu erzielen" (ebd., S. 16). In diesem Ressourcenwettbewerb treten in den demokratischen westlichen Gesellschaften auch die Streitkräfte ein.

Die Sicherheit unserer Gesellschaft ist einer Vielzahl von Bedrohungen ausgesetzt, sowohl militärischen als auch nichtmilitärischen. Diese Sicherheitsbedrohungen sind miteinander verflochten und schwer vorhersehbar, so dass es kaum Vorwarnzeiten gibt. Die Veränderungen im operativen Umfeld und die Bedrohungsszenarien, die Fehlinformationen und Desinformation für die Streitkräfte mit sich bringen, haben daher eine möglichst umfassende Betrachtung der Sicherheit erforderlich gemacht.

Ziel dieses Beitrags ist es, den Zusammenhang von Fehlinformation und Desinformation in ambivalenten sozialen Medien mit Streitkräften und nationaler Sicherheit zu beschreiben sowie die Mechanismen und die Verbreitung von Informationen auf Social-Media-Plattformen zu verstehen. Dazu beschreiben wir die Herausforderungen und Möglichkeiten von sozialen Medien für Streitkräfte, die auf Wehrpflicht basieren. Als Rahmen für unseren Beitrag heben wir die Rolle der Europäischen Union (EU) bei der Bekämpfung von Desinformation hervor – da die EU eine wichtige Rolle bei der Schaffung von Regeln und gemeinsamen Verhaltenssystemen in Bezug auf soziale Medien und Sicherheit spielt – sowie die Rolle des allgemeinen Vertrauens für die psychologische Widerstandsfähigkeit.

2   Fehlinformation und Desinformation

Fehlinformation und Desinformation haben sich in der öffentlichen Debatte über die Beteiligung an sozialen Medien im Internet rasch zu Schlüsselbegriffen entwickelt. Die Beteiligung an den sozialen Medien spielt eine wichtige Rolle für das gesellschaftliche und politische Engagement junger Menschen. Insbesondere der Austausch von Informationen wie Nachrichteninhalten mit Gleichaltrigen ist eine wichtige Form des politischen Engagements. Angesichts der Tatsache, dass soziale Medien zu den wichtigsten Medien geworden sind, über die junge Menschen ihre politische Identität entwickeln (Woolley und Howard 2017) und ein Verständnis für gesellschaftliche Themen entwickeln, ist die Zuverlässigkeit der geteilten Informationen von entscheidender Bedeutung. Das Weltwirtschaftsforum hat die Verbreitung von Fehlinformationen im Internet sogar als eine der zehn größten Gefahren für die Gesellschaft bezeichnet (World Economic Forum 2014).

Die öffentliche Besorgnis über Fehlinformationen und Desinformationen ist durch Fälle wie die US-Präsidentschaftswahlen 2016 und „Fake News" entstanden (Bakir und McStay 2018; Guess et al. 2018; Woolley und Howard 2017), das Brexit-Referendum im Vereinigten Königreich 2016 (Woolley und Howard 2017) und die Ereignisse in der Ukraine (Sanovich 2017; Smith 2015), aber auch Jade Helm 15, eine Militärübung in den USA, die im Internet als Beginn eines neuen Bürgerkriegs wahrgenommen wurde (Del Vicario et al. 2016), oder Fehlinformationen über die Ebola-Epidemie unter den Beschäftigten im Gesundheitswesen (Del Vicario et al. 2016). In all diesen Beispielen wurden die sozialen Medien als Plattform für die Verbreitung von Propaganda, die Aufstellung politischer Agenden und die politische Einmischung der Bürgerinnen und Bürger durch die Verbreitung von Falsch- und Desinformationen auf globaler Ebene genutzt.

Das Phänomen der Desinformation ist somit zu einem globalen Problem geworden. Das öffentliche Interesse wurde insbesondere durch die Berichte des Geheimdienstausschusses des US-Senats geweckt, die Versuche der russischen Internet Research Agency (IRA) – einer russischen Propagandamaschine für soziale Medien – aufdeckten, die Präsidentschaftswahlen 2016 durch Desinformation zu beeinflussen. Der Ausschuss zeigte, dass die IRA versuchte, die politische Meinungsbildung von US-Bürgern und Bürgerinnen durch Trolling zu beeinflussen und ihre Ziele auf YouTube, Instagram, Facebook und Twitter zu erreichen. Die Beeinflussungskampagne umfasste 187 Mio. „Engagements", darunter auch die Verwendung von Memes, mit denen versucht wurde, die politische Einstellung der Menschen zu verändern. Memes haben sich zu einem mächtigen Kommunikationsmittel der kulturellen Beeinflussung entwickelt, das sogar die Werte und das Verhalten der Menschen verändern kann (Lyngaas 2018; Thompson und Lapowsky 2018). Dem Bericht zufolge „hat sich die Desinformation in den letzten fünf Jahren von einem Ärgernis zu einem Informationskrieg mit hohem Einsatz entwickelt" (DiResta et al. 2018, S. 100).

Um diese neuen Formen des Informationsaustauschs und die grundlegenden Bedrohungen, die sie für Gesellschaften darstellen, zu verstehen, wäre eine genauere Definition der Konzepte von Information und insbesondere von Des- und Fehlinformation von Vorteil. In der öffentlichen Diskussion werden die Begriffe Fehlinformation und *Desinformation* im Allgemeinen verwendet, wenn es um falsche oder unwahre Informationsinhalte geht. In der Informationsforschung wird Information definiert als „bedeutungsvolle Daten, die wahr oder unwahr sein können" (Fetzer

2004, S. 224) und als „etwas, das einen repräsentativen Inhalt hat" (Fallis 2014, S. 137), unabhängig von seinem Wahrheitswert. Umgekehrt wird Information im Allgemeinen auch als etwas betrachtet, das tatsächlich „wahr" ist (Floridi 2011).

Das pragmatische Verständnis definiert Fehlinformationen als Informationen, deren Darstellungsgehalt ungenau ist (Fallis 2015; Karlova und Fisher 2013; Søe 2018). Fehlinformation bezieht sich auch auf „wohlgeformte und bedeutungsvolle Daten (d. h. semantische Inhalte), die falsch", irrtümlich oder irreführend sind (Floridi 2011, S. 260). Der Inhalt der Information ist jedoch nicht so wichtig wie die Agentur und die Absicht, die hinter der Weitergabe der Information steht, was den Unterschied zwischen Fehlinformation und Desinformation ausmacht. Während Fehlinformationen falsche oder ungenaue Informationen beschreiben, die *nicht* absichtlich zur Täuschung dienen und nicht unbedingt vorsätzlich verbreitet werden (Fetzer 2003; Kumar und Geethakumari 2014, S. 3), zielt Desinformation darauf ab, zu täuschen und zu verwirren, indem sie „absichtlich übermittelt wird, um den Empfänger in dem Glauben zu lassen, dass es sich um wahre Informationen handelt" (Floridi 2011, S. 260; siehe auch Søe 2018). Es ist wichtig anzumerken, dass die Verbreitung unvollständiger Informationen mit dem Ziel, andere absichtlich über die Wahrheit zu täuschen, auch eine Form der Desinformation sein kann (Fallis 2015; Kumar und Geethakumari 2014).

Da Desinformation die absichtliche „Verbreitung, Behauptung oder Weitergabe falscher, irrtümlicher oder irreführender Informationen" ist (Fetzer 2003, S. 228), ist es von entscheidender Bedeutung, wer hinter der Verbreitung der Informationen steht. Der Unterschied zwischen Fehlinformation und Desinformation hängt mit der Frage des Handelns beim Informationsaustausch zusammen. Wie Søe (2018) hervorhebt, liegt der Unterschied zwischen Fehlinformation und Desinformation in der Intentionalität der Irreführung. Betrachtet man die zentrale Rolle, die Online-Umgebungen für das politische und gesellschaftliche Engagement junger Menschen spielen, wird die individuelle Handlungsfähigkeit bei der Gestaltung der Informationen entscheidend. Die Weitergabe von Fehlinformationen ist ein unbeabsichtigter Prozess, doch kann der Verbreiter solcher Informationen auch zu einem wichtigen Knotenpunkt in Desinformationsnetzwerken werden. Allein durch das unschuldige Teilen von Inhalten, die interessant zu sein scheinen, kann der Einzelne unwissentlich als Mitwirkender in einem geplanten Täuschungsprozess der Desinformation agieren (Kumar und Geethakumari 2014, S. 14). Es ist die Eingängigkeit, nicht der Wahrheitsgehalt, die oft die Verbreitung von Informationen in sozialen Medien motiviert (Kumar und Geethakumari 2014; Ratkiewicz et al. 2010). Dies hängt mit dem Verständnis von Information als Kommunikationsprozess zusammen, bei dem der Kontext und der Zweck des Informationsgebers den endgültigen Wert und Inhalt der Information selbst bestimmt.

In dieser Hinsicht scheint die Dichotomie wahr/falsch für die Unterscheidung zwischen Information, Fehlinformation und Desinformation unzureichend. Dies wird besonders deutlich, wenn man die Gewohnheiten junger Menschen beim Informationsaustausch untersucht. In einer Studie von Chen et al. (2015) über die Art und Weise, wie junge Menschen Fehlinformationen weitergeben, teilten über 60 % der Befragten Fehlinformationen, während 85 % angaben, dass sie in Zukunft Fehlinformationen weitergeben könnten. Die wichtigsten Gründe waren die wahrgenommenen Eigenschaften der Information sowie Selbstdarstellung und Sozialisierung. Zu den Gründen für das Teilen von Fehlinformationen in Zusammenhang mit den Merkmalen der Informationen gehörten, dass sie ein gutes Gesprächsthema boten, dass sie interessant waren und dass sie „auffällig" waren (Chen et al. 2015, S. 587). Als soziale Gründe für das Teilen wurde angegeben, dass es die zwischenmenschlichen Beziehungen und die Interaktion mit anderen Menschen fördert und dass das Teilen als Kultur verstanden wird (ebd.). Die Genauigkeit der Informationen und die Autorität der Informationsquellen gehörten zu den am wenigsten wichtigen Gründen für das Teilen, da Informationen, die von Gleichaltrigen geteilt werden, als zuverlässig genug angesehen werden, was auch in mehreren anderen Studien erwähnt wird (z. B. Kim et al. 2014). Dies ist als Echokammereffekt bekannt, bei dem Gleichgesinnte Informationen teilen, die ihren (gemeinsamen) Ideologien entsprechen (Del Vicario et al. 2016; Dubois und Blank 2018).

Die Tatsache, dass Informationen in der sozialen Online-Interaktion in Fehlinformationen und Desinformationen umgewandelt und für Propaganda genutzt werden können, stellt natürlich eine Herausforderung für die organisatorische Kommunikation und den Informationsaustausch von oben nach unten dar, wenn es um die Gestaltung gesellschaftlicher Themen geht. Ein solches Thema ist das Verständnis junger Menschen von Sicherheit und Schutz. Die Bekämpfung der Verbreitung von Falsch- und Desinformationen ist nicht nur eine Frage der Aufdeckung falscher oder ungenauer Informationen, sondern erfordert ein ganzheitlicheres Verständnis dafür, warum Informationen, z. B. über Sicherheitsbedrohungen, allgemein verbreitet werden und wessen Agenda sie möglicherweise dienen.

3 Streitkräfte und soziale Medien

Das folgende Kapitel basiert auf einem Interview mit einem Hauptmann, der in der Abteilung für Öffentlichkeitsarbeit des Verteidigungskommandos arbeitet und über 15 Jahre Erfahrung in militärischer strategischer Kommunikation und Informationskriegsführung verfügt. Er hat einen Master-Abschluss in Politikwissenschaften und ist außerdem Filmproduzent. Dieses Kapitel ist eine Zusammenfassung der wichtigsten Punkte des im Mai 2019 geführten Interviews. Die Dauer des Interviews beträgt 85 min, seine wörtliche Transkription umfasst insgesamt neun Seiten (Times New Roman 12 pt., einfacher Abstand). Dieses Interview zeigt durch die Stimme eines Fachexperten, dass sich die strategische Kommunikation in den westlichen Streitkräften noch nicht durchgesetzt hat und Experten auf diesem Gebiet in den Streitkräften selten sind.[1]

Generell, so der Interviewpartner, gibt es einige grundlegende Aspekte zu sozialen Medien und Streitkräften in westlichen Ländern. Unter normalen Umständen sind die sozialen Medien im Wesentlichen ein Kommunikationsmittel. Gleichzeitig stellen sie aber auch eine Bedrohung für die Streitkräfte dar: Soziale Medien können als Waffe gegen sie eingesetzt werden, da Informationen als Waffe eingesetzt und zur Beeinflussung verwendet werden können. Im Wesentlichen sind die sozialen Medien eine Sammlung von Kanälen, Nachrichten und Meinungen, an denen die Streitkräfte aktiv teilnehmen müssen.

Der Befragte stellt fest, dass Informationen schon seit Jahrhunderten als Waffe eingesetzt werden. Botschaften und Propaganda wurden verbreitet, um das eigene Volk in die Irre zu führen, es zu verängstigen, ihm oder dem Gegner seine Fähigkeiten zu demonstrieren oder einfach nur eine politische Botschaft zu übermitteln. Daher ist die Bewaffnung der sozialen Medien ganz natürlich. Als globale Plattform und damit als riesige Agora, auf der jeder jeden Ruf hören kann, sind sie tatsächlich ein ziemlich effektives Geschütz. Die Operation Valhalla im Irak im Jahr 2006 ist ein hervorragendes Beispiel für den Einsatz sozialer Medien zur Verbreitung von Desinformationen, die dazu führten, dass Hunderte von US-Soldaten der Special Forces aus dem Kampf zurückgezogen wurden. Zwei Spezialeinheiten hatten einen Teil der Terrorgruppe Jaish Al-Mahdi in einem erfolgreichen Gefecht in einer Moschee besiegt. Allerdings ließen sie die Leichen dort zurück. Danach kamen andere Kämpfer von Jaish Al-Mahdi, entfernten die Waffen und stellten die Situation so dar, dass es so aussah, als hätten die Toten gebetet. Anschließend nahmen sie ein Video auf, das die Abschlachtung betender Muslime durch die US-Streitkräfte zeigt. Dies löste einen Medienrummel aus, der zu einer Untersuchung führte, in deren Verlauf die Spezialeinheiten aus dem Kampfeinsatz abgezogen wurden. Diese Informationsaktion führte zu mehreren Problemen. Viele Muslime waren über das angebliche Gemetzel erzürnt, was ihre Bereitschaft zum Kampf nur noch erhöhte. Außerdem wurden mehrere hundert Kämpfer der Special

---

[1] Alle Aussagen im folgenden Kapitel beruhen auf dem Interview. Um den Lesefluss zu erleichtern, wurde, außer bei direkten Zitaten, auf In-Text-Zitate verzichtet.

Forces mit nur einem Video vom Schlachtfeld entfernt. Glücklicherweise hatten die Soldaten der Special Forces ein Kamerateam dabei und konnten schließlich die Wahrheit zeigen.

Aus militärischer Sicht sind die sozialen Medien ein komplexes Umfeld, bei dem mehrere Aspekte zu berücksichtigen sind. Es gibt viele Beispiele dafür, wie Nachrichtendienste die Inhalte sozialer Medien für gezielte Angriffe genutzt haben oder – umgekehrt – wie Betreiber wie Bellincat durch Verfolgung und Detektivarbeit Fälle wie den von Skripal aufdecken konnten. Soziale Medien sind eine riesige Informationsbank für militärische Zwecke. Nach Ansicht des Befragten verstehen die Streitkräfte heutzutage die Fakten der Informationskriegsführung. „Aus operativer Sicht ist es möglich, Schlachten zu gewinnen oder zu verlieren, ohne einen einzigen Schuss abzufeuern. Alles spielt sich im Informationsumfeld ab" (Interview mit einem Fachexperten).[2]

In Finnland nannte man solche Taktiken früher *psychologische Operationen*. Heutzutage werden sie als *Informationsverteidigung* bezeichnet, die auch den offensiven Aspekt einschließt. Sie ist eine Form des Manövers. Eine weitere Dimension ist das Führungs- und Kontrollsystem (C2). Die Streitkräfte sollten sowohl im Informationsumfeld als auch in den sozialen Medien agil sein. In der Realität müssen jedoch alle Systeme gut vor Cyberangriffen und Cyberbeeinflussung geschützt sein. Dies stellt eine ziemliche Herausforderung dar, wenn es um die Benutzerfreundlichkeit und offene Plattformen geht. Die Streitkräfte müssen eine Vielzahl von Instrumenten wie Anwendungen, Netzwerke und Konten auswählen und nutzen und innerhalb einer großen Organisation und ihrer Bürokratie die Kontrolle darüber haben. Die Agilität und Schnelligkeit der sozialen Medien stellt für die Streitkräfte, einschließlich der finnischen Verteidigungskräfte, aus mehreren Gründen eine Herausforderung dar. Erstens hat eine Behörde für öffentliche Sicherheit immer eine soziale und rechtliche Verantwortung. Zweitens mangelt es der Organisationskultur an Agilität. Drittens, so der Befragte, werden die Instrumente und Systeme im Cyberspace durch die Notwendigkeit, sie zu schützen, starr und langsam.

Trotz dieser Herausforderungen betont der Befragte auch, dass die sozialen Medien unter normalen Umständen der richtige Ort für die Streitkräfte sind, um korrekte Informationen mit den Bürgerinnen und Bürgern zu teilen. Durch die Nutzung verschiedener Plattformen (YouTube, Instagram, Snapchat, Spotify und Facebook) ist es möglich, ein breites Publikum zu erreichen. Um aktuelle Informa-

---

[2] Alle direkten Zitate aus dem Interview wurden von den Autoren dieses Beitrags ins Englische (bzw. für diese Version durch DeepL auf Deutsch) übersetzt.

tionen in guter Qualität auf sechs oder sieben verschiedenen Kanälen zu veröffentlichen, sind jedoch erhebliche Ressourcen erforderlich:

> In Ländern wie Finnland, in denen die Verteidigung auf einer allgemeinen Wehrpflicht und nicht auf einer Berufsarmee beruht, ist es von entscheidender Bedeutung, das Gespräch in der Gesellschaft aufrechtzuerhalten und so dafür zu sorgen, dass die Gesellschaft und die Bürger bereit sind, eine Wehrpflichtarmee zu haben. Bei der Einberufung haben 18-jährige Jugendliche die Wahl zwischen Wehrdienst und Zivildienst. Durch die Verbreitung von Falsch- und Desinformationen in den sozialen Medien ist es möglich, die Einstellung der Jugendlichen zu beeinflussen und ihre Bereitschaft, ihr Land zu verteidigen, zu verringern (Interview mit einem Sachverständigen).

Der Befragte betont weiter, dass die Streitkräfte unabhängig davon, ob soziale Medien als Kommunikationsmittel in Friedenszeiten oder als Waffe in Kriegszeiten eingesetzt werden, jederzeit darauf vorbereitet sein müssen, auf die absichtliche Verbreitung von Falsch- und Desinformationen mit böser Absicht zu reagieren. Die Analyse des Informationsumfelds ist jedoch eine Herausforderung. Traditionelle Methoden der Beeinflussung wie Framing werden nach wie vor angewandt, und die sozialen Medien bieten dafür hervorragende Plattformen. Der Schlüssel zur erfolgreichen Verbreitung von Falsch- und Desinformationen liegt in einer zuverlässigen Plattform, auf der die Menschen täglich Zeit verbringen und, nichts Böses ahnend, waffenfähige Informationen austauschen. Es braucht nur einen oder zwei Mitspieler, um ein Feuer zu entfachen oder einem bereits brennenden Feuer weitere Nahrung zu geben. Die Spieler könnten aber auch Bots sein, und es könnte sich tatsächlich um künstliche Intelligenz handeln, die wir bekämpfen. Deepfake-Videos und Memes sind zu einem gängigen Mittel geworden, um das Denken der Menschen zu beeinflussen und zu manipulieren – selbst für Menschen mit guten Medienkenntnissen kann es schwierig sein, die zugrunde liegenden Absichten zu erkennen.

„Soziale Medien sind zu einem Werkzeug für kleinere und agilere Truppen geworden, die auf demselben Niveau kämpfen können wie Länder mit mächtigen Armeen", so der Interviewpartner. In der Tat hat sich die Welt verändert, und es gibt Beispiele dafür, dass Länder wie die Vereinigten Staaten oder Israel den Krieg auf dem Schlachtfeld gewonnen haben – nur um dann festzustellen, dass die Schlacht nicht vorbei ist, sondern im Informationsumfeld weitergeht. Dem Befragten zufolge gibt es Länder, die waffenfähige Informationen nutzen, um Desinformationen zu verbreiten, um demokratische Gesellschaften zu destabilisieren und Schwachstellen auszunutzen. Demokratische Länder wie Finnland können die sozialen Medien jedoch nicht als Waffe einsetzen, da derartige Mechanismen und

Handlungen einfach nicht akzeptabel sind. Auch wenn der Feind sich nicht an die Spielregeln hält, sollten demokratische Länder diese einhalten. Der Befragte betont, dass das Ziel der finnischen Streitkräfte daher darin besteht, offen, ehrlich und glaubwürdig zu sein und ethisch und moralisch starke Geschichten zu erzählen, die leicht zu vermitteln sind und denen die Bürger und Bürgerinnen glauben können. Es ist wichtig, daran zu denken, dass ein Ruf, den man sich 20 Jahre lang aufgebaut hat, in Sekundenschnelle verloren gehen kann. Der Kampf auf dem Schlachtfeld der Information ist also ein Balanceakt, bei dem es darum geht, den nötigen Einfluss zu haben und gleichzeitig ethisch und glaubwürdig zu sein.

Im Folgenden wird dargelegt, wie allgemeines Vertrauen in die Gesellschaft als wirksames Instrument gegen die Verbreitung von Falsch- und Desinformationen im Zeitalter der Informationskriegsführung verstanden werden sollte. Strategisch gesehen wird dieses Vertrauen sowohl intra- als auch extra-national erzeugt, zum Beispiel durch EU-Initiativen.

4 Generalisiertes Vertrauen und Widerstand gegen Fehlinformation und Desinformation

Einer der Schlüsselfaktoren, die das subjektive Erleben von Sicherheit beeinflussen, ist das Vertrauen der Bürgerinnen und Bürger in Institutionen, die Sicherheit bieten (Limnéll und Rantapelkonen 2017). Die öffentliche Wahrnehmung der Sicherheitsbehörden basiert auf den Informationen, denen die Bürger ausgesetzt sind, sowie auf den Kriterien, anhand derer die Öffentlichkeit die tatsächliche Leistung, Rechenschaftspflicht und Transparenz der Behörden bewertet (Blind 2006; Boda und Medve-Balint 2017; Kasher 2003). Dennoch können gezielte Informationskampagnen in einem komplexen Informationsumfeld einen Einfluss darauf haben, wie vertrauenswürdig die nationalen Sicherheitsorgane von den Bürgerinnen wahrgenommen werden (Pamment et al. 2018). In der liberalen westlichen Gesellschaft findet die Meinungsbildung in der öffentlichen Sphäre statt (Gripsrud et al. 2010), wo unterschiedliche Narrative die Meinung der Massen stark beeinflussen und die Autorität und Vertrauenswürdigkeit der Regierung und anderer öffentlicher Institutionen untergraben können (City of Helsinki 2018; Håkansson und Witmer 2015; Pamment et al. 2018). Daher ist es wichtig zu überlegen, warum die Bürgerinnen und Bürger ihr Vertrauen in die nationalen Behörden setzen und wie informationsbeeinflussende Aktivitäten dies ausnutzen können.

Ein grundlegendes Merkmal liberaler Demokratien mit einer freien Medienlandschaft sind Vertrauen und ein hohes Maß an Zuversicht zwischen den verschiedenen Akteuren innerhalb der Gesellschaft. Die Verpflichtung zur Einhaltung von Rechtsgrundsätzen öffnet jedoch die Tür für feindliche Akteure, die die Gesetzgebung zu ihrem Vorteil ausnutzen wollen. Desinformation und Fehlinformation können eine Bedrohung für die nationale Sicherheit darstellen, wenn sie zu einer Erosion des allgemeinen Vertrauens führen (Hybrid CoE 2019). Viele Länder auf der ganzen Welt, darunter auch EU-Mitgliedstaaten, ergreifen Maßnahmen zur Bekämpfung von Fehlinformationen und Desinformation. Die Gegenmaßnahmen reichen von staatlichen Task Forces, Kampagnen zur Medienkompetenz, öffentlichen Radio-Podcasts und öffentlichen Handbüchern bis hin zu Internetabschaltungen sowie der Umsetzung neuer Gesetze und Verordnungen, die auf Hassreden, die Verbreitung von Fake News und ausländische Propaganda abzielen (Funke und Flamini 2020; The Law Library of Congress 2019). Das zentrale Merkmal, das Desinformation von Fehlinformation unterscheidet, bezieht sich auf das Handeln und die Absicht des Verbreiters (Fetzer 2003; Fallis 2015). Die politischen Entscheidungsträger stehen vor einer gewaltigen Herausforderung, wenn sie versuchen, potenzielle Vorschriften so zu gestalten, dass sie beiden entgegenwirken. Die inhärente Herausforderung bezieht sich auf die Vereinbarkeit mit dem bestehenden Menschenrechtsrahmen, wie z. B. der Meinungsfreiheit und wirksamen Entschärfungsmaßnahmen (Lotti 2018). Die Gefahr besteht darin, dass Initiativen, die auf die Bekämpfung spezifischer Probleme der Desinformation oder Fehlinformation abzielen – entweder zufällig oder absichtlich – öffentliche oder private Behörden in die Lage versetzen, die Meinungsfreiheit einzuschränken (Gutierrez 2018).

Öffentliche Maßnahmen zur Regulierung von Online-Inhalten, zum Beispiel Zensur, stellen in liberalen Demokratien eine Herausforderung dar und sind daher möglicherweise nicht die wirksamste Maßnahme zur Bekämpfung von Des- und Fehlinformationen. Folglich wurde neben den restriktiven Maßnahmen zur Kontrolle von Online-Inhalten auch die Notwendigkeit erkannt, den Widerstand der Bürgerinnen und Bürger gegen Desinformation zu stärken (Palmertz 2016; West 2017). In diesem Zusammenhang können Maßnahmen zur Förderung der Medien- und Informationskompetenz der Bevölkerung helfen, sich im Umfeld der sozialen Medien zurechtzufinden. Forschungsergebnisse deuten darauf hin, dass der Aufbau sozialer Resilienz auch einen wesentlichen Beitrag zum Widerstand gegen Desinformation und Fehlinformation leistet (City of Helsinki 2018; EEAS 2019a; West 2017). Soziale Resilienz bezieht sich auf die Fähigkeit einer Gesellschaft, mit Ungewissheit umzugehen und sich „von Schocks und Notfällen zu erholen" (Giacometti et al. 2018, S. 5). Forschungsergebnisse deuten darauf hin, dass es eine positive Korrelation zwischen Gesellschaften mit hohem sozialem oder allgemeinem Vertrauen und sozialer Resilienz gibt (ebd., S. 6).

Es kann also davon ausgegangen werden, dass Gesellschaften mit einem höheren öffentlichen Vertrauen, wie die in den nordischen Ländern, als widerstandsfähiger gegen Informationsbeeinflussung wahrgenommen werden, da allgemeines Vertrauen ein Gefühl der Sicherheit fördert und die Zusammenarbeit und Interaktion zwischen den Bürgern erleichtert (z. B. Bäck und Kestilä-Kekkonen 2019; City of Helsinki 2018; Committee on Foreign Relations 2018; Giacometti et al. 2018; Pamment et al. 2018). So wurde beispielsweise im finnischen Konzept der umfassenden Sicherheit die Rolle der psychologischen Widerstandsfähigkeit als grundlegender Faktor für die Sicherheit der finnischen Gesellschaft hervorgehoben (Security Strategy for Society 2017). Das Vertrauen der Bürgerinnen und Bürger untereinander und in offizielle Institutionen, auch bekannt als „generalisiertes Vertrauen" (Rothstein und Stolle 2008), hat nicht nur einen großen Einfluss auf die Anfälligkeit der Gesellschaft für Desinformation, sondern auch auf ihre Widerstandsfähigkeit im Falle von Störungen nach dem Bekanntwerden einer Bedrohung (City of Helsinki 2018). In diesem Zusammenhang ist der Aufbau von Vertrauen in die Regierung und andere politikdurchführende Stellen wie die Polizei, das Militär oder die Gerichte notwendig, um die soziale Ordnung aufrechtzuerhalten und ernsthafte Zusammenstöße zu vermeiden.

Vertrauen wurde in Zusammenhang mit der bürgerlichen Kultur (z. B. Uslaner and Brown 2005), Demokratie (z. B. Offe 2000) und, in jüngerer Zeit, mit der Medienlandschaft (z. B. Bennett und Livingston 2018) diskutiert. Allgemeines Vertrauen gilt als einer der wichtigsten gesellschaftlichen Faktoren, die das Funktionieren der Demokratie ermöglichen (Nannestad 2008; Putnam 1993; Uslaner 2002). Darüber hinaus ist es eine wichtige Voraussetzung für eine stabile und friedliche Gesellschaft, in der die Menschen dazu neigen, eher zu kooperieren als dass sie Fehler machen (Newton 2001; Putnam 1993; Rothstein und Stolle 2003; Zak und Knack 2001). Es ist das allgemeine Vertrauen, das bei den Bürgern das Gefühl erzeugt, dass man sich darauf verlassen kann, dass die grundlegenden Institutionen und Rechtsregeln in demokratischen Ländern „ein gemeinsames öffentliches Gut aufrechterhalten, politische Opposition legitimieren, Machtübergänge reibungslos gestalten und den Schutz der Rechtsstaatlichkeit auf alle gleichermaßen ausdehnen können" (Abramson 2017, S. 5). Tatsächlich geht generalisiertes Vertrauen über die Grenzen der persönlichen Interaktion hinaus und schließt auch Menschen ein, die sich nicht persönlich kennen (Uslaner 2002). Im Gegensatz zu gesellschaftszentrierten Ansätzen zu generalisiertem Vertrauen (Fukuyama 2001; Putnam 1993) geht der institutionelle Ansatz davon aus, dass staatliche Institutionen die Entwicklung und Schaffung von generalisiertem Vertrauen erleichtern und somit einen günstigen Rahmen für die Förderung von Vertrauen und Reziprozität bieten

(Levi 1998; Levi und Stoker 2000; Rothstein und Stolle 2008; Tarrow 1996). Wenn die Bürgerinnen und Bürger staatliche Institutionen wie die finnischen Verteidigungskräfte als gut funktionierend und fair wahrnehmen, werden sie die Gesellschaft wahrscheinlich für sicherer halten und glauben, dass die meisten Menschen Grund haben, sich ehrlich zu verhalten, und dass man ihnen folglich vertrauen kann (Berg und Johansson 2016; Newton 2007; Rothstein und Stolle 2008).

Nach Flome et al. (2019) steigen die Erfolgschancen für Desinformationsoperationen erheblich, wenn die Menschen das Vertrauen in öffentliche Institutionen verlieren. In Zusammenhang mit dem Online-Austausch von Nachrichten gibt es Hinweise darauf, dass Menschen einer Geschichte eher vertrauen und sich mit ihr auseinandersetzen, wenn sie von jemandem geteilt wird, dem sie ein höheres Maß an Vertrauen entgegenbringen (Sterret et al. 2018). Folglich lässt sich die Verbreitung von Desinformationen auf die Verbreitung von Legitimitätsproblemen in vielen Demokratien zurückführen (Bennett und Livingston 2018). Ein Rückgang des Vertrauens der Bürgerinnen und Bürger in Institutionen untergräbt die Glaubwürdigkeit offizieller Informationen in den Nachrichten und macht die Öffentlichkeit offener für alternative Informationsquellen. Viele dieser Quellen werden häufig sowohl mit nationalistischen als auch mit ausländischen Akteuren in Verbindung gebracht, die darauf abzielen, die institutionelle Legitimität zu untergraben und die zentralen Parteien, Regierungen und Wahlen zu destabilisieren. Laut Berzins (2018) sollte das Hauptaugenmerk bei der Neutralisierung des ausländischen Einflusses darauf liegen, die Kluft zwischen Politikern und der Bevölkerung zu verringern. Eine Möglichkeit, dies zu erreichen, ist die Durchführung von Analysen, um den Grad der Offenheit der Bevölkerung für Informationsbeeinflussung sowie die Schwachstellen, die ausgenutzt werden könnten, zu überwachen. Dazu muss herausgefunden werden, ob die Gesellschaft im Allgemeinen oder eine bestimmte Bevölkerungsgruppe die Bereitschaft zeigt, das Land zu verteidigen, ob sie Vertrauen in staatliche Institutionen hat und ob sie dem politischen System und der Justiz vertraut (Berzins 2018).

5 Die Europäische Union und die Bekämpfung von Desinformation

Informationsbeeinflussung ist kein neues Phänomen. Zwei Ereignisse haben jedoch die Notwendigkeit für die EU erhöht, Maßnahmen zur Bekämpfung von Desinformation und Propaganda zu entwickeln. Erstens: Als der sogenannte Islamische Staat im Irak und in der Levante (ISIL/Daesh) Anfang 2014 weltweit an Bedeutung gewann, wurde klar, dass die EU und die europäischen Bürgerinnen und Bürger wichtige Ziele waren. ISIL betrieb aktive Desinformationskampagnen mit dem Ziel, die europäischen Werte und Interessen zu untergraben. Diese Desinformations- und Propagandakampagnen wurden effektiv über traditionelle und soziale Medien verbreitet und ermöglichten es der Terrorgruppe, nicht nur Angst zu schüren, sondern auch zu radikalisieren (European Parliament 2016) und westliche Bürger, einschließlich junger Europäer, zu rekrutieren (European Parliament 2015). Zweitens machten die Terroranschläge in Paris und Brüssel sowie die Verbreitung von Dschihad-Propaganda deutlich, dass die Art und Weise, wie die EU nicht nur mit den arabischen Ländern, sondern auch mit ihren eigenen Bürgern und Bürgerinnen innerhalb der EU kommuniziert, überdacht werden muss. In beiden Fällen handelte es sich bei den Verdächtigen um Bürger der betroffenen Länder. Sie waren mit dschihadistischer Propaganda in Berührung gekommen und hatten sich in Europa radikalisiert. Daher würde es nicht ausreichen, Gegenmaßnahmen zu konzipieren und die strategische Kommunikation nur außerhalb des EU-Gebietes zu führen. Die Kommunikationskanäle, die zu verwendende Sprache und die wichtigsten Botschaften können sich innerhalb und außerhalb der EU unterscheiden, was bei der Konzeption des Instrumentariums für Gegenmaßnahmen und deren Umsetzung ebenfalls berücksichtigt werden sollte.

Nach dem Beginn des Ukraine-Krieges wurden die Begriffe „hybride Beeinflussung", „hybride Bedrohung" und „hybride Kriegsführung" in den EU-Diskurs aufgenommen. Bei der hybriden Kriegsführung werden vielschichtige Anstrengungen unternommen, um einen funktionierenden Staat zu destabilisieren und seine Gesellschaft zu polarisieren (European Commission 2016). Das Ziel hybrider Beeinflussung hingegen muss nicht notwendigerweise eine eindeutige Operation gegen die Gesellschaft sein. Hybride Beeinflussung kann ebenso gut auf soziale Kommunikation, Vertrauen und das Meinungsumfeld abzielen (City of Helsinki 2018). Anders als in der konventionellen Kriegsführung ist das „Gravitationszentrum" in der hybriden Kriegsführung eine Zielbevölkerung (Caliskan und Cramers 2018, S. 8). Die gewünschte Wirkung kann durch die Verbreitung von Unwahrheiten erzielt werden, um die Moral zu untergraben, indem Spaltungen zwischen den verschiedenen ethnischen, sprachlichen und politischen Gruppierungen innerhalb dieser Staaten geschaffen werden, oder indem eine allgemeine Unzufriedenheit mit der Regierung erzeugt wird. Die Urheber hybrider Bedrohungen können systematisch Desinformationen verbreiten, unter anderem durch gezielte Kampagnen in den sozialen Medien, und so versuchen, Einzelpersonen zu radikalisieren, die Gesellschaft zu destabilisieren und das politische Narrativ zu kontrollieren (European Commission 2016, S. 4–5).

Um in ihren Mitgliedstaaten einen Widerstand gegen Desinformation und Propaganda aufzubauen, hat die EU 2015 Maßnahmen zur Prävention, Identifizierung und Bekämpfung feindlicher Handlungen im Informationsraum verabschiedet. Die EU hat ihre Fähigkeiten zur Identifizierung und Bekämpfung von Desinformation gestärkt, zum Beispiel durch die East Strategic Communication Task Force, die als Teil des Europäischen Auswärtigen Dienstes arbeitet. Die East StratCom Task Force überwacht Desinformationen und sensibilisiert die Länder und Mitgliedstaaten der Östlichen Partnerschaft (EEAS 2019a). Ein weiteres Beispiel ist das 2017 in Helsinki gegründete Europäische Exzellenzzentrum für die Bekämpfung hybrider Bedrohungen (Centre of Excellence for Countering Hybrid Threats). Es handelt sich dabei nicht um ein operatives Zentrum für hybride Kriegsführung, sondern um ein Zentrum, das die Bekämpfung hybrider Bedrohungen auf strategischer Ebene durch Forschung und Ausbildung für Teilnehmer aus der EU und der NATO fördert. Das Zentrum ist ein hervorragendes Beispiel für die vertiefte Zusammenarbeit zwischen diesen beiden Organisationen im Bereich der Sicherheit und Verteidigung (EEAS 2019b). Obwohl die Auswirkungen der Bemühungen der EU zur Bekämpfung von Desinformation und Propaganda recht vielversprechend sind, reichen diese Maßnahmen immer noch nicht aus, da es eine Herausforderung ist, Desinformation zu bekämpfen und gleichzeitig die Grundrechte, einschließlich Medienpluralismus, Datenschutz und Meinungsfreiheit, zu schützen (Syed 2017). Darüber hinaus gibt es immer noch keinen Konsens darüber, wie Desinformation am besten auf EU-Ebene oder in den Mitgliedstaaten bekämpft werden kann. Darüber hinaus machen die geteilten Zuständigkeiten zwischen den Mitgliedstaaten und den EU-Institutionen den Umgang mit dem Problem noch schwieriger. Die Mitgliedsstaaten haben die Verantwortung, ihre demokratischen Strukturen zu schützen, wie zum Beispiel Wahlen (Council of the European Union 2019). Fehlinformationen und Desinformationen sind jedoch ein länderübergreifendes Problem. Leider können sich die Verfügbarkeit von Ressourcen, die Zuständigkeiten und die bestehenden rechtlichen Rahmenbedingungen zwischen den einzelnen Mitgliedstaaten unterscheiden.

Der Erfolg von Desinformationsmaßnahmen hängt von ihren Auswirkungen auf die verschiedenen Zielgruppen ab. Daher sollten die Maßnahmen auch kontextspezifisch und zielgerichtet sein. Die 28 EU-Mitgliedsstaaten stellen eine heterogene Gruppe von Ländern dar, deren Schwachstellen sich stark voneinander unterscheiden, weshalb es für die EU-Mitgliedsstaaten von größter Bedeutung ist, länderspezifische Gegenmaßnahmen zu entwickeln. Nichtsdestotrotz ist die Bekämpfung von Desinformation auf EU-Ebene ebenfalls von größter Bedeutung, da nationale Schwachstellen Auswirkungen haben können, die über die Grenzen hinausreichen. Beispiele hierfür sind die Zunahme von Anti-EU-Narrativen und die Verbreitung von Unwahrheiten in Zusammenhang mit der EU-Mitgliedschaft während der Einwanderungskrise von 2015. Ein Angriff auf einen verwundbaren Knotenpunkt in einem Land kann Folgen in anderen Ländern haben, in denen solche Schwachstellen zuvor vielleicht gar nicht existierten. Ein hybrider Angriff, der eine nationale Schwachstelle ausnutzt, kann daher nicht nur souveränes Handeln, sondern auch eine gemeinsame Planung und eine gemeinsame Reaktion erfordern (NATO 2018).

Desinformation und Fehlinformation sind internationale Probleme, die keine geografischen Grenzen kennen. Ihre Lösung erfordert daher sowohl behördenübergreifende als auch behördeninterne Maßnahmen. Eine Mischung aus verschiedenen Instrumenten und Akteuren muss eingesetzt werden, um die Informationsbeeinflussung wirksam zu bekämpfen. Die Bedrohung der nationalen Sicherheit geht zunehmend von innen aus – von vielseitigen, gleichgesinnten Gruppen, die durch soziale Medienplattformen aktiviert werden. Folglich sollte die Verbreitung von Unwahrheiten, die darauf abzielen, die allgemeine Unzufriedenheit mit der Regierung zu fördern oder den sozialen Zusammenhalt zu untergraben, indem Spaltungen zwischen den verschiedenen ethnischen, sprachlichen und politischen Gruppierungen innerhalb des Staates geschaffen werden, aktiv überwacht und bekämpft werden. Der Einsatz von Maßnahmen wie strategischer Kommunikation, Transparenz und Effektivität zur Förderung des Vertrauens der Bürger und Bürgerinnen in öffentliche Institutionen steht in engem Zusammenhang mit sozialer Resilienz und allgemeinem Vertrauen (Palmertz 2016). Die beste Verteidigung gegen Informationsbeeinflussung ist die Sensibilisierung und der langfristige Aufbau gesellschaftlicher Resilienz.

6   Diskussion und Schlussfolgerung

Heutzutage bieten die sozialen Medien eine Plattform für die Verbreitung von Propaganda, Hoaxes und Fake News, um die Öffentlichkeit zu täuschen (Agarwal und Bandeli 2018). Es ist bemerkenswert, dass sich die Menschen häufig weiterhin auf Fehlinformationen und/oder Desinformationen verlassen, selbst wenn diese bereits widerrufen wurden. Soziale Medien können auch als Waffe für destruktive und defensive Zwecke eingesetzt werden, die mit dem Begriff „Informationskrieg" bezeichnet werden (Munro 2005). Bewaffnete Informationen sind eine Möglichkeit, die Polarisierung zu fördern und folglich die Bevölkerung zu destabilisieren. Der beste Schutz dagegen hängt vom eigenen Handeln und Wissen der Nutzer ab (Forno 2018). Dies ist besonders wichtig für Jugendliche, die dabei sind, ihre Identitäten und Weltanschauungen zu konstruieren. Viele Bürgerinnen und Bürger, vor allem Jugendliche, nutzen täglich und über lange Zeiträume hinweg Social-Media-Anwendungen und sind damit möglicherweise einer ständigen Informations-beeinflussung ausgesetzt. Die sozialen Medien bieten in dieser Hinsicht enorme Möglichkeiten. Gleichzeitig stellt die böswillige Nutzung sozialer Medien eine zunehmende Sicherheitsbedrohung dar.

Soziale Medien haben einen großen Einfluss darauf, wie Streitkräfte arbeiten (Mangat 2018; Singer und Brooking 2018). Kommunikationsplattformen in sozialen Medien haben in den letzten Jahren eine immer wichtigere Rolle für militärische Operationen gespielt. Da Social-Media-Plattformen auch als Kraftmultiplikator genutzt werden können, haben die Streitkräfte ihre Einstellung zu Social-Media-Praktiken geändert. Alle Organisationen, auch militärische, können Social-Media-Plattformen nutzen, um ihre täglichen Aufgaben, die offizielle Kommunikation, die Vernetzung und Schulungsmaßnahmen zu unterstützen. Nach Ansicht von Veerasamy und Labuschagne (2018, S. 47–56) sind jedoch „klare Anleitungen, Management und Governance erforderlich, um sicherzustellen, dass die Plattform korrekt implementiert wird, zum Beispiel in militärischen Organisationsprozessen. Innerhalb des Militärs kann es einen großen Kampf zwischen den Anforderungen an die Sicherheit und den Vorteilen der Konnektivität und Offenheit geben."

In der Tat verfügen die Streitkräfte bereits über einige Instrumente, um dieser neuen Herausforderung der sozialen Medien zu begegnen. Die Streitkräfte der westlichen Welt haben ihre Fähigkeit entwickelt, offene Informationsquellen zu überwachen, insbesondere in den Medien und zunehmend auch in den digitalen und sozialen Medien. So kann beispielsweise die Analyse sozialer Medien eine Militäroperation ermöglichen, die Bewegungen eines Gegners direkt zu verfolgen (Peritz 2015). Eines der wichtigsten Instrumente für militärische Operationen ist das Konzept der *Presence, Posture, and Profile* (PPP), das bedeutet, dass militärische Einheiten auf allen Ebenen jederzeit auf ihre Aktionen und Bewegungen in den Medien sowie in der lokalen und globalen Bevölkerung achten müssen (NATO 2010). Aus diesem Grund ist es wichtig, die offiziellen Informationskanäle zu stärken und zu unterstützen, um genaue Informationen zu verbreiten.

Da die einzelnen Länder in diesem Informationskrieg nicht die alleinige Verantwortung übernehmen können, spielt die EU eine wichtige Rolle bei der Unterstützung der westlichen Länder in ihrem Kampf gegen Desinformation. Die EU kann gemeinsame Regelungen unterstützen und auch Mechanismen einrichten, die es ihr ermöglichen, die allgemeinen Gegenmaßnahmen zu steuern, die für den Umgang mit der böswilligen Nutzung sozialer Medien erforderlich sind.

In einem Umfeld hybrider Bedrohungen ist eine Gesellschaft sowohl ein Objekt der Aggression als auch eine Kraft, die der Aggression entgegenwirkt. In Finnland beispielsweise herrscht die Auffassung vor, dass ein einheitsorientiertes Netzwerk eine Resilienz schafft, die die Gesellschaft gegen hybride Beeinflussung immunisieren kann (Aaltola und Juntunen 2018). Generalisiertes Vertrauen spielt in stabilen Gesellschaften eine herausragende Rolle. Das heißt, dass das Vertrauen in politische Einrichtungen wie die Polizei und die Streitkräfte einen großen Einfluss darauf hat, wie der Einzelne seine persönliche und nationale Sicherheit wahrnimmt. Aus dem Zusammenhang zwischen allgemeinem Vertrauen und Widerstand gegen Desinformation lassen sich mehrere Schlussfolgerungen ziehen. Erstens erfordert eine wirksame Resilienz einen offenen Dialog zwischen öffentlichen Einrichtungen, politischen Entscheidungsträgern und der Bevölkerung über sich entwickelnde hybride Ereignisse. Eine wirksame Kommunikation kann dazu beitragen, das Vertrauen der Bürger und Bürgerinnen in liberale Werte, demokratische Prozesse und Regierungsstrukturen zu erhalten. Zweitens ist die gesamte Regierung – und darüber hinaus – erforderlich, um effektiv Widerstand aufzubauen. Die Vorbereitung auf hybride Bedrohungen, wie Fehlinformationen und Desinformation, kann nicht allein den traditionellen Sicherheitsakteuren überlassen werden. Drittens bedarf es einer strategischen Kommunikation und einer klaren Aufgabenteilung. Bei allen Grenzen dessen, was Regierungen tun können – und sollten –, ist es wichtig, schnell auf bestimmte Informationsoperationen zu reagieren, sobald sie entdeckt werden, sowohl um ihre Auswirkungen zu minimieren als auch um andere Staaten oder Gruppen abzuschrecken, die den Angriff möglicherweise nachahmen wollen.

Um den Zusammenhang zwischen sozialen Medien und Sicherheit besser zu verstehen, ist es außerdem von größter Bedeutung, die Fülle digitaler sozialer Realitäten zu begreifen, von denen junge Menschen umgeben sind, denn auch Jugendliche sind Zielscheibe politischer, kommerzieller und sozialer Informationen, die ihre Meinungen und Handlungen beeinflussen sollen. Darüber hinaus werden soziale Medien auch von Cybermobbing und extremerer Gewalt ausgenutzt (Norri-Sederholm et al. 2018; Peterson und Densley 2017). Da junge Menschen praktisch rund um die Uhr in den sozialen Medien leben, ist es wichtig zu verstehen, wie sich dies immer stärker auf die nationale und internationale Sicherheit auswirkt. Daher ist es wichtig, allgemeine Instrumente zur Verbesserung der Medienkompetenz anzubieten und das Verständnis für die Beeinflussung von Informationen und die dunkle Seite der sozialen Medien zu erhöhen. Darüber hinaus ist es von größter Bedeutung, das Vertrauen in die Gesellschaft im Allgemeinen und in nationale Sicherheitsinstitutionen wie Polizei und Streitkräfte im Besonderen zu stärken und zu erhalten. Die nationalen Sicherheitsinstitutionen in Finnland haben beispielsweise Anstrengungen unternommen, um Vertrauen in diese Institutionen zu schaffen. Die Behörden nutzen soziale Medien, und die

Bürger können bei Bedarf mit der Polizei chatten. Außerdem haben die finnischen Streitkräfte ein spezielles Social-Media-System entwickelt, über das Wehrpflichtige mit anderen Soldaten alle möglichen Probleme diskutieren können, die sie während ihrer Dienstzeit haben könnten.

Aufgrund des ambivalenten Charakters des Internets und der westlichen Herangehensweise an die Nutzung sozialer Medien ist es schwierig, einzelne Mitwirkende oder Schuldige bei der Verbreitung von Fehlinformationen und Desinformationen auszumachen. Darüber hinaus erleichtern Prinzipien wie der einfache Zugang zum Internet, Demokratie, Redefreiheit und Wissensgleichheit die Verbreitung von Desinformationen.

Ziel dieses Beitrags war es, den Fluss von Fehlinformationen und Desinformationen in den sozialen Medien in Bezug auf die Streitkräfte und die nationale Sicherheit zu verstehen. In diesem Zusammenhang schlagen wir vor, dass es möglich ist, sowohl national als auch international, beispielsweise durch EU-Initiativen, ein allgemeines Vertrauen gegenüber öffentlichen Behörden zu schaffen. Darüber hinaus konnten wir durch die Beschreibung von Aspekten der Fehlinformation und Desinformation in sozialen Medien aus der Sicht der nationalen Sicherheit zeigen, dass die internationale Zusammenarbeit sowie die Rolle der EU für die Streitkräfte auf diesem speziellen Schlachtfeld wichtig sind. Das Verständnis der verschiedenen Dimensionen und Herausforderungen, die die Informationskriegsführung für die Streitkräfte sowohl in Friedens- als auch in Kriegszeiten darstellt, ist von entscheidender Bedeutung. Schließlich ist es wichtig, bei den Überlegungen zur nationalen Sicherheit an die jungen Menschen – unsere künftigen Wehrpflichtigen und Soldaten – zu denken und ihre Fähigkeiten zu stärken, in einer Welt der Fehlinformation und Desinformation zu überleben.

Danksagungen Diese Studie ist Teil eines von der Finnischen Akademie finanzierten Forschungsprojekts.

Literatur

Aaltola M, Juntunen T (2018) Nordic model meets resilience – Finnish strategy for societal security. In: Sprūds A, Kuznetsov B, Aaltola M (Hrsg) Societal security in the Baltic Sea region. Latvian Institute for Foreign Affairs, Rïga, S 26–42

Abramson J (2017) Trust and democracy, knight commission on trust, media, and American democracy. The Aspen Institute, July 2017. https://www.aspeninstitute.org/programs/communications-and-society-program/knight-commission-workshop-trust-media-american-democracy-2/. Zugegriffen am 04.02.2020

Agarwal N, Bandeli KK (2018) Examining strategic integration of social media platforms in disinformation campaign coordination. Def Strateg Commun 4(Spring):173–206

Bäck M, Kestilä-Kekkonen E (Hrsg) (2019) Political and social trust: pathways, trends and gaps (in Finnish). Publications of the Ministry of Finance 2019, (31)

Bakir V, McStay A (2018) Fake news and the economy of emotions: problems, causes, solutions. Digit Journal 6(2):154–175

Bennett L, Livingston S (2018) The disinformation order: disruptive communication and the decline of democratic institutions. Eur J Commun 33(2):122–139

Berg M, Johansson T (2016) Trust and safety in the segregated city: contextualizing the relationship between institutional trust, crime-related insecurity and generalized trust. Scand Polit Stud 39(4):458–448

Berzins J (2018) Public hearing of the select committee on deliberate online falsehoods. Channelnewsasia. https://www.channelnewsasia.com/news/singapore/society-s-mental-state-a-key-battleground-for-misinformation-10045296. Zugegriffen am 27.05.2019

Blind PK (2006) Building trust in government in the twenty-first century: review of literature and emerging issues. UNDESA 7th Global Forum on Reinventing Government, 26–29 June 2007, Vienna. United Nations Department of Economic Social Affairs (UNDESA), New York

Boda Z, Medve-Balint G (2017) How perception and personal contact matter: the individual determinants of trust in police in Hungary. Polic Soc 27(7):732–749

Caliskan M, Cramers P-A (2018) What do you mean by "Hybrid Warfare"? A content analysis on the media coverage of hybrid warfare concept. Horiz Insights 1:23–35

Chen X, Sin SCJ, Theng YL, Lee CS (2015) Why students share misinformation on social media: motivation, gender, and study-level differences. J Acad Librariansh 41(5):583–592

City of Helsinki (2018) Helsinki in the era of hybrid threats – hybrid influencing and the city, Bd 22. Publications of the Central Administration, Helsinki

CoE H (2019) Countering disinformation: news media and legal resilience. COI Records, Helsinki

Committee on Foreign Relations (2018) Putin's asymmetric assault on democracy in Russia and Europe: implications for U.S. national security. United States Senate, Washington, DC

Council of the European Union (2019) Complementary efforts to enhance resilience and counter hybrid threats. Council Conclusions, 10 Dec 2019

Del Vicario M, Bessi A, Zollo F, Petroni F, Scala A, Caldarelli G, Stanley HE, Quattrociocchi W (2016) The spreading of misinformation online. Proc Natl Acad Sci 113(3):554–559

DiResta R, Shaffer K, Ruppel B, Sullivan D, Matney R, Fox R, Albright J, Johnson B (2018) The tactics & tropes of the internet research agency. New Knowledge, New York. https://disinformationreport.blob.core.windows.net/disinformation-report/NewKnowledge-Disinformation-Report-Whitepaper-121718.pdf. Zugegriffen am 04.02.2020

Dubois E, Blank G (2018) The echo chamber is overstated: the moderating effect of political interest and diverse media. Inf Commun Soc 21(5):729–745

EEAS (2019a) Countering disinformation, European External Action Services. https://eeas.europa.eu/topics/countering-disinformation/59411/countering-disinformation_en. Zugegriffen am 28.06.2019

EEAS (2019b) EU-NATO cooperation – factsheets, European External Action Services. https://eeas.europa.eu/headquarters/headquarters-Homepage/28286/eu-nato-cooperation-factsheet_en. Zugegriffen am 28.06.2019

European Commission (2016) Joint framework on countering hybrid threats – a European Union response. Joint Communication to the European Parliament and the Council, Brussels, 6 Apr 2016

European Parliament (2015) Understanding propaganda and disinformation. At a glance November 2015. European Parliament. http://www.europarl.europa.eu/RegData/etudes/ATAG/2015/571332/EPRS_ATA(2015)571332_EN.pdf. Zugegriffen am 15.05.2019

European Parliament (2016) EU strategic communication with the Arab world. Briefing May 2016. European Parliamentary Research Service. http://www.europarl.europa.eu/RegData/etudes/BRIE/2016/581997/EPRS_BRI(2016)581997_EN.pdf. Zugegriffen am 15.05.2019

Fallis D (2014) The varieties of disinformation. In: Floridi L, Illari P (Hrsg) The philosophy of information quality. Springer, Cham, S 135–161. https://doi.org/10.1007/978-3-319-07121-3_8. Zugegriffen am 17.05.2023

Fallis D (2015) What is disinformation? Libr Trends 63(3):401–426. https://doi.org/10.1353/lib.2015.0014

Fetzer JH (2003) Information: does it have to be true? Mind Mach 14(2):223–229

Fetzer JH (2004) Disinformation: the use of false information. Mind Mach 14(2):231–240

Flome M, Blahur A, Podavini A, Verile M (2019) Understanding citizens' vulnerabilities to disinformation and data-driven propaganda: case study: the 2018 Italian general election, JRC technical report, European Commission, JRC116009: EUR 29741 EN. Publications Office of the European Union, Luxembourg

Floridi L (2011) The philosophy of information. Oxford University Press, Oxford

Forno R (2018) Weaponized information seeks a new target in cyberspace: users' minds. The Conversation. https://theconversation-com.cdn.ampproject.org/c/s/theconversation.com/amp/weaponized-information-seeks-a-new-target-in-cyberspace-users-minds-100069. Zugegriffen am 15.05.2019

Fukuyama F (2001) Social capital, civil society and development. Third World Q 22(1):7–20

Funke D, Flamini D (2020) A guide to anti-misinformation actions around the world. Poynter. https://www.poynter.org/ifcn/anti-misinformation-actions/. Zugegriffen am 10.01.2020

Giacometti A, Teräs J, Perjo L, Wøien M, Sigurjonsdottir H, Rinne T (2018) Regional economic and social resilience: conceptual debate and implications for Nordic regions. Discussion paper prepared for Nordic thematic group for innovative and resilient regions, January 2018, Stockholm

Gripsrud J, Moe H, Molander A, Murdock G (Hrsg) (2010) The idea of the public sphere: a reader. Lexington Books, Plymouth

Guess A, Nyhan B, Reifler J (2018) Selective exposure to misinformation: evidence from the consumption of fake news during the 2016 US presidential campaign. European Research Council. http://www.ask-force.org/web/Fundamentalists/Guess-Selective-Exposure-to-Misinformation-Evidence-Presidential-Campaign-2018.pdf. Zugegriffen am 18.05.2019

Gutierrez R (2018) Tackling disinformation in the age of social media. Available via Equal times. https://www.equaltimes.org/tackling-disinformation-in-the-age#.Xhqv28gzZPY. Zugegriffen am 10.01.2020

Håkansson P, Witmer H (2015) Social media and trust – a systematic literature review. J Bus Econ 6(3):517–524

Karlova NA, Fisher KE (2013) "Plz RT": a social diffusion model of misinformation and disinformation for understanding human information behaviour. Inf Res 18(1):1–17

Kasher A (2003) Public trust in a military force. J Mil Ethics 2(1):20–45

Kim KS, Sin SCJ, Yoo-Lee EY (2014) Undergraduates' use of social media as information sources. Coll Res Libr 75(4):442–457

Kofman M, Migacheva K, Nichiporuk B, Radin A, Oberholtzer J (2017) Lessons from Russia's operations in Crimea and eastern Ukraine. RAND Corporation, Santa Monica

Kumar KK, Geethakumari G (2014) Detecting misinformation in online social networks using cognitive psychology. Human-centric Comput Inf Sci 4(1):14

Levi M (1998) A state of trust. In: Braithwaite V, Levi M (Hrsg) Trust & governance. Russell Sage Foundation, New York

Levi M, Stoker L (2000) Political trust and trustworthiness. Annu Rev Polit Sci 3:475–507

Limnéll J, Rantapelkonen J (2017) Pelottaako? Nuoret ja turvallisuuden tulevaisuus (Are you afraid? Young people and the future of safety and security). Docendo, Helsinki

Lotti M (2018) Countering misinformation online: policies and solutions. Report from 14 November 2018. Geneva Internet Platform Digital Watch Observatory. https://dig.watch/sessions/countering-misinformation-online-policies-and-solutions. Zugegriffen am 10.01.2020

Lyngaas S (2018) Russian disinformation ops were bigger than we thought. Cyberscoop. https://www.cyberscoop.com/russian-information-operations-senate-intelligence-committee/. Zugegriffen am 15.05.2019

Mangat R (2018) Tweeting strategy: military social media use as strategic communication. Theses and Dissertations (Comprehensive), Wilfrid Laurier University. 2071. https://scholars.wlu.ca/etd/2071. Zugegriffen am 13.05.2019

Munro I (2005) Information warfare in business: Strategies of control and resistance in the network society. Routledge, London

Nannestad P (2008) What have we learned about generalized trust, if anything? Annu Rev Polit Sci 11:413–436

NATO (2010) NATO Bi-SC information operations reference book. Version 1. 05 March 2010 NATO/PfP/Unclassified Releasable to EU/NATO Partner Nations/ISAF/KFOR/OAE/OOS. https://info.publicintelligence.net/NATO-IO-Reference.pdf. Zugegriffen am 17.05.2023

NATO (2018) Cooperating to counter hybrid threats. NATO review published on 23 November 2018. https://www.nato.int/docu/review/2018/Also-in-2018/cooperating-to-counter-hybrid-threats/EN/index.htm. Zugegriffen am 08.05.2019

Newton K (2001) Trust, social capital, civil society, and democracy. Int Polit Sci Rev 22(2):201–214

Newton K (2007) Social and political trust. In: Dalton RJ, Klingemann HD (Hrsg) The Oxford handbook of political behaviour. Oxford University Press, Oxford

Norri-Sederholm T, Huhtinen A-M, Paakkonen H (2018) Ensuring public safety organisations' information flow and situation picture in hybrid environments. Int J Cyber Warf Terror 8(1):12–24

Offe C (2000) Trust, democracy and justice. Theoria J Soc Polit Theo 96(December):1–13

Palmertz B (2016) Europeiska Perspektiv På Förmågan Att Möta Påverkanskampanjer Från Främmande Makt – Delrapport 1. (European perspective on the ability to counter foreign power influence campaigns). Center for Asymmetric Threat Studies (CATS), Swedish National Defence College, Stockholm

Pamment J, Agardh-Twetman H (2018) The role of communicators in countering the malicious use of social media. NATO Strategic Communications Centre of Excellence, Riga

Pamment J, Nothhaft H, Agardh-Twetman H, Fjällhed A (2018) Countering information influence activities: the state of the art, version 1.4 (1 July 2018). Department of Strategic Communication, Lund University, Lund

Peritz A (2015) Yes, the U.S. Military uses social media to target ISIS. Slate, June 11 2015. https://slate.com/news-and-politics/2015/06/the-u-s-military-uses-social-media-to-target-isis-stop-reminding-the-jihadis.html. Zugegriffen am 12.05.2019

Peterson J, Densley J (2017) Cyber violence: what do we know and where do we go from here? Aggress Violent Behav 3:193–200

Putnam RD (1993) The Prosperous Community. Am Prospect 4(13):35–42

Ratkiewicz J, Conover M, Meiss M, Gonçalves B, Patil S, Flammini A, Menczer F (2010) Detecting and tracking the spread of astroturf memes in microblog streams. arXiv preprint arXiv, 1011.3768

Rothstein B, Stolle D (2003) Social capital, impartiality, and the welfare state: an institutional approach. In: Hooghe M, Stolle D (Hrsg) Generating social capital: the role of voluntary associations. Institutions and government policy. Palgrave Macmillan, New York

Rothstein B, Stolle D (2008) The state and social capital. Comp Polit 40(4):441–459

Sanovich S (2017) Computational propaganda in Russia: the origins of digital misinformation. Computational Propaganda Research Project, Working paper 3

Security Strategy for Society (2017) Resolution of the Finnish government Vol 2. The Security Committee. https://turvallisuuskomitea.fi/wp-content/uploads/2018/04/YTS_2017_english.pdf. Zugegriffen am 19.01.2019

Singer PW, Brooking ET (2018) LikeWar. The weaponization of social media. An Eamon Dolan book. Houghton Mifflin Harcourt, New York

Smith NR (2015) The EU and Russia's conflicting regime preferences in Ukraine: assessing regime promotion strategies in the scope of the Ukraine crisis. Eur Secur 24(4):525–540

Søe SO (2018) Algorithmic detection of misinformation and disinformation: Gricean perspectives. J Doc 74(2):309–332

Sterret D, Malato D, Benz J, Kantor L, Tompson T, Rosenstiel T, Sonderman J, Loker K, Swanson E (2018) Who shared it? How Americans decide what news to trust on social media. NORC working paper series: WP-2018-001

Syed N (2017) Real talk about fake news: towards a better theory for platform governance. Yale Law J 127(Forum):337–357

Tarrow S (1996) Making social science work across space and time: a critical reflection on Robert Putnam's making democracy work. Am Polit Sci Rev 90(3)

The Law Library of Congress (2019) Initiatives to counter fake news in selected countries. Law Library – Library of Congress. https://www.loc.gov/law/help/fake-news/counter-fake-news.pdf. Zugegriffen am 10.01.2020

Thompson I, Lapowsky I (2018) How Russian trolls used meme warfare to divide America. Wired Security. https://www.wired.com/story/russia-ira-propaganda-senate-report/. Zugegriffen am 11.05.2019

Uslaner EM (2002) The moral foundation of trust. Cambridge University Press, New York

Uslaner EM, Brown M (2005) Inequality, trust, and civic engagement (online). Am Polit J 33(6):868–894. https://doi.org/10.1177/1532673X04271903

Veerasamy N, Labuschagne WA (2018) Framework for military applications of social media. Int J Cyber Warf Terror 8(2):47–56. https://doi.org/10.4018/IJCWT.2018040104

West DM (2017) How to combat fake news and disinformation. https://www.brookings.edu/research/how-to-combat-fake-news-and-disinformation/. Zugegriffen am 11.05.2019

Woolley SC, Howard P (2017) Computational propaganda worldwide: executive summary. Working paper 11. Project on Computational Propaganda, Oxford/UK

World Economic Forum (2014) The rapid spread of misinformation online. http://wef.ch/GJAfq6. Zugegriffen am 08.03.2017

Zak PJ, Knack S (2001) Trust and growth. Econ J 111(470):295–321

Die Nutzung sozialer Medien in den Streitkräften von heute – ein gemischter Segen

Jelena Juvan und Uroš Svete

Zusammenfassung

Die weit verbreitete Nutzung sozialer Medien in den Streitkräften hat zu strukturellen Veränderungen in der Kommunikation der Streitkräfte sowohl mit der breiten Öffentlichkeit als auch mit der internen Öffentlichkeit geführt. Während die sozialen Medien zweifelsohne die Kommunikation mit der Heimatfront erleichtert haben, lassen sich auch einige versteckte Gefahren erkennen. Im folgenden Beitrag werden die Gefahren und Vorteile der Nutzung von Social-Media-Plattformen für die Streitkräfte aus zwei verschiedenen Perspektiven – der institutionellen und der individuellen – beleuchtet. Der Beitrag versucht auch, die Frage zu beantworten, wie wir etwas regulieren können, das nicht reguliert werden kann, und zeigt positive und negative Folgen der Nutzung sozialer Medien in und durch die Streitkräfte auf.

1 Einführung

Der dramatische Anstieg der Nutzung sozialer Medien ist in den letzten zehn Jahren zu einem der Hauptmerkmale moderner Gesellschaften geworden. Soziale Medien sind zu einem wichtigen Kommunikationsinstrument geworden, nicht nur für den persönlichen Gebrauch, sondern auch für institutionelle Zwecke. Die Streit-

J. Juvan (✉) · U. Svete
Fakultät für Sozialwissenschaften, Universität von Ljubljana, Ljubljana, Slowenien
E-Mail: jelena.juvan@fdv.uni-lj.si; uros.svete@fdv.uni-lj.si

kräfte, die sich als traditionelle Organisationen naturgemäß nur langsam an Veränderungen anpassen und Neuerungen akzeptieren, haben die sozialen Medien nur zögerlich als Kommunikationsmittel eingesetzt. Eines der Probleme, die mit der Nutzung sozialer Medien in den Streitkräften verbunden sind, ist die Gefahr des „over-sharing". Dies bezieht sich nicht nur auf das übermäßige Teilen von Informationen, sondern auch auf das Teilen allgemeiner Informationen – absichtlich oder unabsichtlich –, die eigentlich geheim gehalten werden sollten. Im November 2017 veröffentlichte das US-amerikanische Fitness-Tracking-Unternehmen Strava eine globale Heatmap „als Visualisierung von zwei Jahren Tracking-Daten aus Stravas globalem Netzwerk von Sportlern" (Robb 2017). Unbeabsichtigt wurden sensible Informationen über die Standorte und die personelle Besetzung von Militärbasen und Spionage-Außenposten auf der ganzen Welt offengelegt:

> Die Karte zeigt jede einzelne Aktivität, die jemals auf Strava hochgeladen wurde – nach Angaben des Unternehmens mehr als 3 Billionen individuelle GPS-Datenpunkte. Die Anwendung kann auf verschiedenen Geräten wie Smartphones und Fitnesstrackern verwendet werden, um beliebte Laufstrecken in Großstädten zu sehen oder Personen in abgelegeneren Gebieten zu entdecken, die ungewöhnliche Bewegungsmuster aufweisen (Hern 2018).

Die veröffentlichte Karte verriet jedoch viel mehr, als das Unternehmen beabsichtigte. Sie war detailliert genug, um potenziell äußerst sensible Informationen über eine Untergruppe von Strava-Nutzern offenzulegen: Militärpersonal im aktiven Dienst. Analysten stellten fest, dass es sich bei den Nutzern und Nutzerinnen von Strava an Orten wie Afghanistan, Dschibuti und Syrien fast ausschließlich um ausländische Militärangehörige zu handeln scheint, was bedeutet, dass die Stützpunkte auf der Karte deutlich hervorstechen.

Der oben erwähnte Fall steht nicht in direktem Zusammenhang mit der Nutzung sozialer Medien. Er ist jedoch ein gutes Beispiel für die Art von Risiken, die neue Informationstechnologien mit sich bringen können, wenn verschiedene persönliche Daten und Informationen online veröffentlicht werden. Außerdem sind diese Risiken noch größer, wenn militärische Organisationen und militärisches Personal betroffen sind. Ein Soldat, der auf einem Militärstützpunkt irgendwo in Afghanistan seinen täglichen Lauf absolviert und die Strava-Anwendung einschaltet, um seine körperliche Aktivität zu verfolgen, denkt sicher nicht an die möglichen Folgen der GPS-Ortung seiner Route, geschweige denn daran, dass die Ortungs-App möglicherweise streng geheime Informationen preisgibt. Mit der weit verbreiteten Nutzung von Social-Media-Plattformen sind die Möglichkeiten, Informationen zu teilen, unbegrenzt, was auch einige Gefahren und Risiken mit sich bringt. So sind nicht nur die Möglichkeiten unbegrenzt, sondern auch die Gründe für die Veröffentlichung und Weitergabe von Informationen im Internet. „Jeder Mensch hat einen Knopf. Für den einen ist es ein finanzielles Problem, für den anderen ein sehr reizvolles Date, für den nächsten eine Familienangelegenheit" (Lapowsky 2019). Wenn wir versuchen, soziale Medien zu kontrollieren, versuchen wir eigentlich, Individuen zu kontrollieren. Die Frage ist, wie wir regulieren können, was von Militärangehörigen online veröffentlicht wird, wenn wir die sozialen Medien selbst nicht regulieren können. Die Nutzung sozialer Medien kann im Hinblick auf die Vertraulichkeit von Informationen und die Sicherheit der Aufgabenerfüllung in Friedens- und Kriegszeiten überwacht und teilweise eingeschränkt werden.[1] Aus diesem Grund ist die Debatte über die Nutzung sozialer Medien in den Streitkräften und durch die Streitkräfte notwendig.

In Bezug auf die Nutzung sozialer Medien und die Streitkräfte können zwei Perspektiven unterschieden werden: erstens die institutionelle Perspektive, d. h. die Nutzung sozialer Medien als formeller Kommunikationskanal mit der Öffentlichkeit, und zweitens die persönliche Perspektive, die sich auf die Nutzung sozialer Medien durch einzelne Mitglieder der Streitkräfte bezieht.

2   Methodik

Die vorliegende Arbeit gliedert sich in zwei Teile. Der erste Teil gibt einen Überblick über den Prozess der Anerkennung der Bedeutung der sozialen Medien für die Streitkräfte, einschließlich einiger theoretischer Konzepte, die bei der Analyse der Nutzung sozialer Medien als neues Phänomen angewandt werden können.

Der zweite Teil konzentriert sich auf eine empirische Studie der slowenischen Streitkräfte (SAF) und des slowenischen Verteidigungsministeriums (MoD). Für diese Studie wurden strukturierte Interviews mit ausgewählten Mitarbeitenden der SAF und des Verteidigungsministeriums geführt. Die Interviews wurden so geplant und durchgeführt, dass sie den beiden oben genannten Perspektiven entsprachen. Die institutionelle Perspektive wurde durch ein Gruppeninterview mit Mitarbeitern der Abteilung für Rekrutierung in der Abteilung für militärische Angelegenheiten (Direktion für Verteidigungsangelegenheiten) im Verteidigungsministerium der Republik Slowenien abgedeckt. Diese Mitarbeitenden sind für die Verwaltung des

---

[1] Es geht nicht nur um die Informationen, die wir bereitwillig teilen, sondern auch um die Datenschutzfunktionen und -einstellungen von Social-Media-Plattformen, bei denen man sich laut Forschenden nicht darauf verlassen kann, dass sie keine Informationen an andere Ebenen der Social-Media-Plattform oder an andere Nutzer und Nutzerinnen und Unternehmen mit Interesse an solchen Informationen weitergeben (Bay et al. 2019).

Social-Media-Handbuch *Postani vojak* („*Werde Soldat"*) verantwortlich, dessen einziger Zweck es ist, die Vorteile einer Beschäftigung in der SAF zum Zweck der Rekrutierung zu fördern (Interview 1 2019).

Für die individuelle Perspektive wurden Interviews mit zwei Angehörigen der SAF geführt. Die erste befragte Person war Major Nina Raduha[2] eine erfahrene Angehörige der SAF, die unter anderem auch die erste weibliche Kommandantin eines Kontingents in der UNIFIL-Mission war (Interview 2 2019). Ihre Erfahrungen umfassen auch die Position des Public Relations Officers und des Human Intelligence Officers, was sie zu einer sehr geeigneten Interviewpartnerin für den Zweck dieses Artikels macht. Das zweite Interview wurde mit einem Mitglied der SAF in der Position des Stabschefs geführt, der den Wunsch äußerte, anonym zu bleiben (Interview 3 2019). Er ist ein erfahrener Angehöriger, der seit 2002 in der SAF tätig ist und bereits mehrfach in Auslandseinsätze, unter anderem in Afghanistan, entsandt wurde. Er wurde aufgrund seiner starken Präsenz in den sozialen Medien ausgewählt sowie aufgrund der Tatsache, dass er während seiner Einsätze ein befehlshabender Offizier war und daher sehr vertraut damit ist, dass Soldaten unter seinem Kommando Informationen in den sozialen Medien weitergeben. Für beide Interviews wurde ein offizieller Antrag gestellt, der später vom zuständigen Kommandeur genehmigt wurde.

3 Traditionelle Streitkräfte und „nicht-traditionelle" soziale Medien

Das Phänomen der sozialen Medien hat die Art und Weise, wie Menschen und Institutionen kommunizieren, grundlegend verändert – nicht nur untereinander, sondern auch mit der Öffentlichkeit. „In der heutigen digitalen Welt sind die sozialen Medien die neue Grenze für die Signalintelligenz" (Gupta 2017). Die Streitkräfte der Vereinigten Staaten, Israels, Australiens, Frankreichs, Deutschlands und vieler anderer westlicher Länder unterhalten eine Online-Präsenz auf verschiedenen digitalen Social-Media-Plattformen, ebenso wie die Streitkräfte nicht-westlicher Staaten wie Pakistan, Indien, Russland und China. Man könnte sagen, dass alle wichtigen militärischen Akteure der Welt die Nutzung und Bedeutung von Social-

---

[2] Major Nina Raduha, B.A. in Politikwissenschaft – Verteidigungsstudien. Sie hat einen Master-Abschluss in Strafrecht von der Juristischen Fakultät der Universität Ljubljana. Sie ist seit 2003 bei der SAF beschäftigt und ist Infanterieoffizierin. Sie nahm an Einsätzen in Bosnien und Herzegowina und im Libanon teil. Im Jahr 2016 schloss sie ihre Stabsoffiziersausbildung als Jahrgangsbeste ab.

Media-Plattformen anerkannt haben. Wie Gupta (2017) feststellt, können die heutigen Streitkräfte „nicht von der Nutzung dieser Plattformen in der heutigen digitalen Welt isoliert werden. Angesichts ihrer beispiellosen Reichweite sowie ihrer konstruktiven und destruktiven Kräfte ist es unerlässlich, dass die Streitkräfte lernen, dieses mächtige Instrument zur Erreichung ihrer organisatorischen Ziele zu nutzen."

Soziale Medien können auch als eine Form von Soft Power betrachtet werden. Das Konzept der Soft Power wurde 1990 von Joseph S. Nye eingeführt. Er beschreibt Soft Power als „andere dazu zu bringen, die Ergebnisse zu wollen, die man will. [...] Ein Land kann die Ergebnisse erzielen, die es will [...], weil andere Länder – die seine Werte bewundern, seinem Beispiel nacheifern und sein Maß an Wohlstand und Offenheit anstreben – ihm folgen wollen" (Nye Jr 2004, S. 5). Darüber hinaus wird Soft Power tendenziell „mit immateriellen Machtressourcen wie Kultur, Ideologie und Institutionen in Verbindung gebracht" (Nye Jr 1990, S. 166). Die Medien werden im Allgemeinen als weiche Macht betrachtet. So können auch neuartige Medien wie die sozialen Medien als weiche Macht betrachtet werden, da sie dazu dienen, die Denkweise der Menschen zu beeinflussen. Der Fall von Cambridge Analytica im Jahr 2014 ist ein Beweis für die Macht der sozialen Medien.

Nachdem sie die weiche Macht und den Einfluss dieses neuen Mediums erkannt haben, haben die großen Militärmächte der Welt einen Entwicklungsprozess durchlaufen und Richtlinien für die Nutzung sozialer Medien festgelegt. In einem Memo des US-Verteidigungsministeriums aus dem Jahr 2010 heißt es, dass „internetbasierte Fähigkeiten integraler Bestandteil von Operationen sind" (Gupta 2017). Die US-Streitkräfte haben erkannt, dass soziale Medien es ihnen ermöglichen, auf neue Art und Weise mit einem größeren Publikum und schneller als je zuvor zu kommunizieren – und vor allem ohne inhaltliche Verzerrungen (Gupta 2017).

Da die Nutzung der sozialen Medien exponentiell zunimmt,[3] müssen die Streitkräfte Mittel und Wege finden, um diese Plattformen in zahlreichen Bereichen zu ihrem Vorteil zu nutzen. Der Grund für die Nutzung von Social-Media-Plattformen und Kommunikationsanwendungen durch die Streitkräfte ist zweigeteilt. Erstens werden die sozialen Medien zur Kommunikation mit der Öffentlichkeit genutzt, um sie über die Aufgaben, Pflichten und das tägliche Geschehen in den Streitkräften zu informieren, was für die Erlangung der gesellschaftlichen Legitimität wichtig ist. Zum anderen werden sie für die offizielle, interne Kommunikation zwi-

---

[3] Die Zahl der Internetnutzenden weltweit lag 2019 bei 4388 Mrd., was einem Anstieg von 9,1 % im Vergleich zum Vorjahr entspricht. Die Zahl der Social-Media-Nutzenden weltweit lag 2019 bei 3484 Milliarden, was einem Anstieg von 9 % gegenüber dem Vorjahr entspricht (Chaffey 2019).

schen den Angehörigen der Streitkräfte genutzt. Für die Zwecke der offiziellen, internen Kommunikation ist Facebook (Messenger) nicht geeignet, da es als nicht sicher gilt. Die Kommunikation über Viber, Telegram, Signal, Skype oder Whats-App[4] ist sicherer, da diese Dienste eine Ende-zu-Ende-Verschlüsselung bieten. Außerdem bieten Viber, Signal und Telegram die Möglichkeit, geheime Chats zu führen und einen Timer einzustellen, der die Nachricht zu einem bestimmten Zeitpunkt löscht. Aus diesem Grund haben mehrere Streitkräfte diese Anwendungen als offizielle Kommunikationskanäle genutzt. Wie einer der Befragten, der während eines Einsatzes mit den kanadischen Streitkräften zusammenarbeitete, erklärte, nutzten die kanadischen Streitkräfte bei Auslandseinsätzen WhatsApp, um offizielle Befehle, Sicherheitswarnungen, Informationen usw. auszutauschen (Interview 3 2019). Eine völlig entgegengesetzte Haltung in Bezug auf die Nutzung sozialer Medien nehmen die russischen Streitkräfte ein, die beschlossen haben, die Nutzung von Smartphones für Soldaten während des Dienstes zu verbieten, da die Nutzung von Social-Media-Plattformen Fragen der nationalen Sicherheit aufwirft (BBC News 2019).[5] Derselbe Ansatz ist bei den indischen Streitkräften zu beobachten (Gadgets Now 2020).

Bei der Nutzung sozialer Medien geht es nicht nur um Kommunikation und die Verbreitung von Nachrichten. Es ist auch eine Gelegenheit für Militärexperten, ihren Einflussbereich über die Befehlskette hinaus auszudehnen, mehrere Ebenen der Bürokratie zu durchbrechen und möglicherweise eine persönliche Form von Soft Power zu entwickeln. Soziale Medien bieten eine breite Palette von Möglichkeiten, und es hängt von den eigenen Fähigkeiten ab, wie gut und für welche Zwecke man sie nutzen kann.

Seit Jahrzehnten werden soziale Institutionen wie das Militär als *gierige* Institutionen beschrieben (Coser 1974), die hohe Anforderungen und Erwartungen an ihre Mitglieder stellen und deren Leben in verschiedenen Bereichen wie Arbeit, Familie und soziale Beziehungen außerhalb der Dienstzeiten beeinflussen (Hatch et al. 2013). Als Institution ist das Militär so strukturiert, dass seine Mitglieder eine starke Identität entwickeln, die sich aus einem gewissen internen Gruppenzusammenhalt ableitet, um eine kriegsfähige Truppe – den eigentlichen Zweck jeder bewaffneten Streitkraft – sowie die individuelle Motivation zum Kämpfen aufrechtzuerhalten. Erreicht wird dies durch die Einführung ausgeprägter kulturel-

---

[4]WhatsApp ist im Besitz von Facebook. Die Zusammenlegung von FB Messenger, Instagram und WhatsApp ist für die nahe Zukunft geplant.

[5]In den letzten Jahren haben Social-Media-Posts von Soldaten die militärische Präsenz Russlands in der Ostukraine und in Syrien offenbart, die manchmal im Widerspruch zur offiziellen Behauptung der Regierung steht, dass dort keine Truppen stationiert sind.

ler Traditionen und Rituale, durch die Bestätigung des Vorrangs der Gruppe und der Institution gegenüber ihren Mitgliedern durch eine unbefristete Dienstverpflichtung und durch deren institutionelle Unterstützung und Betreuung (Moskos 1986). Diese Ebene des Institutionalismus wird noch verstärkt durch das, was Coser (1974) als ein wichtiges Merkmal gieriger Institutionen identifiziert hat, nämlich dass sie sich auf die freiwillige Einhaltung von Vorschriften verlassen und gleichzeitig Druck auf die Mitglieder ausüben, damit diese ihre Verbindungen zu anderen Institutionen oder Personen abbrechen, die möglicherweise widersprüchliche Forderungen stellen.

Mit ihrer spezifischen Berufskultur gelten die Streitkräfte als eine der traditionellsten Organisationen. Wiatr (1987, S. 34–35) definiert die grundlegenden Merkmale der Streitkräfte als Institution wie folgt:

> Die Streitkräfte sind Organisationen, in denen berufliche Bindungen Vorrang vor persönlichen Bindungen haben. Sie sind bürokratische Organisationen mit einer hierarchischen Struktur. Die Streitkräfte sind ein soziales Umfeld mit einem eigenen Schichtensystem; eine Kampfgruppe, die mit dem Ziel organisiert ist, die Schlacht zu gewinnen.[6]

Die Charakteristika der Streitkräfte beeinflussen und prägen die Hauptmerkmale des Personals. In Bezug auf das Leben in den Streitkräften identifiziert Segal (1986, S. 16–22) vier Hauptmerkmale: „Verletzungs- oder Todesrisiko", „geographische Mobilität", „Trennungen" und „Aufenthalt im Ausland". Die spezifischen Merkmale der Streitkräfte als Organisation haben einen starken Einfluss auf alle Bereiche, einschließlich der Kommunikation mit der Öffentlichkeit. Traditionell waren die Streitkräfte eine geschlossene soziale Gruppe, deren Leben sich auf Kasernen und Militärstützpunkte beschränkte, ohne häufige Interaktionen mit der zivilen Welt oder den Austausch von Informationen mit der Öffentlichkeit. Dank der Entwicklung der Informations- und Kommunikationstechnologie (IKT) und der weiten Verbreitung sozialer Medien ist dies heute nicht mehr der Fall. Ob sie es wollen oder nicht, die Streitkräfte müssen mit der „Außenwelt" sprechen.

Hajjar (2014) unterstreicht die Auswirkungen des Informationszeitalters auf die Kultur der US-Streitkräfte. Das Informationszeitalter hat dazu beigetragen, die Sichtweise des Militärs auf die Welt zu verändern. Der Aufstieg des Konzepts der netzwerkzentrierten Kriegsführung in der Militärdoktrin hat zwar starke technologische Konnotationen, verrät aber auch soziale Anliegen wie die Bedeutung des Verstehens und der wirksamen Beeinflussung der Netzwerke einer Vielzahl von

---

[6] Dieses Zitat wurde von den Verfassern der originalen Arbeit ins Englische übersetzt, und von DeepL ins Deutsche.

Menschen. Um diese Herausforderungen zu bewältigen, hat das US-Militär Tausende von Zivilisten eingestellt, die Experten im Umgang mit den neuen, hochentwickelten Systemen sind, und aktive Militärangehörige werden in neuen Informationsfähigkeiten unterrichtet. Aus diesen und anderen Gründen hat das Informationszeitalter die Organisation grundlegend verändert und zu einer neuen postmodernen Militärkultur beigetragen (Hajjar 2014).

Die Debatte darüber, inwieweit das Militär die sich rasch ausbreitenden und verändernden IKT einbeziehen sollte, verdeutlicht einen weiteren umstrittenen Aspekt der Militärkultur, der auch für Fragen der sozialen Medien gilt. In den letzten zehn Jahren wurde die Nutzung sozialer Medien durch Angehörige der US-Streitkräfte nicht nur verboten, sondern von Beamten des Verteidigungsministeriums offen begrüßt, genutzt und gefördert. Im Jahr 2007 sperrte das Pentagon seine Computernetzwerke für den Zugriff auf Websites wie YouTube und MySpace, um die Informationen über die Aktivitäten der Truppen unter Kontrolle zu halten. In offiziellen Dokumenten wurde damals nicht nur die Gefährdung der Sicherheit angeführt, sondern auch die starke Belastung der Bandbreite. Im August 2009 erließ das US Marine Corps ein Verbot für die Nutzung von Social-Networking-Sites und äußerte sich besorgt über mögliche Sicherheitsrisiken. Die Marineinfanteristen wurden darüber informiert, dass sie Seiten wie Facebook, MySpace und Twitter nicht mehr nutzen durften, da die Möglichkeit bestand, dass feindliche Gruppen die darin enthaltenen Informationen zu ihrem Vorteil nutzen könnten (Chalmers 2011; Paganini 2013). Obwohl diese Verbote schließlich aufgehoben wurden, richtete das Pentagon TroopTube[7] ein, eine vom Militär

---

[7] TroopTube war eine Online-Videoplattform der US-Streitkräfte über ihre Organisation Military OneSource, die eingerichtet wurde, um Militärfamilien dabei zu helfen, Kontakte zu knüpfen und aufrechtzuerhalten, auch wenn sie weit voneinander entfernt sind. TroopTube ermöglichte es den Nutzern, sich als Angehörige einer der Teilstreitkräfte, als Familie, als zivile Mitarbeiter des Verteidigungsministeriums oder als Unterstützer zu registrieren. Die Mitglieder konnten von jedem Ort mit einer Internetverbindung persönliche Videos hochladen. Die Videos wurden auf der Grundlage der Nutzungsbedingungen auf ihren Inhalt geprüft, bevor sie auf der Website veröffentlicht wurden. Im Mai 2009 wurde TroopTube vom Büro für neue Medien des Weißen Hauses als innovativer Weg anerkannt, um mit den Truppen in Kontakt zu treten, und wurde in einem vom Weißen Haus produzierten Video vorgestellt. Während der Zugang zu TroopTube auf einigen Militärstützpunkten blockiert war, war es über viele andere Militärstützpunkte zugänglich und für Militärfamilien auf der ganzen Welt verfügbar. Am 31. Juli 2011 schloss das Büro des Verteidigungsministers die TroopTube-Website mit der Begründung, die rückläufige Nutzung sei eine Folge der im Februar 2010 eingeführten Social-Media-Richtlinie des Verteidigungsministeriums, die einen breiteren Zugang zu sozialen Medien und Video-Sharing-Plattformen erlaubte (Shachtman 2009).

gesponserte Version von YouTube, die es dem Verteidigungsministerium ermöglichte, den Informationsfluss zu überwachen, und es den Soldaten erlaubte, Videos nur mit ihren Freunden und Familienmitgliedern zu teilen.

Im Jahr 2010 ordnete der stellvertretende US-Verteidigungsminister William Lynn eine Überprüfung der Politik des Militärs in Bezug auf soziale Netzwerke an, um die Vor- und Nachteile der Nutzung sozialer Medien durch Angehörige der Streitkräfte zu vergleichen. Später im selben Jahr gab das Pentagon bekannt, dass es die Nutzung von Twitter, Facebook und anderen Web 2.0-Websites in den US-Streitkräften wieder zugelassen hat, mit der Begründung, dass die Vorteile der sozialen Medien die Sicherheitsbedenken überwiegen. Seit 2010 hat das Pentagon die Nutzung sozialer Medien bei vielen seiner Bemühungen aktiv unterstützt. Es gibt zwar immer noch Einschränkungen, aber sie unterscheiden sich nicht wesentlich von denen, die in anderen großen Privatunternehmen gelten (Matthews-Juarez et al. 2013).

Der Einsatz von IKT für die persönliche Kommunikation kam erstmals 1993 während des amerikanischen Einsatzes in Somalia zum Tragen, als die US-Soldaten Kommunikationsmedien nutzen wollten, aber keine zur Verfügung standen (Ender 2009). Die begrenzte Nutzung des Telefons überwand den Mangel an Telekommunikationsdiensten in und um Somalia und linderte den Stress für die Soldaten und ihre Familien. Probleme bei der Kommunikation zwischen der Front und der Heimat führten zu einem innovativen E-Mail-Programm, das viele Ehepartner zufriedenstellte, da es die von den Soldaten gewünschte Geschwindigkeit, relative Privatsphäre, Dezentralisierung und persönliche Kommunikation bot (Ender 2009). Mehr als zwei Jahrzehnte nach dem Einsatz in Somalia wurde die Nutzung von IKT zu einem weit verbreiteten Phänomen unter den amerikanischen Soldaten während des Irakkriegs (Ender 2009). Im Jahr 2011 veröffentlichte die U.S. Army ihr *Social Media Handbook* und stellte es online.

Die US-Streitkräfte haben erkannt, dass soziale Medien zu einem wichtigen Instrument für die Nachrichtenübermittlung und Öffentlichkeitsarbeit geworden sind. Soldaten waren schon immer die effektivsten Botschafter des Militärs. Jedes Mal, wenn sich ein Soldat den sozialen Medien der Streitkräfte anschließt, erhöht dies die Fähigkeit des Militärs zur rechtzeitigen und transparenten Verbreitung von Informationen. Darüber hinaus wird sichergestellt, dass die Geschichte des Militärs direkt mit den amerikanischen Bürgern geteilt wird, wo immer sie sind und wann immer sie sie lesen oder hören möchten. Mit anderen Worten: Die sozialen Medien ermöglichen es den US-Streitkräften, mit ihren Mitgliedern in Kontakt zu treten, und den zivilen US-Bürgern und –Bürgerinnen mit ihrem Militär.

Zum anderen, und das ist noch wichtiger, ist es eine ziemlich gut dokumentierte Tatsache, dass die Kommunikation zwischen Einsatzort und Heimat von den

Soldaten im Auslandseinsatz am meisten geschätzt wird (Applewhite und Segal 1990; Ender 2009). Ein häufigerer und direkter Kontakt mit der Heimatfront kann die Moral der Soldaten stärken, dazu beitragen, familiäre Probleme zu lösen, bevor sie außer Kontrolle geraten, Langeweile zu minimieren und die Sorgen der Familien um die Sicherheit und das Wohlergehen ihrer im Einsatz befindlichen Familienmitglieder wirksam zu lindern (Bell et al. 1999). Die Bereitstellung angemessener und ausreichender Informationen für die Familien zu Hause trägt zur Qualität der Beziehungen der Soldaten sowohl zu ihren Einheiten als auch zu ihren Befehlshabern bei (Bartone 2005). Dies ist jedoch ein zweischneidiges Schwert, denn zu viele Informationen können auch das Gegenteil bewirken. Es besteht immer das Risiko, dass die Familie schlechte Nachrichten über die sozialen Medien und nicht über die offiziellen institutionellen Kommunikationskanäle erhält.[8] Außerdem können besorgte Ehepartner, die zu Hause warten, mit allen möglichen Informationen bombardiert werden, die den Alltag der gesamten Familie beeinflussen können (ebd.). Dieselben sozialen Medien, die es Familien ermöglichen, intime Momente und Ereignisse miteinander zu teilen, können also auch Emotionen verstärken und das Verhalten verändern, wenn sie genutzt werden, um einen Soldaten über einen Todesfall in der Familie zu informieren, das Bezahlen von Rechnungen zu besprechen, Erziehungsprobleme oder Probleme der psychischen Gesundheit, einschließlich Drogenmissbrauch und häusliche Gewalt, anzusprechen. Über die sozialen Medien werden auch Depressionen, Sehnsucht, Einsamkeit und andere Gefühle der Entbehrung zum Ausdruck gebracht und geteilt (Dao 2011). Nichtsdestotrotz kann die Nutzung sozialer Medien im Allgemeinen die Langeweile unter den Soldaten im Einsatz minimieren, die seit langem ein zentrales Merkmal des Militärs ist, und zwar aufgrund von Unterauslastung, kultureller Deprivation, mangelnder Privatsphäre und zeitlicher und räumlicher Isolation (Ender 2009).

Während Sozialwissenschaftler in den letzten Jahren immer mehr darauf geachtet haben, wie soziale Netzwerke das militärische Familienleben beeinflussen, ist das Dilemma, ob die Nutzung von IKT und digitalen sozialen Medien in den Streitkräften erlaubt sein sollte, noch nicht vollständig gelöst (Matthews-Juarez et al. 2013). Die Nutzung sozialer Medien durch das Militär wurde breit diskutiert,

---

[8]Svete und Juvan (2016) berichten über den Fall des SAF-Soldaten, der in Afghanistan diente und dem ins Bein geschossen wurde. Der Vorfall ereignete sich den Berichten zufolge während der Ausübung seiner regulären Pflichten, was den Eindruck erweckte, der Soldat habe sich aus Versehen ins Bein geschossen. Dadurch wurden die militärischen Fähigkeiten und die Professionalität der SAF-Spezialeinheiten in Frage gestellt. Die Soldaten in Afghanistan konnten nicht verstehen, wie eine derart ungenaue Information an die slowenische Öffentlichkeit gelangen konnte. Beim Lesen der einheimischen Kommentare in Foren und anderen sozialen Medien fühlten sich einige Soldaten traurig, enttäuscht und wütend.

wobei häufig die Aspekte der militärischen Kultur angeführt wurden, die einer Nutzung entgegenstehen. Jones und Baines (2013) untersuchten, wie militärische Befehlshaber versuchen, die Nutzung zu kontrollieren, und berücksichtigten dabei, wie soziale Ergebnisse erzielt werden könnten, wenn das Militär leichte konzeptionelle und organisatorische Anpassungen zuließe. Dies gipfelte in der Regel in Empfehlungen für die Delegation von Blogging auf die niedrigstmögliche Ebene, wobei das Risiko gegen Relevanz und Reaktionsfähigkeit eingetauscht wird. Im Internet sind Listen von Faktoren aufgetaucht, die für eine erfolgreiche Kommunikation über soziale Medien zu berücksichtigen sind, sowie Tipps für die „neue Medienkompetenz" und das Verfassen von Texten.

In einigen Fällen hat man den Eindruck, dass die Streitkräfte die sozialen Medien nicht nutzen wollen, dass sie keine klare Vorstellung davon haben, was sie auf den Plattformen der sozialen Medien tun sollen oder welche Art von Informationen sie mit der Öffentlichkeit teilen wollen. Im Vergleich zu den führenden Streitkräften der Welt, die das Potenzial der neuen Kommunikationstechnologien voll ausgeschöpft haben, gibt es auch Fälle (z. B. die slowenischen Streitkräfte), in denen die unbegrenzte Bandbreite der modernen Kommunikationstechnologien und alle Fakten, die sich aus dem veränderten Sicherheitsumfeld und den neuen Herausforderungen ergeben, noch nicht vollständig verstanden werden.

4 Die slowenischen Streitkräfte und die Nutzung von sozialen Medien: Institutionelle und individuelle Sichtweisen

Trotz der Tatsache, dass die SAF seit 2012 in sozialen Netzwerken präsent sind, was für diese Art von Organisation als relativ früh angesehen werden kann, wird dieser Bereich immer noch der Arbeit und Energie von nur einer oder zwei Personen überlassen (Interview 2 2019) und wurde von der Organisation nicht systematisch angegangen (Interview 1 2019).

Die SAF präsentieren sich auf Social-Media-Plattformen mit zwei verschiedenen Profilen. Das erste ist *Slovenska vojska*[9] das hauptsächlich dazu dient, die Öffentlichkeit über die Aktivitäten der Streitkräfte zu informieren. Das zweite ist *Postani vojak*[10] *das* ausschließlich der Rekrutierung von neuem Personal dient. Die Aktivitäten der beiden Profile sind streng voneinander getrennt, was sich auch in der organisatorischen Perspektive widerspiegelt. Die Social-Media-Konten der

---

[9] http://www.slovenskavojska.si.
[10] https://www.postanivojak.si.

Slovenska vojska werden von Mitarbeitern der Abteilung für öffentliche Angelegenheiten des Generalstabs verwaltet, während die Konten der *Postani vojak* von Mitarbeitenden der Abteilung für Personalrekrutierung in der Abteilung für militärische Angelegenheiten des Verteidigungsministeriums der Republik Slowenien verwaltet werden. Diese relativ neue Abteilung wurde 2007 auf der Grundlage der Erfahrungen einiger ausländischer Streitkräfte gegründet, die ebenfalls die Rekrutierungsbemühungen von der Öffentlichkeitsarbeit getrennt haben (z. B. Go Army in den US-Streitkräften). Obwohl die Bindung von Personal in den letzten Jahren auch in den slowenischen Streitkräften zu einem wichtigen Thema geworden ist, sollte darauf hingewiesen werden, dass die *Postani vojak* ausschließlich für Rekrutierungszwecke gedacht ist. Daher sind alle Aktivitäten in den sozialen Medien ausschließlich auf die Anwerbung neuer Mitarbeitenden ausgerichtet.

Postani vojak ist derzeit auf vier Social-Media-Plattformen aktiv: YouTube, Facebook, Instagram und LinkedIn. Die Entscheidung, auf jeder dieser Plattformen präsent zu sein, basierte nicht auf strategischen Kommunikationsüberlegungen, sondern vor allem auf individuellen Entscheidungen sowie auf populären Trends in der Bevölkerung zwischen 18 und 27 Jahren, die die Zielgruppe für die Rekrutierung ist. Aufgrund finanzieller und personeller Engpässe könnten nach Einschätzung der für diese Studie befragten Personen keine zusätzlichen Social-Media-Plattformen verwaltet werden, selbst wenn sie in der Zielgruppe sehr beliebt wären (z. B. Snapchat). Die SAF verfolgen jedoch die Trends und sind mit neuen Plattformen und Formen der sozialen Medien vertraut (Interview 1 2019). Das Hauptproblem bei der Nutzung sozialer Medien ist nach Ansicht der Befragten das Produkt, das sie „zu verkaufen versuchen", nämlich die Beschäftigung bei der SAF, die derzeit in der slowenischen Gesellschaft im Allgemeinen und in der Zielgruppe im Besonderen als „schlechtes Produkt" gilt. Auf der Grundlage dieser Aussagen ist eine der wichtigsten Schlussfolgerungen dieser kleinen Untersuchung die Feststellung von Unstimmigkeiten in der Kommunikationsstrategie zwischen den wichtigsten Zweigen der institutionellen Öffentlichkeitsarbeit. Dies lenkt die Aufmerksamkeit auf die Probleme in den Streitkräften, was wiederum die Marke und die operative oder taktische Öffentlichkeitsarbeit schwächt, die ein positiveres Bild der SAF vermitteln und neue Mitarbeitende gewinnen möchte.

Ein weiteres institutionelles Problem, das in den Interviews festgestellt wurde, ist das Fehlen einzelner Einheiten der SAF in den sozialen Medien (Interview 3 2019). Einzelne Einheiten und bestimmte Teile der SAF dürfen nicht mit der Öffentlichkeit kommunizieren und daher auch keine eigenen Facebook-, Twitteroder andere Accounts haben. Nach Aussage eines Interviewpartners würden

... einzelne SAF-Einheiten, die auf Social-Media-Plattformen präsent sind und die
Öffentlichkeit über ihre tägliche Arbeit und Aufgaben informieren, die Öffentlichkeit
besser informieren. [...] Alles in allem könnte dies eine der Lösungen für die ernsten
Rekrutierungsprobleme sein, mit denen die SAF in den letzten Jahren zu kämpfen
hatte (Interview 3 2019).

Für die Nutzung von Social-Media-Plattformen durch einzelne SAF-Mitglieder
gibt es bisher keine Regelungen. Die Nutzung dieser Plattformen hängt von der
persönlichen Kultur und dem Bewusstsein des Einzelnen über seine Online-
Aktivitäten ab und ist allein davon abhängig. Die Hauptfrage ist also, ob es überhaupt eine Notwendigkeit für irgendeine Art von Regelung für die individuelle
Nutzung von Social-Media-Plattformen für Streitkräfteangehörige gibt. Hier wurden im Verlauf der Interviews zwei gegensätzliche Meinungen festgestellt. Zum
einen wird die Auffasung vertreten, dass die persönliche Nutzung sozialer Medien
ausschließlich eine private Angelegenheit ist, die nicht durch institutionelle Regeln
geregelt werden soll und darf. In der Tat, jede ...

... Regeln und Vorschriften für die Mitglieder der Streitkräfte sind nicht notwendig,
da die Nutzung sozialer Medien für die Mitglieder auf ihr Privatleben beschränkt ist
und sie soziale Medien als Einzelpersonen und nicht als Angehörige der Streitkräfte
nutzen (Interview 3 2019).

Diese Sichtweise steht jedoch im Widerspruch zu einem der Hauptmerkmale des
Militärs als gierige Organisation. Das heißt, ein Soldat ist ein Soldat, auch wenn er
oder sie nicht im Dienst ist. Ist es also überhaupt möglich, das, was man als Zivilist
veröffentlicht, von dem zu unterscheiden, was man als Soldat im aktiven Dienst
veröffentlicht? Nach den persönlichen Erfahrungen des für diese Studie befragten
SAF-Mitglieds ist dies nicht der Fall, denn jedes Mal, wenn er etwas in den sozialen Medien postet, sehen seine „Freunde" dies als aus der Perspektive der Streitkräfte an (Interview 3 2019). Tatsächlich ist die Nutzung sozialer Medien für Angehörige der Streitkräfte jedoch aufgrund der OPSEC (Operational Security)
eingeschränkt, was bedeutet, dass operative Daten nicht mit der Öffentlichkeit geteilt werden dürfen. Jeder Angehörige der Streitkräfte muss darüber informiert
sein, was unter die OPSEC-Beschränkungen fällt, die die wichtigsten Richtlinien
für das Posten und Veröffentlichen im Internet sind, auch während der Arbeit oder
im Einsatz.

Die zweite Meinung ist, dass es „zwingend notwendig ist, eine Politik und
Richtlinien für die Nutzung von Social-Media-Plattformen für den geschäftlichen
und privaten Gebrauch zu formulieren, wenn die SAF beteiligt ist" (Interview 2

2019). Laut Nina Raduha ist dies von „überragender Bedeutung für das tägliche Funktionieren der SAF und ihrer Mitglieder, zumal ein erlerntes und geregeltes Verhalten auf Social-Media-Plattformen im Frieden in potenziellen Krisensituationen und bei Auslandseinsätzen in die Tat umgesetzt werden kann" (Interview 2 2019). Neben ihrem primären Zweck sind Regeln also auch aus mehreren anderen Gründen notwendig:

> Regeln und Richtlinien sind die Grundlage für jede Handlung, sie bieten Orientierung und Hilfe und setzen Grenzen, und sie nehmen einige Konsequenzen vorweg, weshalb sie der Eckpfeiler jeder Arbeit sind – auch bei der Nutzung sozialer Netzwerke. […] Sie sind notwendig, weil sie die sichere und intelligente Nutzung von Social-Media-Plattformen ermöglichen (Interview 2 2019).

Natürlich können Richtlinien und Vorschriften nicht zaubern und daher nicht alle missbräuchlichen und unangemessenen Verhaltensweisen auf Social-Media-Plattformen beseitigen. Dennoch ist es notwendig, die Angehörigen der Streitkräfte über die möglichen Gefahren und Fallen der sozialen Medien zu informieren, vor allem unter dem Gesichtspunkt des Schutzes der Streitkräfte und der Wahrung des Datengeheimnisses.

Die Angehörigen der Streitkräfte müssen sich der Gefahren und Risiken, die die Nutzung von Social-Media-Plattformen mit sich bringt, besonders bewusst sein, daher ist ihre Aufklärung unabdingbar. Ein interessantes und ziemlich aufschlussreiches Experiment wurde kürzlich vom NATO Strategic Communications Centre of Excellence (NATO StratCom Coe) durchgeführt, dessen Ziel es war, „soziale Medien und Open-Source-Daten zu nutzen, um während einer militärischen Übung Informationen über militärisches Personal zu sammeln und dieses zu beeinflussen" (Brown 2019).[11] Das Experiment unterstreicht, wie viele persönliche Informatio-

---

[11] Viele Details über den Ablauf der Operation sind nach wie vor geheim, einschließlich des genauen Ortes, an dem sie stattfand, und der beteiligten alliierten Streitkräfte. Die NATO-StratCom-Coe-Gruppe führte die Übung mit militärischer Genehmigung durch, ohne dass die Angehörigen der Streitkräfte etwas davon wussten. Im Laufe von vier Wochen erstellten die Forscher gefälschte Seiten und geschlossene Gruppen auf Facebook, die den Anschein erweckten, mit der Militärübung in Verbindung zu stehen, sowie Profile, die sich als echte oder eingebildete Militärangehörige ausgaben. Die Forscher spürten auch die Instagram- und Twitter-Konten von Militärangehörigen auf und suchten nach anderen online verfügbaren Informationen, von denen einige von einem Angreifer ausgenutzt werden könnten. Am Ende der Übung hatten die Forscher 150 Soldaten identifiziert, die Standorte mehrerer Bataillone ausfindig gemacht, Truppenbewegungen verfolgt und Angehörige der Streitkräfte zu „unerwünschtem Verhalten" gezwungen, einschließlich des Verlassens ihrer Positionen entgegen den Befehlen (Lapowsky 2019). Weitere Informationen zu diesem Experiment finden Sie in Bays 2019.

nen in den sozialen Medien frei verfügbar sind und – was vielleicht noch beunruhigender ist – wie sie sogar gegen diejenigen von uns verwendet werden können, die sich am besten dagegen wehren können. Noch gefährlicher wird es, wenn es sich um Berufssoldaten handelt. Die Ergebnisse des Experiments „deuten darauf hin, dass ein Gegner in der heutigen digitalen Arena in der Lage wäre, genügend persönliche Daten über Soldaten zu sammeln, um gezielte Botschaften mit Präzision zu erstellen und die gewählte Zielgruppe erfolgreich zu beeinflussen, damit sie die gewünschten Verhaltensweisen ausführt" (Bay et al. 2019).

5   Fazit: Gefahren und Nutzen der Social-Media-Nutzung

Auf der Grundlage der Literaturrecherche und der Interviews lassen sich sowohl mehrere Vorteile als auch mehrere Gefahren in Zusammenhang mit der Nutzung sozialer Medien durch und in den Streitkräften feststellen. Aus institutioneller Sicht ist der finanzielle Nutzen von Social Media ein entscheidender Aspekt. Facebook, Instagram und andere Social-Media-Plattformen bieten Geschäfts- und Werbemöglichkeiten für weit weniger Geld, als es kosten würde, eine Werbeagentur zu beauftragen und eine groß angelegte Werbekampagne durchzuführen. Darüber hinaus sind Social-Media-Plattformen eine hervorragende Möglichkeit, die jüngere Bevölkerung zu erreichen, die die Hauptzielgruppe für Rekrutierungsbemühungen ist. Social-Media-Plattformen ermöglichen auch eine zweiseitige interaktive Kommunikation, d. h. es geht nicht nur um den Austausch von Informationen, sondern auch darum, Feedback zu erhalten. Informationen werden in Echtzeit zur Verfügung gestellt, und die Kommunikation ist ununterbrochen. Dies kann jedoch auch dazu führen, dass unangemessene und beleidigende Kommentare an sie gerichtet werden. Außerdem wird von der Einrichtung, die in den sozialen Medien kommuniziert, eine schnelle Reaktion verlangt. Da sich Informationen über soziale Medien in Sekundenbruchteilen verbreiten, kann dies für die starren und langsam reagierenden Streitkräfte ein Problem darstellen.

Darüber hinaus ermöglicht die Nutzung von Social-Media-Plattformen die Vernetzung und Verbreitung eigener Ideen und Botschaften, was es sehr einfach macht, mit anderen Gruppen, die dieselben Interessen teilen, in Kontakt zu treten. In bestimmten Kontexten bieten Social-Media-Plattformen auch einen Mechanismus für eine schnelle Befehls- und Kontrollfunktion. Für Soldaten, die im Ausland im Einsatz sind, bieten Social-Media-Plattformen die Möglichkeit, mit der Heimatfront in Kontakt zu bleiben. Sie geben ihnen das Gefühl, nicht abwesend zu sein, obwohl sie es tatsächlich sind. Da Social-Media-Plattformen den schnellen

Austausch von Bildern und Audiodateien ermöglichen, ist der Faktor Zeit praktisch nicht vorhanden. Wie bereits erwähnt, ist dies jedoch ein zweischneidiges Schwert, da ein Zuviel an Informationen auch das Gegenteil bewirken kann. Die sofortige interaktive Kommunikation (Gespräche, Fotoaustausch, Nachrichten auf Skype, Instagram oder Facebook) mit Familienmitgliedern über eine elektronische Distanz hinweg – insbesondere in und aus Kriegsgebieten – kann gleichzeitig beruhigend und belastend sein. Laut Dao (2011) „kann einfache Kommunikation Ängste lindern – aber auch schüren. Sobald sich die Familien daran gewöhnt haben, täglich von den Truppen zu hören, können Kommunikationsausfälle die Fantasie beflügeln".

Die Gefahren bei der Nutzung von Social-Media-Plattformen für die Streitkräfte sind im Grunde dieselben wie für Zivilisten: Fake News, Identitätsdiebstahl, zwischenmenschliches Mobbing, durchgesickerte Informationen, inoffizielle Informationen, die sich gegenüber den offiziellen durchsetzen, Hassreden und so weiter. Wie einer der Befragten sagte, „besteht die größte Gefahr des digitalen Zeitalters darin, dass der einzelne Nutzer, der vielleicht auch Angehöriger der Streitkräfte ist, sich nicht bewusst ist, wie viele Informationen über ihn selbst, seine Arbeit, seine Angehörigen und seine Gewohnheiten online verfügbar sind" (Interview 2 2019). Soldaten, die zu Einsätzen im Ausland, zum Beispiel in Kriegsgebieten, entsandt werden, müssen sich der Gefahren bewusst sein, die mit der Veröffentlichung ihrer privaten Informationen, wie zum Beispiel Fotos ihrer Familienmitglieder, verbunden sind. „Man weiß nie, wer in die Heimat kommt, um sich zu rächen" (Interview 3 2019). Dennoch kann die Nutzung sozialer Medien bei Auslandseinsätzen auch ein großer Vorteil sein, sowohl für die private als auch für die berufliche Nutzung. Sie muss jedoch professionell und nach bestimmten Regeln erfolgen, die in einigen Streitkräften, wie etwa der SAF, noch fehlen und daher vom Kontingentskommandeur geregelt werden.

In den letzten Jahren haben die Plattformen der sozialen Medien bewiesen, dass sie ein enormes Potenzial und die Macht haben, Völker zu mobilisieren, Revolutionen anzustoßen und Wahlen zu beeinflussen. Daher ist es unerlässlich, die Staatsführung, die Fachpersonen und die Angehörigen der Streitkräfte nicht nur über die Möglichkeiten, sondern auch über die Risiken und Gefahren der sozialen Medien aufzuklären. Social-Media-Plattformen werden für eine Vielzahl von organisatorischen Zwecken wie Aufklärung, Information und Kommunikation sowie für persönliche Zwecke auf der Ebene jedes einzelnen Mitglieds der Streitkräfte genutzt.

Streitkräfte, die die Existenz und Leistungsfähigkeit sozialer Medien im Zeitalter moderner Sicherheitsherausforderungen und hybrider Kriegsführung erkannt haben, nutzen sie als Handlungs- und Einflussinstrument, um ihre geplanten Ziele zu erreichen und ihre Aufträge zu erfüllen. Einige dieser Länder, zum Beispiel die USA und das Vereinigte Königreich, sind Vorreiter. Sie sind sehr gut reguliert und beherrschen die Steuerung der Aktivitäten in den sozialen Netzwerken sowie die Nutzung ihres vollen Potenzials sehr gut. Vor allem sind sich diese Länder der Tatsache bewusst, dass es unmöglich ist, die Aktivitäten der Truppen auf Social-Media-Plattformen einzuschränken, weshalb es besser ist, sie zu koordinieren und zu lenken. Das Angebot von Aus- und Weiterbildungsmaßnahmen zur angemessenen Nutzung von Social-Media-Plattformen ist von entscheidender Bedeutung, damit die Angehörigen der Streitkräfte die Social-Media-Plattformen sicher, effektiv und effizient sowohl im privaten als auch im beruflichen Umfeld nutzen können.

Danksagung Dieser Artikel basiert auf der Forschung der Mitglieder der Fakultät für Sozialwissenschaften der Universität Ljubljana.

Literatur

Applewhite WL, Segal DR (1990) Telephone use by peacekeeping troops in the Sinai. Armed Forces Soc 17(1):117–126

Bartone VJ (2005) Missions alike and unlike: military families in peace and war. In: Presented at inter-university seminar on armed forces and society, 45th anniversary biennial international conference, Chicago, ZDA, 21–23 Oct 2005

Bay S, Betrolin G, Biteniece N, Christie EH, Dek A, Fredheim RE, Gallacher JD, Kononova K, Marchenko T (2019) NATO report: responding to cognitive security challenges. https://www.stratcomcoe.org/responding-cognitive-security-challenges. Zugegriffen am 25.08.2019

BBC News (2019) Russia bans smartphones for soldiers over social media fears. https://www.bbc.com/news/world-europe-47302938. Zugegriffen am 25.08.2019

Bell DB, Schumm WR, Knott B, Ender MG (1999) The desert fax: a research note on calling home from Somalia. Armed Forces Soc 23(3):509–521

Brown R (2019) Researchers used fake social media accounts to influence NATO troops during military exercise. https://edition.cnn.com/2019/02/20/politics/nato-social-media-influence-report/index.html. Zugegriffen am 25.08.2019

Chaffey D (2019) Global social media research summary 2019. https://www.smartinsights.com/social-media-marketing/social-media-strategy/new-global-social-media-research/. Zugegriffen am 27.08.2019

Chalmers M (2011) Social media allow military families a deeper connection. USA Today, 24 November 2011. http://usatoday30.usatoday.com/news/military/story/2011-11-28/military-deployment-social-media/51349158/1. Zugegriffen am 26.08.2019

Coser L (1974) Greedy institutions: patterns of undivided commitment. Free Press, New York

Dao J (2011) Staying in touch with home, for better or worse. The New York Times. http://www.nytimes.com/2011/02/17/us/17soldiers.html. Zugegriffen am 01.09.2019

Ender MG (2009) American soldiers in Iraq. Routledge, New York

Gadgets Now (2020) Indian Army has a warning for its officers on using WhatsApp, Facebook: all you need to know. https://www.gadgetsnow.com/slideshows/indian-army-has-a-warning-for-its-officers-on-using-whatsapp-facebook-15-things-to-know/Indian-Army-has-a-warning-for-its-officers-on-using-WhatsApp-Facebook-All-you-need-to-know/photolist/3058977.cms. Zugegriffen am 20.01.2020

Gupta A (2017) Social media: catalyst for empowering the armed forces. Scholar Warrior. https://www.claws.in/images/journals_doc/593929489_11_chap.pdf. Zugegriffen am 25.08.2019

Hajjar RM (2014) Emergent postmodern US military culture. Armed Forces Soc 40(1):118–145

Hatch SL, Harvey SB, Dandeker C, Burdett H, Greenberg N, Fear NT, Wessely S (2013) Life in and after the armed forces: social networks and mental health in the UK military. Sociol Health Illn 35(7):1045–1064

Hern A (2018) Fitness tracking app Strava gives away location of secret US army bases. https://www.theguardian.com/world/2018/jan/28/fitness-tracking-app-gives-away-location-of-secret-us-army-bases. Zugegriffen am 25.08.2019

Interview 1 (2019) Interview with personnel in charge of social media platforms "Postani vojak", Ljubljana, June 2019

Interview 2 (2019) Interview with Major Nina Raduha. Ljubljana, July 2019

Interview 3 (2019) Interview with a member of the SAF. Ljubljana, Aug 2019

Jones N, Baines P (2013) Losing control? Social media and military influence. RUSI J 158(1):72–78

Lapowsky I (2019) NATO group catfished soldiers to prove a point about privacy. https://www.wired.com/story/nato-stratcom-catfished-soldiers-social-media/. Zugegriffen am 25.08.2019

Matthews-Juarez P, Juarez PD, Faulkner RT (2013) Social media and military families: a perspective. J Hum Behav Soc Environ 23(6):769–776

Moskos C (1986) Institutional/occupational trends in armed forces: an update. Armed Forces Soc 12(3):377–382

Nye JS Jr (1990) Soft power. Foreign Policy 80:153–171

Nye JS Jr (2004) Soft power: the means to success in world politics. PublicAffairs, New York

Paganini P (2013) Social media use in the military sector. (Online) InfoSec Institute, Elmwood Park. https://resources.infosecinstitute.com/social-media-use-in-the-military-sector/. Zugegriffen am 25.08.2019

Robb D (2017) Building the global heatmap. https://medium.com/strava-engineering/the-global-heatmap-now-6x-hotter-23fc01d301de. Zugegriffen am 25.08.2019

Segal MW (1986) The military and the family as greedy institutions. Armed Forces and Soc 13(1):9–38

Shachtman N (2009) Military blocks its own 'youtube' knockoff. https://www.wired.com/2009/03/trooptube-block/. Zugegriffen am 25.08.2019

Svete U, Juvan J (2016) Soldiers' private digital communication as a disturbing factor. (Online). Res Militaris, ISSN 2265-6294, 6(2). http://resmilitaris.net/index.php?ID=1024088. Zugegriffen am 25.08.2019

Wiatr J (1987) Sociologija vojske. Vojnoizdavački i novinski centar, Beograd

Ingram Content Group UK Ltd.
Milton Keynes UK
UKHW021812030723
424469UK00017B/814